话语 · 观念 · 建筑研究论丛

包豪斯抽象形式观念与
中国建筑教育

BAUHAUS CONCEPT OF ABSTRACT
FORM AND CHINA'S ARCHITECTURAL EDUCATION

张轶伟 著

中国建筑工业出版社

本书的出版受国家自然科学基金
青年科学基金资助（项目号：51908361）

话语 · 观念 · 建筑研究论丛

对研究方法的自觉是现代研究区别于传统学术的重要标志之一。近现代建筑史研究经前辈开创至今逾六十载，始终保持着清晰的学术传承脉络。各位前辈在研究方法和资料搜集等经验性研究方面做出了源远流长的非凡工作，泽被和激励着后辈去努力。

本丛书以鲜明的方法意识为线索，选目的共同特点，是以话语和观念研究作为研究方法，尝试将建筑史、观念史、社会史融合，倡导多维视角下具有明确的问题意识、方法意识和本土化视角的现代中国建筑史研究。

立场与问题意识

建筑历史的研究是否是一门科学？在历史面前，"我"能够做些什么？这个看似宏大的问题对确定本论丛的立场和研究问题关系重大。对于本论丛来说，历史研究不但是"揭露真相的面纱"，还原历史的真相，更是为历史寻找一种新的解读和诠释。这种诠释由来自当下的问题意识和批判性思考所驱动和制约。

本论丛的研究基于思考"如何理解近现代建筑话语乃至建筑文化的剧变"这个问题，试图与历史文献和当代研究文献进行对话。

话语与方法意识

本论丛的共同特征之一，就是尝试将建筑史放入思想文化史的大语境中考察，将关键词和话语分析作为建筑史研究的手段。

"话语"不只是写在文献报刊中的那些语言文字，而是受社会行为的驱动，并且对社会性实践产生影响的能动性力量。"不是人在说语言，而是语言在说人。"（索绪尔）话语的意义不在于去寻找说这些话的人是谁，而是确认，在某个历史的时刻，某些话在某些场合下，被说出来了。从某种意义上说，话语，就是行动。正如维特根斯坦所说："说，就是做。"话语方法试图强调话语本身的实践性力量，而不仅是作为社会现实的被动反映。

现代与本土化视角

近现代中国的"现代"，毫无疑问与西方紧密相连。在整体来自西方移植的建筑学科中，中国问题研究的西方中心倾向是与生俱来的。然而，这也正是今天反思它的原因。中国语境下的"现代"，不应该采用某一个的西方标准，而应该在中国自身历史发展的脉络中去衡量和界定，即使学习西方一直是我们的目标。另一方面，在现代化的过程中，本土文化的传统是不可忽视的因素，甚至可以说，本土文化内部发展的需求和动力是决定外来影响作用方式和发展方向的根本因素。

总之，话语分析与建筑文化史叙述的方法相结合，外在的社会影响与建筑学科内在发展相结合是本论丛的研究策略：将语言放在它的文化、技术和社会环境中加以研究，用观念史的方法拓展建筑史研究的视野和维度。

序

　　虽然已经是四十年前的事情了，但是对于初次看到"构成"的情形仍然历历在目。那是 1980 年代初，本科即将毕业，不知是什么一个机会我们一群同学去南京艺术学院看了一场介绍日本"构成"教学的影片，那些目不暇接的抽象造型，加上电影的动态影像效果，对于我们这些虽然学了几年的设计，但是匮乏形式知识的建筑学生来说极具震撼力。自此我就开始留意各种关于"构成"的信息。那个时候主要的信息来源是中央工艺美术学院，比如辛华泉翻译的日本学者真锅一男和高山正喜久的《设计技法讲座》以及日本学者山口正城和冢田敢的《设计基础》，陈菊盛的《平面设计基础》（这本还不是正规的出版物，现在手上留着的是复印本）。还有香港学者王无邪的《平面设计原理》和《立体设计原理》。

　　这股从工艺美术学院吹来的"构成"之风也开始影响南京工学院（简称南工）建筑系。有那么几件值得记述的事情。一是吴家骅老师选择现代抽象艺术作为硕士论文，还开设了研究生抽象艺术课程，成果收入吴老师和王文卿老师合著的"谈建筑设计基础"一文中。作为研究生助教我们还参与了贺镇东老师主持的一年级基础教学，其中引入了海报设计这类明显与平面构成相关的设计练习，还有以立体构成相关的家具设计，记得一个留系作业是水滴茶几，桌面设计成水滴形状。后来王文卿老师主持的一年级练习有一个平面构成作业以春夏秋冬命名，用抽象要素和色彩来表达四季的特点。作为旁观者，我对水滴茶几和春夏秋冬构成开始产生一个疑问：既然是抽象形式练习，为什么一定要和具象（水滴和四季）发生关系？

　　1985 年，我留校任教，时任系主任的鲍家声老师让我负责一年级基础课程，于是我和丁沃沃、单踊和赵辰几位开始筹划新的课程。首先要解决的是走哪条路的问题。当然，新的基础课程不能走传统的渲染练习老路，似乎采取流行的"构成"教学是一个顺理成章的选择。这个时候，国内的建筑院校中"构成"教学做的最好的是同济大学的莫天伟老师，应该也还有其他院校采用了"构成"教学。南京工学院的情况和其他院校有点不一样，就是已经开始有苏黎世联邦理工学院（ETH-Z）建筑系的影响。其中最值得记述的是弗朗茨·奥斯瓦尔德（Franz Oswald）的教学专著《教学大纲——论建筑师教育》，他是柯林·罗（Colin Rowe）的学生，该书是他二年级设计教学的成果。不知道通过什么渠道，这本刚出版不久的书就传到了南京，在年轻教师和一些学生中流传，争相复印。书中有两个内容特别吸引我，一是建筑案例图解分析，二是抽象立方体空间练习。这个时期，瑞士建筑师柏庭卫（Vito Bertin）第二次来南工访学，在二年级教设计课，通过做模型来推进设计，我们邀请他参加我们的研究。系里还派了几个年轻老师去同济大学学习，顺路先去了无锡轻工业学院拜访了吴静芳老师，她刚从日本学习回来，无锡轻工业学院也成了从日本引进"构成"教学的重要基地。我们在同济大学拜访了莫天伟老师，看到教研室里到处是学生用白色卡纸做的抽象折纸模型，很吸引眼球，但是对于这些训练如何影响后续的建筑设计还是有疑问。特别是当时已经有了苏黎世联邦理工学院这个参照系，看到了"构成"之外的另一种可能性，就是更加直接针对建筑的空间问题。在 1986 年的第一个教案中，最能反映我们当时思考的是"立方体"练习。很显然这是受到奥斯瓦尔德书中的立方体空间训练的启发。我们设想这个练习要达到三个目的：一是建筑空间的概念（有人体尺度的空间），二是建造的概念（抽象为瓦楞纸板搭接的方式），三是建筑基本作图（平、立、剖面图和轴测图）。但是如何将这些目的转化为具有可操作性的练习，主要是柏庭卫的贡献。

这样说好像我与"构成"的关系就此疏远了，其实未必，虽然与具体的抽象练习刻意保持距离，但是"构成"背后的形式语言体系仍然是我们设计课程的基础。

到了1991年，我开始在苏黎世联邦理工学院做博士论文，选择从设计工作室角度来梳理巴黎美术学院、包豪斯和"得州骑警"三个学校的建筑设计教学方法的沿革，包豪斯是"构成"的渊源，这样我又与"构成"相遇了。和先前比较实用主义的角度不太一样，这时对"构成"的关注主要是梳理历史发展的脉络。比如"预备课程"的缘由，先后三位教师伊顿（Johannes Itten）、莫霍利 - 纳吉（Moholy-Nagy）和阿尔伯斯（Josef Albers）各自不同的教育理念和教学特色，康定斯基（Wassily Kandinsky）和克利（Paul Klee）对形式语言的贡献等。印象比较深刻的是包豪斯内部对于抽象形式训练其实也是有批评的，因为这些完全凭感觉的练习与高年级的建筑设计相抵触，这也是"得州骑警"后来发展针对建筑学专业的设计基础课程的出发点之一。通过这段研究，我对"构成""预备课程"和"得州骑警"之间的关系了解得更为清楚，而且更加证实了我们在"构成"刚刚引入中国时的一些判断是对的。

在2007年我将教育史研究的关注点从国外转到国内，写了"中国的'布扎'建筑教育之历史沿革——移植、本土化和抵抗"这篇文章。此前，同济大学钱锋和伍江两位老师的《中国现代建筑教育史（1920-1980）》一书已经出版。所以，对于中国建筑教育的历史描述，不应该是"布扎"和现代建筑的单一线索，也不是一条线索断了被另一条新的线索接续，而是两条线索相互交织的关系。我在2009年的另一篇文章"中国建筑教育的历史沿革及基本特点"中就此进行讨论。"构成"无疑是现代建筑教育的一个重要的指标，也最能体现"布扎"和现代建筑教育两条线索相互交织的特点：在1940年代初次引进，后来中断了，1980年代又再次被引入建筑教育并一路发扬光大。

当然我的文章只是粗线条的描述，要把这些关系梳理清楚，就不能只是聚焦于"构成"在国内发展的线索，而是要将其放入国际建筑教育的大框架中去认识。这也不是一两篇文章就能叙述清楚的，值得作为一个博士论文课题，于是就有了张轶伟的这个研究。在博士论文的基础上，他又持续进行了修改和完善，终于能够成书出版。他的研究立足于翔实的历史资料，清楚勾勒出"构成"在中国的发展线索，填补了中国建筑教育史研究的空白。对于包豪斯在美国的发展做了深度的挖掘，对零散的史料做了系统的梳理，在西方文献中也是首次。我过去对于"构成"的一些疑问都在他这本书中得到解答，也了解到很多过去不知道的史实，对于中国建筑教育的历史沿革有了更加具体和深刻的认识，我相信对于其他读者来说也一定能够获益良多。

顾大庆

东南大学建筑国际化示范学院　教授

香港中文大学建筑学院　荣休教授

2022年8月

摘　要

包豪斯教学法在建筑教育领域内的传播可以视为教学模式由古典向现代转变的一个指标。作为培养艺术和手工艺才能的通识课程，包豪斯预备课程于1930年代末被移植到美国的建筑院校中。它所包含的材料和抽象形式训练很快被吸纳到建筑基础教学中，并革命性地替代了古典的布扎模式。然而，预备课程的教学法与知识体系并不出自建筑学科，而是由艺术家来主导，因此需要经历由通识向专业的转化，以体现现代建筑教育的基本观念。

1920年代，中国高等院校建筑教育的兴起源于西方观念与方法的输入，因而不可避免要经历与西方院校类似的现代化进程。归因于特定的社会背景和学术语境，中国建筑教育的现代转型有着不同于西方的历史阶段划分和本土特征。1940年代起，圣约翰大学、清华大学建筑系都曾先后受到包豪斯的影响，但这一短暂的探索在全国高等学校院系调整之后受制于学术大环境的局限而基本停滞。包豪斯预备课程的第二次全面影响已是1980年代初开始流行的"三大构成"教学。"构成"对当时布扎教学的窠臼造成冲击，但其与建筑学本体的脱节逐步暴露。因而"构成"教学也经历了从艺术形式启蒙到空间形式教育的"建筑化"过程。这一历程与包豪斯在美国建筑院校的境遇颇为类似。

本书把包豪斯预备课程在中美两国建筑教育的传播与调适视为一种跨文化现象。通过对"基本设计"在美国建筑教育历史沿革的梳理，归纳出包豪斯抽象形式观念与方法向建筑学转化的三种模式。随后，转至"构成"在中国建筑教育传播的历史研究，着重分析了同济大学和清华大学两所高校建筑系基础课程的变迁，并揭示出在两次引入包豪斯方法的过程中，布扎传统仍有其潜在影响。最后，本书针对包豪斯预备课程在中美建筑教育的教学史进行了比较研究，包含传播谱系、教学法渊源以及学术主张的对比分析。基于大量史料和文献的梳理，全文剖析了包豪斯预备课程、美国"基本设计"以及我国"构成"教学的异同，并从观念与方法演变的角度对其历史特征进行了概括。

通过比较，本书认为包豪斯预备课程在建筑教学体系的转化是实践现代建筑教育的阶段性特征。但艺术与理想化的包豪斯启蒙教育未能把现代主义建筑的基本原理进一步清晰化。中美建筑教育史比较的结论亦说明现代建筑教育传统在中国的实现属于适应性演化的一类独特模式。全书尝试以完整、连贯和比较的视角重新审视包豪斯建筑教育在中国的传播史，并为建筑学领域视觉感知的培养和教学提供了一种批判性的论述。

目录

丛书前言

序

摘要

第一章　绪论 —————————————————————————————————————001

　　1.1　包豪斯与建筑教育的现代转型 ——————————————————002

　　1.2　研究背景 —————————————————————————————004

　　1.3　研究对象与方法 ———————————————————————————010

　　1.4　研究框架 —————————————————————————————017

第二章　包豪斯预备课程在美国建筑教育的移植 ——————————————019

　　2.1　包豪斯与美国建筑设计基础教学 ————————————————020

　　2.2　约瑟夫·阿尔伯斯：材料与抽象形式的感知（1933~1958）————032

　　2.3　莫霍利－纳吉：建筑师的视觉基础训练（1937~1946）————————056

　　2.4　观念与知识体系的建构 ————————————————————073

　　2.5　本章小结 —————————————————————————————079

第三章　"基本设计"在美国建筑教育的流变 ——————————————081

　　3.1　包豪斯原理传播的三种模式 ——————————————————082

　　3.2　模式一：建筑学辅助的视觉基础训练 —————————————083

　　3.3　模式二："基本设计"为蓝本的建筑设计基础课程 ————————102

　　3.4　模式三：寻求现代建筑的空间形式基础 ————————————109

　　3.5　回响："基本设计"的内涵与外延 ———————————————119

　　3.6　本章小结 —————————————————————————————129

第四章　包豪斯观念与中国建筑教育的初遇 ——————————————131

　　4.1　背景：抽象形式观念的早期影响 ———————————————132

　　4.2　包豪斯预备课程的引入（1942~1952）————————————————146

　　4.3　现代主义建筑认知与教育的断裂（1952~1966）——————————168

　　4.4　本章小结 —————————————————————————————178

第五章 "构成"教学的溯源和曲折传播————————————179

    5.1 背景："构成"的谱系————————————————180

    5.2 "构成"在日本的溯源——————————————180

    5.3 "构成"在中国内地的兴起：对外交流与方法引进——191

    5.4 本章小结——————————————————199

第六章 "构成"在中国建筑教育的变迁————————————201

    6.1 包豪斯形式原理的第二次影响——————————202

    6.2 "构成"与"空间"：同济大学建筑系的基础课程（1977~2000）——202

    6.3 "渲染"与"构成"：清华大学建筑系的基础课程（1978~2000）——225

    6.4 从形态"构成"到"空间"教育———————————243

    6.5 形式主义：建筑实践的评述———————————251

    6.6 本章小结——————————————————259

第七章 比较与反思：包豪斯基本原理的跨文化传播——————261

    7.1 传播与比较——————————————————262

    7.2 历史与反思——————————————————273

    7.3 回溯与展望：包豪斯预备课程的学术遗产——————282

    7.4 调适或革命：中国建筑教育的现代转型——————289

    7.5 本章小结——————————————————293

结语————————————————————————295

翻译对照表—————————————————————299

图片来源—————————————————————302

参考文献—————————————————————305

致谢————————————————————————311

第一章

绪论

1.1　包豪斯与建筑教育的现代转型

已逾百年历史的德国包豪斯学校（1919~1933）通常被视为现代设计教育的发源地之一。在一批先锋艺术家和建筑师的探索下，包豪斯孕育了独特的教学方法、形式美学和设计方法论，并逐步形成了宣扬现代主义的理论体系。尽管包豪斯在初创时期曾以建筑训练为教学体系的终极环节，但是它对世界建筑教育的影响却主要来自于一个与建筑并无直接关联的基础课程。根据瓦尔特·格罗皮乌斯（Walter Gropius）拟定的包豪斯教学大纲，在进入建筑学习之前，学生要经过石、木、金属、陶土、玻璃、织物和色彩的工作坊训练。为了能让学生在材料工作坊之前有所积累，明确个人研习方向，约翰内斯·伊顿（Johannes Itten）提议设立一个先修课程，这就是所谓"包豪斯预备课程"（The Bauhaus Preliminary Course）的由来。无论就学理还是教学法而言，预备课程都是包豪斯教育核心价值的重要体现。在包豪斯跨文化的传播和流变过程中，它对于现代建筑教育的一大贡献来源于其对抽象空间、形式、材料等设计基础理论的探索。一方面，包豪斯基本原理及其派生出的一系列观念、术语和方法论被凝练在建筑学的知识体系中，推动了现代建筑理论的发展。另一方面，包豪斯独创的预备课程在建筑院校中被广泛传播，替代了原有的布扎（Beaux-Arts）方法，以教学实践的方式强化了其知识体系的构建。

在美国建筑教育由古典向现代转型的进程中，包豪斯教学的移植（Transplantation）与传播无疑是一个决定性的因素。粗线条地概括，即从德国包豪斯输入的观念与方法革命性地替代了美国原有的布扎模式，并促成了"美国包豪斯"（American Bauhaus）的兴起。包豪斯预备课程作为其教学模式的重要组成部分，从实验性艺术教育走向了大学建筑教育。预备课程的引入不仅从教学法上挑战了繁复的布扎入门方法，同时给师生输入了空间形式认知的新观念，全面加速了美国建筑教育的现代转型进程。第二次世界大战以后，随着现代主义建筑在美国逐步占据统治地位，包豪斯教学与现代建筑教育的关系变得更为微妙。强调通识的包豪斯模式与建筑设计专业性的内在矛盾在传播过程中被逐步放大，预备课程也经历了方法学上的调适与转化来回应现代建筑的基本原则。

中国高等院校建筑教育的肇始与西方建筑教育的输入有着密切的联系。国内正规大学建筑系的创办始于1920年代。1927年，国立中央大学建筑系在其前身苏州工业专门学校（简称苏州工专❶）的基础上成立❷，标志着建筑学专业开始从土木系（科）中独立出来。在这一时期，一批留美归国的学生把美国当时盛行的布扎教育带回中国，并发展为一个全国性的模式。布扎模式在国内建筑院校逐步兴起，以东北大学建筑系❸

❶ 苏州工专在1923年开办建筑科，由柳士英、刘敦桢、朱士圭创办。

❷ 东南大学建筑系创立于1927年，是中国现代建筑教育的发源地。其校名也曾经历了国立中央大学（1928~1949）、南京工学院（1952~1988）等变迁。本书在校名、系名的使用上也将遵循其历史沿革中的名称。

❸ 1928年创立的东北大学建筑系由梁思成、林徽因创办。九一八事变爆发，建筑系被迫南迁，随后办学终止。学生则并入上海大厦大学、中央大学。

（1928~1931）和沙坪坝时期中央大学建筑系（1937~1945）所奉行的古典主义建筑教育为代表，可以对标远在美国东岸宾夕法尼亚大学（University of Pennsylvania 简称宾大）的建筑系。与布扎建筑教育的传播并行的是第一代中国海外建筑留学生在西方求学和游历过程中对欧美现代主义建筑的感性认识。他们或多或少受到了新建筑思潮和作品的影响，并逐步认识到现代主义建筑在行业和社会领域的巨大影响力。另一方面，随着西方文献和资讯的传播，1930 年代开始，国内建筑院校已经出现了对现代主义建筑的引介。最为典型的案例就是广州勷勤大学建筑系的师生开始自觉引入欧美现代主义建筑 ❶，并利用学生自编刊物积极传播新建筑思潮。

❶ 勷勤大学建筑工程系创立于 1932 年，由林克明、胡德元等筹建。1952 年，华南工学院建筑系在勷勤大学以及 1938 年并入的国立中山大学工学院的基础上成立，1988 年更名为华南理工大学建筑系。

　　相对于中国建筑院校长期的学院式教学传统，包豪斯教学模式在国内实际上未能充分展现。中国建筑教育与包豪斯的第一次短暂相遇始于 1940 年代初期。1942 年，圣约翰大学（St. John's University）建筑系成立，从哈佛大学设计研究生院（Harvard Graduate School of Design 简称哈佛 GSD）毕业的黄作燊开始推行具有美国包豪斯特征的教学方法。圣约翰大学的建筑教育与当时仍占据主流的布扎模式形成鲜明对比。此外，现代建筑的影响还波及 1946 年成立的清华大学（简称清华）建筑系。在美国游学的梁思成敏锐地意识到了现代建筑教育发展的动向，在新成立不久的建筑系中推行改革，引入了"抽象构图"等包豪斯教学方法，并传播了欧美的现代主义建筑理念。

　　然而，国内建筑院校对现代建筑教育的探索并未持续多久就被动荡的社会政局打断。从 1950 年代初到 1970 年代末，对于现代主义建筑的讨论成为意识形态控制中的禁区。1952 年全国院系调整后，布扎教学模式重新在国内占据主导地位，并通过自上而下的行政力量而被强化。大部分建筑院校都采用了以苏联布扎为蓝本的教学方法，与欧美现代建筑教育发展的脉络相脱离。

　　"文革"之后，国内高校的建筑教育逐步恢复正常秩序。逐步开展的教学对外交流为渴望变革的师生带来了新的契机，并推动了教学体系的现代化转型。以包豪斯传播为例，经典著作及其译介开始重新引入国内，包豪斯基本理论也以"三大构成"的方式第二次传入到国内建筑院校。1980 年代初，同济大学（简称同济）建筑系率先以"形态构成"的原理全面重组设计基础教学体系。"构成"的风靡对当时仍处于主流的学院式教学体系产生了冲击，并且推动了"布扎构图"向"空间构成"知识体系的转型。实际上，中国现代建筑观念的重构与教育领域知识体系的转型是互为基础的，因此，对于知识传播的研究是理解中国现代建筑思想发凡与演化的一个关键切入点。

　　由于意识形态的原因，包豪斯基础理论在中国全面的引入开始于"文革"之后。这与包豪斯的世界性传播已经相隔了近三十年。这就引发了包豪斯本土化与设计教育体系转型的一系列问题：例如，"构成"形式理论与包豪斯基础理论之间的渊源关系，两者是否等同？以"构成"为代表的抽象形式原理如何介入中国大陆的建筑设计教学？以及包豪斯理论对于国内建筑设计方法和知识体系的变迁产生了何种作用？2019 年恰逢包豪斯百年诞辰，同济大学、中国美术学院等诸多院校都开展了纪念活动以回顾包豪斯的历史并重新思考中国现代设计教育的发展方向。作为一个历久弥新的话题，讨论包豪斯绝非重拾历史问题，而是具有积极的现实意义。本书的写作目的也正是如此，希望通过史料的梳理来回溯包豪斯预备课程对于中国建筑教育现代转型的独特作用。

1.2　研究背景

（1）包豪斯与建筑教育

在艺术和建筑教育的史学研究中，包豪斯学校及其历史演变是一个不可绕过并被反复讨论的话题。1936 年，建筑史学家尼古拉斯·佩夫斯纳（Nikolaus Pevsner）率先在他经典著作《现代设计的先驱者：从威廉·莫里斯到瓦尔特·格罗皮乌斯》（*Pioneers of Modern Design：From William Morris to Walter Gropius*）中把包豪斯归为现代设计的源头，并高度评价了格罗皮乌斯的教学实验[1]。在佩夫斯纳的另两本著作中也同样提及包豪斯在现代艺术和设计教育转型中的特殊位置[2]。由赫尔伯特·拜亚（Herbert Bayer）、格罗皮乌斯夫妇（Walter Gropius and Ise Gropius）于 1952 年共同编纂的《包豪斯 1919-1928》（*The Bauhaus 1919-1928*）则是一本包豪斯教育的合集，推动了包豪斯在英语世界的研究与出版。汉斯·温格勒（Hans Wingler）的著作《包豪斯：魏玛、德绍、柏林、芝加哥》（*Bauhaus：Weimar，Dessau，Berlin，Chicago*）既以全面的视角回顾了包豪斯教学制度的演变，又披露了大量包豪斯教学和实践的史料[3]。弗兰克·惠特福德（Frank Whitford）的经典著作《包豪斯》（*Bauhaus*）以整体的视角介绍了包豪斯的历程，并立体地刻画了包豪斯多样化师资的群像[4]。玛格丽特·肯根斯 – 克雷格（Margret Kentgens-Craig）的《包豪斯与美国的初遇 1919-1936》（*The Bauhaus and America，First Contacts 1919-1936*）[5] 和雷纳·维奇（Rainer Wick）的《包豪斯教学》（*Teaching at the Bauhaus*）则是千禧年前后出版的针对包豪斯教育史的专题研究[6]。

包豪斯与建筑教育的全面接轨始于 1930 年代末的美国。作为美国包豪斯模式的亲历者，哈罗德·布什 – 布朗（Harold Bush-Brown）以回忆录的方式对 20 世纪 20~60 年代的建筑教育变革历程进行了细致描述[7]。作者回忆自己在哈佛大学（Harvard University 简称哈佛）学习建筑的经历，并对布扎的技巧驾轻就熟。随后，他在 McKim，Mead & White 建筑事务

❶Nikolaus Pevsner. Pioneers of the Modern Movement：From William Morris to Walter Gropius[M]. London：Faber & Faber，1936.

❷佩夫斯纳另两本著作分别为《艺术学院的历史》（*Academies of Art，Past and Present*）以及《现代建筑与设计的源泉》（*The Sources of Modern Architecture and Design*）都提到了包豪斯在艺术和建筑领域的重要作用。

❸Hans Maria Wingler. The Bauhaus：Weimar，Dessau，Berlin，Chicago[M]. Cambridge：MIT Press，1969.

❹Frank Whitford. Bauhaus[M]. London：Thames & Hudson，1984.

❺Margret Kentgens-Craig. The Bauhaus and America：First Contacts，1919-1936[M]. Cambridge：MIT Press，1999.

❻Rainer K. Wick，and Gabriele Diana Grawe. Teaching at the Bauhaus[M]. Distributed Art Pub Incorporated，2000.

❼Harold Bush-Brown. Beaux Arts to Bauhaus and beyond：An Architect's Perspective[M]. New York：Whitney Library of Design，1976.

所任职，之后转至乔治亚理工学院（Georgia Institute of Technology）任教。布什－布朗是乔治亚理工学院建筑教育由古典转向现代的主导者。他曾见证了美国建筑教育变迁的诸多事件，比如埃利尔·沙里宁（Eliel Saarinen）的早期实践、ACSA（Association of Collegiate Schools of Architecture）会议对于现代建筑运动的讨论、以及格罗皮乌斯和弗兰克·劳埃德·赖特（Frank Lloyd Wright）对于亚特兰大的访问等。此外，布什－布朗还曾吸纳芝加哥新包豪斯毕业生来亚特兰大任教并主持工作坊训练，由此带入了具有包豪斯特征的教学。

肯尼斯·弗兰姆普敦（Kenneth Frampton）和亚历珊德拉·拉特尔的（Alessandra Latour）于 1980 年所撰写的关于美国建筑教育的历史综述以宏观的视角审视了美国建筑院校逐步放弃古典训练方法，并开始接纳现代建筑的影响。在论述教学法转变的部分，作者不仅提到了格罗皮乌斯、密斯·凡·德·罗（Mies van der Rohe）等包豪斯建筑大师，同样关注了莫霍利－纳吉（László Moholy-Nagy）和约瑟夫·阿尔伯斯（Josef Albers）在 1940 年代的教学。当然，弗兰姆普敦也认为后者在抽象艺术和环境艺术的巨大成功并未带来建筑学领域的认同，他们对于建筑教育的影响仍然是"轻微（Slight）"的 ❶。

曾在哥伦比亚大学（Columbia University）建筑系任教的克劳斯·赫登格（Klaus Herdeg）的著作《装饰的图解：哈佛建筑和包豪斯遗产的谬误》（*The Decorated Diagram: Harvard Architecture and the Failure of the Bauhaus Legacy*）是一本针对以格罗皮乌斯和马歇尔·布劳耶（Marcel Breuer）为代表的"哈佛包豪斯"（Harvard-Bauhaus）模式和其教学法的批评著作 ❷。赫登格在书中以教学、实践互动的方式进行研究，审视了布劳耶、贝聿铭（I.M. Pei）、乌尔里奇·弗朗兹恩（Ulrich Franzen）、菲利普·约翰逊（Philip Johnson）、TAC 建筑事务所（The Architects Collaborative）、保罗·鲁道夫（Paul Rudolph）等哈佛师生中代表人物的建筑作品，并指出了作品中由于教育所导致的共同弊端。比如，对于建筑形式、功能理解的教条化，设计方法的程式化，对空间和结构的漠视都是赫登格认为的包豪斯通病。赫氏对于哈佛建筑教育的批评体现出理论与实践的互动关系。比如，通过柯布西耶（Le Corbusier）和布劳耶作品的对比，他指出包豪斯学派对于建筑形式的操作实际已经脱离了建筑场所环境的约束和建筑内在的形式－结构逻辑（Formal-structural logic）。赫登格沿用了这种分析视角对哈佛建筑教育进行审视，并对格罗皮乌斯所倡导的教学法进行批评：学生在任务书的引导下会采用一种"图案和肌理"（Pattern and texture）排列组合式的设计过程来增加建筑的视觉丰富性。这种对视觉感知的注重正是包豪斯体系所倡导的所有设计之"公分母"（Common denominator）。这种提高建筑视觉愉悦度的设计方法不仅潜

❶ Kenneth Frampton and Alessandra Latour. Notes on American Architectural Education. From the End of the Nineteenth Century until the 1970s[J]. Lotus International, 1980, 27: 5-39.

❷ Klaus Herdeg. The Decorated Diagram: Harvard Architecture and the Failure of the Bauhaus Legacy[M]. Cambridge: MIT Press, 1985.

藏在格罗皮乌斯的设计课程中，还通过包豪斯的价值观在美国本土的建筑实践中传播。这种倾向最终带来了功能性平面布局和装饰性建筑外观的分离，同时导致空间组织的清晰性与建筑形式语言复杂性之间的悖论。

吉尔·帕尔曼（Jill Pearlman）以美国本土建筑教育家约瑟夫·哈德纳特（Joseph Hudnut）为对象的著作同样具有启发性[1]。哈德纳特自1930年代开始在哥伦比亚和哈佛建筑系对布扎模式的教学进行改革，帕尔曼对此进行的史料梳理表明当时的教学改革出现了"美国现代主义"（American modernism）的特征而并非全盘接受包豪斯教条。帕尔曼重新解读了格罗皮乌斯在哈佛移植包豪斯模式的过程，以美国学者的立场分析了格罗皮乌斯和哈德纳特在探索现代建筑教育上的合作与分歧，并重现了这一段鲜为人知的历史。在本书的第六章，作者以"'基本设计'的争议"（The Battle over Basic Design）为题阐述了哈佛设计基础教学的变迁，其中不仅涉及阿尔伯斯在建筑系的教学，同时披露了格罗皮乌斯和哈德纳特在建筑教学中引入包豪斯预备课程时的长期博弈。两人的争议从不同层面体现了哈佛建筑教育现代转型的学术倾向。帕尔曼的著作提供了研究美国包豪斯教育变迁史的不同视角，并重新诠释了哈德纳特作为美国本土现代建筑教育践行者的重要性及其所推崇的人文、社会层面的设计价值。

安娜·薇利（Anna Vallye）的博士论文则从设计实践和知识生产实践（Practices of Knowledge Production）的二元关系来讨论包豪斯学派从强调材料的手工艺训练向新技术、工艺应用的转变[2]。通过对格罗皮乌斯和捷尔吉·凯普斯（Gyorgy Kepes）美国教学生涯的历史追溯，作者探讨了随着美国包豪斯体系变迁而不断变化的设计基本原则。她同时指出，格罗皮乌斯和凯普斯在美国建筑学院的教学不仅颠覆了布扎教育，还重塑了知识领域的基本话语，并把其推广到学术领域、设计行业、政府部门乃至更广阔的知识性活动和国家政治中。

（2）建筑学视角下的包豪斯预备课程

尽管针对包豪斯的研究汗牛充栋，但从建筑学视角来审视包豪斯预备课程的演变却并不多见，并仍具有学术争议。实际上，预备课程本身就是学科交叉的产物，其关于通识教育、感知培养、具身认知等核心问题的观念也一直在变迁和迭代。作为包豪斯基础课的主持教师，伊顿、莫霍利-纳吉和阿尔伯斯都对各自的教学体系有着明确的论述。伊顿的教学法集中于形式和材料的感知与表达[3]，而莫霍利-纳吉在包豪斯成立初期就把建筑学的入门教育列为己任，并有着"从材料到建筑"的论述[4]。在他移民美国创办新包豪斯时，开办了专门的建筑教育，并在《动态视觉》（Vision in Motion）一书中进一步讨论了艺术和建筑教育的共通基础——基于抽象形式的视觉与材料训练[5]。这一颠覆性的观念在当时美国建筑院校中有着

[1] Jill E Pearlman. Inventing American Modernism: Joseph Hudnut, Walter Gropius, and the Bauhaus Legacy at Harvard[M]. Charlottesville: University of Virginia Press, 2007.

[2] Anna Vallye. Design and the Politics of Knowledge in America, 1937-1967: Walter Gropius, Gyorgy Kepes[D]. New York: Columbia University, 2011.

[3] Johannes Itten. Design and Form: The Basic Course at the Bauhaus[M]. Van Nostrand Reinhold, 1964.

[4] László Moholy-Nagy. The New Vision: Fundamentals of Design, Painting, Sculpture, Architecture[M]. New York: W.W. Norton & Company, inc., 1938.

[5] László Moholy Nagy. Vision in Motion[M]. P. Theobald, 1947.

一定的响应者。阿尔伯斯则是最早在美国设计和建筑教育中推动"基本设计"（Basic Design）的教师，其教学法在"二战"之后广泛被美国建筑院校所采纳。针对阿尔伯斯的艺术史和教学史研究在近年来也不断有新的研究成果问世。

弗雷德里克·霍洛维茨（Frederick A. Horowitz）和布伦达·丹尼洛维茨（Brenda Danilowitz）的著作《约瑟夫·阿尔伯斯：打开视野 包豪斯、黑山学院与耶鲁》（*Josef Albers*：*To Open Eyes the Bauhaus*，*Black Mountain College*，*and Yale*）是关于阿尔伯斯教学历史记述最为全面的著作之一❶。书的结构延续阿尔伯斯基础教学体系的三个分支，即绘画（Drawing）、"基本设计"（Basic Design）和色彩（Color），生动还原了阿尔伯斯的教学风范。作为包豪斯的弟子，两位作者搜集了大量文稿、课程记录照片、学生作业、教案等教学史料，立体地展现了阿尔伯斯在抽象视知觉教育领域的深耕历程。此外，该书还围绕着哈佛大学、黑山学院（Black Mountain College）、耶鲁大学（Yale University 简称耶鲁）等院校的教学历史展开论述，并对二战后包豪斯教学法在美国建筑教育的影响做了评述。

如果论及包豪斯预备课程在美国建筑教育的转化，亚历山大·卡拉冈（Alexander Caragonne）关于"得州骑警"的著作（*The Texas Rangers*：*Notes from an Architectural Underground*）提供了一个特定的视角❷。此书详细记录了得州大学奥斯汀分校（The University of Texas at Austin）从1954 到 1958 年进行的短暂而具有里程碑意义的教学实验。在当时，一群年轻的建筑教师以现代建筑的空间形式基础重新设定了建筑学入门训练的基本问题，并找寻一种可教（Teachable）的教学法。除了对于伯纳德·霍斯利（Bernhard Hoesli）、柯林·罗（Colin Rowe）、约翰·海杜克（John Hejduk）等核心人物的详尽记述之外，卡拉冈还特别提到了包豪斯教学法在得州大学奥斯汀分校建筑基础课程的变迁。罗伯特·斯拉茨基（Robert Slutzky）和李·赫希（Lee Hirsche）的教学延续了阿尔伯斯对于形式感知的基本原理，并为"装配部件"（Kit-of-parts）等针对建筑学空间形式教学法的形成奠定了基础。

（3）中国现代建筑教育史和教学理论研究

中国建筑教育史的系统研究在国内起步相对较晚。1987 年台湾地区学者黄健敏对 1949 年之前大陆建筑教育渊源的考证是最早开展的历史研究之一❸。齐康与晏隆余也撰写过国内早期建筑教育的综述❹。近十年来，建筑教育史的研究逐步成为学界的热点话题之一。一方面，图档文献等史料搜集工作有了全面进展。以 1950 年代院系调整形成的"老八校"为研究热点，各个学校都积累了一批可贵的素材：如教学计划、学生作业、教学文献与实物、教师口述资料、回忆文章等。另一方面，教育史研究也从

❶ Frederick A. Horowitz and Brenda Danilowitz. Josef Albers：To Open Eyes[M]. London：Phaidon Press，2006.

❷ Alexander Caragonne. The Texas Rangers：Notes from an Architectural Underground[M]. Cambridge：MIT Press，1995.

❸ 黄健敏．中国建筑教育溯往 [J]．台湾建筑师论丛，1987，2：127.

❹ 齐康，晏隆余．近代建筑教育史略（刊于《中国建筑业年鉴 1986-1987》）[M]．北京：中国建筑工业出版社，1988.

单一的文献研究（比如图档、师资、课表）转向了更具专业性的专题研究，尤其侧重于教学理论和知识体系层面的解读。

中国现代大学制度下建筑学专业的诞生大多是从土木系（科）中独立出来的，并形成了侧重于工程技术类训练的工学院模式（Polytechnical Model）。例如，苏州工专和勤勤大学建筑系即是此类模式的代表。对于这一时期的教学历史，赖德霖、徐苏斌等学者作了开拓性的研究。彭长歆描述了勤大早期引入现代主义建筑思潮的历史，并指出其教学主张不同于当时盛行的布扎模式❶。张晟以京津冀地区的学校为对象，描述了具有土木工学特征的建筑教育的缘起与发展❷。

1920年代后期，从美国引入的布扎模式开始在国内占据主导地位。中国台湾地区学者王俊雄较早关注到了我国第一代宾大留美学生接受教育的情况❸。潘谷西与单踊追溯了中央大学及其前身苏州工专的教育历史。顾大庆则以东南大学建筑系（包含其前身中央大学和南京工学院）为主要研究对象，并通过"移植""本土化"和"抵抗"的三个历史分期阐述了布扎教育在国内的历史沿革❹。此外，他还在另一篇围绕"布扎 – 摩登"的文章中指出古典与现代建筑教育此消彼长的发展趋势构成了中国建筑教育现代转型的基本事实❺。由同济大学两位学者钱锋和伍江撰写的《中国现代建筑教育史（1920~1980）》一书以翔实的资料全面描述了现代建筑教育在中国的变迁❻。在针对教学方法的论述上，此书采用了相对两分的方式描述了古典和现代建筑教育所产生的对抗，着重从形式和风格特征的角度论述了现代建筑教育在中国建筑院校的境遇。

"文革"之后国内建筑教育史的研究仍处于起步阶段。首先，"新三届"及其学术渊源的问题成为反思当下建筑活动的一个切入点。除了对"老四校"传统的传承，研究的视角被进一步拓宽。徐苏宁从哈尔滨建筑工程学院的历史谈及了北方院校在国内建筑教育版图上的位置及其深厚底蕴❼。卢峰归纳了重庆建筑工程学院"新三届"产生的独特时代背景和群体特征❽。此外，北京大学建筑学研究中心、南京大学建筑研究所等2000年前后成立的机构和院系也因为其先锋的教学而受到关注❾。

近四十年建筑教育史研究的另一个鲜明特征是突出了对外交流。就设计理论变迁的角度来说，国内院校在1980年代开始与欧美学术环境重新对接，并逐步引入了以空间为核心的现代建筑教育体系。吴佳维、顾大庆详细分析了苏黎世联邦理工学院赫伯特·克莱默（Herbert Kramel）教授发展的"基础设计"教程，以及它对于八九十年代东南大学建筑基础课程的影响❿。赵巍岩从教学内容和方法多样性的角度论述了同济建筑教改的成果⓫。例如，该校与德国达姆斯塔特大学（Darmstadt University）等院校的交流促进了空间类基础教学的传播。荆其敏在改革开放初期的文章记

❶ 彭长歆. 中国近代建筑教育一个非"鲍扎"个案的形成：勤勤大学建筑工程学系的现代主义教育与探索 [J]. 建筑师, 2010,（02）: 103-110.

❷ 张晟. 京津冀地区土木工学背景下的近代建筑教育研究 [D]. 天津：天津大学, 2011.

❸ 王俊雄. 中国早期留美学生建筑教育过程之研究——以宾州大学毕业生为例 [R]. 台湾"国科会"专题研究. 1999.

❹ 顾大庆. 中国的"鲍扎"建筑教育之历史沿革——移植、本土化和抵抗 [J]. 建筑师, 2007, 126（02）: 99-109.

❺ 顾大庆. "布扎 – 摩登"中国建筑教育现代转型之基本特征 [J]. 时代建筑, 2015（05）: 48-55.

❻ 钱锋, 伍江. 中国现代建筑教育史（1920~1980）[M]. 北京：中国建筑工业出版社. 2008.

❼ 徐苏宁. 哈尔滨建筑工程学院的建筑"新三届"[J]. 时代建筑, 2015（01）: 54-58.

❽ 卢峰. 建卒之路 重庆建筑工程学院的"新三届"[J]. 时代建筑, 2015（01）: 59-63.

❾ 臧峰, 沈海恩. 非常教育 张永和的北京大学和麻省理工学院 [J]. 时代建筑, 2015（01）: 76-81.

❿ 吴佳维, 顾大庆. 结构化设计教学之路：赫伯特·克莱默的"基础设计"教学——教案的沿革与操作 [J]. 建筑师, 2018（06）: 26-33.

⓫ 赵巍岩. 同济建筑设计基础教学的创新与拓展 [J]. 时代建筑, 2012（03）: 54-57.

录了天津大学因与美国建筑院校交流而带入的空间分析方法❶。通过上述研究不难推断，"文革"后国内建筑教育逐步从布扎的构图训练转向了针对空间的教育，而这种教育转型的直接驱动力就是建筑空间观念与方法的传播。

（4）包豪斯在中国建筑教育的传播史

不同于包豪斯模式在美国建筑教育界的革命性影响，中国建筑院校对于包豪斯的接纳是一个缓慢而持续的过程。在改革开放以前，包豪斯对于中国而言是一个模糊而难以实现的理想。从1980年代开始，"三大构成"教学的快速兴起重新引入了当时国内所缺失的现代主义建筑教育，也二次传播了包豪斯现代设计的知识体系。由于时代的局限，国内建筑教育界对于包豪斯的引入和传播难免会产生误读。譬如，包豪斯预备课程和"三大构成"的历史渊源在当时的语境是很难清晰论述的。文化背景和知识体系的显著差异赋予了包豪斯教学在中国传播的独特性，这正是本书试图探究的内容。

赖德霖是最早完整描述包豪斯在国内建筑教育界传播的学者之一，在他的博士论文中就以"中国近代建筑师的培养途径——中国近代建筑教育的发展"为单独的章节提及了包豪斯1940年代在圣约翰大学和清华建筑教育中的影响，并指出其不同于布扎教育的特征❷。1952年院系调整之前，圣约翰大学建筑系（同济大学建筑系前身）更为鲜明地采用了包豪斯的教学方法。在上海特定的文化影响下，圣约翰大学和同济建筑教育的历史沿革都对现代主义的建筑思潮更为敏感。卢永毅对奠定同济现代建筑教育基础的前辈进行了谱系和学术源流的梳理❸，她指出黄作燊和罗维东的教学实验都与他们在美国所接受的教育有着渊源。钱锋在她的硕士论文中对圣约翰大学建筑教育创始人黄作燊做过人物生平和教学思想的考证❹。刘宓也曾对同济建筑系前身之一的之江大学建筑系进行过教育史的研究❺。上述研究中的一手资料大多以口述回忆为主，新中国成立前的大部分图档均以散失。不过，仍有一些史料补遗的工作可以进行，并通过跨文化的方式得以推进。由于教学档案留存稀少，包豪斯教学在国内的首次影响存在研究素材不足的先天局限性。

1980年代初，"三大构成"教学以包豪斯变体（Variation）的方式率先被同济大学建筑系引入，随后被诸多国内院校采用❻。作为基础教学的负责人，同济大学的赵秀恒和莫天伟曾撰文介绍"构成"在建筑教育界的转化❼。徐甘详细阐述了同济建筑基础教学变迁的历史，并划分了"文革"后至今的各阶段特征❽。南京艺术学院的庞蕾从"构成"引入和变迁的角度论述了其在国内艺术院校基础课的发展，并兼论"构成"对培养建筑形式感的作用❾。作为包豪斯原理的变体，"构成"教学的历史溯源研究仍

❶ 荆其敏，张文忠.美国研究生分析中国古建筑——天津大学部份留学生作业简介 [J].建筑学报，1982（12）：48-53.

❷ 赖德霖.中国近代建筑史研究 [D].北京：清华大学，1992.

❸ 卢永毅.同济早期现代建筑教育探索 [J].时代建筑，2012（03）：48-53.

❹ 钱锋.中国现代建筑教育奠基人——黄作燊 [D].上海：同济大学，2001.

❺ 刘宓.之江大学建筑教育历史研究 [D].上海：同济大学硕士论文，2008.

❻ 徐甘，卢永毅，钱锋，王雨林.百年回响 包豪斯-同济设计基础教学的回望与对话 [J].时代建筑，2019（06）：168-173.

❼ 莫天伟.建筑教学中的形态构成训练 [J].建筑学报，1986（06）：65-70.

❽ 徐甘，郑时龄.建筑设计基础教学体系在同济大学的发展研究（1952-2007）[M].上海：同济大学出版社，2020.

❾ 庞蕾.构成教学研究 [D].南京：南京艺术学院，2008.

不充分。由于国内建筑教育近三十年的封闭期、抽象形式观念的缺失和知识传承上的断裂，"文革"之后"构成"教学的传播与国际上包豪斯教育的影响存在着落差。而理解这个落差的关键在于深入分析中国和西方现代建筑教育体系的趋同和差异。崔婉怡和许懋彦曾对梁思成 1949 年提出"体形环境"的建筑教育理念进行考证，并指出其中源自美国现代建筑教育的现代精神和人文内涵❶。张轶伟和顾大庆曾以连续的视角审视了包豪斯预备课程在国内的两次影响，并指出其内在的传承与差异❷。与包豪斯抽象形式理论对建筑空间观念影响类似的是，"形态构成"同样曾被视为一种新的形式法则，甚至以"建筑构成"的方式进行了知识重构。这种建筑观念与方法论层面的转变将是理解包豪斯跨文化传播的核心。

1.3　研究对象与方法

1.3.1　四种术语：形式观念的演变

（1）包豪斯预备课程：联合艺术与手工艺训练

术语之一是包豪斯教学体系中独特的"预备课程"。在德国办学的 14 年中，包豪斯预备课程（The Bauhaus Vorkurs）从创校开始就成为包豪斯教学模式的核心组成部分。这一课程由伊顿创立，其目的在于建立一门以材料和抽象形式为核心的先修课程以辅助学生进行专业选择。在英文语境中，"预备课程"大多被译为"The Bauhaus Preliminary Course"❸，也有译为"Basic Course"（基础课程）。关于"预备课程"中译名的商榷，王雨林和卢永毅曾撰文从构词方式和语意原境上进行过阐述❹。考虑叙述的统一，本文采用"包豪斯预备课程"的中文翻译。

从教学组织而言，伊顿、莫霍利－纳吉、阿尔伯斯三任预备课程的主持教师对于课程的运作和传播起了决定性作用。实际上，在包豪斯办学初期，预备课程的教学法逐步摆脱早期的感性而趋于理性，并因为师资的差异而表现出不同的倾向。从整个包豪斯模式而言，预备课程存在的价值则是相对清晰且具有共识的，并以伊顿早期的三点定义形成了一套稳定的核心价值（具体内容在 2.2.1 章节展开论述）。从学理的脉络而言，裴斯泰洛齐（Johann Pestalozzi）和福禄贝尔（Friedrich Froebel）的教育学理论对课程有过重要影响。而从教学法层面，预备课程广泛吸收了苏联构成主义（Constructivism）、风格派（De Stijl）等不同艺术流派和瓦西里·康定斯基（Wassily Kandinsky）、保罗·克利（Paul Klee）等核心人物的抽象形式理论，并构建出了独立的知识体系❺。

包豪斯预备课程是研究包豪斯教学法变迁的原点，而其在传播过程中产生的其他三种术语及其观念嬗变正是本书要着重讨论的问题（图 1-1）。

❶ 崔婉怡，许懋彦. 梁思成以"体形环境"理念为核心的现代建筑教育思想形成与实践探析 [J]. 建筑师，2021（05）：39-52.

❷ 张轶伟，顾大庆. 溯源与流变——"包豪斯初步课程"在中国建筑教育的两次引进 [J]. 建筑师，2019（02）：55-63.

❸ 1952 年，由拜亚和格罗皮乌斯夫妇共同编写的《包豪斯 1919-1928》英文版通过纽约 MoMA 出版，伊顿、莫霍利－纳吉和阿尔伯斯共同主持的基础课程被英译为"Preliminary Course"。

❹ 王雨林，卢永毅. 包豪斯预备课程的建筑迁行——以拉兹洛·莫霍利－纳吉主持的课程为例 [J]. 建筑师，2019（04）：62-75.

❺ 构成主义（Constructivism）作为 1910 年代中期兴起的先锋艺术运动，横跨俄国和苏联（1922~1991）时期，并在 1920 年代达到艺术思潮与创作的高峰。因而也就有"苏联构成主义"和"俄国构成主义"的说法，两者均可行。此外还需指出，在莫霍利－纳吉的基础课中，有一类训练受到了苏联构成主义的影响，关注于材料和重力、平衡、空间的相互关系，被称为"构成"（Construction）。但这个概念和"构成"作为一种造型基础课的统称有本质差别。

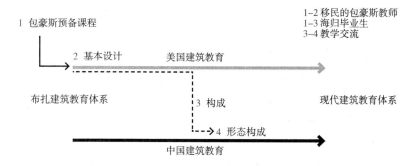

图 1-1　包豪斯传播史中四种术语

（2）"基本设计"：通识类的抽象形式训练

术语之二是包豪斯预备课程在美国传播和变迁所产生的"基本设计"（Basic Design）。相对比"课程"的称谓，"基本设计"以"基本"和"设计"重新定义了基础教学与现代设计学科的独特性。相对于包豪斯预备课程内在的丰富性，"基本设计"则更趋向于对形式法则和语汇一般规律的总结。

1933 年，随着包豪斯在柏林被纳粹关闭，其师生在欧美各国产生了复杂的流动。美国则成了包豪斯学术影响的重要延续，并产生了所谓包豪斯模式的移植。早在 1934 年，最早移民美国的第一代包豪斯教师阿尔伯斯就已经对"基本设计"有了明确的定义❶，并让所谓的"设计"成为与"绘画"和"色彩"训练平行的三大板块之一，用来进行艺术启蒙。因而，"基本设计"知识体系的源头自然是非建筑和专业交叉的。不过，课程中由材料衍生出来的形式、空间和视觉感知问题都与建筑学有所关联。因此，倡导通识教育的格罗皮乌斯和一批包豪斯移民教师成功地把"基本设计"引入美国建筑教育中，并取代了原有布扎体系的基础课。

❶ 阿尔伯斯于 1934 年 6 月发表的文章"关于艺术教育"（Concerning Art Instruction）是一个清晰地考察黑山学院艺术教育的文本，同时也对"基本设计"和包豪斯基础教学进行了明确的定义。详见 2.2.1 章节的论述。

"基本设计"作为包豪斯核心价值的延续，同时体现着现代设计语言的基本法则，在美国和亚太地区国家都有着广泛的影响，尤其是对中国港台地区的设计和建筑学科的基础教学影响显著。举例说明，1950 年代，陈其宽在台中东海大学开设的"基本设计"就非常接近于美国建筑院校中的基础教学❷。对国内"构成"教学的兴起有推动作用的我国香港艺术家王无邪（Wucius Wong）也是从美国得到了关于设计原理的启发，发展出"平面设计"（Two-dimensional Design）和"立体设计"（Three-dimensional Design）的训练方法与知识体系。

❷ 郑惠美. 空间·造境——陈其宽 [M]. 台北：雄狮图书股份有限公司 .2004.

（3）"构成"：日本造形基础教学

术语之三是日本艺术教育体系中的"构成教育"（Kosei-Kyoiku）。1930 年代，在德国包豪斯求学的日本留学生根据预备课程的蓝本创造了"构成"（Kosei）的术语，并结合日本艺术教育的需求发展出了"构成教育"，即"造形"的基础理论与训练方法❸。按照朝仓直巳（Naomi Asakura）的论述，"构成"作为一种教学理论的定义始于日本学生水谷武彦

❸ 在日本"构成"和艺术类基础教学中，"造形"是广泛使用的名词，如"造形（Form-giving）活动"。"造形基础"，其涵义基本等同于国内美院教学中的"造型"（如造型学科、造型艺术等）。本书为叙述统一，除去日文书名和日本校名中的"造形"，统一使用国内常用的"造型"。

❶ 根据朝仓直已在 1982 年的文章"作为基础造型的构成——关于'构成'的意义",他认为日本"构成"教育的建立始于东京教育大学教授、学科奠基人的高桥正人,而高桥直接采用了曾在包豪斯学习过的水谷武彦对"Gestaltung""构成"的翻译。

❷ 朝仓直已. 艺术·设计的光构成 [M]. 白文花,译. 北京: 中国计划出版社 .2000: 204.

（Takehiko Mizutani）对于包豪斯"Gestaltung"（形态或造形）的翻译❶,并受到苏联构成主义的影响。1930 和 1940 年代,在新派艺术家和前卫建筑师的推动下,"构成教育"通过私立办学得以传播,其办学和教学著作中体现出明显的包豪斯特征。"二战"结束后,"构成"在日本有了长足的发展,以"造形基础"的定义开始成为一门独立的学科❷,并以东京教育大学的教研活动为代表。艺术领域的"构成"包括平面、立体、色彩、光线等分支,有着基础性和研究性的双重含义。"构成"不仅可以作为其他视觉艺术和工艺研究的教学基础,同时也拓展了自身的研究范畴,包含更为系统的方法学。

这里需指出的是,尽管"构成教育"曾在日本有着广泛的影响力,但一些艺术院校仍对"构成"的术语和翻译有所保留,并以更贴近原意的"造形"（Form-giving）来取代"构成"。限于篇幅,本书关注的对象为受包豪斯影响的"构成教育",而并非日本建筑学领域具有固定内涵的"构成学"。

（4）形态构成：超越古典的抽象形式原理

术语之四是 1980 年代初开始在国内艺术和建筑教育领域流行的形态构成教学。以平面构成、立体构成和色彩构成为代表的"三大构成"形成了一套抽象造型的法则。从学理而言,国内形态构成教学的知识体系主要来源于日本的"构成",同时还夹杂了由港台输入的"基本设计"和包豪斯原理的影响。

❸ 中央工艺美术学院教师辛华泉曾在 1981 年左右开始推出《立体构成》的教材提纲,并逐步形成"三大构成"的说法。辛华泉所撰写《论构成》（1980 年）和《谈形态创造的科学依据——介绍形态构成学》（1982 年）使得"构成"教学的说法基本确立。"平面构成"所针对的是之前传统的"图案基础"的教学,带了抽象形式训练的方法,而"立体构成"在当时是一个新的分支。

❹ 江南大学教授张福昌在 1980 年代初曾在日本千叶大学做访问学者。他在回忆中称"千叶大学当时没有'三大构成',只有'造形'的基础课,内容很多,时间只有一个学期,共 15 周,60 个课时。"引自笔者的邮件访问。

"文革"后,"三大构成"迅速成为国内艺术院校最为流行的入门方法,进而二次传播到建筑院校。"三大构成"的定义始于 1980 年代初❸,在中央工艺美术学院（现清华大学美术学院）、广州美术学院、无锡轻工学院（现江南大学）等校教师的传播下,快速成为一种进行抽象形式教学和分析的法则。当然,也有艺术学者指出,1980 年代左右日本艺术教育的基础课程并非仅有"构成"❹。所谓"三大构成"的术语应当对应于日本艺术院校的"造形基础"。

"三大构成"的教学体系本身并不是新的内容,但它的兴起在艺术和建筑基础教学领域重新梳理了抽象形式教育的知识体系,取代了早期从港台引入的"平面设计""立体设计"和"构图"等术语,并逐步确立"构成"在建筑设计基础教学板块中的核心位置。

1.3.2 两次传播：从包豪斯观念到"构成"理论

毋庸置疑,包豪斯模式当然属于现代建筑教育核心价值的一部分,而包豪斯预备课程对于建筑教育的作用也值得深入讨论。不过,首先要指出的是,包豪斯并非是实现现代建筑教育的唯一途径。具体而言,很多欧洲和日本工科院校的建筑教育几乎没有受到包豪斯的影响,而有着自身深厚的现代建筑底蕴，并培养了大批优秀的职业建筑师。实际上，包豪斯抽象练习的有效性与针对性也一直受到过不少欧洲建筑学派的质疑。

不过，作为本书进行比较研究的对象，中国与美国的建筑教育却在不同历史时期深受包豪斯观念的影响。作为对布扎建筑教学传统的替代品，具有包豪斯特征的抽象形式训练在中美两国都曾有过长时间的传播，甚至成为促进建筑教育由古典向现代转型的核心驱动力。

基于教学史料的整体把握，全文将包豪斯基础教学跨学科与跨文化传播的复杂流程分为两个阶段，并以"两次传播"分别进行概括。

第一次传播是 1930 年代中期至 1950 年代包豪斯教学与实践在全球范围的流传，以包豪斯基础教学体系在美国建筑教育中的变迁和在中国建筑教育中的间接影响为叙述对象。随着包豪斯在柏林黯然关闭，其师资与教学主要从欧洲向美国输入，这一过程与现代建筑教育在全球范围内的兴起相同步，并间接影响中国。包豪斯教育在美国的移植不仅促成了"美国包豪斯"模式的盛行，同时加速了学院式建筑教育的衰退。从 1930 年代起，包豪斯逐步从一所小规模艺术院校内部激荡的实验与探索，发展为一种在世界范围内体现现代设计准则的意识形态与文化符号。从抽象形式观念的角度而言，包豪斯教学把现代设计中关于空间、形式、材料等发散而个人化的探索转化为新的知识体系，同时对建筑学层面的空间和形式认知产生了影响。在包豪斯跨文化的第一次传播中，中国建筑教育早期的开拓者敏锐地感受到了现代主义的发展动向。从 1942 年到 1950 年代初期，圣约翰大学、清华大学建筑系都先后受到包豪斯思潮的影响，但这一短暂的现代主义探索随即在全面学习苏联布扎模式的浪潮中终止。

第二次传播则聚焦于 1980 至 1990 年代包豪斯与中国建筑教育的再次相遇。实际上，从 1960 年代起，伴随着世界范围内对现代主义建筑的批判，建筑教育的核心话题已经无法再纯粹集中于形式、空间等抽象、本体的观念中，而必须面对更具社会性和地域性的复杂议题。"文革"之后，国内建筑院校恢复正常办学，并通过对外交流的方式重新引入了现代主义建筑的思想与方法。由于特殊的社会政治背景，包豪斯在国内的两次传播相隔了近四十年，包豪斯形式理论以其特殊的变体——"三大构成"教学重新影响中国建筑教育，某种层面上实现了第一次传播的"补课"。包豪斯理论在中国的第一次传播影响本身有限，本书将对其进行相关史料的补遗和深入分析。1980 年代，包豪斯的再引入曾以"构成"的形式进入同济大学和清华大学的建筑教学体系，并在全国的建筑院校广泛传播，甚至在今天仍发挥作用。但不同于包豪斯预备课程对美国建筑教育的直接影响，形态构成教学在国内的源头更为驳杂：不仅源于工艺美术院校间接的方法引入，还包含着经典现代主义建筑中对空间、形式、材料、构造等问题的延续性讨论。对这一段教学历史发展脉络的把握不仅是本书史料梳理的目标，同时也需要对包豪斯抽象形式观念进行整体性的解读。

包豪斯观念与方法的两次跨文化传播也引出了本书重点研究的四个问题：

一、相对于布扎的渲染构图训练，包豪斯预备课程引发了哪些新的空间、形式、材料问题，又如何与现代建筑教育的基本观念相匹配？

二、包豪斯抽象的材料和形式训练是如何从艺术与手工艺领域转化到建筑教育中的？包豪斯基础理论与教学方法又如何从艺术学科转化到建筑学科，并成为建筑学约定俗成的知识体系？

三、包豪斯教学与"构成"的渊源关系究竟如何，是否有学理上的共通？又如何传入到国内的建筑教育中？

四、包豪斯观念与方法在美国和中国建筑教育的跨文化与跨学科的传播中究竟输入了什么内容？两者是否有异同，对于建筑学空间形式的方法论又产生了何种影响？

围绕上述问题，本书将从历史角度分析包豪斯抽象形式观念在建筑教育中的引入，研究对象为包豪斯设计教育基础理论以及它在复杂的跨文化传播过程中所涉及的变体。全文将以"四种术语"和"两次传播"对研究对象进行逐层分析。

1.3.3　传播与比较

（1）传播模式与历程

在讨论中国建筑教育现代转型的历史进程时，西方现代主义建筑观念与方法的输入是其中一个重要环节。从学科制度到教育体系来分析，中国建筑教育的早期发展深受西方的影响。对于国内具体问题追根溯源的讨论也难以脱离西方学术观念的影响。同样，在讨论包豪斯教育跨文化传播的现象时，也不可避免地受到现代性历史表述固有模式的影响。譬如，以费正清（John K. Fairbank）学派为代表的"冲击—反应"论对于讨论中国近代史的诸多现象有着广泛的影响力。倘若以这一理论来分析中国建筑教育制度与方法的变迁，其内在逻辑在于：中国现代建筑教育转型的驱动力源于西方的观念与方法输入，教育的现代化某种意义上等于"西化"（Westernization），是对现代建筑某些核心议题的移植或本土化。然而，随着 1960 年代之后西方中心论的式微，欧美与亚洲的新生代知识分子都开始自觉反思这种以西方为参照的观点，并以保罗·柯文（Paul A. Cohen）、日本"京都学派"等为代表。具体而言，"冲击—反应"模式的最大局限并不是理论存在谬误，而是其应用范围的合理性与适用度。它可以用来解释近代中国的部分情况，但不能被机械地套用在一切问题上，否则研究者便会忽视中国文化和其背景的复杂性。中国文化与教育现代化的根本动因不仅源于西方知识的输入，更来自于社会内部的变化动力和形态结构。

实际上，无论是西方中心论抑或中国中心论，上述两种史观的价值判断更多依赖于具体问题的语境。对于包豪斯在中国传播史的研究，西方和中国学术脉络的溯源则更为重要。一方面，包豪斯作为一种现代设计教育的舶来品，其观念与方法都属于外来产物，对西方教育历史的考证自然必要；另一方面，抽象形式观念与包豪斯在中国长期以来一直是未曾实现的理想。在本土建筑师和教育者接受这种西方观念与方法的过程中，必然与自身经验产生关联以进行本土化，甚至不乏带有偏差的理解。事实上，这种西方知识输入和本土传播转化而形成的中西文化之间的张力，一直是中国建筑教育现代转型的主要线索和驱动力。

在史料的搜集和处理上，以二重证据法和多重证据法为代表的考据学基本原理也同样对本书有所启发❶。在跨文化的视角下，我们更应当注重从剖析事件源流的角度进行资料的比对：不仅需要把口述材料与文献材料进行比对，还要从不同国别和历史时间跨度来审视具有共同特征的材料（图1-2）。近年来西方学界在包豪斯历史研究领域的成果必然对重新理解国内现代建筑教育的发端与流变有所帮助。同时，归因于建筑学科发展的基本动因，美国和中国建筑教育模式的更替同样存在趋同的特征。而这一点恰恰是包豪斯跨文化传播复杂现象背后的一般性规律所在。

❶ 陈寅恪曾经对王国维的二重证据法有过全面的概括："一曰取地下之实物与纸上之遗文互相释证"；"二曰取异族之故书与吾国之旧籍互相补正"；"三曰取外来之观念，以固有之材料互相参证"。

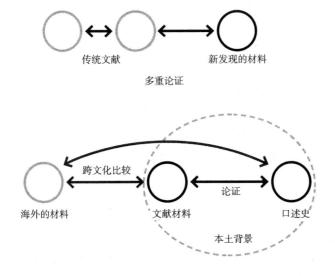

多重论证

传统文献　　新发现的材料

海外的材料　　文献材料　　口述史

跨文化比较

论证

本土背景

图1-2　历史语境中关于史料的对比论证图解

（2）比较教育学

就全书的叙述框架与材料组织而言，比较教育学的方法论为本研究提供了操作依据。比较教育学是用唯物主义的观点和方法，综合利用相关的新科学和新技术，研究当前世界不同国家、地区和民族的教育；在探讨其

❶ Harold J. Noah and Max A. Eckstein. Toward a Science of Comparative Education[M]. New York：Macmillan, 1969.

❷ Mark Bray, Bob Adamson, and Mark Mason. Comparative Education Research：Approaches and Methods[M]. Berlin：Springer, 2014.

❸ George Z. F. Bereday. Comparative Method in Education[M]. New York：Holt, Rinehart and Winston, 1964.

❹ Mark Bray, Bob Adamson and Mark Mason. Comparative Education Research：Approaches and Methods[M]. Berlin：Springer, 2014：9.

❺ 依据立方体比较模型中的网格分布，比较的参数被分成三类，分别为：（a）非区位的人口类别（Non-locational Demographic Groups），包含种族、年龄、宗教、性别、人口总量等；（b）地理 / 区位层面（Geographic/Locational Levels），包含从大洲、国家、省、地区、学校、教室到个体等层面的影响因素；（c）教育与社会因素（Aspects of Education and of Society），包含课程、教学法、教育经费、管理结构、政策变动、劳动力市场等因素。

各自的经济、政治、哲学和民族传统特点的基础上，研究教育的共同特征、发展规律及总体趋势，并进行科学预测。比较教育学的基本理论形成于 1960 年代，体现了科学主义（Scientism）研究的基本特征和原则。有学者曾把比较教育学定义为"社会科学、教育学与跨文化研究（Cross-national Study）的交叉"❶。通过跨文化的比较，研究目的在于对不同国别之间的教育体系、指导思想、教学方法等因素进行描述、比对和评价❷。比较教育学的奠基人乔治·贝雷迪（George Bereday）在著作《比较教育学方法》（Comparative Method in Education）一书中对于研究方法有过纲领性的论述❸。他提出了"描述"（Description）、"阐释"（Interpretation）、"并置"（Juxtaposition）、"比较"（Comparison）四阶段的模型用来引导搭建研究框架。前两个阶段侧重于比较对象的材料收集，如教学档案、文献的整理和评估；后两个阶段侧重于评价标准和假说（Hypothesis）的提出，通过比较而得出最终结论（图 1-3）。近年来，在比较教育学领域也不断涌现出融合定性与定量分析的研究方法，以提高结论的信服力。马克·布瑞（Mark Bray）等学者曾提出了三维立方体（Bray & Thomas Cube）的比较模型来进行更系统的对照研究❹。这一比较模型把影响教育的不同因素进行分类，融合到立方体三个维度的象限中，将复杂的教育问题分解为可比较的指标，突出了研究对象的个体特征❺。在当代，比较教育学理论的发展更加依赖于学科交叉，并需要以跨文化的思维方式来理解教育问题的现象及其背后的本质原因。

作为中美建筑教育所共有的现象，包豪斯基础教学与理论传播的路径、谱系、教学法等诸多要素都可以作为比较研究的对象，并放到各自独特的学术环境中进行解读。借用贝雷迪四阶段比较研究的工作方法，本书在材料组织和章节架构上进行了如下处理：

针对"描述"与"阐释"的前两个阶段，本书首先对中美建筑院校中关于包豪斯教学史的文献、图档及其他教学素材进行搜集与整理。笔者及研究团队通过院校档案馆调研、教学数据库查询、老教师访谈收集到了一

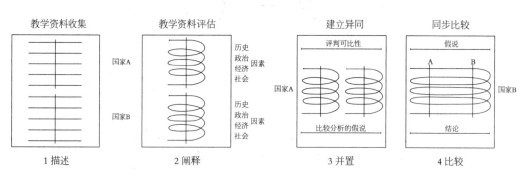

图 1-3　乔治·贝雷迪的比较教育学模型

手资料（扫码见增值服务），并依据包豪斯教学在建筑教育的转化方式进
行分类。

　　针对"并置"与"比较"阶段的研究，比较教育学理论强调以假说的
方式找到比较的各类指标，并通过设立标准来缩小比较的范畴。本书所提
出的假说也同样建立在设计教学法与教育历史演变的基本规律上。包豪斯
观念传播、转化、抵抗的历史轨迹与美国和中国建筑教育的不同学术环境
有关，具有各自的特征。但同时，包豪斯教学在两国"建筑化"的历史又
具有学理层面的共性：强调通识性的包豪斯预备课程在建筑学的引入不仅
替代了原有布扎模式，同时体现出教学现代化进程的阶段性特征；包豪斯
抽象形式理论的传播加速了古典建筑学知识体系的消解，并推动了现代建
筑空间形式观念的重构……上述内容正是本书想要通过中美比较研究来揭
示的教学方法转变的差异性与一般性。

　　鉴于包豪斯传播的历史语境，本书试图对教学史料进行跨文化层面
的考证。参照经典二重证据法和历史研究多重论证的基本原理，研究兼
顾教学成果（学生作业、图纸等）与方法论（教学参考书、教案等）的
对比研究。而比较的本质目的并不在于厚此薄彼地看待教育历史中庞杂的
现象，而着重从中美文化差异的角度来理解包豪斯观念与方法对于现代建
筑教育本身的意义。

1.4　研究框架

　　本书的主体分为三个部分：第一部分重点讨论包豪斯预备课程与基础
理论在美国建筑教育的传播，由第二章和第三章组成。第二章讨论了包豪
斯预备课程的由来，并以阿尔伯斯和莫霍利－纳吉两人在美国的学术活动
为主线来讨论美国版本的"基本设计"的兴起。第三章以三种不同的教育
主张来分析包豪斯教学在美国建筑院校的传播过程，侧重于从通识教育与
专业训练的二元对立来讨论包豪斯传播谱系的差异性。

　　第二部分讨论包豪斯预备课程及其变体"构成"在中国建筑教育界的
两次传播历程，由第四、五、六章组成。第四章溯源了1940年代包豪斯
观念与方法在圣约翰大学和清华大学建筑系的第一次影响，通过史料补遗
分析了抽象形式理论在建筑教育中的作用。第五章概述了"文革"后国
内"构成"教学的两个学理的源头——日本"构成教育"以及通过我国港
台地区间接引进的抽象形式教学法。第六章重点分析了1980年代以来国
内建筑院校开展"构成"教学的情况，以同济大学和清华大学的教学历史
为叙述主线，同时兼顾其他院校的教学概况。

　　在前两部分即美、中建筑教育历史线索的并置论述之后，第三部分为

比较研究与结论。第七章属于传播历史框架的建构和各类指标的对比：从传播谱系、教学主张、建筑设计方法等角度比较了包豪斯原理对中美两国建筑教育的影响，尤其是其对知识体系重构的作用。本书试图澄清一些历史语境差异所引发的观念误读，并反思包豪斯教育传统的当代价值。上述比较研究有助于客观地呈现包豪斯模式与建筑教育演变的内在张力和相互影响。结论部分则以包豪斯传播为抓手，指出了国内建筑教育由古典向现代转型的历史进程属于一种特定的"适应性演化"模式。

第二章

包豪斯预备课程在美国建筑教育的移植

2.1　包豪斯与美国建筑设计基础教学

在美国建筑教育由古典向现代转型的诸多影响因素中，包豪斯教学法的传播无疑是具有决定性的。1930 年代起，包豪斯师生集体移民美国，全面地冲击了美国艺术和建筑教育的学院式传统，并孕育了一系列具有实验性的教学方法。包豪斯预备课程的引入是美国建筑教育现代转型的阶段性特征之一，促进了抽象空间形式观念在建筑学的普及。在展开上述教学历史演变的讨论之前，我们有必要先回到包豪斯预备课程初创的原点。

2.1.1　包豪斯价值：通识与基础

1919 年，在建筑师亨利·凡·德·威尔德（Henry van de Velde）的引荐下，格罗皮乌斯在魏玛两所艺术和工艺美术学校的基础上改组成立了国立包豪斯学校（Staatliches Bauhaus）❶。在成立之初，该校的办学理念在于重新回归到前资本主义时代艺术家与工匠之间的协作状态，并把建筑教育视为各门类艺术和手工艺训练后的终极目标。格罗皮乌斯在创校时的教学纲领中明确表达了这一主张，同时也显现了对西欧全面工业化的社会进程有所疑虑❷。这里需说明的是，作为一所实验性的艺术院校，包豪斯强调"艺"和"技"的融合有着特定的教学传承，而并非全新的创造。比如，赫曼·穆特休斯（Herman Muthesius）和凡·德·威尔德在德意志制造联盟（Deutsche Werkbund）的运作中也有类似的主张。1907 年，穆特休斯在创立制造联盟时就试图以艺术和工业化的结合来抵抗德国学院派设计风格的影响❸。

为顺应时代变革的需要，包豪斯必须开拓一种新型的教学模式，恢复工匠制作的传统，摆脱繁复的古典美术教育传统。格罗皮乌斯接纳了瑞士艺术家伊顿的建议，在包豪斯的教学体系中创造性地设立了一门以材料与形式训练为核心的先修课程，即所谓的"预备课程"（The Vorkurs）。预备课程成为进入工作坊教学的必备环节，并传递了联合各门类艺术和手工艺训练的"总体艺术"（Gesamtkunstwerk）教学理念。在 14 年的办学历史中，预备课程先后由三位现代艺术家主持教学（图 2-1~图 2-3），分别为约翰尼斯·伊顿（1919~1923 年主持）、莫霍利 – 纳吉（1923~1928 年主持）和约瑟夫·阿尔伯斯（1928~1933 年主持）。

通常而言，伊顿创立了包豪斯预备课程并奠定其方法学的基础❹。他的教学法对于继任的莫霍利 – 纳吉和阿尔伯斯都产生了显著影响。在裴斯泰洛齐和福禄贝尔的现代幼儿园教育理论的影响下，伊顿结合自身对艺术的感知力，发展出了一类独特的教学法。他把释放学生创造力的入门训练设定为以材料为中心，排除对艺术的固有观念，并通过身体和意念来激发

❶ 包豪斯学校是在魏玛市萨克森大公国艺术学院（Grand-Ducal Saxon Academy of Fine Arts）和工艺美术学院（Grand-Ducal Saxon School of Arts and Crafts）基础上成立的。曾任工艺美院院长的比利时建筑师凡·德·威尔德迫于政治原因宣布辞职并推选格罗皮乌斯为其接班人，而后者在上述两所学校的基础上改组成立了包豪斯学校。

❷ 格罗皮乌斯在 1919 年公布的教学纲领中不仅援引了中世纪的"包贺特"（Bauhutte）制度以强调建筑师、雕塑家和画家的协作，同时还指出，"一切视觉艺术的最终目标，在于完整的建筑物"。

❸ Frank Whitford, Bauhaus[M]. London: Thames and Hudson, 1984: 22.

❹ 在包豪斯任教之前，伊顿已经于 1918 年在维也纳的教学中开发了类似预备课程的模式。此外，蒙克（Georg Muche）也在 1921 到 1922 年间辅助此课程的教学。

图 2-1　约翰尼斯·伊顿（左）
图 2-2　拉兹洛·莫霍利-纳吉（中）
图 2-3　约瑟夫·阿尔伯斯（右）

学生的创作力。根据伊顿的论述，预备课程的教学目标可以概括为三点：

（1）释放学生的创作力量，从而激发其艺术的天分。他们的个人体验和感知会通过引导而转化为优秀的作品。学生会逐渐从呆板的先例中解放自我，并获得进行自主艺术创作的勇气；

（2）帮助学生进行职业选择。比如进行材料、肌理的训练将颇有益处。假以时日，学生便清楚自己对哪些材料感兴趣，无论是木材、金属、玻璃、石料、黏土或织物，都能激起他（她）的创意；

（3）为学生未来的艺术生涯传授创意构图（Creative Composition）的原则。形态和色彩的规律将世界的客观性呈现给学生。在训练过程中，无论是主观还是客观的形式与色彩方面的问题，都将以不同方式进行结合 ❶ 。

❶Johannes Itten. Design and Form: The Basic Course at the Bauhaus and Later[M]. New York: John Wiley & Sons, 1975: 7-8.

伊顿在教学中发展了一系列抽象的材料和形式训练，这与同时期欧洲其他艺术和工艺美术院校墨守成规的古典教学相比是一个巨大的突破。在《设计与形式》（*Design and Form*）一书中，他曾以点、线、面、体的方式对于基本的形式要素进行概括。在现代艺术的语境中，概念与抽象本是同时代艺术理论探索者们的共同追求之一，但伊顿却以具体的教学方法回应了康定斯基、克利等艺术家所推动的观念探索。比如，伊顿借用"大一小""高一低""宽一窄""透明一不透明"等 12 组图解来归纳形式之间的"对比理论"（Contrast Theory）❷，并在教学中予以贯彻（图 2-4）。预备课程在包豪斯的初创阶段就获得了成功，并很快成为其教学的独特品牌。学生能够通过一些巧妙设计的小练习来熟悉材料、形式、色彩等各门类视觉表达的基本要素，进而了解绘画、雕塑、产品设计、建筑等学科的造型方法。

❷Johannes Itten. Design and Form: The Basic Course at the Bauhaus and Later[M]. New York: John Wiley & Sons, 1975: 10-11.

伊顿的个人魅力和独特的教学方法为初创时期的包豪斯赢得了不小的声誉，但其神秘主义的非理性教学逐步与格罗皮乌斯预设的包豪斯基本价值分道扬镳。伊顿的教学主张属于表现主义，倾向于"为艺术而艺术"的理想模式。一直斡旋于学校运营问题的格罗皮乌斯却必须从教学的整体架构和顺利运作来把控包豪斯的发展方向。在魏玛的办学时期，社会转

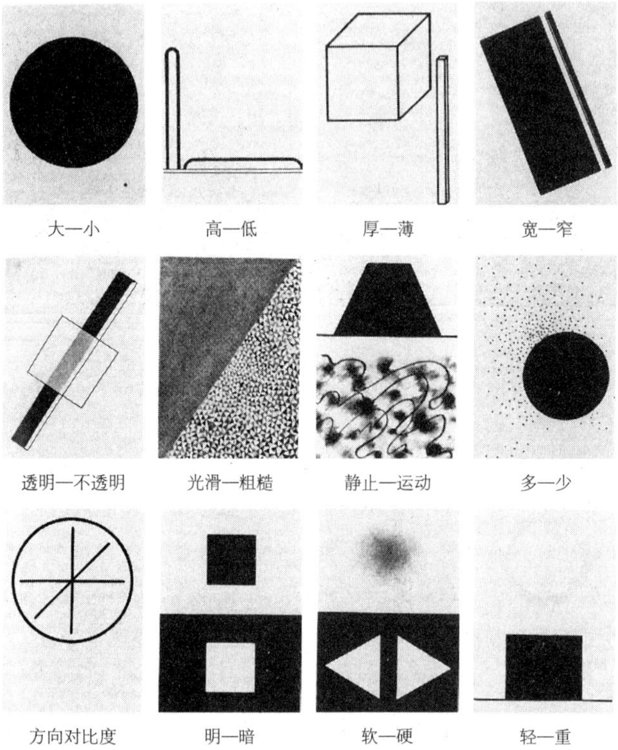

大一小	高一低	厚一薄	宽一窄
透明一不透明	光滑一粗糙	静止一运动	多一少
方向对比度	明一暗	软一硬	轻一重

图 2-4　伊顿的"对比表现"图解

型、工业化进程以及学校不时出现的经济窘境导致包豪斯办学理念趋于实际——放弃对手工艺的依恋，挖掘设计的商业价值，并转向日益兴起的抽象艺术。实际上，格罗皮乌斯也明显受到杜斯伯格（Theo van Doesburg）形式理念的影响，他甚至需要依靠"风格派"的影响力来平衡包豪斯内部由伊顿所笼罩的表现主义氛围，以重新获得教学的主导权。1923 年，伊顿宣布从包豪斯离职，同年 2 月，莫霍利 - 纳吉受邀来包豪斯任教，并继任主持预备课程。

莫霍利在加入包豪斯之后把基础课程重新导向理性的教学，并为包豪斯带来了苏联构成主义的影响。他在无专业倾向的基础课程里进一步讨论了建筑学的发展方向和新知识。这一探索是具有预见性的，并为他移民美国后具有通识特色与学科交叉的教学实验预埋了思想的火种。作为莫霍利的搭档，阿尔伯斯以知行合一的方式持续拓展了包豪斯的教学法，并发展出一系列具有针对性的练习。他针对材料的教学很快成为包豪斯预备课程最具代表性的环节，也同样对建筑教育颇具启发。作为包豪斯的第一代教师，莫霍利和阿尔伯斯不仅继承和发展了包豪斯的观念与方法，同时还在教学体系内部推动了"从材料到建筑"训练的可实施性。这也是本章第二、三部分要着重讨论的。

除了三位主持教师对于教学体系的贡献外，包豪斯预备课程的兴起和传承也不能脱离其他的配套课程的作用。这一点在明星教师云集的包豪斯是具有独特性的，同时也难以复制。例如，在 1924 年春季的课表中，基础课程包含莫霍利－纳吉的"形式研究"（Gestaltung Studien），阿尔伯斯的"手工制作"（Werkarbeit），克利的"绘画"（Zeichnen）和"形态学研究"（Gestaltungslehre Form）以及康定斯基的"分析性绘画"（Analytbisches Zeichnen）和"色彩研究"（Gestalturgslehre Farbe）。此外，格罗皮乌斯和他的事务所合伙人阿道夫·梅耶（Adolf Meyer）也参与了"制图学"（Werkzerhnen）的教学。

在包豪斯预备课程的初创阶段，授课教师所肩负的使命在于如何重塑艺术和手工艺的启蒙训练，并合理地与工作坊环节进行衔接。这一点似乎处理得颇为圆满。然而，如果从学校的整体架构和运作来审视，预备课程、工作坊、建筑训练三者逐步进阶的教学愿景却无法完全实现，甚至有着难以弥合的分歧。格罗皮乌斯在 1922 年公

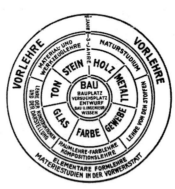

图 2-5　格罗皮乌斯所构想的包豪斯教学体系，1922

布的包豪斯教学体系环形图解就清晰地表达了整所学校的学术架构❶，且影响深远（图 2-5）。学生要通过半年的预备课程进入三年周期、七个门类的工作坊训练，只有通过上述课程，才能进入到环形结构的内核——建筑课程。

包豪斯教学体系的第一阶段是为期半年的预备课程（Vorlehre）❷。在课程体系图示中，外环贯通意味着包豪斯的入门训练是开放式的，试图打破各艺术门类的边界，以重新释放学生的创造力。这一点与学校早期办学的宗旨高度吻合。学生将会接触到形式基本原理的训练，并通过不同材料的操作性实验（Practical Experiments）来实现艺术的启蒙教育❸。

第二阶段是为期三年的工作坊训练，包含石材（Stone）、木材（Wood）、金属（Metal）、黏土（Clay）、玻璃（Glass）、色彩（Color）、织物（Textiles）七类以材料划分的工作坊（Workshop）。这一阶段的训练从手工艺（Werklehre）和形式（Formlehre）两方面入手，强调两者的整合。手工艺和形式训练在成立初期强调"双师制"：分别由"手工艺大师"（Werkmeister）和"形式大师"（Formmeister）分别主持（图 2-6）。前者强调学生在工作坊对于材料和工具的体验，而后者侧重于艺术层面形式感的培养，并从观察、再现（Representation）和形式构图（Composition）三方面来进行训练❹。但在包豪斯早期的教学中，有经验的工匠和艺术家的冲突时常存在，"双师制"的运行并不顺利。这种情况直到包豪斯本校的毕业生留校任教

❶ 实际上，克利也在 1922 年制定了与格罗皮乌斯相似的图解，并设想了"从基础课到建筑"的教学体系。

❷ 在包豪斯 1923 年公布的教学图解和格罗皮乌斯 1952 年出版的包豪斯著作中，预备课程分别被表述为"Vorlehre"和"Preliminary Course"。

❸ Herbert Bayer, Walter Gropius, and Ise Gropius. Bauhaus, 1919-1928[M]. Charles T. Branford Company, 1952: 24.

❹ Herbert Bayer, Walter Gropius, and Ise Gropius. Bauhaus, 1919-1928[M]. Charles T. Branford Company, 1952: 23.

```
I.  Instruction in crafts (Werklehre):

STONE        WOOD         METAL        CLAY         GLASS         COLOR         TEXTILES
Sculpture    Carpentry    Metal        Pottery      Stained glass Wall-painting Weaving
workshop     workshop     workshop     workshop     workshop      workshop      workshop

A.  Instruction in materials and tools

B.  Elements of book-keeping, estimating, contracting


II.  Instruction in form problems (Formlehre):

1.  Observation              2.  Representation              3.  Composition

A.  Study of nature          A.  Descriptive geometry        A.  Theory of space

B.  Analysis of materials    B.  Technique of construction   B.  Theory of color

                             C.  Drawing of plans and build- C.  Theory of design
                                 ing of models for all kinds
                                 of constructions
```

图 2-6　包豪斯关于材料与形式训练的课程体系

❶ 包豪斯本校毕业生阿尔伯斯就是"青年大师"，这说明本校毕业生对于包豪斯教学实验的重要性。

❷ 在 1922 年发布的包豪斯教学结构图解（德文）中，中心部分建筑教育的阐释为"BAU"（建造）以及"建造基地、实验基地、方案、建设 / 工程、知识"。而在 1938 年公布的英文版教学图解中，建筑部分的论述为"建筑，实际建筑经验和建筑实践；设计，建筑与工程科学"。

❸ Herbert Bayer, Walter Gropius, and Ise Gropius. Bauhaus, 1919-1928[M]. Charles T. Branford Company, 1952: 27.

后才有所缓解。1925 年之后，"青年大师"（Jungmeister）头衔的出现一定程度上消除了匠人和艺术家观念上的隔阂❶，并能够在教学上实现两者的协调。学生完成工作坊阶段的课程后，可以获得手工艺"匠师"的证书（Journeyman's Diploma of the Chamber of Crafts）。

　　包豪斯模式的第三阶段是建筑教育，这也是其环形教学体系的中心内容。如果把德绍时期公布的教学结构图（德语版，1922 年）与包豪斯展览的英文出版物（1938 年）进行对比，两者对于建筑教育的描述其实有所差异❷，这说明包豪斯内部对于建筑教育的认识也处于变迁之中。根据官方文献的描述，建筑训练的执行不仅包含学校内部实验性的教学和实践，同时也需要体验真实建筑建造的过程。建筑课程只开放给部分具有潜力的学生，其修读的深度也由学生自己的意愿和具体情况来确定❸。在完成包豪斯的全部课程后，学生可获得手工艺"大师"证书（Master's Diploma）。

　　实际上，直至格罗皮乌斯校长任期结束，包豪斯并未真正开设出成体系的建筑课程。不过，格氏的建筑事务所以运作实际项目的方式承担了部分建筑教育的职能。1923 年夏，包豪斯举办的教学成果展从一个侧面展现了学校建筑研究的成果。面对魏玛政府对包豪斯办学的质疑，格罗皮乌斯充分调动资源，在与地处街道同名的"霍恩住宅"（Am Horn）项目中探索了建筑和工作坊教学整合的诸多可能。住宅项目由乔治·蒙克（Georg Muche）设计完成，并融入了布劳耶等多位包豪斯艺术家的作品，体现出了不同专业、工种间的协作。作为包豪斯早期工业化实验的原型，这个项目探讨了以最少物料进行标准化和批量化生产建造的可能性。1924 年，蒙克、布劳耶和工匠师约瑟夫·哈特（Josef Hafusf）在包豪斯内部成立了建筑研究小组。这使得包豪斯向完整的建筑教育体系又迈进了一步。

　　1926 年 12 月，在德绍包豪斯新校舍建成后，学校从魏玛办学结束后的动荡中回归正常。格罗皮乌斯邀请了瑞士建筑师汉斯·梅耶（Hannes Meyer）来主持建筑教学，后者于 1928 年继任成为包豪斯第二任校长，也把学校带入到政治漩涡之中。1927 年 4 月，包豪斯的建筑系成立，但这一时期建筑教育已经趋向于梅耶所主张的功能主义和社会倾向，与美学价值基本脱钩。作为激进主张功能主义的建筑师，梅耶给包豪斯带来了更为职业化的建筑课程。他把建筑设计的过程视为一种理性的结果：设计方法依赖于科学性的分析，设计概念发展的过程也要进行详尽的环境和行为分析。这一教学主张与格罗皮乌斯所倡导的"艺术与技术的新统一"大相径庭。梅耶在教学计划中加大了技术类课程的比重，增设了建筑构造、建筑力学等课程。同时，他也质疑包豪斯预备课程的艺术教育价值，并相应地削弱了基础课的分量。在当时，上述教学变动甚至受到了学生的抵制。

密斯继任第三任包豪斯校长后，学校的定位进一步转向强调工程技术性的建筑类学校。1930 年 9 月，他发布了任期内的第一个教学计划，贯彻了技术化和实用主义的教学特色。课表核心内容是科学和技术类课程，美学教育的价值被降低。密斯增设了数学、物理、静力学、材料研究等课程，并在工作坊中加强其与建筑教育的关联❶。更重要的是，他认为建筑训练应该有独立的专业基础和教学进阶模式，学生应该尽早进入专业学习。根据新的教学计划，学生可以自由修读教学体系中第二阶段的建筑课程，而不用再通过工作坊训练的过渡。密斯认为预备课程中过于发散的艺术教育对整个建筑教育体系的作用不大，甚至把预备课程改为选修。这一时期，基础教学环节仅由阿尔伯斯单独支撑，教学比重也有所压缩。在密斯看来，建筑学的基础应该是制图与表达，其次是技术类的基本知识，而不必过分关注于艺术化的材料和形式研究。1930 年代之后，早期包豪斯具有乌托邦理念的"预备课程 - 工作坊 - 建筑"的三阶段模式和"双师制"都已不复存在。密斯所主导的教学体系结构严密，既对应了他个人的设计方法，同时也反映出包豪斯向职业技术教育转变的趋势。

包豪斯从 1919 年创立后的 14 年历程作为"历史"本身是短暂和不断激变的，经历了从政府支持的国立学院（魏玛），到市立学校（德绍），最后转变为私立的教学机构（柏林）❷。三任包豪斯校长办学理念的差异导致包豪斯的整体运作和教学体系同样一直处于变迁之中。包豪斯的初创源于"建造"（Bau）的观念，并希望以此建立一条"泛设计"的路径最终通往建筑教育。包豪斯也确实通过教学探索、建筑实践、学术研究来传播激进的新建筑观念。然而，从教学计划、师资构成、学生背景等狭义层面来说，包豪斯又很难被定义为一所完整的"建筑学院"。预备课程成功地实现了通识类基础教学向工作坊训练的过渡，但是，其与建筑教育先天存在的悖论却难以解释。

❶ 王伟鹏，谭宇翔，陈芳. 密斯在包豪斯的建筑教育实践 [J]. 建筑师，2009（05）：71-78.

❷ 魏玛包豪斯在 1925 年 3 月被迫关闭，随后该校的教学进入到一段颠沛流离的时期，直至 1926 年 12 月德绍包豪斯新校舍建成。

2.1.2 美国建筑教育的现代转型

（1）布扎传统的浮沉

美国正规大学建筑教育始于 1865 年成立的麻省理工学院（简称麻省理工）建筑系。进入 20 世纪之后，随着美国工业化和城市化进程的加速，建筑院校的数量也快速增长[1]。从学术源流来说，美国建筑教育发展的两个主要参考系为法国的布扎模式和德国的综合理工学院模式。早期高校建筑系的筹建往往依托于土木学院，甚至直接从其中独立出来。建筑教育需要确立自身的标准，提倡古典的艺术性既体现了学科的独立价值，又与当时建筑实践领域盛行的折中主义设计风格相匹配。在这一背景下，发凡于法国巴黎美术学院（简称巴黎美院）的布扎模式成为全美建筑院校的最佳选择。1920 年前后，布扎模式逐步在全美占据主导地位，并灌输了细腻唯美的古典主义建筑设计方法。1920 年代到 1930 年代早期，布扎教育在美国进入了发展的鼎盛时期，并以创立于 1890 年的宾夕法尼亚大学建筑系的教学为典范。这一时期，以宾大为代表的布扎模式为集中于 1930 年前后毕业的第一代中国留学生回国从事建筑实践与办学提供了一个典型的借鉴蓝本。美国布扎教育的日臻成熟形成了一种教学范式（Paradigm），体现于以下几个层面：

首先，布扎建筑教学的制度化建设和竞赛机制已经趋于成熟，开始发挥出全国性的影响力。例如，1912 年成立的"美国建筑院校协会"（Association of Collegiate Schools of Architecture，ACSA）预示着全美建筑教育制度化的形成，并进一步统一了各校的教学方法。1916 年成立的"布扎设计研究院"（Beaux-Arts Institute of Design，BAID）则成为美国学院式教学传播的重要平台[2]。广为人知的是，该研究院曾组织采用布扎模式的建筑院校进行全国设计竞赛，并把这项源于法国的竞赛制度固化为学院式教育的一部分。1920 年，"布扎设计研究院"已经有 1200 名注册学生，而 1922 年，91 所美国城市和 43 所高校的学生定期参与布扎的设计竞赛或设有图房从事教学，并提交了 2797 份作业参加竞赛。而到了 1930 年，参赛作品甚至高达 9500 份[3]。竞赛设置的"巴黎大奖"效仿巴黎美院时期的"罗马大奖"，体现出对于欧洲古典建筑传统的推崇。最优秀的学生可获资助考察欧洲的古典建筑，优秀作业也会在建筑期刊上刊载，成为其他院校参考的对象。

其次，全美的建筑院校采用布扎模式的占据多数，一批巴黎美院背景的法籍建筑教师在各所院校中传播教学方法。譬如，宾夕法尼亚大学任教的保罗·克瑞（Paul Cret）和麻省理工学院任教的雅克·卡鲁（Jacques Carlu）等教师都在各自院校发挥主导作用，并通过设计实践和竞赛辅导

[1] 就建筑院校的成立而言，麻省理工学院（1865 年）、康奈尔大学（1871 年）、伊利诺伊大学（1873 年）、雪城大学（1873 年）是早期的四所，紧随其后的是哥伦比亚大学（1881 年）和宾夕法尼亚大学（1890 年）。1900 年之后，全美建筑教育快速发展，1899 年已经有 11 所院校，而至 1912 年，全美已经有 20 个建筑院校，1450 名学生。引自 Arthur Clason Weatherhead. The History of Collegiate Education in Architecture in the United States[D]. Columbia University，1941：235.

[2] 和"布扎设计研究院"直接相关的是成立于 1894 年的"布扎建筑师协会"（The Society of Beaux-Arts Architects）。在这个协会的组织下，一种标准化的运作模式开始形成，并在统一的教学体系和竞赛制度中体现。

[3] Joan Ockman, Rebecca Williamson. Architecture School: Three Centuries of Educating Architects in North America[M]. Association of Collegiate Schools of Architecture, Cambridge: The MIT Press. 2012：93.

获得了很高的学术声誉。具有精湛设计能力的建筑师主持教学体现了师徒制的精髓，很多微妙的技巧通过师生之间的面面相授进行传递。这对于布扎教育传统的形成和积淀具有积极作用。

最后，美国布扎教育在 1920 年代之后趋于系统化，并形成了统一的教案和教学方法。在成立的第一个十年中，建筑院校协会的重要贡献之一就是制定了一套教学的（最低）统一标准（Standard Minima）。该"标准"给出了建筑设计和配套课程的参考，发挥了横向联系各所建筑院校的作用。建筑设计课为主干课程，占据总学时的三成以上，其次是构造、制图类课程，最后才是历史类课程 ❶。设计教学的要求颇具古典色彩，如"团体精神"（Esprit de Corps of the Atelier）、竞赛制度，折中主义的审美趋势这类描述都体现出主流学术界的追求。除了统编教案之外，《铅笔尖》（Pencil Points）等流行的建筑杂志上也刊登了一些知名建筑院校的教学实录。由宾大建筑教师约翰·哈伯逊（John F. Harbeson）撰写的一系列教学文章成为当时的范本，并被整理成为《建筑设计学习》（The Study of Architectural Design）一书，以供偏远地区或师资力量不足的学校采用。上述对于教学的记录、管控和传播有助于布扎教学制度化的完善，同时形成了师生间共同的学术主张。

不可否认，布扎模式在美国建筑院校的辉煌，极大地促进了建筑学科在大学教育体系中的影响力。但另一方面，对于布扎古典传统的质疑与反思却更多出自于教育系统之外，来源于更广阔的建筑行业变革与社会进步。

（2）现代建筑教育的变革

1920 年代是美国工业化飙进的阶段，机械化推动了社会生产的效率，这十年也被戏称为"咆哮的二十年代"（Roaring Twenties）。当时，美国经济、社会有了长足发展，经济总量超越欧洲并开始发挥世界影响力。1929 年，美国经济遭遇大萧条，失业率居高不下，建筑和房地产行业也进入低迷状态。在这种社会背景之下，建筑教育者开始重新定位建筑活动与社会的关系，建筑教育不再停留于象牙塔内，而是趋于实际、面对现实。社会调查、住区规划、环境行为等新问题、新方法开始被纳入建筑学范畴。实际上，现代建筑教育和布扎传统的此消彼长恰恰是美国建筑教育现代转型的基本特征。

回归到学科内部，美国建筑教育现代转型最直接的外在动力是欧洲1920 年代前后的现代主义建筑运动。在 1925 年举办的巴黎装饰艺术博览会之前，奥地利分离派以及德、法等国的新建筑已经在美国有所传播，以奥托·瓦格纳（Otto Wagner）、约瑟夫·霍夫曼（Josef Hoffmann）、托尼·加涅（Tony Garnier）等建筑师为代表。不过，美国主流建筑界对激进的欧洲建筑运动仍有所保留。比如，1922 年著名的"芝加哥论坛报"（Chicago Tribune）设计竞赛的实施方案也依旧未能突破折中主义建筑的窠臼 ❷。

❶ 具体课程安排可参见 1913 年 12 月由美国 28 所院校共同拟定的课程设置及学时安排，该学制曾作为 ACSA 的基础报告被发表。

❷ 在论坛报竞赛中，格罗皮乌斯和阿道夫·迈耶的提案具有革命性，但其不对称的体量，简洁的檐口并未被美国主流建筑界所接受。最后由豪厄尔斯等人（John Mead Howells & Raymond Hood）设计建成的方案仍属于折中主义的风格。这一个案也反映了当时美国建筑界的现状：先锋实验派与保守建筑派的共存。

媒体的力量助推了来自欧洲的新建筑全面进入美国。1927年，柯布西耶的著作《走向新建筑》（*Vers une Architecture*）英文版在美国发行；同年，亨利·希区柯克（Henry-Russell Hitchcock）在哈佛大学的文学杂志《猎犬与号角》（*Hound and Horn*）上发表了第一篇由他撰写的有关现代建筑的文章；1920年代开始，《建筑论坛》（*Architectural Forum*）和《建筑实录》（*Architectural Record*）上开始报道欧洲的现代主义建筑；1927年，建筑师劳伦斯·科霍（A. Lawrence Kocher）成为《建筑实录》杂志主编并进行大刀阔斧的改版，全面引入欧洲的新建筑；1928年早期，《建筑论坛》和《美国建筑师》（*The American Architect*）也开始在期刊内容上进行改革，引介新建筑。这一连串的事件使全美主流媒体对于欧洲现代主义建筑的观念开始改变，同时也冲击了趋于保守的布扎建筑教育体系。

1930年左右，古典建筑的价值观念在美国受到了更大的挑战，这种冲击不仅来源于"大萧条"之后的行业趋势，更来源于现代建筑全面的影响。欧洲先锋派的建筑实践在北美逐步被认可，并有着广泛的受众。彼得·贝伦斯（Peter Behrens）、柯布西耶、密斯等人的建筑实践更广泛地被引介到美国。1932年2月纽约现代艺术博物馆（Museum of Modern Art, New York）主办的"现代建筑：国际主义展览"（Modern Architecture：International Exhibition）是一个里程碑式的事件。由希区柯克和菲利普·约翰逊（Philip Johnson）策展的展览不仅力推了格罗皮乌斯、密斯、奥德（J.J.P.Oud）等建筑师的作品，还推动了"国际风格"（International Style）建筑在美国的传播。这一事件为日后包豪斯师生的集体移民美国打下了基础。

从发展趋势而言，欧洲现代主义建筑思潮的涌动与美国本土现代建筑的兴起是里应外合的——一批美国本土落成的作品也正开始挑战古典建筑的教条。1923年，贝特伦·古德西（Bertram Goodhue）设计的内布拉斯加州议会大厦（Nebraska State Capitol）就是建筑设计转型的一个风向标。赖特早期的草原式住宅、埃利尔·沙里宁（Eliel Saarinen）的建筑作品则更具代表性。以"芝加哥学派"（Chicago School）为代表的高层建筑类型变革和工业化创新也为美国现代建筑的成熟提供了技术条件。

其实，在美国布扎建筑教育的顶峰时期，现代建筑的影响就已经有所体现。亚瑟·维斯海德（Arthur Clason Weatherhead）在其博士论文中对这种微妙的转变有很多细节论述。举例说明，美国建筑师协会（AIA）1920年代的出版物中已经出现了对现代主义建筑的引介。其中，对密斯和柯布西耶作品的报道分别始于1923年和1924年。1925年，美国建筑院校协会的全体会议已经开始对欧洲的现代主义建筑进行热烈讨论。1926至

1927 年间，协会会议中展示的学生作业也已经明显出现了向现代建筑的转变，呼吁教学改革的教师已占多数。维斯海德曾把美国建筑教育在 1920 年代的发展趋势归纳为"纯粹折中主义"（Pure eclecticism）向"名义上的现代"（So-called modern）的转变 [1]。这一评价是极为确切和中肯的。

　　在建筑全行业现代化的趋势之下，美国建筑院系的教学变革也不可阻挡。这种改变首先始于对布扎体系内一些繁琐、过时的教学方法的抵制。教师们开始对复古的构图和渲染训练进行简化、重组，对于功能的考量和建筑空间的意识在基础教学中已经有所涉及。早在 1910 年代，受过古典训练的埃米尔·洛奇（Emil Lorch）就在密歇根大学（University of Michigan）建筑系推行"纯粹设计"（Pure Design）的教学实验 [2]。他立足于美国本土建筑文化，试图在基础课程中引入抽象形式的练习来另辟蹊径，反对固化的学院式教育。成立于 1914 年的俄勒冈大学（University of Oregon）建筑系是美国本土第一个主动抵抗布扎传统、退出竞赛制度的建筑院校。院长艾利斯·劳伦斯（Eilis F. Lawrence）在俄勒冈的教改试图把建筑和综合艺术（Allied Arts）进行整合，提倡重新发现手工艺的价值，并简化布扎模式中繁琐的渲染练习。1920 年代起，耶鲁大学建筑系开始推行改革，在基础课程中强调建筑、艺术、雕塑三科教学的整合，突出不同学科的互动。1929 年，康奈尔大学建筑系在博茨沃思（F. H. Bosworth）的带领下，把建筑学的入门训练改为完整的小建筑设计，简化脱离实际的古典建筑要素和构图练习。类似的教学改革还发生在堪萨斯大学（University of Kansas）、南加州大学（University of Southern California）建筑系等历史相对较短的系所，并表现出各自不同的改革思路。

　　在包豪斯教学全面引入之前，对美国建筑教育变革作用最大的本土教师是约瑟夫·哈德纳特 [3]。他于 1934 年在哥伦比亚大学建筑学院展开了全面的改革，以对抗固化的布扎传统。在教改成功后，哈德纳特于 1935 年 6 月受邀在哈佛大学建筑学院担任院长，对建筑系相对陈腐的教学方法进行全面清理，主持成立了建筑、规划、景观三位一体的哈佛大学设计研究生院。更重要的是，哈德纳特具有前瞻性地吸纳了格罗皮乌斯来到哈佛任教，并直接缔造了美国包豪斯教育体系的大本营。

　　前文综述了美国建筑院校对于布扎模式的抵抗和对现代建筑运动的种种回应，但上述分散的教学探索并不能形成一种与布扎制衡的新范式。在高年级的设计教学中，古典建筑美学的权威早已岌岌可危，学生开始自发地模仿现代建筑的形式特征：比如，在设计中采用不对称的体量关系、无装饰的立面、简洁的檐口等。然而，就基础教学而言，本土建筑教师的改革仍难以撼动古典建筑教育的深厚根基，尤其缺乏替代古典柱式构图和渲染的具体教学方法。即便是在 1930 年代后期，布扎模式仍具有着科班建

[1] Arthur Clason Weatherhead. The History of Collegiate Education in Architecture in the United States[D]. Columbia University, 1941: 182-183.

[2] Marie Frank. Emil Lorch: Pure Design and American Architectural Education[J]. Journal of Architectural Education, 2004, 4: 28-40.

[3] 对于哈德纳特个人史料的考证和研究，吉尔·帕尔曼做了详尽的梳理，并力图重塑一个美国本土现代主义建筑教育家的全貌。在本章的第二节也会展开论述哈德纳特在哈佛大学的建筑教学改革。

筑教育的合法性。学生需接受严谨的古典建筑语汇的制图训练来培养对于比例、尺度等方面的审美和认知能力。综上所述，美国建筑教育基础教学改革的滞后说明一种方法论层面的缺失：即如何把现代建筑的基本原理和准则转化为一种教学法，而并非只是形式上的模仿。

我们（在当下建筑学领域）能够找到一种广泛的趋势，在建筑立面和平面的处理上采取措施以体现所谓的现代。但令人不安的是，我们对于现代建筑的理解更多是基于一系列新建筑的形式特征，而对于形式本身的前提、现代设计真正的基础仍然知之甚少[1]。

❶Ely Jacques Kahn, Notice to Students and Correspondents[J]. Bulletin of the Beaux-Arts Institute of Design, 1932, 8: 1.

美国装饰艺术风格建筑师艾里·卡恩（Ely Jacques Kahn）在 1932 年的这段论述指出了美国建筑教育所面临的症结和困惑：如何定义建筑教育的基本问题，如何准确把握现代建筑的原理，从对欧洲现代主义建筑个案的模仿转向一种共性和本质的提炼，进而上升为新的方法学？这其实是美国建筑教育者当时难以应对的问题。

2.1.3　包豪斯预备课程的移植

❷ 根据温格勒的资料，包豪斯任职过的 35 位教师中有 9 位移民到美国。Hans Maria Wingler. The Bauhaus: Weimar, Dessau, Berlin, Chicago[M]. Cambridge: MIT Press, 1969: 614.

1933 年，包豪斯在纳粹笼罩的政治动荡下被迫关停。一批核心教师陆续移民美国，并带去了现代设计教育的火种[2]。阿尔伯斯于 1933 年率先到黑山学院（Black Mountain College）任教。1936 年，包豪斯的创校元老莱昂内尔·费宁格（Lyonel Feininger）赴美国从事艺术创作。1937 年，格罗皮乌斯和布劳耶陆续到哈佛设计研究生院主持教学，并形成了著名的"哈佛包豪斯"模式。莫霍利 – 纳吉也于同年在芝加哥创立了新包豪斯学校。1937 到 1938 年间，密斯、沃特·彼得汉斯（Walter Peterhans）和路德维希·希尔伯塞默（Ludwig Hilberseimer）相继移民到阿默理工学院（Armour Institute of Technology）任教，并贯彻了现代主义的建筑教育。赫尔伯特·拜亚也在 1944 年移居美国，从事设计实践和教育。在第一代包豪斯教师和众多追随者的合力作用下，包豪斯教学模式从德国移植到了美国。其师生也迅速成为各所院校中贯彻现代设计教育的主导力量。

如果说 1932 年纽约现代艺术博物馆关于"国际风格"的现代建筑展提升了格罗皮乌斯和密斯等建筑师在美国的影响力，那么包豪斯预备课程则在 1940 年代开始发挥独立的学术影响力，并以莫霍利 – 纳吉和阿尔伯斯的教学实践为代表。1938 年，以"包豪斯 1919~1928"的专题展览在纽约现代艺术博物馆举行，并介绍了包豪斯的基础教学体系（图 2-7）。1941 年 7 月至 8 月，现代艺术博物馆又举办了以"包豪斯预备课程"（Preliminary Course of the Bauhaus）为专题的特展[3]，介绍伊顿、莫霍利 – 纳吉、阿

❸https://www.moma.org/calendar/exhibitions/3007.

尔伯斯的教学（图 2-8），并陈列了触觉板、折纸构造、抽象绘画等教学素材和学生作业。展览还提及康定斯基和克利对课程体系的贡献。展陈内容大致勾勒出包豪斯模式"从基础到建筑"的学术追求：推行以预备课程为核心的通才教育，实现从基础教学到建筑教育的进阶。

图 2-7 "包豪斯 1919~1928"展览中的预备课程，纽约现代艺术博物馆，1938~1939 年（左）
图 2-8 包豪斯预备课程专题特展，纽约现代艺术博物馆，1941 年（右）

　　事实上，格罗皮乌斯也曾对不同层面的建筑教育进行了分类的设想。比如，技术院校建筑教育在于培养建筑师助理与绘图员，而正规大学建筑教育则培养专业素养全面的建筑师。在他看来，包豪斯所提倡的"基本设计"是一类与基础科学、基本技能相平行的通识类训练，应当在大学建筑教育进行普及（图 2-9）。同时，这也是区别大学科班训练和职业教育的标准之一。而格氏这一教学理念的直接产物就是所谓包豪斯预备课程的"建筑化"——在美国高校建筑系中推行材料与抽象形式训练的入门课程。

　　从 1930 年代中后期开始，包豪斯预备课程在美国建筑院校的引入不仅从教学法上挑战了布扎柱式渲染和构图的传统，同时给建筑教育带去了全新的术语和观念，全面促进了教学由古典向现代的转型。但需阐明的是，包豪斯预备课程在美国的"移植"与"变迁"并非一种单向和线性的过程。作为不同艺术门类所共有的基础，预备课程强调材料训练和抽象感知，这

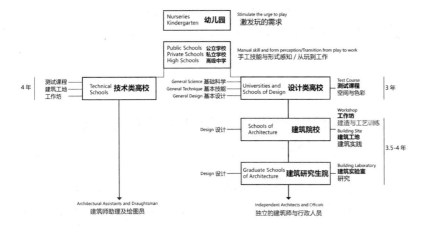

图 2-9 格罗皮乌斯所构想的不同层级的建筑教育方案

是其在整个教学体系中相对稳定的内核。但针对具体的训练方法和适用范围，不同教师有着各自差异化的理解。一方面，包豪斯预备课程体现了现代设计在视知觉层面的基本原理，这可以为建筑学的启蒙提供启发；另一方面，作为一种发源于艺术和手工艺教育的教学实验，预备课程的有效性和针对性也不断受到建筑专业教师的质疑。包豪斯模式与建筑设计训练的内在矛盾在美国的传播过程中逐步被放大。预备课程也经历了教学法上的转化来适应现代建筑基本原则的需要。上述正反效应共存的传播现象引发了三个针对包豪斯传播史的研究问题：

其一，包豪斯预备课程的核心价值是什么？教学法层面的基本特征是什么？不同教师的教学差异如何得以体现？

其二，包豪斯预备课程是如何移植到美国建筑教育中，又如何通过不同谱系的学术网络形成主导美国艺术和建筑教育的"基本设计"？

其三，包豪斯模式所倡导从基础到建筑、从通识到专业的教学理念在美国建筑教育中产生了何种变迁，又如何与现代建筑教育的基本价值相融合？

基于上述疑问，本书将从传播谱系的角度来论述包豪斯预备课程在美国建筑教育的传播历史，并以"移植"和"流变"为话题分两个章节进行论述。

首先，本章主要关注阿尔伯斯和莫霍利–纳吉这两位曾在德国包豪斯主持预备课程的教师，并聚焦于他们在美国的教学活动。作为包豪斯教学体系和核心价值的继承者，两人直接或间接地参与建筑设计教学，并从空间形式训练和知识体系两个方面拓宽了包豪斯的影响力。两人的教学活动体现了第一代包豪斯教师对"从材料到建筑"这一命题的个人理解，同时也是包豪斯预备课程在美国建筑教育中移植和变迁的原点。

第三章将从传播历程的角度来分析包豪斯观念与方法的受众（Receivers）是如何延续、抵抗和转化这一教学法的。在包豪斯第二代教师的推动下，预备课程的形式原理被进一步提炼，并以"基本设计"的教学开始发挥影响力，逐步替代了美国布扎模式的建筑入门方法。在这一传播过程中，艺术教师具有个人特色的实验性教学被转化为一种具有普适性的方法，在美国各所建筑院校中广泛传播。相对于第一代包豪斯教师，其传播者和继承者有着差异化的学术兴趣，并产生了教学观念上的分化。

2.2　约瑟夫·阿尔伯斯：材料与抽象形式的感知（1933~1958）

在包豪斯星光熠熠的教师群体中，约瑟夫·阿尔伯斯（1888~1976）是最为专注于基础教学的。这位德裔美籍的艺术教育家从德国鲁尔区边缘的工业小城走出，有着小学教师和印刷技工的履历❶。相对于早逝的莫霍利－纳吉和未涉及美国艺术和建筑教育的伊顿，阿尔伯斯对于建筑基础教学的影响是最为持久的。

1920 年至 1933 年是阿尔伯斯在包豪斯求学和任教的第一阶段。在魏玛包豪斯求学期间，阿尔伯斯师从伊顿，并逐步发展出对材料富有洞察力的教学和研究。在受到格罗皮乌斯的赏识后，他从 1923 年开始担任预备课程的教师，并与莫霍利－纳吉进行了密切的合作。在魏玛政治局势的变动下，包豪斯于 1925 年迁往德绍新址，他即被聘任为"青年大师"，兼顾艺术和手工艺的教学。在这一时期，包豪斯预备课程在教学上颇为成功，同时也成为包豪斯体系核心价值的一部分。1928 年，在莫霍利－纳吉离职后，阿尔伯斯开始独立主持预备课程，并负责上、下两学期的课程，直至包豪斯在运营的窘境中关闭。在包豪斯十年的任教期间，他完善了基础课程从教学法到知识体系的架构，并以材料研究（Material Studies）为核心，发展出了一系列抽象形式的视觉感知练习。

1933 年，包豪斯在柏林被迫关闭。阿尔伯斯是最早移民到美国的艺术教师，并在北卡罗来纳州边陲的黑山学院（North Carolina's Black Mountain College）开始了他个人的第二段教学生涯。在菲利普·约翰逊的协助下，阿尔伯斯接受了黑山学院创始人约翰·莱斯（John Andrew Rice）的邀请，在该校艺术系任教，并担任系主任❷。尽管办学规模并不大，但黑山学院吸纳了一批理念超前的艺术家来任教，并凸显了跨学科创作和研究的特点❸。值得一提的是，建筑教育也成为该校办学的一个分支（图2-10、图2-11）。该校的建筑课程曾由格罗皮乌斯和赖特的学生保罗·贝德勒（Paul Beidler）参与授课，西班牙建筑师路易斯·塞特（José Luis Sert）也赴该校任教❹。欧洲重要的艺术先驱、纯粹主义（Purism）画家阿梅德·奥占芳（Amédée Ozenfant）曾在该校教授艺术理论课程。此外，巴克敏斯特·富勒（Buckminster Fuller）从 1940 至 1950 年代在该校进行了诸多关于建筑建造体系的研究❺。受到约翰·杜威（John Dewey）认知

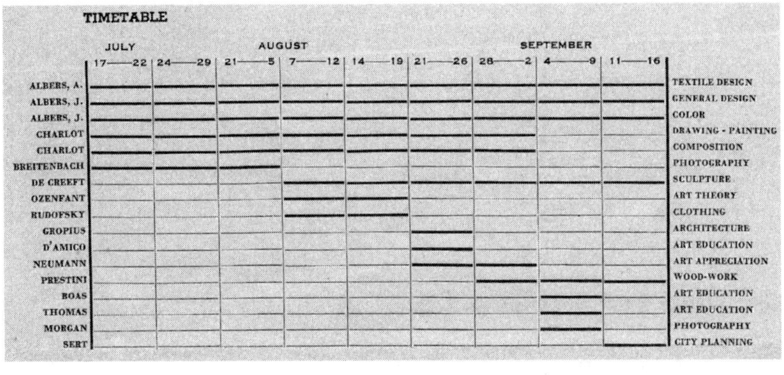

❶ 阿尔伯斯出生于德国鲁尔区北缘工业城市博特罗普（Bottrop），在进入包豪斯之前，他曾在家乡的小学任教，之后在柏林皇家艺术学校（Königliche Kunstschule）和慕尼黑艺术学院求学。

❷ Martin Duberman, Black Mountain: An Exploration in Community[M]. New York: Anchor Press, 1973: 41-43.

❸ 这所仅有 24 年办学历史的艺术院校由崇尚民主教育理念的莱斯于 1933 年成立，并成为延续欧洲现代主义和美国自由精神的庇护所。黑山学院的办学理念回应了包豪斯早期的办学理念，融合各种艺术形式，并强调知行合一。

❹ 塞特曾在巴黎的柯布西耶工作室工作，受到现代主义建筑的影响，并且于 1953~1969 年任哈佛 GSD 的院长，对于欧洲现代主义建筑在美国的传播起了重要的作用。

❺ 富勒以拉索和杆件组合定义出一个"张拉整体结构"（Tensegrity）的体系，并进行不同类型穹顶的搭建和实验性建造。

图2-10 暑期课程大纲，黑山学院年报（Bulletin-Newsletter），第二卷，第6期

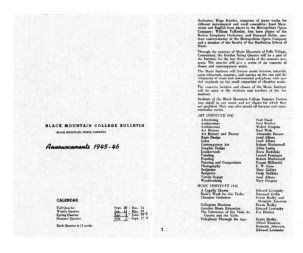

图 2-11　黑山学院的艺术与建筑课程

❶ Eva Díaz. The Ethics of Perception: Josef Albers in the United States[J]. The Art Bulletin , 2008, 90 (2): 260–285.

❷ 实际上,"结构群落"不仅可以视为平面绘画,同时也可转化到合成树脂上用机械印刷表现,甚至放大作为雕塑。

与实践教育理念的影响,建造教学是黑山学院建筑课程的特色环节。该校曾开设足尺建造的实验教学,强调学生的动手参与。这种教学倾向在当时美国建筑教育领域独树一帜。

在新成立的黑山学院,阿尔伯斯可以无束缚地推行包豪斯方法,拓展教学实验的维度。这种宽松的学术环境在其他具有学院式传统的院校是不具备的。在黑山学院任教期间,阿尔伯斯所架构的设计基础教学体系可以视为包豪斯模式的移植,并在"基本绘画""基本设计""色彩学"这三个已经划分清晰的领域有了进一步的发展。除了艺术学科的影响力之外,阿尔伯斯还把包豪斯的抽象形式教学用于建筑师的培养。这一点恰恰是包豪斯早年办学所未能贯彻的。他开始涉足建筑教育,与格罗皮乌斯展开定期的教学交流并对多所建筑院校进行访问。不过,与莫霍利-纳吉的观念有所不同,阿尔伯斯在黑山学院的教学目标并非重构包豪斯的教学体系,也没有延续早期预备课程所倡导"从材料到建筑"的培养模式。正如阿尔伯斯初到美国时所呼吁的"打开双眼"(I Want to Open Eyes)式的教育❶,他希望通过精确而微妙的抽象视觉训练来调动学生的观察能力,并掌握现代设计的基本原理。

阿尔伯斯个人教学生涯的第三阶段是在耶鲁大学度过的。他于 1950 年 8 月开始在耶鲁设计系(Department of Design)担任系主任并主持教学直至 1958 年退休。这一时期,他的学术兴趣停留于抽象线条绘画和色彩感知的研究上。从 1950 年代起,阿尔伯斯进行了两个长期的视知觉研究和创作,并在美国极少主义的艺术领域中颇具影响。首先,最能体现他对于色彩感知的持续性探索的是"正方形礼赞"(Homage to the Square)系列。这一系列作品从极简的色彩和几何形式出发,通过相互嵌套正方形的色彩和笔触的微妙变化来表现纯粹而强烈的视觉秩序。其次,"结构群落"(Structural Constellations)系列也是阿尔伯斯晚年另一个重要的创作。在早年抽象绘画教学的基础上,阿尔伯斯发展出了一系列表达三维空间的线条绘画。他在二维平面里以精确的线条来绘制具有读图歧义的轴测图❷,并通过线框的次序、线型的变化来表达模棱两可和难以描述的空间,还涉及同种图形类型的不同变体(Variants)。无论从教学还是个人创作来说,阿尔伯斯在耶鲁大学的艺术实践都更加聚焦于纯粹而精确的视知觉研究(Visual Studies),而并非感性的艺术创作。他于 1963 年完成的代表著作《色彩互动学》(Interaction of Color)正是这类研究领域的经典。该书以色彩感知实验的方式深入揭示人眼观看事物所难以克服的相对性和可变性。

从 1933 年移民美国开始，阿尔伯斯的学术和创作经历都紧密围绕着基础教学，并逐步脱离各种外在和象征性的形象表达而回到视觉感知这个包豪斯群体所共同关注的焦点。同时，他对材料、空间、形式等问题的研究也更加强调对于基本原理的提炼和深化，是学术而非应用性的。这种倾向与美国包豪斯流派积极拥抱新技术，推动设计与市场融合的大趋势是有所不同的。

2.2.1 "基本设计"：从练习到教学体系

从 1930 到 1950 年代，阿尔伯斯在美国的教学活动始终围绕着绘画、材料和色彩这三个教学体系的分支。在 1928 年发表的"练习与形式教学"（Werklicher Formunterricht）一文中，他对自己的教学体系进行剖析，并以两类材料研究和色彩研究来归纳❶。

1934 年，阿尔伯斯在《黑山学院学刊》（Black Mountain College Bulletin）发表了"论艺术教育"（Concerning Art Instruction）的文章，并进一步阐释了基础课程的教学法（图 2-12）。首先，他在自己的教学体系中设定了三个分支："绘画"（Drawing）、"基本设计"（Basic Design 或 Werklehre）和"色彩"（Color-Painting）❷。这一体系从德国包豪斯移植而来，并保留了原先的教学特色。在文中，阿尔伯斯第一次使用了"基本设计"这一术语，用来定义两类材料训练。阿尔伯斯并未提及"基本设计"对建筑教育的先导作用，但他强调了一系列材料和形式训练背后的建筑学意识。"我们并不满足于装订书籍、木工这类训练目标，真正意图在于总体的构造思维（Constructive Thinking），尤其是采用建筑的思维。这也是我们材料训练的基础。❸"显然，这一教学主张并不等同于强调技艺和怀旧情结的手工艺传统，而有着更具整体性的现代设计思维，这恰恰是包豪斯理念所宣扬的。

阿尔伯斯毕生所构建的基础教学体系始终围绕着抽象绘画、材料与色彩这三个主题，其中最具代表性的是他独创的一整套关于材料、形式和色彩的"练习"（Exercise）。练习有别于完整的设计，类似于整个设计过程

❶ 英译题目为 "Teaching Form Through Practice"，由 Frederick Amrine, Frederick Horowitz, and Nathan Horowitz 翻译，原文引自 Bauhaus, 2 No. 3, 1928.

❷ 在 1940 年代中期，由于二战的影响，阿尔伯斯不再使用 "Werklehre" 之类的德语术语来表达预备课程的内容，而以 "基本设计"（有时也使用 "General Design"）重新组织了基础教学。

❸Josef Albers. Concerning Art Instruction[J]. Black Mountain College Bulletin, 1934，2: 5-6.

图 2-12 年报封面：阿尔伯斯的基础课程，纸材料训练

的"分解动作"。这种短周期、直观和可操作的教学环节能够有效传达训练目的，便于学生执行。同时，练习的组织又需要考虑前后顺序的逻辑，以保证教学的各个要点能相互关联，并发挥整体作用。

好的教学，与其说是给予正确的答案，不如说是提出正确的问题。而问题式教学恰恰是现代教育的重要方式，不断地提出问题，促使学生提高对问题的思考能力，使得他们独自面对世界时能够发现问题，并提出解决问题的办法。这显然比从老师那里得到一个正确答案要重要得多 ❶。

❶ Josef Albers. Interaction of Color: Revised Edition[M]. New Haven: Yale University Press，1975.

（1）"基本绘画"：凝练的形式

阿尔伯斯的绘画教学从他 1923 年在包豪斯任教初期就已开始，贯穿于整个教学生涯。具体的训练方法包括包豪斯时期所发展的"表现绘画"（Representational Drawing）或是黑山学院、耶鲁大学所教授的"基本绘画"（Basic Drawing）和"基本徒手画"（Basic Freehand Drawing）。

作为一种入门练习，"表现绘画"在包豪斯德绍时期的学生作业中留存较多。区别于传统写实性的素描和速写，阿尔伯斯的训练更侧重于表达抽象的空间形式，而并不注重细腻的细节表现。作业目的在于培养学生观察与抽象表达的敏感度。传统绘画中表达笔触、光感的一些技法练习则被摒弃。现代视知觉原理的术语总是贯穿于阿尔伯斯的绘画练习中，如重叠、图底关系、旋转、运动或是三维效果等（图2-13）。学生需要从日常用品出发，进行细致、深入的观察，用高硬度的铅笔进行形体描绘。他还要求学生用线型（Line weight）的变化、参考线的渐变或是轮廓线的前后关系来表达空间、体量的微妙变化。此外，阿尔伯斯设计了一类近似于形式分析的绘画练习。学生要通过度量来研究中点、三等分点、黄金分割点等控制点与形体的关系，以进一步分析体块空间的组合关系。

在黑山学院的绘画教学中，阿尔伯斯基本沿用了上述方法。他要求学生用二维的图形组合来表现三维空间效果，并强调视觉感知在绘画中的核心地位，甚至超越了表现本身。他还发展了特定的专题训练来培养精确性和协调性，比如关于测量、分割、估测与形式节奏（Rhythms of Measure and Form）之类的分解练习。学生还可以用物体轨迹的变化来表达运动（Motion）趋势或动态的空间关系（图2-14）。

阿尔伯斯在耶鲁大学任教后，基础教学的重心再度聚焦于绘画和色彩感知训练，而他早期最具代表性的材料研究却少有涉及。在耶鲁艺术与建筑教育专业融合的导向下，阿尔伯斯的"基本徒手画"和"色彩研究"都成为建筑系新生们的热门课程 ❷。他在教学中一如既往地强调空间感知的重要性，并着重于手、脑、眼之间的协调。阿尔伯斯的一些独创练习都强

❷ 阿尔伯斯的绘画和色彩课不仅是耶鲁大学艺术系所有学生的必修课，也同样被纳入到建筑系学生一年级的课程体系。

图 2-13 "正交与曲流"
（Orthography and meander）
赫伯特·舒曼
（Herbert Schurmann）
包豪斯绘画训练（左）
图 2-14 徒手线练习
学生作业，黑山学院或耶鲁大学
（右）

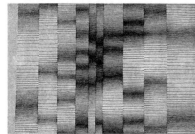
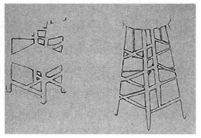

图 2-15 不同平行线间距变化
的研究（左）
奥尔·马歇尔（Orr Marshall），
耶鲁大学，1950 年代
铅笔画，30.5 厘米 × 45 厘米
图 2-16 负形素描
学生作业，耶鲁大学（右）

调了感知与表现、观察与记录之间的二元性：通过描绘对象线型、间距甚至表面肌理的变化来表达空间效果（图 2-15）；观察和描绘物体重叠后轮廓中负空间的"负形（Negative Shape）素描"（图 2-16）；通过放射或侧向（Lateral Extension）的轨迹变化来表达动态空间；以及表现人体抽象形态和轮廓动势的"形体素描"（Figure Drawing）。

　　阿尔伯斯在不同时期的绘画教学都贯彻了一种凝练的空间形式观念。"基本绘画"以一种减法的形式原则来追求其抽象的本质。绘画并非是写实表达的工具，而是反映作画者特定的观察和理解方式，观察的过程重于表现的结果。上述观念与方法改变了创作者主体在绘画中的作用，也冲击了长期依赖于古典美术经验的建筑入门教学法。

（2）"基本设计"：两类材料研究

　　回顾阿尔伯斯的教学历史，"基本设计"的命名最早在 1934 年出现[1]。在他的教学体系中，"基本设计"原本指代以材料为媒介的视知觉和三维材料训练，其范畴相对较窄[2]。然而，阿尔伯斯对"基本设计"这一术语的使用却极具前瞻性，体现出"基础"与"设计"的双重内涵。"基本设计"实质是现代设计科学的萌芽，并逐步成为包豪斯基础教学法在美国设计教育领域的另一种称谓。

　　作为深耕教学的包豪斯教师，阿尔伯斯对于材料研究的兴趣可以追溯到预备课程的初创时期，并直接传承了伊顿的教学观念。1929 年，由阿尔伯斯撰写的教学说明（Prospectus）已经开始强调手工训练（Werklehre）的重要性，并宣扬"做中学"（Learn from Doing）的教学理念。这种观念强调"一种没有专业灌输的诱导式学习经历，学生要通过教师设置或自主

[1] Josef Albers. Concerning Art Instruction[J]. Black Mountain College Bulletin, 1934, 2.

[2] 霍洛维茨和丹尼洛维茨在 2009 年出版的阿尔伯斯教学专著中以"设计"（Design）来概括了他最为典型的材料和造型训练。

❶ Frederick A. Horowitz and Brenda Danilowitz. Josef Albers: To Open Eyes[M]. London: Phaidon Press, 2009: 102.

❷ 引自阿尔伯斯的 "Teaching Form Through Practice" (Werklicher formunterricht), Bauhaus, 2 No.3, 1928.

选择的任务来获得个人经验，并自我领悟"❶。作为预备课程的前辈，伊顿和莫霍利－纳吉都对材料教学有着独到的见解。在两者教学法的基础上，阿尔伯斯通过"基本设计"把材料训练重新整合，形成具有针对性的两个分支："质感研究"（Matière Studies）和"材料研究"（Material Studies）。这一模式不仅成为了他个人教学风格的标志，同时也被移植到美国艺术和建筑教育的入门课程中，具有超越时代的影响力。

质感研究

质感研究并不深究材料内在的表现力（Inner Energies），相反，它主要关注于材料的外在视觉（External Appearance）特征。材料表面的特征通过不同材料的关联性（Relatedness）和对比得以体现❷。

在上述德绍包豪斯的教学文献中，阿尔伯斯指出了"质感研究"的实质——材料的外在视觉表现。这类训练偏向于艺术类的感知培养，学生在材料选择、处理和组合方式上都有很大的自由度。

"质感研究"的具体方法在于通过材料的并置（Juxtaposition）、组合（Combination）、记录和转译（Translation）来发现材料潜在的视觉特性。首先，质感训练关注于不同材料之间的对比（图 2-17），如用砂砾表现布料的感觉，用松针表现缎带的质感，或是用金属齿轮和棉花进行材料的软硬对比（图 2-18），又如用纸上的纹理和真实木纹进行对照，甚至会关注其触觉上的差异；其次，学生要把握材料的外在视觉特征，如肌理、颜色、图案等，还包括视错觉感知、图底关系转化等一些特定的视觉现象（图 2-19 和图 2-20）；

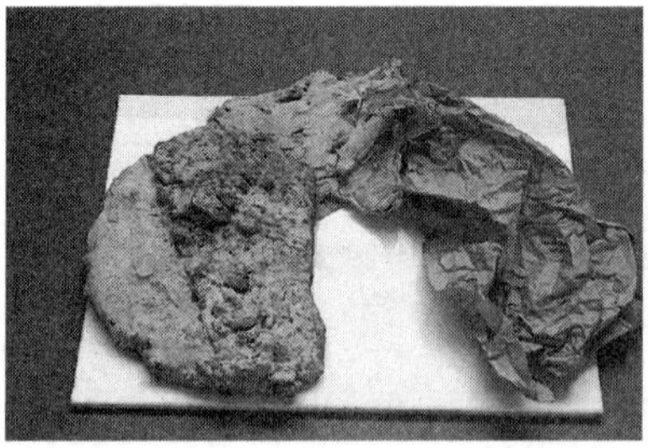

图 2-17　质感研究：水泥，浮木与纸张，黑山学院（左）
图 2-18　质感研究：蕾丝，齿轮，皮革，红色背景上的绒毛，1941~1949 年（右）

图 2-19　质感研究，黑山学院（左）
图 2-20　卵石质感与图底关系研究，黑山学院，1941~1949（右）

再次，材料的记录和转译也被强调：除了通过绘画的笔触表达材料，还能通过其他介质（如浸湿的卡纸或沙子）来记录材料的质感；最后，学生还需要把材料研究与材料本身的物理特性进行联系，并充分调动触觉来平衡视觉感受的主观性。

阿尔伯斯援引了"结构"（Structure）、"手法"（Facture）和"肌理"（Texture）这三个属于构成主义的术语来描述"质感研究"❶。学生可以用日常生活中的物件和材料进行拼贴，发现它们隐藏的属性。材料不同的加工操作方式能够推导出特定的表现效果，如材料的刮擦、穿刺、粘贴、图案模拟等。这又衍生出包豪斯手工艺训练中工具和操作方法的对应关系。如果追溯这种教学法的源头，达达主义（Dadaism）的艺术创作理念对其有着重要的影响。按照达达主义的理解，材料拼贴的一个核心问题是"去物质化"（Dematerialization），即材料本身属性的去除或转化。达达主义创作所热衷的三种方法——拼贴、不确定性和使用已有物体等都被包豪斯的教学和创作所吸纳❷。此外，伊顿对于材料的理解、莫霍利－纳吉构成主义的材料观念也对阿尔伯斯早期的材料教学有所启发。实际上，包豪斯教学能够把前卫艺术家的个人创作转化为可传授的教学方法是十分难得的，其对于质感、肌理的关注在当时的艺术教育领域也是极具先锋性的。

"质感研究"本质上是多种材料组合的视觉训练。这一训练拓宽了建筑教育对于材料的理解，但其方法学的内核源自现代艺术而并非建筑学。包豪斯对于材料视觉特征的把握仍然是感性的，难以展开更深入的技术性研究，因而也更偏向于个人化的艺术表达。

材料研究

在阿尔伯斯"基本设计"的体系中，与"质感研究"相平行的是"材料研究"，其对美国建筑教育的影响也更为直接。早在 1920 年代，阿尔伯斯独创的纸材料训练已成为预备课程中最具代表性的案例。在包豪斯的流变过程中，"材料研究"往往被狭义地理解为折纸练习（Origami），但实际上其本身包含更为复杂的技术考量。而在黑山学院的教学中，阿尔伯斯把"材料研究"的关键词设定为"构造""结构"和"构成"，而外在形式只是材料和结构逻辑的结果。他在发表于 1934 年的文章中对于此类训练的原理有过如下描述：

我们需要去实验材料的最大承载力（最大承载高度、荷载分布的宽度、最大承重）、最大的强度（同时保持材料的韧性）、最紧密的连接方式、体量最小或强度最弱的状态，并以此来最大限度地利用材料。除了上述材料的经济性外，还要节约加工的劳力……

构造训练源自于形式的数理内涵（Mathematical inherence）。通过研

❶ 引自阿尔伯斯的"Teaching Form Through Practice"（Werklicher formunterricht），Bauhaus, 2 No.3, 1928.

❷ 例如在达达艺术家库尔特·施维特斯（Kurt Schwitters）的"垃圾"（Rubbish picture, 1922）创作中，他就利用了垃圾材料，完成了无价值材料属性"陌生化"处理的过程，而包豪斯则成功地把这个先锋的实验转化为教学训练。

究，我们试图培养（学生）对于空间、体量、尺度的领悟和感受力，对于平衡、静态和动态的认识，也包括正向、主动和负向、被动的形式。我们强调实现形式的经济性（Economy），即一种操作与最终效果之比（Ratio of Effort to Effect）❶。

❶ Josef Albers. Concerning Art Instruction[J]. Black Mountain College Bulletin, 1934，2：5-6.

与"质感研究"强调视觉特性不同，"材料研究"强调对于单一材料自身属性的研究。阿尔伯斯限定学生使用常见的材料和操作方法：如纸片、木头、铁丝等，并用最简单、经济的方式来获得符合材料和构造逻辑的形式（图 2-21 和图 2-22）。设计成果有两个核心的评价标准：其一是材料使用的经济性，包括材料本身是否被完整利用，以及加工过程中的效率等。其二是操作方式的恰当程度（Material gerecht），即材料操作、加工方式与自身属性的协调❷。比如，学生要充分利用纸折叠、弯曲的能力或利用铁丝可扭曲的特性。阿尔伯斯反对使用黏土等具有可塑性的材料来进行雕塑化的造型训练。他也不提倡在教学中过早使用机械工具，而应依据手工艺的逻辑来理解材料和操作。他认为强调动手、身体力行的方式能够规避艺术教育中手脑分离的通病。

❷ Frederick A. Horowitz and Brenda Danilowitz. Josef Albers：To Open Eyes[M].London：Phaidon Press，2009：106.

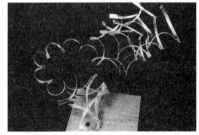

图 2-21　材料研究：铝箔，约 1927 年
采用方形铝箔切割，切割和弯曲，不浪费材料（左）
图 2-22　材料研究：折纸造型，1928 年（右）

"材料研究"最典型的案例就是纸材料训练。诸多原包豪斯的毕业生曾对阿尔伯斯的教学场景进行过绘声绘色的口述回忆，描述他引导学生用一堆废报纸进行研究，巧妙地利用折纸形成抽象的构成作品。学生通过折叠、弯曲、开洞、褶皱（Corrugate）、铰接（Hinge）等不同的操作方法，把完整的纸张加工为具有材料和构造逻辑的三维形式。教学过程中，师生都要自觉与过于主观、雕塑化的形式观念保持距离。此外，学生还需通过观察来体会操作和形式的关联：通过纸和金属片的弯曲，或是金属网的拉伸，学生可以获得球面、双曲面、螺旋形等异形；通过纸的折叠伸展，学生可以观察到平面逐步变形（图 2-23）；通过纸面的开洞和正反折叠，学生可以观察空间正负形的关系。阿尔伯斯折纸训练的初衷在于材料内在潜能的发掘，而并非只是为创造新形式而激发想象力。但这一训练在包豪斯教育的流变过程中往往狭隘地被理解为折纸训练，并过分强调了其对外在形式丰富性的关注。

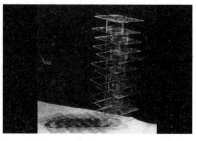

图 2-23 材料研究：卡纸板造型
德绍包豪斯时期（左）
图 2-24 材料研究：玻璃和塑料
格达·马克思（Gerda Marx）（右）

在德国包豪斯时期，阿尔伯斯还发展了一类具有"构成"（Construction）特征的练习，并有意识地和建筑训练进行衔接。比如，纸塔楼（Paper tower）、纸桥或玻璃片构造研究都具有类似特征（图 2-24）。此外，一些抽象空间的研究还包括对人体尺度和空间关系的讨论。不过，这种"类建筑"的训练方法在阿尔伯斯黑山学院和耶鲁大学的教学中却罕有出现。出于内在知识体系的不同，"材料研究"显然无法对应建筑学中的材料和构造问题。

作为最早定义"基本设计"的教师，阿尔伯斯的初衷是从材料出发来进行形式研究。"质感研究"和"材料研究"两者形成了很好的互补："质感"的训练属于多种材料的二维视知觉研究，而"材料"的探索则是单一材料的立体空间形式研究；前者在于"组合"（Combinative）与"比较"（Comparative）性质的视觉艺术训练；后者在于"构造"（Constructive）和"结构"（Structural）类的材料工艺训练。

从 1940 年代开始，包豪斯教学在美国建筑教育中快速传播，并被视为一种抵抗学院式传统、发挥学生创造力的有效途径。同时，阿尔伯斯也有意识地加强"基本设计"和建筑教育的关联。1944 年，他在题为"手工和手工艺对建筑学的教学价值"（中译文全文扫码见增值服务）的文章中宣称：

为了努力营造更高质量和更合理的建筑，我们首先必须追求更好的设计和技艺。为达到这一目的，历史学家和守旧者会遵循他们的惯例——延续过去。然而，我们必须铭记不能一味地重复和模仿，只顾欣赏过去的成就。无论外观还是室内空间，历史上和当下重要的建筑都代表着一种对所处时代的自信。这是一种发现和创造：它证明了对于新问题的意识以及解决问题的意愿和能力。我们应当展望未来而不是回顾过去，延续传统应当去创造而不是复古。

建筑与设计方向的学生必须接受"材料研究"的训练，从传统材料到新材料，从承载力到外观。他们必须学会用材料进行制作，并理解其所庇护的空间。对于构造基础的训练（涉及材料的承载力）以及材料组合的训练（涉及材料的外观）应当在所有工业和建筑设计的专业中进行。这类训练理应和手工作业结合，以简单的工具完成，并遵循手工艺完整和实际的经验。"基本设计"（General Design）课程中的基础训练强调以手工方式进行，避免被机械的方法所束缚。这一训练给学生提供批判和创新的选择，也充分鼓励他们的创造力❶。

该文的写作时间恰逢美国设计教育的变革时期，同时是包豪斯教学法在美国建筑教育快速传播的时段。然而，阿尔伯斯并没有站在完全顺应工业化的立场，而是强调了传统手工艺训练的重要性。他也同样推崇在培养建筑师的过程中加入材料研究和动手制作的练习。这一观念代表了最为典型的包豪斯主张，即以通识教育的方式进入建筑设计学习，触类旁通地掌握其基本方法，并遵循"做中学"教学模式。

（3）色彩研究及其他视觉训练

在阿尔伯斯的设计教学体系中，"绘画"（单色线稿绘画）、"设计"（两类材料训练）与"色彩"（色彩交互与感知）一直是三个最具代表性的方向。尽管色彩研究在建筑学基础课程中并不是主干，但其重要性仍不容忽视。与强调技法和色彩理论的艺术学者不同，阿尔伯斯的色彩教学以抽象、极简而富有针对性的方式来讨论色彩感知的问题。实际上，他关于色彩感知的洞见对很多现代主义建筑师都颇有启发❷。

在耶鲁大学艺术系任教期间，阿尔伯斯有意识地放下了早年最具个人特色的两类材料训练，而持续潜心于视觉感知的深入研究。1950年代起，阿尔伯斯完成了晚年最为重要的两个长周期创作系列：其一是色彩的互动感知训练，以"正方形礼赞"（1950~1976）的创作和《色彩互动学》著作为代表。其二是抽象空间单色线条绘画与视错觉研究，并以"结构群落"（1949~1958）系列创作为代表。在阿尔伯斯的教学法中，色彩训练与空间形式感知有着相通的内核。他以实验的方式把敏感、多变的色彩体验转化为具体、明晰的教学方法。例如，阿尔伯斯的教学会采用编号的颜色卡纸（而并非颜料）来进行色彩之间的对比和感知，以提高训练的效率和精确性，并避免因个人色彩偏好而带入的主观性。无论是色彩互动学的基本原理，还是具体的色彩练习，阿尔伯斯都在反复强调着观察与操作的重要性。显然，他并不想重复先理论后实践的学院式模式，而是更为强调个人体验与直观感受的重要性。色彩互动学通过大量巧妙设计的小实验揭示出人眼感知的相对性与色彩的基本规律❸。

除了材料研究外，阿尔伯斯还在"基本设计"教学体系之外发展了辅助的视知觉训练。"形式重构"（Reordering）练习就要求学生借用参考线、网格等要素对原有的图片进行分解与重构以获得视觉冲击力，或是探索材料本身的视觉特性❹。例如，学生可以利用广告画、海报、照

❶ 英文标题为 "The Educational Value of Manual Work and Handicraft in Relation to Architecture"，引自 Paul Zucker, ed., New Architecture and City Planning: A Symposium. New York: Philosophical Library, 1944.

❷ 比如，路易斯·康和路易斯·巴拉干（Luis Barragan）都曾明确表示其建筑创作受到过阿尔伯斯的影响。

❸ 正如阿尔伯斯在《色彩互动学》的序言中提出的："色彩研究的难度在于，如何克服色彩的相对性和不稳定性来寻求色彩的基本规律。在情景中思考的教育模式：力图论证色彩间的相互关系，而非简单地对单色加以定义。色彩构成是实验和研究，观察和发现，来辨别色彩在不同的构成关系中其不同感觉的呈现。"

❹ 阿尔伯斯在黑山学院的教学中也时常采用"形式重构"训练（Rearrangement）来训练学生形式操作的能力。

片等素材进行拼贴练习，通过复印、剪切和缩放来进行操作。他们还能利用丝网或松散编织的布料，通过拖动图案、改变间距或材料表面处理等方式，形成具有感知错觉或特定的视觉效果。当然，这类训练的原理并非与建筑学相关，而是源于 1920 年代之后新涌现艺术流派的工作方法。

　　总结而言，阿尔伯斯所构建的绘画、设计、色彩三位一体的设计基础教学体系产生于包豪斯倡导"联合艺术与手工艺"的历史背景，并为不同门类的基础课提供了一种具有通识教育特征的材料与形式训练。这种方法为进入建筑学的专业训练提供了新的可能。相对于布扎以模仿和绘画为核心的基础教学，包豪斯的训练着重强调了视觉艺术、手工艺和建筑所共有的基本概念，如形式、空间、体量、尺度等，以一系列操作性强的小练习来强化抽象的空间和形式观念（图 2-25~ 图 2-27）。这种变革在当时是具有革命性的，也对建筑教育产生了持久的影响。

个人创作：包豪斯时期

教学成果：

绘图（Drawing）

质感研究（Matiere studies）

材料研究（Material studies）

视觉研究 / 形式重构类（Visual studies / Reordering）

建造、构造类（Construction）

图 2-25　阿尔伯斯形式和材料训练一览表，包豪斯时期，1923~1933 年

个人创作：黑山学院时期

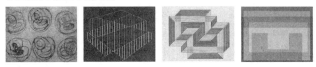

教学成果：

绘图（Drawing）

质感研究（Matiere Studies）

材料研究（Material Studies）

视觉研究 / 形式重构类（Visual Studies / Reordering）

静物形态研究（Still Life）　　　　　叶片形态研究（Leaf Study）

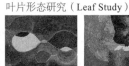

透明性研究（Transparency）

图 2-26 阿尔伯斯形式和材料训练一览表，黑山学院时期，1933~1949 年

2.2.2 包豪斯方法在建筑基础课程的移植

作为最早移民美国的包豪斯教师和艺术家，阿尔伯斯对预备课程在美国建筑教育界的传播起了重要作用。尽管并非科班出身，他的教学仍然从现代艺术基本原理的角度对布扎传统产生了冲击。从 1933 年正式在黑山学院任教后，阿尔伯斯并没有完全停留在艺术教育领域，而是对多所建筑院校进行了访问和客座教学（图 2-28），传播包豪斯理念。根据阿尔伯斯基金会（Josef & Anni Albers Foundation）资料所梳理的教学大事年表来分析，阿尔伯斯 1930 到 1940 年代的教学活动主要集中在哈佛大学，并

个人创作：耶鲁大学时期

教学成果：

绘图（Drawing）

雕塑（Scuplture）：耶鲁大学罗伯特·恩戈尔曼（Robert Engman）的教学

基本设计（Basic Design）：耶鲁大学奈尔·韦利弗（Neil Gavin Welliver）的教学

叶片形态研究（Leaf Study）

色彩研究（Color Study）

图 2-27　阿尔伯斯形式和材料训练一览表，耶鲁大学，1950~1958 年

积极推行"基本设计"的训练。从教育史脉络而言，对于"哈佛包豪斯"教学体系的把握涉及多元的学科背景与人物谱系❶，并包含了教育与实践、学术与行业之间的互动关系。本章节仅从建筑基础教学的视角进行审视，并着重分析对包豪斯模式差异化的理解。

（1）哈佛大学设计研究生院的"基本设计"

在 1936 年跨学科组建成立设计研究生院之前，哈佛大学建筑系一直延续着布扎体系，崇尚古典主义的建筑美学。对这一保守传统率先发起挑战的是美国本土教师约瑟夫·哈德纳特。相对于头顶光环的包豪斯明星建筑师，他并没有站在历史转变的浪潮上，而是发挥了潜在而持久的作用。2007 年，历史学者吉尔·帕尔曼出版了《创造美国现代主义：哈德纳特、格罗皮乌斯以及哈佛的包豪斯遗产》的专著，以美国学者的视角重新审视

❶ 从 1940 到 1950 年代早期，哈佛 GSD 在形成美国现代建筑和城市的过程中扮演了一个很重要的角色。哈佛及其毕业生布劳耶、贝聿铭、鲁道夫以及 TAC（The Architects Collaborative）的成员形成了一个传播现代建筑的团体。GSD 这段时间的重要性被充分认识，在其中格罗皮乌斯的包豪斯课程移植到 GSD 是起了关键的作用，并形成所谓的"哈佛包豪斯"。

时间	院校	教学交流主题	教学内容
1936.12	哈佛大学设计研究生院		材料与形式工作坊
1936.12	达特茅斯学院		客座教学
1937.11	阿默理工学院		讲座
1937.12	哈佛大学设计研究生院		讲座
1938.1	阿默理工学院		讲座
1938.4	哈佛大学设计研究生院		客座教学
1938.12	哈佛大学设计研究生院		客座教学
1939.12	哈佛大学设计研究生院		客座教学
1940.4	菲利普埃克塞特学校	材料与形式研究	讲座
1940.12	哈佛大学设计研究生院		客座教学
1940	哈佛大学设计研究生院	艺术的真实	讲座
1941（春季及夏季）	哈佛大学设计研究生院		客座教学
1943.6-7	洛索普女子景观设计学院	设计与徒手绘画	客座教学
1944.10-11	杜克大学		个人展览及讲座
1945	北卡罗来纳大学	艺术家与战争	教学研讨
1946.4	哈佛大学设计研究生院		客座教学
1948	威斯康辛大学		讲座
1949.1	密歇根州立大学		讲座
1949（夏季）	墨西哥国立自治大学		客座教学
1949.11-1950.1	耶鲁大学	艺术联合设计	评图及示范教学
1950.2-1950.4	普拉特设计学院	晚间课程	
1950.6-1950.8	哈佛大学设计研究生院	"基本设计"与色彩	客座教学
1951.6	东伊利诺伊大学		讲座
1952.2	哈瓦那大学建筑系	"基本设计"、绘画与色彩	客座教学
1952.5	雪城大学	色彩交互学	讲座
1954.3	圣约翰大学明尼苏达分校		讲座
1954.6-1954.8	夏威夷大学，檀香山		客座教学
1955.3	麻省理工学院	色彩交互学	讲座
1955.12	哈佛大学设计研究生院	设计教育	讲座
1956.1	明尼苏达大学		讲座
1956.3	堪萨斯大学	色彩的魔力	讲座
1956.5	休斯顿大学建筑学协会	色彩训练	讲座
1956.12	宾夕法尼亚大学	色彩的魔力	讲座
1957.7	雪城大学	色彩：最为相对性的艺术媒介	讲座
1957.2 及 1957.10	卡内基理工学院		客座教学
1958.6-7	雪城大学	教学研讨	客座教学
1958.7	麻省理工学院建筑学	色彩交互学；夏季专题教学	客座教学
1958.9	伦斯勒理工学院		讲座
1958.10	哈佛大学设计研究生院	色彩的魔力	讲座

图 2-28　阿尔伯斯在美国建筑院校的教学活动，1933~1958
根据阿尔伯斯教学年表整理

❶ Jill E Pearlman. Inventing American Modernism: Joseph Hudnut, Walter Gropius, and the Bauhaus Legacy at Harvard[M]. Charlottesville: University of Virginia Press, 2007.

❷ 根据帕尔曼的描述，当哈德纳特 1935 年 6 月来到波士顿之后，他就立即开始清理布扎的教学方法——竞赛评审制、过时的设计课题以及繁琐渲染图表现技法等。他把自己在哥伦比亚大学所推行的联合设计（Cooperative Design Studio）制度引入，让教学更为实际、贴近生活、关注技术和构造。在第一年任期中，哈德纳特通过教授历史理论课强化了自己的威信。他提出了"当代建筑"（Contemporary architecture）来表述与经典现代主义有所不同的观念。

了哈佛现代建筑教育演变的历史。她以"'基本设计'的争斗"为话题，描述了哈、格二人对于基础课程变革的博弈，尤其关注阿尔伯斯教学的学术分歧 ❶。

不同于欧洲裔移民美国的现代主义建筑师，哈德纳特曾接受完整的学院式教育，先后在哈佛大学和密歇根大学学习建筑，短暂执业之后选择在大学任教。作为思想开明的建筑教育者和管理者，他在哥伦比亚大学建筑系主持的教学已经呈现出明显的现代特征。此后，哈德纳特于 1935 年受邀在哈佛大学建筑系主导教学改革。根据帕尔曼的描述，他进行了更为激进的教学改革，彻底废除原有布扎模式所遗留的种种复古传统 ❷。

作为改革的第一步，哈德纳特大刀阔斧地清理了建筑系旧系馆罗宾逊堂（Robinson Hall）内部古典的装修和陈设。二层中庭内摆放的雕塑、石膏、建筑构件和悬挂的范图等都被统统清空。他在系馆内安装了玻璃隔断和白色而无装饰的隔墙来陈列当代艺术作品，一定程度上改变了学院原先死气沉沉的氛围 ❶。

此后，哈德纳特重新组织了学院的学科架构以强调各专业的交叉和融合。在他进入哈佛之前，建筑学（Architecture）、城市规划（City Planning）和景观建筑学（Landscape Architecture）三个专业相互独立，并采用不同的教案和师资。1936 年，哈德纳特极具建设性地组建了哈佛大学设计研究生院，并打通了上述三个专业，他也同时就任新组建学院的院长。哈德纳特从学科建制和教学管理层面打破了学科之间的壁垒，进一步引入现代化的教学管理方法。

从教学主张而言，哈德纳特极力反对布扎模式基于模仿（Copyism）、盲目遵循古典范式的窠臼。他削弱了建筑历史在教学中的核心地位，封存了学院图书馆中繁冗的古典建筑资料，并简化了古典柱式和部件的渲染训练。他把建筑学的参考资料更换为当时新落成建筑的蓝图（Blueprints）、设计规范以及新兴建筑制造商的目录（Catalogues）❷。学生拿到设计任务后无需在卷帙浩繁的折中主义建筑案例库中寻找参考的样板。被戏称为建筑"考古学"（Archaeology）的工作方法被摒弃，教学重心转向设计过程和建造知识的学习。但需指出的是，哈德纳特的教学改革仍然难以建立与现代建筑对应的教学体系，尤其在方法学层面仍然难以突破。

1930 年代初，欧洲政治局势陡然紧张，大批艺术家和建筑师选择移居美国。哈德纳特很快注意到了旅居美国的阿尔伯斯，以及处于辗转阶段的格罗皮乌斯、密斯等建筑师。他认为，这些洞悉现代艺术的前卫建筑师和教师对时代精神有着更为深入的理解，能够推动美国建筑教育的全面变革。阿尔伯斯曾在 1936 年致信哈德纳特，表达自己对于艺术和设计基础教学的设想：

我把理论性话题与实际训练联系起来，帮助学生理解建筑和艺术领域的新问题。以下主题可以展开进行讨论。

（1）建构（Tectonic）的和非建构（Atectonic）的建筑

（2）基于绘画（Painted）、绘制（Drawn）、雕塑（Sculptured）的建筑；抽象建筑

（3）现代艺术运动中对"材料"不断上升的兴趣

（4）组合、构造、构成

（5）石头和黏土形式上的差异，以及何为玻璃、金属和木头的形式

（6）形式主义（Formalism）和功能主义（Functionalism）

（7）墙纸和墙面绘画（Wall Painting）

（8）现代建筑与现代印刷（Typography）以及两者的关系

❶ Jill E Pearlman. Inventing American Modernism: Joseph Hudnut, Walter Gropius, and the Bauhaus Legacy at Harvard[M]. Charlottesville: University of Virginia Press, 2007: 55.

❷ Jill E Pearlman. Inventing American Modernism: Joseph Hudnut, Walter Gropius, and the Bauhaus Legacy at Harvard[M]. Charlottesville: University of Virginia Press, 2007: 56-57.

（9）建筑外部的幕墙（Curtains）

（10）人是最重要的设施（Furniture）

（11）现代主义与现代时尚（Fashion）的发展

（12）历史研究与创造性研究（Creative Studies）**❶**

❶Josef Albers to Joseph Hudnut, 27 October 1936, Josef Albers papers, Yale Manuscript Collections, Item 32, Box 1, Folder 1, Yale University Library.

　　1936 年 12 月，在哈德纳特的邀请下，阿尔伯斯在新成立的哈佛大学 GSD 中开设了三个工作坊来介绍包豪斯的基础教学。事实上，他也对哈氏的教学改革表示赞许，并给仍在伦敦的格罗皮乌斯写信，在信中称哈佛的设计教学"为保守的波士顿—剑桥学术圈带去了全新的氛围"**❷**。

❷Frederick A. Horowitz and Brenda Danilowitz. Josef Albers: To Open Eyes[M]. London: Phaidon Press, 2009: 42.

　　1936 年，布扎背景的建筑元老让-雅克·哈夫纳（Jean-Jacques Haffner）宣布辞去哈佛建筑系的系主任职位。哈德纳特迫切需要一个秉承现代主义建筑观的教育家来接任。综合考虑了格罗皮乌斯、密斯和约克布斯·奥德（J. J. P. Oud）之后，他最终引进了具有理想主义情结的格罗皮乌斯来任职。格氏相信新组建的哈佛 GSD 可以提供一个自由的平台以便他实现在德国魏玛、德绍和伦敦所未尽的理想，并把包豪斯观念移植到正规的大学建筑教育中**❸**。

❸格罗皮乌斯曾在 1928 年造访过美国，并对大洋彼岸的建筑院校颇有好感。在赴美之前，他在伦敦的建筑协会学校（AA School）任教，但英国动荡的政治局势以及相对保守的学术环境都让他没有发挥之地。

　　格罗皮乌斯于 1937 年就任哈佛建筑系系主任一职，全面推进了现代主义的建筑教育。在他进入哈佛 GSD 之后，想要重新实现包豪斯从通识预科训练到建筑教育的完整模式。他认为，阿尔伯斯的基础教学不仅是包豪斯抽象形式训练的代表，同时也符合建筑师培养的基本理念。格罗皮乌斯认为包豪斯预备课程（或"基本设计"）能够发展学生对于形式的创造力，拓展其艺术感知力和综合素养，这也体现出包豪斯所倡导的全面性（The Complete Being）教育。在 1943 年出版的《全面建筑观》（*Scope of Total Architecture*）中，他曾写道：

　　（建筑学）训练的基础就是预备课程（Preliminary Course），用来引导学生熟悉比例与尺度、韵律、光线、阴影与色彩，同时让他们获得各种材料与工具在不同阶段工作的初步经验。（教学）目的在于确保学生能够在其天赋范围内找到自己最适合的位置**❹**。

❹Walter Gropius. Scope of Total Architecture[M]. New York: Harper, 1943: 23.

　　"基本设计"的两个教学目的——培养个体的创造力和发展一种"通用的形式语言"都与"全面建筑观"的教育理念不谋而合**❺**。此外，格罗皮乌斯的建筑设计教学也同样与包豪斯预备课程有所关联，尤其是以视知觉为关注点和追求形式丰富性的设计方法都能在预备课程中找到参照。实际上，格罗皮乌斯还曾多次邀请阿尔伯斯在他的建筑作品中进行内部空间、墙面装饰的设计。例如，在 1950 年完成的哈佛大学研究生中心（Harkness

❺Jill E Pearlman. Inventing American Modernism: Joseph Hudnut, Walter Gropius, and the Bauhaus Legacy at Harvard[M]. Charlottesville: University of Virginia Press, 2007: 203.

Commons Harvard Graduate Centre）项目中，阿尔伯斯就应邀设计了砖块浮雕的墙面。

　　格罗皮乌斯一直想引进阿尔伯斯来领衔建筑基础教学以重塑一个全新的包豪斯模式。但出于有限的预算以及哈德纳特对于包豪斯教学的日益抵制，格罗皮乌斯一直未能如愿。不过，阿尔伯斯仍然通过短期访学的方式对哈佛的建筑教育产生了显著的影响。在哈佛 GSD 成立的前十年，阿尔伯斯曾近十次来访，并组织了基础课程的工作坊❶。格罗皮乌斯也曾在1940 年代多次派遣建筑学师生到黑山学院进行交换学习（图 2-29）❷。实际上，这种艺术与建筑学科的互动恰恰反映了包豪斯模式的特征。

　　从 1940 年代开始，包豪斯方法着实改变了建筑教师对于空间与形式的基本认知。阿尔伯斯在哈佛 GSD 的教学反响不错，在教师群体也有了追随者（图 2-30、图 2-31）。具有画家背景的勒·博特列（George Tyrrell Le Boutellier）就在哈佛的建筑基础课程中推行过阿尔伯斯的抽象形式理论。他还引入了一系列抽象练习来推行"基本设计"的教学。根据埃里克·卢姆（Eric K. Lum）在其博士论文中的考证，1943 年左右，勒·博特列在

❶ 阿尔伯斯曾在 1937 年12 月、1938 年 4 月、1938年 12 月、1940 年 4 月和12 月、1941 年春、夏学期和 1946 年 4 月造访哈佛设计研究生院，并进行联合教学，引自 http://albersfoundation.org/teaching/josef-albers/chronology/。

❷ Frederick A. Horowitz and Brenda Danilowitz. Josef Albers: To Open Eyes[M]. Phaidon Press，2009: 42.

图 2-29　1946 年，黑山学院暑期课程教员，右侧为阿尔伯斯夫妇。其他参与者包括格罗皮乌斯和雅各布·劳伦斯（Jacob Lawrence）。

图 2-30　阿尔伯斯在哈佛 GSD授课，1950 年（左）
图 2-31　阿尔伯斯在哈佛大学GSD 的工作坊，1950 年左右（右）

❶ Eric Kim Lum. Architecture as Artform: Drawing, Painting, Collage, and Architecture, 1945-1965[D]. Massachusetts Institute of Technology, 1999: 65-66.

他任教的基础课程——"建筑科学"（Architectural Science）中就开始讲授包豪斯的抽象形式理论❶。他不仅延续了康定斯基"点、线、面"的理论，还分类讨论了设计的基本要素，包含空间、线、面、体、肌理、色彩等内容。勒·博特列的教学从传统的字体训练开始，随后则是表达抽象空间的线条绘画，并进行纯形式的构图训练。抽象平面和三维空间的问题开始被关注，并通过肌理、色彩、比例这些视觉要素得以强化。此外，他的教学还把材料训练设置为独立环节，对肌理（Texture）有着详细的分类。比如，肌理的定义包含材料肌理（触觉）、设计肌理（图案）和图形肌理（Graphic Texture），并能够从材料本体、视觉、触觉和情感的角度来进行研究。这类教学法都体现出鲜明的包豪斯特征。其中的一些训练方法历久弥新，经过"得州骑警"和库伯联盟建筑教育的发展而成为著名的形式主义教学法。

❷ Eric Kim Lum. Architecture as Artform: Drawing, Painting, Collage, and Architecture, 1945-1965[D]. Massachusetts Institute of Technology, 1999: 69.

卢姆在论文中指出，包豪斯教学法的最大局限在于仍然无法弥合抽象二维、三维训练和建筑学之间的关联。他也引述了博特列对于自己教学的评价："这类训练对于设计师的价值很大程度上取决于学生自主转化和应用的能动性。这种教学存在一个巨大的困境（Breakdown）：很多学生在抽象形式问题上表现得很出色，而在处理实际建筑问题的训练时却是一头雾水"❷。

围绕着"基本设计"的教学方案，格罗皮乌斯和哈德纳特的教育观念却产生了分歧。两人从早期共同推行现代建筑教育的合作关系逐步转向了相互制衡和对抗。在德国包豪斯时期，格罗皮乌斯一直强调教学体系的双轨制，即通过艺术和手工艺的结合来培养设计人才。转至美国大学任教后，他认为这种"艺"与"技"的分离在建筑行业中依旧存在，因而持续呼吁艺术与技术层面"新的统一"（New Unity）。同时，格氏对于不同艺术门类的通识教育一直颇有兴趣，认为大学建筑教育理应遵循这一理念。不同于格罗皮乌斯的双轨制，哈德纳特认为设计是一个关于计划与执行的单向过程（Single Process）。他主张学生在学习过程中应熟悉建筑设计的不同阶段，理解推进设计的逻辑与方法。包豪斯的入门训练会导致初识建筑的学生接触到更多艺术化、与专业无关的内容，反而分散对于建筑本体的认知。

❸ Jill E Pearlman. Inventing American Modernism: Joseph Hudnut, Walter Gropius, and the Bauhaus Legacy at Harvard [M]. University of Virginia Press, 2007: 208.

作为包豪斯学术团体的共识之一，格罗皮乌斯认为在不同艺术门类之间存在一种视觉交流的通用语言（Common Language of Visual Communication）。他也同样认为现代建筑形式美学和基本原理能够通过更为宽泛的视知觉训练而触类旁通地实现。但哈德纳特反对这一观点，认为建筑学的基础应当存在于学科内部，并具有社会属性。在1930年代末，他曾以空间、社区（Community）和人文价值（Human Value）来定位建筑师职业教育务必传授的内容❸。在哈德纳特的倡导下，哈佛GSD的基础课程体现出一定的社会人文倾向。在格罗皮乌斯刚进入哈佛 GSD 时，一年级的基础课分为"规划一"（Planning I）和"设计一"（Design I）。"规划一"的教学围绕当时哈佛 GSD 三个分支（建筑、规划、景观）的共通内容，与哈德纳特所推崇的设计方法论相吻合，即设计"过程的统一"（Unity of Process）。哈德纳特的学科交叉观念主要来自于建筑、规划、景观三个专业的协作，涉及技术、经济乃至社会、政治层面的基本知识，并试图传播新的空间和形式观念。这一理念与格氏"艺"与"技"的双轨制有着显著的差异。

"二战"之后，全美建筑教育的规模持续扩大，并需要应对快速变迁的社会环境。哈佛的建筑教育也进一步接受了现代建筑的全面影响。在 1946~1947 年的 GSD 院刊（*Bulletin, Graduate School of Design*）中，一年级的必修课程为"设计一""规划一"和"构造一"（Construction I）。建筑入门课程"设计一"的描述已经明显地体现出包豪斯特征："学生需要熟悉空间、形式、功能的基本概念，以及上述内容表达和控制所需要的基本结构关系（Primary Structural Relationship）。要对材料的基本属性进行分析——包含结构（Structures）、表面特征（Surface Qualities）、塑性（Plasticities）、颜色和形式特征，以及各类设计要素在图案（Patterns）中的应用。关于色彩、光线的研究也不可或缺，同时涉及上述要素对形式和空间感知的影响"❶。

作为建筑基础教学博弈的尾声，格罗皮乌斯最终还是在 1950 年开设了一门等同于"基本设计"的课程——"设计基础"（Design Fundamentals），并邀请了包豪斯毕业生理查德·菲利波斯基（Richard Filipowski）来主持教学。如前文所述，格氏与哈德纳特的教学争议固然体现出对于包豪斯通识、艺术教育的不同理解，但是，争执的双方在当时的历史语境下仍难以厘清究竟何为建筑设计的"基础"。这种现象有着学科内部的特定规律：尽管现代建筑观念已经深入人心，但现代建筑的空间和形式基础仍难以被清晰地界定出来。

（2）耶鲁大学的建筑设计教学转型

1940 年代后期，耶鲁大学的建筑教育仍然趋于保守，采用着相对古典和刻板的布扎方法。正如罗伯特·斯特恩（Robert A.M. Stern）所评价的，"到了'二战'结束，哈佛 GSD 已经一跃成为美国最为卓越的建筑学院，原因在于其植根于现代主义建筑运动的优秀设计教案（Design Program）。反观耶鲁的建筑教育，却并不在这个（现代建筑教育的）方向上"❷。而耶鲁建筑教育的转折点出现在 1947 年开始的全面教学改革，并且体现出了包豪斯方法的决定性影响。

耶鲁大学的艺术与建筑教育一直有着学科的联袂关系，隶属于同一个

❶ Klaus Herdeg. The Decorated Diagram: Harvard Architecture and the Failure of the Bauhaus Legacy [M]. Cambridge: MIT Press, 1985: 117.

❷ Frederick A. Horowitz and Brenda Danilowitz. Josef Albers: To Open Eyes[M]. London: Phaidon Press, 2009: 43.

❶ 耶鲁大学艺术学院随后被更名为建筑与设计学院（School of Architecture and Design）。引自查尔斯·索耶的个人介绍，https://ydnhistorical.library.yale.edu/。

❷ Frederick A. Horowitz and Brenda Danilowitz. Josef Albers：To Open Eyes[M]. London：Phaidon Press，2009：44.

❸ 这个委员会曾召开涉及建筑和艺术基础教学的会议，其中 8 名教师有 4 名来自耶鲁大学建筑系，并共同提倡引入包豪斯教学方法。阿尔伯斯曾参与会议并提出，"无论现在或过去，学生都不应该直接沿袭的艺术样式（Artistic Formulas）。学生需要通过直接的学习体验来发展自己的设计步骤并进行判断。他们需要在实际情景中进行思考，而不是依赖预先设定的理论（Pre-digested Theory）"。

❹ 乔治·豪于 1908 年在哈佛大学建筑系完成了本科教育，之后赴法国巴黎美院深造，并在 1912 年毕业。他曾在宾夕法尼亚州进行建筑实践，并与路易·康有过项目上的合作。

❺ 1950 年，阿尔伯斯在耶鲁大学名为"艺术与教育——占据式抑或启发式（Possessive or Productive）"的讲座曾予以乔治·豪很大启发。

❻ Robert A. M. Stern and Jimmy Stamp. Pedagogy and Place：100 Years of Architecture Education at Yale[M]. New Haven：Yale University Press，2016：95.

❼ Robert A. M. Stern and Jimmy Stamp. Pedagogy and Place：100 Years of Architecture Education at Yale[M]. New Haven：Yale University Press，2016：95.

学院。作为阿尔伯斯在美国最早的支持者之一，艺术教育家、策展人查尔斯·索耶（Charles H. Sawyer）在 1947 被任命为耶鲁艺术史方向的教授，就任艺术学院（School of Fine Arts）的院长，同时负责艺术与建筑教育❶。为了引入现代设计理念，索耶邀请阿尔伯斯加入学校针对艺术学科的访问委员会（University Council's Visiting Committee），并帮助拟定新的绘画和雕塑方向的教学计划❷。该委员会提出应当加强艺术和建筑领域教学的联系，并提倡以阿尔伯斯的"基本设计"为蓝本来开设新的基础课程❸。

1949 年 8 月，乔治·豪（George Howe）被委任为耶鲁大学建筑系的系主任（图 2-32）。他曾在哈佛大学接受布扎教育并赴巴黎美院学习。在从事建筑教育之前，乔治·豪在实践领域小有成就，并积极拥抱国际风格的建筑❹。他于 1950 至 1954 年在耶鲁大学建筑系任职，为一直沉溺于古典建筑的教学模式带来了转机。豪本人并没有教学经验，但他却推崇包豪斯方法，并认为抽象视觉和空间训练能够颠覆布扎的传统。他也同样认可"基本设计"对于无任何建筑学经验学生的有效性。乔治·豪非常欣赏阿尔伯斯专注于教学的热情和个人魅力，同时被其教学讲座所吸引❺。耶鲁大学建筑和艺术教育一直有着学科交叉的传统，所以，包豪斯的入门方法在建筑学执行起来几乎没有阻力。

在 1948 年耶鲁大学校委员会发布的报告中，该校计划实施的基础课程分为三个阶段：首先是抽象视觉原理和基本形式要素的学习，用来帮助学生建立新的空间与形式观念；其次，通过三维的形式训练，鼓励学生以自己的形式语汇来进行空间的塑造："这类训练的目的在于探索面、体量和空间之间的关联"❻；最后，学生还要在设施完善的工作坊（Workshop）中进行材料与工具的实操练习，以培养动手能力。此外，教学还进一步明确解决设计问题的出发点是基于日常生活和个人经验的反馈，并形成连续的制作过程，"……设计是一个关于创新性的完整闭环——包括问题、草图（Sketching）、计划（Planning）、评价（Criticism）、实施（Execution）"❼。这一思路强调设计思维的线性推演和运筹，显然来源于现代设计方法学的影响。

图 2-32 乔治·豪肖像

1950 年代早期，耶鲁建筑系各年级的学生都被鼓励在设计系中修读课程。阿尔伯斯的"基本徒手画"（Basic Freehand Drawing）和"色彩互动学"（Interaction of Color）两门课程都在建筑系中广受好评。关于材料与形式研究的"基本设计"也成为建筑系一年级学生的必修课程，进一步扩大了包豪斯学派的影响力。

联合设计教学

实际上，阿尔伯斯对耶鲁建筑教育的影响并不局限于基础教学。这一现象反映了当时特殊的学术氛围：通过现代艺术观念与方法的实践来重构现代建筑空间与形式的基本问题。根据 1953 年《耶鲁年报》（The Bulletin of Yale）的记录："（在建筑系和艺术系）各个学科都需要进行联合，开设共同的基础课程，同时还可以（在高年级）不定时地引入联合课题、跨系的选修课或讲座。其目的在于鼓励学生充分意识到视觉和空间艺术本质上的统一"[1]。

"联合设计"（The Collaborative Problem）就是一类特定的跨越建筑、绘画、雕塑领域的设计课题。1948 年秋季，路易斯·康就参与发起了一次"联合设计"的课程，并以"联合国教科文组织中心"（National Centre of UNESCO）为题来组织跨学科的教学。合作的模式充分发挥了建筑和造型艺术教学的特色：艺术系的学生需要在建筑系学生完成的结构体中继续创作，推敲材料的使用并完成内饰设计。作为艺术系的元老，阿尔伯斯也在 1949 年加入了这个项目，与康搭档合作教学，并参与了题为"塑料创意中心"（An Idea Centre for Plastics）的设计[2]（图 2-33）。"学生的设计任务是在紧挨塑料制造车间（Plastics Manufacturing Plant）的空间中设计一个结构物，并激发视觉和结构层面的潜能。学生需要充分考虑光线、颜色与受力等因素，并实现丰富的形态和肌理"[3]。根据建筑评论家莎拉·戈德哈根（Sarah Goldhagen）的描述，路易斯·康曾被阿尔伯斯关于材料与光线感知的研究吸引，也进行了类似的室内空间氛围研究（图 2-34）[4]。此外，学者罗伯特·麦卡特（Robert McCarter）还曾撰文以不同的案例来分析阿尔伯斯与康的空间形式组织策略中的共通之处，并以"平行实践"（Parallel in Practice）进行了总结[5]。文中指出，两人的艺术与建筑创作在几何形体、空间体验、光影、材料等层面都有异曲同工之妙。

在参与联合教学期间，阿尔伯斯甚至每周用三天的时间来参与指导。当时的教学空间安排在耶鲁大学威尔楼（Weir Hall）的制图教室[6]。此外，另一位参与"基本设计"和雕塑教学的艺术家吉尔伯特·斯维泽（Gilbert Switzer）也参与了评图。当时参与"联合设计"的建筑系学生爱德华·纳尔逊（Edward Nelson）曾在回忆中提到设计教学的前期阶段类似于"基本设计"中的材料训练。学生尝试用不同的材料实验，产生片状、体块、

[1] Robert A. M. Stern and Jimmy Stamp. Pedagogy and Place: 100 Years of Architecture Education at Yale[M]. New Haven: Yale University Press, 2016: 81.

[2] Robert A. M. Stern and Jimmy Stamp. Pedagogy and Place: 100 Years of Architecture Education at Yale[M]. New Haven: Yale University Press, 2016: 89-91.

[3] Robert A. M. Stern and Jimmy Stamp. Pedagogy and Place: 100 Years of Architecture Education at Yale[M]. New Haven: Yale University Press, 2016: 91.

[4] Robert A. M. Stern and Jimmy Stamp. Pedagogy and Place: 100 Years of Architecture Education at Yale[M]. New Haven: Yale University Press, 2016: 91.

[5] Robert, McCarter. Starting with the Square: Parallels in Practice in the Works of Josef Albers and Louis Kahn[J]. Journal of Visual Culture, 2016 (15): 357-366.

[6] Frederick A. Horowitz and Brenda Danilowitz. Josef Albers: To Open Eyes[M]. London: Phaidon Press, 2009: 46.

图 2-33 耶鲁大学"联合设计"（Collaborative Problem）项目

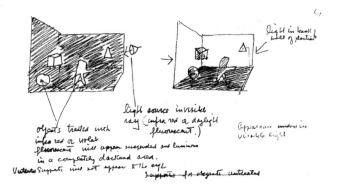

图 2-34　路易斯·康关于光线与形式的草图，耶鲁大学，1949 年

杆状和圆柱等形式。不过，学生们创造多样的形式却未能取悦阿尔伯斯。相反，他更坚持一种简约、理性甚至严苛的设计逻辑，反对随意的形式操作[1]。作为一位强调工作方法的艺术家，阿尔伯斯在培养建筑师的过程中一直在灌输精准和敏锐的"视觉意识"（Visual Awareness），并强调对于形式逻辑的追问。

与邬劲旅的合作

　　阿尔伯斯在耶鲁大学艺术系八年的任教期间对建筑教育产生了显著影响，同时他还与建筑系的教师建立了合作关系。他曾与华裔建筑教师邬劲旅（King-lui Wu）进行过设计教学与建筑实践的合作。邬劲旅 1918 年出生于广东番禺，是余荫山房邬氏的后人，曾赴香港求学（图 2-35）。他先后辗转于密歇根大学、耶鲁大学和哈佛大学，接受了建筑学本科和研究生的教育，并受到了格罗皮乌斯、布劳耶等现代主义建筑师的熏陶[2]。作为一个跨文化的建筑教育者，邬劲旅曾在梁思成 1946 年访问耶鲁的行程中担任助手，并起到穿针引线的作用。"文革"之后，邬劲旅也曾亲赴同济大学、南京工学院和华南工学院等院校讲学，积极传播现代建筑的理念[3]。

　　阿尔伯斯很快与邬劲旅建立了忘年交，两人也达成了学术上的默契。阿尔伯斯在耶鲁任教期间主要关注于空间感知与色彩交互的研究，通过类似实验的方式、不断反复以洞察微妙的形式变化。与此同时，邬劲旅在 1950 年代的建筑作品也体现了类似的倾向，追求明晰、简约的空间和形式秩序。例如，他设计建成的劳斯住宅（Irving Rouse House，1955）就以九宫格为原型的正方形平面探讨了居室的空间组织和分隔问题（图 2-36 和图 2-37）。这与阿

[1] Robert A. M. Stern and Jimmy Stamp. Pedagogy and Place: 100 Years of Architecture Education at Yale[M]. New Haven: Yale University Press, 2016: 91~93.

[2] 引自 https://kingluiwu. weebly.com/collaborations. html。

[3] 江嘉玮. 邬劲旅. 建筑作品与人生 [J]. 时代建筑, 2021（01）: 174-181.

图 2-35　邬劲旅

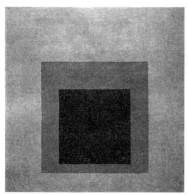

图 2-36　阿尔伯斯，"正方形礼赞"（左）

图 2-37　邬劲旅建筑作品，劳斯（Irving Rouse）住宅项目，1955 年（右）

尔伯斯"正方形礼赞"的创作异曲同工，凭借基本形式的原型和变化，试图营造出内向、具有控制力的极少主义形式秩序。值得一提的是，这种对于空间形式严谨的操作与典型的"哈佛包豪斯"体系中的强调功能组织和视觉丰富性的设计方法是有差异的。

　　实际上，邬劲旅在当时也推崇包豪斯观念中的"全面设计"（Total Design）。在预算有限和客户允许的条件下，他自行设计了一些住宅项目的家具。在多个项目的室内设计中，邬都采用了阿尔伯斯夫妇的设计作品作为内饰陈设。早在德国包豪斯时期，阿尔伯斯就以图底关系的研究为基础发展了一类图案创作（图 2-38），并在格罗皮乌斯的一些建筑项目中得以发挥。比如，在哈佛大学研究生中心的项目中，阿尔伯斯就设计了装饰性的砌体墙面来表达视觉体验的趣味性（图 2-39）。在邬劲旅的劳斯住宅项目中，阿尔伯斯也在壁炉位置的设计了有机变化的砖块墙面，用来表达纯粹装饰和功能需求上的差异，同时暗示了壁炉内部斜向的剖面（图 2-40）。在杜邦住宅（DuPont House，1958~1959）的项目中，阿尔伯斯也采用了类似的创作手法，以材料的视觉特性来表达一种隐晦的空间关系。而在邬完成的耶鲁大学手稿协会（Yale Manuscript Society House，1961）这一建筑中，阿尔伯斯在建筑的山墙面设计了一个隐匿的图案，由此表达了戏谑的空间意味。此外，两人还合作完成了纽黑文贝塞尔山的浸礼堂（Mount Bethel Missionary Baptist Church in New Haven，1973）。

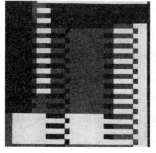
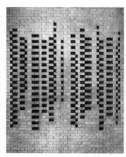

图 2-38　1928 年，阿尔伯斯绘画作品，"墙与柱"（左）

图 2-39　阿尔伯斯完成的哈佛大学活动中心装饰砖墙，1949～1950 年（中）

图 2-40　欧文·劳斯之家室内照片，壁炉由阿尔伯斯设计（右）

对于建筑师培养而言，阿尔伯斯的艺术创作与教学多少都能产生"从绘画到建筑"的启发。但需要阐明的是，简单从形式组织或视觉表现来讨论包豪斯抽象形式艺术与建筑形式的关联性仍然是站不住脚的。视觉艺术对于提高建筑师修养和观察力的作用毋庸置疑，但造型艺术与建筑空间生成的方法论却是不能相互混淆的。

2.3　莫霍利－纳吉:建筑师的视觉基础训练（1937~1946）

2.3.1　基础课程：从材料到建筑

作为一个先锋派的艺术家，莫霍利－纳吉的身份是多元的，他在现代摄影、动态艺术甚至跨媒体艺术领域都有着广泛的影响力。在包豪斯的基础教学中，莫霍利把1920年代现代艺术先锋派的个人创作巧妙地进行方法化，并简化为一系列主题鲜明的练习。他针对空间教育的观念曾受到苏联构成主义的影响，同时也吸纳了达达主义（Dadaism）、至上主义（Suprematism）和新造型主义（Neo-Plasticism）等不同艺术流派的方法论，表现出对于机械、技术、工业化飞跃等时代趋势的敏锐观察。

莫霍利－纳吉首次执教的经历就从包豪斯开始。1923年，格罗皮乌斯任命莫霍利主持当时已经颇具影响力的预备课程，并清除伊顿教学方法中的神秘主义倾向，把教学重新回归理性。同时，他还担任金属工作坊的主任。同年秋季，预备课程被扩展为两学期，莫霍利主要负责第二学期的教学❶。他与阿尔伯斯不仅联袂把包豪斯预备课程的教学推上了一个新的高度，同时还通过基础课、工作坊之间的统筹管理实现了格罗皮乌斯所架构的教学体系。

莫霍利曾坦言，格罗皮乌斯所强调的艺术和技术之间的联合不单单依赖于包豪斯在整体扩张后对于工业化生产的回应——鼓励学生对"标准化制造"（Standardized Production）产生热情。实际上，莫霍利希望学生"以技术和艺术化的方式进行材料的处理"❷，在过程中积累自己的设计经验。他同时强调身体与多重感官对于设计教育的作用，并从生理学的角度来讨论外界刺激（如视觉、触觉体验）对于设计者和使用者的作用。

从1937年到1946年，莫霍利－纳吉在芝加哥新包豪斯学校完成了自己的第二段教学经历，直至1946年因白血病溘然病逝。在芝加哥艺术和工业协会（Chicago's Association of Art and Industry）的邀请下，莫霍利在1937年6月赴美创立了这所延续包豪斯精神的设计学校（图2-41）。在他任职期间，新包豪斯学校历经波折，几易其名，但仍不失为移植和转化

❶ 从1923年开始，包豪斯预备课程扩展为两学期的课程。其中，阿尔伯斯负责第一学期18课时的课程，而莫霍利－纳吉负责第二学期8课时的课程。整个预备课程由莫霍利进行统筹。

❷ László Moholy-Nagy. The New Vision: Fundamentals of Design, Painting, Sculpture, Architecture[M]. New York: W.W. Norton & Company, inc., 1938: 23-24.

图 2-41　新包豪斯校址及宣传
文书封面（平面设计：莫霍利 -
纳吉）

包豪斯教学法的一个典型案例 ❶。在建校初期，其基础课程基本移植了德
国包豪斯的教学法，继续成为整个教学模式的核心。一方面，莫霍利 - 纳
吉发展的基础课程仍然针对现代设计共有的基本原理和公分母（Common
denominator），带有之前预备课程学理上的共性（图 2-42）；另一方面，课
程目的也在于为学生的职业选择扫除障碍："这一课程提供了一个判断学
生设计潜能的测试……它帮助学生缩短了自我认知的时间……把专业工作
坊训练中的核心内容具体化，并给予学生足够的机会对未来的职业进行仔
细的选择" ❷。

　　莫霍利 - 纳吉和格罗皮乌斯有着教学体系上的共识，认为包豪斯预备
课程是通向建筑学专业训练的必经阶段。同时，相比其他包豪斯学者，莫
霍利有着更为广阔的视野，他倾向于把空间形式认知与不同学科广泛的视
觉体验进行对接，以体现对时代的回应。他第一本重要的教学著作《新视
觉》（The New Vision）就鲜明地体现了这一特色。1929 年，这本书的初
版曾以德语出版，并冠以"从材料到建筑"（Von Material Zu Architektur）

❶ 在新包豪斯成立之后，
该校在管理层面曾经历过几
次大的转变，并更改过校名，
分别为新包豪斯学校（New
Bauhaus, 1937~1938），芝
加哥设计学院（School of
Design, 1939~1944）以及
设计学院（Institute of De-
sign, 1944 至今）。在创办仅
一年之后，学校就因为财务
问题而被迫关闭。在美国实
业家沃特·佩普奇（Walter
Paepcke）的支持下，新包
豪斯办学得以恢复，同时
校名也变更为芝加哥设计
学院（School of Design in
Chicago）。1944 年，莫霍利 -
纳吉和佩普奇在原有学校的
基础上联合创办了"设计
学校"（Institute of Design）。
在 1946 年 11 月莫霍利意外
病逝之前，该校已经有 600
学生和近 30 名教师。1949
年，在瑟奇·谢梅耶夫（Serge
Chermayeff）担任领导的任
期中，芝加哥设计学院整体
并入伊利诺伊理工学院（Illi-
nois Institute of Technology）中。

❷ Alain Findeli. Moho-
ly-Nagy's Design Pedagogy in
Chicago（1937-46）[J]. Design
Issues, 1990, 7（1）: 4-19.

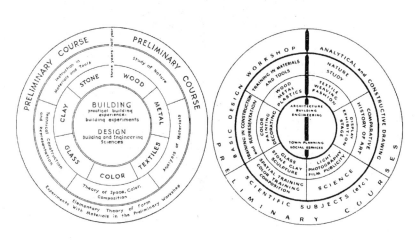

图 2-42　新包豪斯教学体系
（1937 年）与德国包豪斯（1923 年）
的对比

❶ 该 书 的 德 文 版（*Von Material Zu Architektur*）于 1929 年推出，并作为当时 包豪斯宏大出版计划中的 一部分。

❷László Moholy-Nagy. Vision in Motion[M]. P. Theobald, 1947.

❸László Moholy-Nagy. Vision in Motion[M]. P. Theobald, 1947: 99.

❹Program and curriculum, The New Bauhaus, Chicago, Fall, 1937.

❺László Moholy-Nagy. The New Vision: Fundamentals of Design, Painting, Sculpture, Architecture[M]. New York: W.W. Norton & Company, inc., 1938: 20.

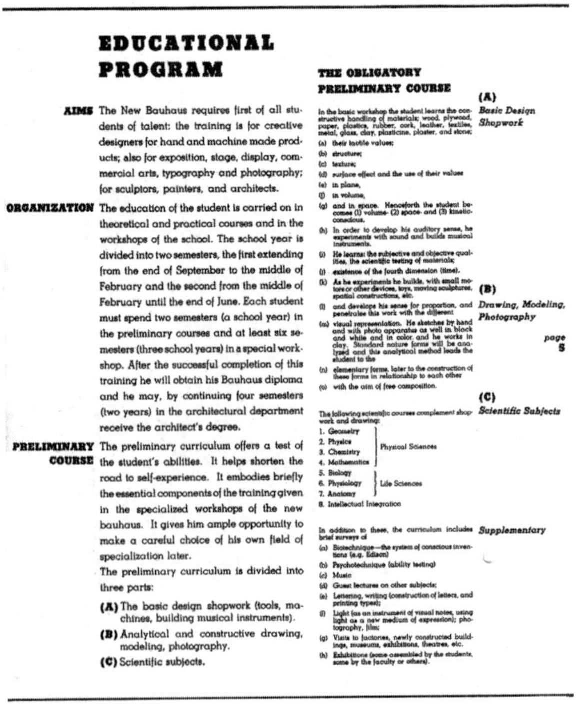

的标题❶。莫霍利 - 纳吉认为，通过不同材料的训练和基本特性的研究，学生能够掌握设计所包含的通用原则。这一标题甚至成为了包豪斯时期的教学宣言。随后，这本书的英文翻译和修订版于 1938 年在美国发行，并跨文化地传播了包豪斯的基本原理。随着芝加哥新包豪斯教学日趋完善，莫霍利 - 纳吉的第二本教学专著《动态视觉》（*Vision in Motion*）在 1947 年出版❷。《动态视觉》的出版体现出作者为建立一个全面与先锋的视觉教育体系的探索，但其仍不惜笔墨地探讨了预备课程的初衷——基础教学和建筑教育的关联性。莫霍利 - 纳吉曾宣称："现在可以发现预备课程带来的提前教育（Pre-education）的价值。通过质朴、毫无成见的方式进行结构、体量和空间关系的研究可以进阶到更为先进和复杂的设计工作"❸。

从教学体系的架构而言，芝加哥新包豪斯的基础教学对比原版的预备课程（Vorkurs）已有所改变。从 1937 年新包豪斯的教案来看（图 2-43），第一年的课程包含三部分：①设计工作坊；②分析和结构素描（Constructive Drawing）、模型（Modelling）、摄影；③科学类课程❹。教学目的在于鼓励"自发性与创造性，以进行（专业）全面的展示，并让学生意识到自己的创造潜能"❺，而并非专业技能的集中传授。基础教学的方法基本延续了包豪斯模式，以材料训练为核心。学生通过动手操作来获得直观的体验，并熟悉设计领域所共通的形式语言。但在莫霍利 - 纳吉所主导的新体系中，

图 2-43　新包豪斯的教学大纲

66. Program and curriculum, The New Bauhaus, Chicago, Fall, 1937

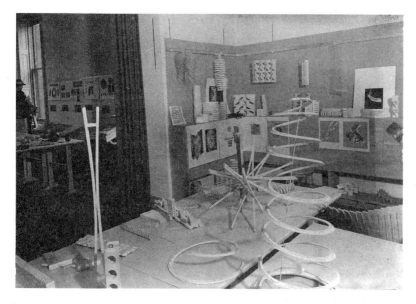

图 2-44　新包豪斯的设计基础
教学，1937 年

训练工具已经拓展到机械设备，并广泛吸收美国工业化和制造业的最新成果，这与阿尔伯斯"基本设计"中对于手工艺的强调有所区别（图 2-44）。

（1）"构成"训练

作为莫霍利－纳吉最为代表性的教学方法，"构成"（Construction）训练是所有复杂造型活动的基础。延续苏联构成主义的基本原理，"构成"训练不仅关注于形式本身，还包含对于身体、触觉、平衡、运动等综合性问题的考量。在 1923 年代替伊顿接管包豪斯课程之后，莫霍利逐步厘清了"构成"的一些基本方法，如：悬挂构成（Suspended construction）、体量与空间研究、平衡研究等（图 2-45）。通过对教学体系的整体把握，我们可以从以下两方面展开讨论：

首先，"构成"训练的核心话语之一在于平衡（Equilibrium）与重力（Gravity），不仅侧重于三维空间的研究，同时也包含物理特性与形式的相互影响。例如，在"木材、玻璃与线的三维训练"中，学生需要首先理解三种材料的重量、延展性、拉伸限制的差异，然后寻求构筑物完成后的重力平衡，同时兼具形式和空间上的考虑。"平衡研究"（Study in Balance）的作业则考查材料的密度问题。学生需要把两个密度不同的木片切分为三个，然后放在底座上研究空间关系。巧妙之处在于整个装置可以只通过一个支点保持平衡❶。此外，在特定的"动态构成"中，模型甚至不用底座，而通过钢丝悬挂或铰链连接的方式进行作品的动态空间呈现。

除了平衡问题之外，"构成"训练进一步地讨论了空间组织和空间渗透（Interpenetration）问题。与包豪斯观念一致，莫霍利－纳吉的空间论述来源于建筑学的总体性经验。早在 1920 年代，他就提出空间对于建

❶Herbert Bayer，Walter Gropius，and Ise Gropius. Bauhaus，1919-1928[M]. Charles T. Branford Company，1952：89.

个人创作：包豪斯时期

教学成果：

材料研究（Material Studies）

构成（Construction）

体量研究（Volume Studies）

图 2-45　莫霍利 – 纳吉的形式和材料训练年表，包豪斯，1923~1928 年

筑教育的价值："理解建筑就必须对空间问题有直接的认识，涉及如何在空间中居住和活动。建筑需要从功能和精神层面进行令人满意的空间组织。[1]" 区别于古典建筑教育，莫霍利的训练更强调空间的渗透和动态体验，而不再是静态和单一视点的感受。这与希格弗莱德·吉迪恩（Sigfried Giedion）对现代建筑空间观念的论述有着相似之处。

"构成"训练是莫霍利 – 纳吉德国包豪斯教学最具代表性的训练。不过在移民美国之后，他的材料训练也开始逐步摆脱早期构成主义的影响，走向更为多元的趋势。

（2）系统性的材料训练

1938 年出版的英文版《新视觉》一书反映出莫霍利 – 纳吉对于设计教学的宏观架构。书的副标题中"建筑""绘画"与"雕塑"三位一体的教学模式也体现了包豪斯泛设计的主张。全书章节的组织清晰地分为三部分，从"材料（表面处理、绘画）"到"体量（雕塑）"直至"空间（建筑）"。与伊顿的教学理念一致，莫霍利认为"预备课程"重要的职责在于清除学生由传统教育所固化的习惯，并发展学生自主的创造力。在训练初始阶段，观察和感知的作用被凸显，而不再是临摹典籍和重复先例。莫霍利认为所有创造性的设计活动都可以溯源到最基本的材料研究。"材料训练需要从实际经验中出发……这是普通学校教育的书本知识和传统课堂教学所无法达到的"[2]。

[1] Herbert Bayer，Walter Gropius，and Ise Gropius. Bauhaus，1919-1928[M]. Charles T. Branford Company，1952：122.

[2] László Moholy-Nagy. The New Vision：Fundamentals of Design，Painting，Sculpture，Architecture[M]. New York：W.W. Norton & Company，inc.，1938：18-19.

（a）触觉训练

莫霍利－纳吉对具身感知研究的强烈兴趣在魏玛包豪斯时期就已经显现。他对于感知的理解强调身体对客观刺激的应对，具有生理学和科学方法论的基础。这一认识显然不等同于伊顿从个人情感和精神层面对于感知的理解。在伊顿触觉训练的基础上，莫霍利进一步拓展了教学的维度，把触觉体验与视觉美学、身体应激反应甚至是量化分析相结合。

首先，训练将从纯粹的触觉感受开始。比如，学生会在蒙眼状态下体会不同材质所产生的触感，包括压力、穿刺、振动等。之后，学生会找到体现上述触感的材料，并用"触觉表"（Tactile Table）的方式来表达，同时进行触觉与视觉的关联。在新包豪斯的课程中，莫霍利－纳吉甚至会邀请盲人来"阅读"学生制作的"触觉表"，并收集他们的反馈[1]。触觉感知还会与平面构图相结合，作为一种记录材料的特殊方式（图2-46）。

❶László Moholy-Nagy. The New Vision: Fundamentals of Design, Painting, Sculpture, Architecture[M]. New York: W.W. Norton & Company, inc., 1938: 32.

个人创作：芝加哥新包豪斯时期

教学成果：

掌上雕刻（Hand Sculpture）　　　触觉构成（Tactile Sculpture）

机器加工和测量（Machine and Measuring）

板片与构造（Sheet Slab and Joints）

材料表皮和构成（Surface and Formal Construction）

体量研究（Volume Studies）　　　　动态研究（Motion Studies）

图2-46 莫霍利－纳吉的形式和材料训练年表，新包豪斯，1937～1946年

此外，触觉训练还可以被量化，学生能够通过图解和记录数值的方式来转化他们的主观感受。

在早期包豪斯的教学中，触觉训练主要用来观察材料引发的生理反应，同时呼应了包豪斯的双轨制，"以多个角度来确保处理材料时所具备的工艺性和艺术性"❶。而在新包豪斯的教学中，材料的技术性分析和触觉体验被整合，并具有一定的生理学基础。这种转变实际也是莫霍利教学思想的投射，体现出科学方法对于设计的影响。

（b）材料体验

莫霍利-纳吉关于材料的定义吸取了构成主义理论的观念。在《新视觉》一书中，他曾对材料表面特征进行概括，并引用了四个术语——"结构"（Structure）、"肌理"（Texture）、"表面处理"（Surface Aspect 或 Surface Treatment）以及"堆积体"（Massing）❷。上述四个术语均涉及材料的视觉特性，并包含尺度由微观到宏观的变化。"结构"是材料组织的一种不可变的特征（Unalterable Manner），侧重微观物理属性；"肌理"则是材料自身形成的表面感官特征，侧重中观的视觉特性；"表面处理"强调材料表面的特征、外观以及加工过程所产生的可以感知的效果；"堆积体"的定义则具有可变性且更为宏观，主要指材料外部界面有规律或无规律的体量变化。

（c）表面处理与形态构成

在这类训练中，材料的处理从二维平面的图案研究逐步转向三维的空间形式。例如，在莫霍利的教学中，"形态构成"（Formal Construction）练习就类似于阿尔伯斯的"材料研究"，以单一材料来研究三维形体关系。不过，区别于阿尔伯斯所推崇的手工艺传统，新包豪斯的学生们可以用木工机械去进行复杂的形体加工，或者在手工制作和机械加工的成果间进行比较。此外，材料物理特性的转化也可以借助工具得以实现，比如把密实的木块加工成具有弹性的软木❸。

（d）选材与工具的拓展

在莫霍利-纳吉的引领下，一批包豪斯毕业生加入芝加哥新包豪斯的教学团队，进一步强化了教学共同体的影响力。在这其中，德裔工业设计师亨·布瑞登迪克（Hin Bredendieck）对于基础教学体系的贡献最为突出。布瑞登迪克于 1927 至 1930 年在德绍包豪斯学习，曾师从阿尔伯斯。1930年代，他曾在莫霍利和赫伯特·拜亚的设计事务所工作。在新包豪斯成立之后，布瑞登迪克进入该校任教，并参与基础教学。他延续了阿尔伯斯"材料研究"的教学法，并在以下两个方面进行了拓展和改变。

首先，布瑞登迪克增加了材料选择的可能性，不仅使用纸张进行造型训练，同时还广泛使用木材、金属箔、玻璃等工业材料。其次，他积极主张在基础教学中采用机械：比如用木材加工设备来创造一些手工难以完成的

❶László Moholy-Nagy. The New Vision: Fundamentals of Design, Painting, Sculpture, Architecture[M]. New York: W.W. Norton & Company, inc., 1938: 24.

❷László Moholy-Nagy. The New Vision: Fundamentals of Design, Painting, Sculpture, Architecture[M]. New York: W.W. Norton & Company, inc., 1938: 35-48.

❸László Moholy-Nagy. The New Vision: Fundamentals of Design, Painting, Sculpture, Architecture[M]. New York: W.W. Norton & Company, inc., 1938: 54.

异形体量。这些教学上的转变说明包豪斯的价值观念开始与逐渐革新的工业技术相匹配。莫霍利－纳吉也很认可这一类教学，并认为"很多建筑构件、屋宇设备、包装和书籍装帧设计中的创新源头都是基本的材料训练"❶。不过，阿尔伯斯本人却不完全认可来自新包豪斯的主张，尤其是让学生在基础课程中就开始操作机械进行加工。他一直笃信手工制作（Manual Work）在设计入门阶段的作用，而不应一味拥抱现代技术所带来的可能性。

❶László Moholy-Nagy. The New Vision: Fundamentals of Design, Painting, Sculpture, Architecture[M]. New York: W.W. Norton & Company, inc., 1938: 54.

　　严谨的手工艺训练并不会阻碍尝试和研究当代材料与构造做法的动力。正如之前所述，对于可能性和创造力的兴趣会在"基本设计"课程中以手工训练的方式来培养。手工艺作为一种技艺，是新材料和构造合理应用的必要条件❷。

❷The Educational Value of Manual Work and Handicraft in Relation to Architecture, In Paul Zucker, ed., New Architecture and City Planning: A Symposium. (New York: Philosophical Library), 1944.

（3）《动态视觉》中的训练

　　在芝加哥新包豪斯近十年的教学中，莫霍利－纳吉的教学法从早期的构成主义逐步转向更为广阔的现代视知觉原理。他和团队的包豪斯成员共同发展了一系列的空间形式训练，并把设计基本原理的传授与现代化媒介的应用相结合。他认为，教学中"最重要的问题在于重新审视不同工具和材料之间的关系，并通过单个训练来检验它们的基本属性和特征"❸。1947年出版的《动态视觉》一书回顾性地总结了莫霍利在新包豪斯的设计基础教学，并对教学组织有着详细的描述（图2-47）。

❸Alain Findeli. Moholy-Nagy's Design Pedagogy in Chicago（1937-46）[J]. Design Issues, 1990, 7（1）: 4-19.

　　根据书中的记述，在教学初始阶段，学生要进行"掌上雕塑"（Hand-sculptures）的训练来体验空间、形式和加工材料的方法；随后，关于材料可塑性、弹性和重量的研究也需要通过"重力雕塑"（Weight sculptures）来进行，还包括包豪斯经典的"触觉板"或"触觉构成"（Tactile structures）训练；"测量训练"主要帮助学生熟悉制图和制造的工具，并认识手工和机械操作的差异；"机械训练"则通过不同的机械加工方式来实现同种材料（如木材）的不同物理表现形式；"薄片、板片、节点"（Sheets, Slabs, Joints）训练重点考察材料由不同加工工具所产生的可能性：通过切割、分层、弯曲、钻孔等不同操作方式来处理材料，以达到富有创造力的形式。学生要举一反三地用不同工具来创造多样的形式；关于材料透明性（Transparency）、反射的研究则与空间体验进行整合，并需要学生展开空间形式分析；最后，关于运动（Motion）的空间研究成为基础课程的最终环节。

　　莫霍利－纳吉认为包豪斯预备课程在美国的教学需要考虑实用性和技术性的需求，并充分适应快速转型的社会，以产生新的价值。基础课程中灵光一现的设计能够成为工业产品设计创意的源泉。比如，针对螺旋形的合成材料研究和性能测试能为床垫、坐垫等新型工业产品的设计提供灵感；

掌上雕塑
掌上雕塑通常是用木头雕刻的形状
空间图解/雕刻造型/材料变化（varieties）

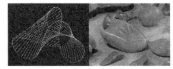

预备练习

重力雕塑
掌上雕塑的扩展训练，带有触感的考虑
"水果"形状/手指技巧/弹簧效果/动作
通过扭曲和变化来产生运动

触觉构成
为手指操作的触觉而设计，产生刺痛、压力、
温度、振动等不同触感

测量练习
由孔、水平和垂直凹槽或其他形状组成的物体
绘图/蓝图/手工工具制作/机器制作
手工工具和机器的比较练习

机器练习
掌握机械加工技能的第一步
木材加工（体块、暗榫、板片）
从硬到软的不同塑性

薄板、板、节点
将平板加工成三维结构
材料：纸板/胶合板/金属/钢丝网/塑料
操作：切割/瓦楞/轧制/弯曲/编织/划线
材料创新与工程基本原理

玻璃、镜子和空间练习
透明性、反射、镜像的研究
空间视觉分析、从宏观到微观的研究

动态研究
不同类型运动的分析
传动系统和齿轮形状及设计方案
与摄影、雕塑和其他工作坊有关

图 2-47　莫霍利 - 纳吉的基础
课程练习（1937-1946）

木料节点的构造研究能够为家具设计或门窗等建筑构件的创新提供依据。在针对包豪斯教学变迁史的研究中，米德拉普（Matthew Mindrup）曾富有洞察力地指出，"莫霍利－纳吉的教学把预备课程的基本经验创造性地转化为技术性策略"❶，以适应工业化大生产的需求。

（4）空间观念

在移民美国后，莫霍利对于"空间"知识体系的建构与德国包豪斯时期相比已经产生了明显的变化。不同于早期艺术和手工艺的联袂，他在美国的设计基础教学体系开始围绕技术、艺术与科学进行三元统一，并在课程的安排上强化了这种关系。莫霍利还把空间感知的方式拓展到视觉之外的其他感官上。他认为，空间是身体之间的方位关系，空间的教育也包含对人感应能力的培养，并可以从视觉、听觉、平衡感和运动（Locomotion）方式这四种类别来进行空间感知。

从教学执行层面，莫霍利的空间观念贯彻于基础课程以及工作坊教学。《新视觉》和《动态视觉》两部教学专著都表现了类似的结构。依据"从材料到建筑"的观念，莫霍利相应设定了三个层级的教学体系（图2-48、图2-49），分别为"材料""体量"和"空间"，对应了

❶ Matthew Mindrup. Translations of Material to Technology in Bauhaus Architecture[J]. Wolkenkuckucksheim, 2014（12）:161-172.

图2-48 《新视觉》封面

材料		
	感知训练	
	触觉训练	
	材料体验与训练	结构 肌理 表面 体量（体量与空间处理）
表面处理 绘画	表面处理	形式与构造的基础 绘画中的表面处理 其他的媒介
体量	掌上雕塑	
雕塑	雕塑（分为五阶段）	1 堆叠的 2 造型的 3 穿透的 4 均衡的 5 动态的
空间	空间的限定	
建筑	建筑学的空间经验	

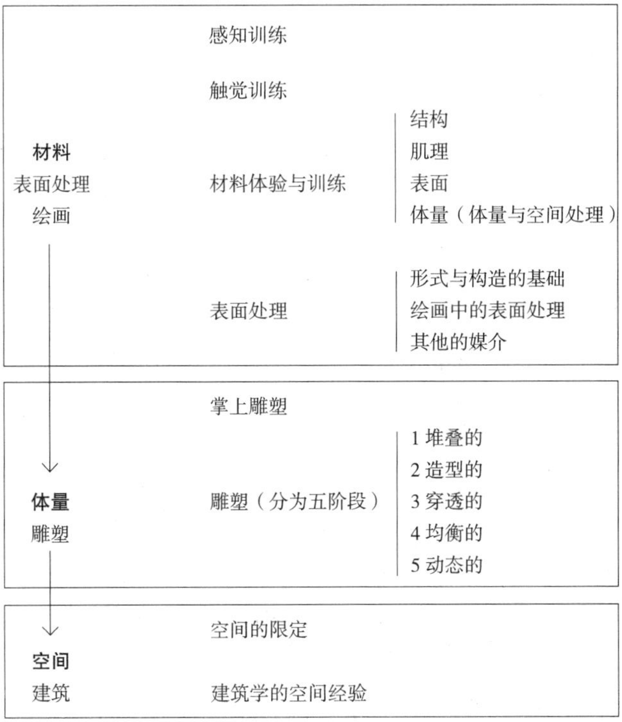

图2-49 从基础课程到建筑学的教学计划，发表在《新视觉》书中

图 2-50 《动态视觉》封面

❶László Moholy-Nagy. The New Vision：Fundamentals of Design，Painting，Sculpture，Architecture[M].New York：W.W. Norton & Company，inc.，1938：94.

从平面绘画、雕塑到建筑训练的进阶。这一知识体系的构建体现了第一代包豪斯人的理念，同时也说明空间教育在艺术与建筑领域的双重作用。莫霍利把造型艺术的发展归结于空间理论的变化，并能借助材料与形式训练具体化。在《新视觉》中，他已经从"材料处理"的角度提出了"雕塑发展的五阶段"❶，并在 1940 年代的教学中继续沿用这一分类方式。就《动态视觉》中的论述而言，作者对"五阶段"的描述仅进行了微小调整（图 2-50、图 2-51）。

　　第一阶段是"堆叠的"（Blocked-out）体量处理，表达材料自身的"体块"（Block）。最常见的例子包括正多面体形（Platonic Solids）、独立（Monolithic）的建筑体量或者晶体状的结构。这一类型通常可以表达单体的纪念性或自然界中的固有形态。第二阶段则是"造型的"（Modelled）体量，用来表达一种人工"挖去"（Hollowed-out）形式操作的结果。莫霍利用了一系列具有包豪斯特征的形式术语来描述这一类体量的处理方

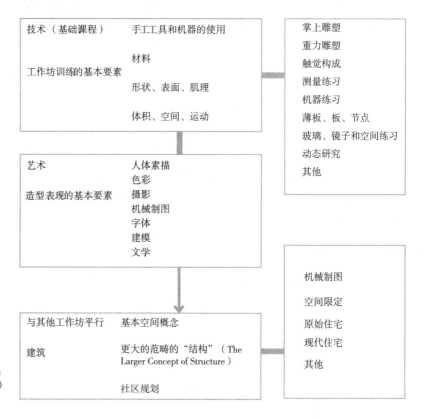

图 2-51 从基础课程到建筑学的教学计划，发表在《动态视觉》书中

式，如大小对比、突出或下沉（Salient and Sunken）、正负形、圆润或尖角（Round and Angular）等。第二阶段的形式操作依赖于设计者的主观判断，不属于自然界形体的再现，需要通过工具与材料的处理，包含了抽象概念与形式认知的相互关系。

莫霍利认为前两种雕塑发展的阶段依赖于传统的造型方法，而未来教育的目标还应包含后三种：即"穿透的"（Perforated）、"均衡的"（Equipoised）和"动态的"（Kinetic）材料处理方式。

第三阶段"穿透的"类型讨论的是"贯穿"（Bored-through）的空间关系。《动态视觉》中列举了一系列石膏雕塑、线雕和现代艺术作品来表达空间渗透、结构关系等概念。比如，通过石膏倒模的训练，学生就能够具体感受到正负形空间的共存。这些作品从广义的角度讨论了空间感知、描述和操作的问题。

第四阶段"均衡的"处理方式明显地体现出构成主义的影响，也凸显了莫霍利的个人主张：雕塑的作用在于表达具有张力的空间关系，包含水平、垂直、倾斜、平衡等。在他所定义材料处理的第四阶段，前三种方式也可以被综合应用。与立体主义（Cubism）绘画的创作观念类似，他也主张在雕塑创作中打破静止的观察视角，引入重力、能量等概念。莫霍利甚至采用了一些特定技巧来制造悬浮的（Suspended）视觉效果，如用金属丝悬挂或磁力来处理模型。

第五阶段"动态的"空间则是莫霍利雕塑观念的终极阶段。它的特征在于削弱物体的体量感，并让常规的材料特征逐步消失，通过运动来实现四维空间的表达❶。点、线、轮廓、体量之间的固定关系也变得不稳定，并体现出动态的特征。此外，光线也是重要的视觉要素，成为记录物体运动的新媒介。

❶László Moholy-Nagy. Vision in Motion[M]. P. Theobald, 1947: 237.

相对于阿尔伯斯，莫霍利从苏联、匈牙利的左翼现代艺术话语中吸取了关于材料和空间的知识体系，并以一种技术乌托邦的方式重新整合，形成了自己具有实验性的教学方法。空间感知训练的逐步升华不仅突出了视觉和运动的特殊作用，同时还需要调动触觉、听觉甚至多重身体感官。这种先锋而宽泛的空间教育具有前瞻性地开拓了造型艺术的边界，同时也对建筑空间观念的演变产生促进作用。

2.3.2　新包豪斯学校的建筑课程

在芝加哥新包豪斯成立之初，莫霍利为该校设置了独立的建筑学专业方向，同时还坚持了"预备课程、工作坊、建筑教育"三段式的教学体系。他与格罗皮乌斯的观点一致，认为不同工作坊的训练应该相互配合，培养建筑师应当是包豪斯模式的终极目标。在移民美国之后，莫霍利很快注意

❶László Moholy-Nagy. Vision in Motion[M]. P. Theobald，1947：96.

到了建筑教育变革的时代趋势，"故步自封的布扎教育模式需要进行彻底的改变以适应时代新的需求"❶。如何推动现代建筑教育，如何协调基础教学与建筑教育的关系是当时包豪斯学人亟待解决的难题。

新包豪斯学校成立之初的教学计划（1937年秋）基本延续了格罗皮乌斯设想，实行从预备课程到建筑训练三段式的架构。如果把1937年新包豪斯的教学体系与1922年所绘制的包豪斯体系图解进行对比，前者在工作坊的配置上已经发生了显著的变化：1922年教学大纲中的木工和金属工作坊被合并；玻璃、黏土和石材工作坊被整合为模型（Modelling）工作坊，并强调雕塑训练；新设置了舞台（Stage）工作坊（包含展示、展览和舞台三部分）和光（Light）工作坊（包含光、摄影、电影和媒体）；色彩工作坊也被拓展，包含色彩、绘画和装饰（Decorating）；纺织工作坊的教学内容也进行了扩充。新包豪斯六大门类工作坊的重组不仅主动去适应美国工业化发展的需求，同时也体现了现代设计教育的特征。以1937年颁布的教学条例为依据，新包豪斯注册的学生首要完成为期一年的预备课程，随后他们需在六类工作坊中选择一个方向进行三年的专业学习。最后，有天赋和意愿的学生可以进入到建筑学专业，经过两年的课程，才能获得专业学位❷。

❷ 引自 Program and curriculum，The New Bauhaus，Chicago，Fall，1937.

不过，莫霍利所设想的由通识到专业的全过程教育模式却难以真正运作。1945至1946年，新包豪斯的六个主题工作坊被缩减到四个，分别为：产品设计（Product Design）、图形设计（Graphic Design）、摄影/电影（Photography/Film）以及建筑（Architecture）。最显著的变化在于建筑教育成为和其他工作坊平行的环节，而不再是工作坊训练的最终目标。1949年，更名为芝加哥"设计学院"（Institute of Design）的新包豪斯最终并入同一城市的伊利诺伊理工学院，成为其下属的设计院系。在1955年的教学档案中，建筑教育的分支最终被裁撤，其编制整体转入由密斯创立的建筑系中❸。

❸ 除了建筑工作坊之外，芝加哥设计学院的其他三个工作坊仍保持教学，随后各自发展为独立的院系。

从学科建制和发展的角度来说，新包豪斯的建筑教学开展得并不顺利，规模也受到限制，但却不能否认其在美国建筑教育转型历史中的特定作用。作为一个实验性艺术院校，其独立发展的建筑教育形成了不同于布扎传统的特例。师从沙里宁的年轻建筑师罗夫·雷普森（Ralph Rapson）在1942到1946年曾在新包豪斯主持建筑设计教学❹。此外，该校还吸纳了格罗皮乌斯、富勒等人客座任教。实际上，莫霍利所设想的建筑教育正是沿着通识和跨学科的价值观进行着探索：

❹ 罗夫·雷普森在新包豪斯建筑系任职后，还长期在明尼苏达大学建筑系担任系主任。他的教学与作品在"文革"之后通过对外交流对国内建筑教育产生过影响。引自乐民成，张文忠.罗夫·雷普森[M].北京：中国建筑工业出版社，1992.

为了高效和智慧地工作，艺术家、工业设计师和建筑师都需要熟悉平面、体量、空间、运动这些设计的基本要素。建筑学和工业设计学科都有着互通的基础：绘画、色彩、雕塑、机械制图、数理化知识以及人文学科。因此，如何协调艺术家、设计师以及建筑师各自的教育成为设计学院（Institute of Design）教学的核心所在。

在设计学院，建筑师和设计师的教育是统一的。每一位注册学生在第三学期不仅可以选择不同的工作坊学习，同时也能选修建筑的课程[1]。

❶László Moholy-Nagy. Vision in Motion[M]. P. Theobald，1947：96.

新包豪斯的建筑教育最大限度地扫除了布扎的传统，并以一系列"设计练习"来引导学生进入完整的建筑训练（图 2-52）。"工程制图"（Mechanical Drafting）是建筑工作坊的基础课程，但课程的教学方法并没有传统美院的特征。训练从线条的表达开始，包含各类绘图技巧的学习。学生需要掌握基本几何图形的组合规律，并熟悉投影图（Projection Drawings）的画法[2]。

❷László Moholy-Nagy. Vision in Motion[M]. P. Theobald，1947：96.

为了培养空间感知与表达，一个名为"空间限定"（Space Modulator）的小练习被引入（图 2-53）。学生要求设计一个类似棚屋的构筑物（Structure）：不仅需要绘制空间的三视图和透视图，还要用具有材料感的实体模型进行表达[3]。设计本身并没有功能要求，也不严格考虑建造的技术性，但需要用抽象的要素进行空间限定和分析。这个练习某种程度上延

❸László Moholy-Nagy. Vision in Motion[M]. P. Theobald，1947：97.

工程制图（Mechanical Drafting）

空间限定（Space Modulator）

原始小屋（The Primitive House）

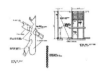

现代住宅（Contemporary House）

图 2-52　新包豪斯的建筑训练

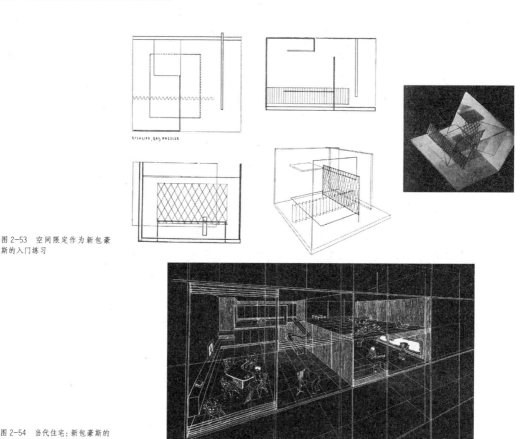

图 2-53 空间限定作为新包豪斯的入门练习

图 2-54 当代住宅：新包豪斯的建筑训练

续了包豪斯预备课程三维材料和形式练习的特征，并提供了一种认识建筑空间的直观方法。这种空间优先的倾向同样反映在高年级的设计课程，并表现出对"多米诺体系"（Maison Dom-Ino）等经典现代主义空间原型的模仿学习（图 2-54）。

新包豪斯的建筑课程还尝试把材料感知带入到建筑设计的任务中，体现了"从材料到建筑"的方法。出于反对历史和先例的建筑观，很多设计课题都从空间、结构、材料的同一性入手，体现出很强的实验性。1940 年代的作业"原始小屋"（The Primitive House）就是一个典型案例。学生要假想在冰原带、热带、荒岛等特殊的场地，针对特定的地理和气候条件，利用场地所能接触的材料设计一个遮蔽物（Shelter），尤其是需要在严苛的限制条件下发挥材料的潜力（图 2-55）。从《动态视觉》一书中选取的作业案例来看，学生借鉴了木棚屋、冰屋、竹屋等建筑的原型，利用木材、竹子、甚至鲸鱼骨等材料来进行假想的设计。例如，在"竹屋"（Bamboo House）课程案例中（1940 年），设计项目的基地被设定为热带某地。学生首先自己选择基地所在的具体位置，并对湿热、多雨和潮湿的气候采取回应，可以

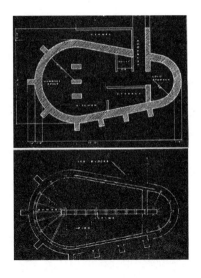

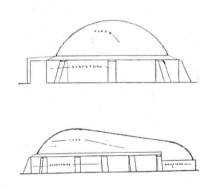

图 2-55　原始小屋：新包豪斯的
建筑设计课程，场地假定在北极
地区（冰屋）

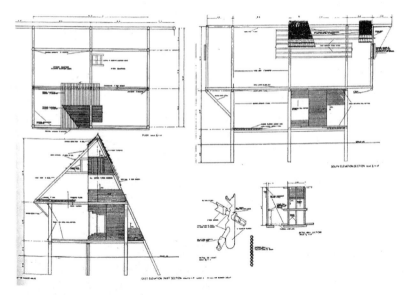

图 2-56　原始小屋：竹屋，1940 年

采用架空、坡顶等方式进行应对。出于材料工艺的考虑，学生还把竹子加
工为原竹、竹片和竹篾等构件，分别作为承重和围护结构 [1]（图 2-56）。

　　另一个案例"比较的建筑"（The Comparative House）则需要设计两
个体量、外观类似的房子，但采用不同的结构体系和构造做法来实现。学
生首先用传统的砌体结构提出一个设计方案，然后再用钢结构和夹心板的
围合来实现同样的空间组织和立面开洞效果。这种教学的逻辑回应了预备
课程中通过材料和不同操作方式进行举一反三的基本原理，即同一种空间
效果但出自不同的实现方式。当然，上述畅想式的设计仍难以深入地讨论
建造教学，同时缺乏其他技术类辅助课程的支持，往往停留于概念阶段。
不过，这种尝试仍然体现出材料基础研究到建筑设计的一种可能性。新包

[1] László Moholy-Nagy.
Vision in Motion[M]. P.
Theobald，1947：99.

图 2-57 表达负空间的练习

豪斯学校的建筑教育积极回应了美国工业化进程的大背景。"车轮与脚步"（The Wheel and the Foot）、社区中心设计、社区交通分析等一些不同于布扎模式的课题都开始突破传统建筑教育的固有观念。

此外，新包豪斯的建筑教学需要紧密地与其他工作坊的活动进行结合。比如，一些空间分析的研究可以借助跨学科的方式来进行。在雕塑教师罗伯特·杰·沃夫（Robert Jay Wolff）的指导下，建筑系和雕塑系学生会进行联合设计。艺术背景的学生往往对于空间感知更敏锐，他们用石膏倒模的方式来研究正负形的关系（图 2-57），或者用金属丝来表达抽象的造型。在设计的概念阶段，学生要先完成整体建筑空间的模型，随后从空间层级、空间张力（Tension）等角度进行自主理解，并在原始模型中加入特定的分析模型。学生可以用铁丝来表现室内静止视线（Frozen Vision）的关系（图 2-58），或用模型和图解进一步强化被忽略的"负"空间。

总结而言，新包豪斯的建筑教育具有鲜明的通识性和发散性的特征。和格罗皮乌斯一样，莫霍利对于"总体性"的理解反映在一种对于建筑师通才的追求上。"当（建筑师）设计房子的主体结构时，他还可以依据自己的专业知识进行室内布局、配色方案（Color Scheme）、家具和灯饰的设计，让室内部分和整体建筑工程成为有机整体"[1]。在操作层面上，建

❶László Moholy-Nagy. Vision in Motion[M]. P. Theobald, 1947: 100.

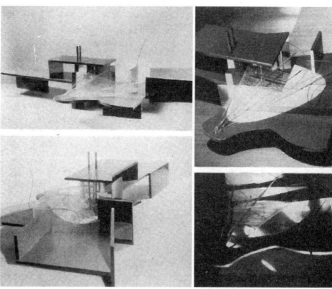

图 2-58 空间训练，建筑、雕塑工作坊联合项目，1941 年

筑专业课程也与基础教学法中的材料研究、形式训练与空间感知有着关联，并形成了从基础到专业、从通识到建筑的进阶模式。

2.4　观念与知识体系的建构

从 1930 年代中后期开始，包豪斯预备课程在美国建筑教育成功地传播了一种抽象的空间形式训练方法，并与基于古典建筑构件模仿的布扎传统分庭抗礼。除却方法学上的变革，包豪斯预备课程同时在知识体系上向现代主义建筑又迈进了一步。作为不同艺术门类的基础训练，它成功地把欧洲现代艺术所包含的视觉原理进行系统化梳理，并给处于新知识创造瓶颈的建筑教育以启发。

（1）通用的视觉形式原理

在联合艺术和手工艺的视野下，格罗皮乌斯逐步意识到发展一种新形式语言的作用。在"包豪斯的理论组织"（The Theory Organization of the Bauhaus）一文中，他对未来艺术与建筑教育的共通基础进行了阐述。格罗皮乌斯率先使用语言学中的词汇和语法来解释艺术和建筑领域的基本原理。"人为了创造与建造，就必须理解建造的特定语言（Language）以让他人理解自己的意图。它的词汇（Vocabulary）就包含了形式和色彩等要素以及结构（Structural）的法则"❶。不过，在包豪斯早期的教学中，格罗皮乌斯对于所谓"视觉语言"的描述仍然是语焉不详。在《全面建筑观》一书中，格氏把设计教育的共同标准设定为科学的基础。格罗皮乌斯对于设计科学性的表述主要基于人的视觉和其他感官对于形态、空间、颜色等要素的认知。除了包豪斯的基本观念，他更多援引了当时流行的科学发现，甚至包含对于人眼观察物体的生理学原理。在 1947 年发表的"设计谈得上科学"（Is There a science of Design?）一文中，格罗皮乌斯强调：

❶ Herbert Bayer, Walter Gropius, and Ise Gropius. Bauhaus, 1919-1928[M]. Charles T. Branford Company, 1952: 26.

把设计理解为一套特定的语言，以沟通表达潜意识的感受，同时必须有基本的比例、形态和颜色的规范。（设计语言）也要有特定的组合法则将这些基本规范融合在（视觉）信息中，通过感官来表达比文字传播更使得人际关系变得紧密。这套视觉语言越易传播也就越需要普适的理解方式。这就是教育的职责："关注那些影响人精神层面的问题，并以光线、比例、空间、形态和颜色为载体。"❷

❷ Walter Gropius. Is There a Science of Design?[J]. Magazine of Arts. 1947, No.40.

在教学运作层面，阿尔伯斯和莫霍利的基础课程都受到过康定斯基和克利抽象形式理论的影响。具体而言，康定斯基的课程"形式的基本要素"（Basic Elements of Form）和色彩研究就给包豪斯预备课程赋予了抽象和理性的基础。康氏的分析性绘画和色彩教学都强调分析和综合思考，并采用严谨的思维甚至是具有科学性的方法：

> 每一种调查都要面临着两个同样重要的工作：
>
> （1）分析固有现象本身，必须尽可能与其他现象分开观察。
>
> （2）梳理一开始单独观察的现象和其他各种现象的关系——综合方法。
>
> （第一个工作的研究范围要尽可能收窄，而第二个需要尽可能扩大。）❶

❶https://www.lars-mueller-publishers.com/point-and-line-plane.

以上述原则为基础，康定斯基的形式理论源于抽象的形式基本要素：点、线、面，以及其他的基本形态，如三角形、正方形和圆等，还包括红、黄、蓝三原色。他会对形态和色彩给人所带来的心理反应非常着迷，并进行精神性的分析。但同时，康定斯基也强调设计要素的科学性：如形态背后的数理逻辑，光的物理特性以及颜料的化学组成等。

克利的绘画创作虽然与康定斯基有很大差别，但其理论研究却与后者有类似之处。克利关于点、线、面的讨论也同样基于形式要素的抽象，即点动生线、线动生面、面动生体的转化思想。1925 年出版的《保罗·克利：教学笔记》（*Paul Klee：Pedagogical Sketchbook*）一书则是他教学思想的高度概括，并附有一系列略显晦涩但具有启发性的图解。《教学笔记》是整个包豪斯丛书系列中的第二本，影响深远。此书和康定斯基的《点线面》（*Point and Line to Plane*）成为包豪斯最具代表性的形式理论著作。两人对于"艺术的科学"之探究也给当时的包豪斯师生群体以启发。

区别于伊顿的观念，预备课程的继任者莫霍利和阿尔伯斯对于形式生成原理的阐述都是相对理性的，其核心要义就是由基本要素而产生的形式丰富性。依据莫霍利的论述，设计的原理（Axioms）在于交互性："这一过程属于一种互动和相互关系（Mutuality）。任何人体验过一类媒介（Media）的工作机制之后，从个人角度都可以胜任另一类媒介的工作"❷。关于媒介的讨论始于包豪斯材料的操作方法，并通过举一反三的方式来获得多样的结果。例如，参与预备课程的学生可以通过熟悉形式要素和对应的操作方法（媒介）来熟悉设计的基本原则，而这种认知的逻辑不仅适用于基础课程中的材料训练，也同样适合不同工作坊的教学。

❷László Moholy-Nagy. Vision in Motion[M]. P. Theobald，1947：35.

费德里（Alain Findeli）针对莫霍利的教学法进行了直观的图解分析（图 2-59）。这一图示表达了形式要素和特定的造型媒介之间排列组合的映射关系。其中的形式要素包含了线、面、色彩、肌理这些抽象的内容，而材料及操作材料的工具则包含笔刷、纸、黏土和相机等。

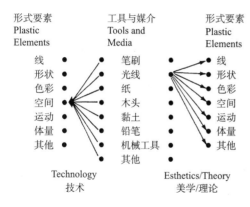

形式要素 Plastic Elements	工具与媒介 Tools and Media	形式要素 Plastic Elements
线 形状 色彩 空间 运动 体量 其他	笔刷 光线 纸 木头 黏土 铅笔 机械工具 其他	线 形状 色彩 空间 运动 体量 其他
Technology 技术		Esthetics/Theory 美学/理论

图 2-59 阿兰·费德里对莫霍利-纳吉形式原理的图解

　　学生们需要认知和处理两类设计问题。在第一类问题中，学生需要用不同的媒介来探索同一种形式要素。比如，肌理表达的可能性能通过铅笔、钢笔、刷子甚至摄影与印刷来实现；以及通过手工和机械的加工工具来完成，并能通过触觉（Haptically）、视觉和声音层面来表现。而在第二类设计问题中，上述过程刚好相反。学生需要选择一种固定的媒介来探索不同形式要素表达的可能性❶。

❶ Alain Findeli. Moholy-Nagy's Design Pedagogy in Chicago（1937-46）[J]. Design Issues 7, 1990, 1: 4-19.

　　费德里进一步指出，第一类问题的操作（同一要素、不同媒介）实际关注于设计概念的落实，包含对特定设计问题的技术性解决方案（Technical Solution）；第二类问题的操作（同一媒介、不同要素）则体现了形式生成的多样性，依赖于艺术性和美学层面的解释。更重要的是，这种学理分析和新包豪斯设计基础课程有着密切的联系。比如，对应第一类操作的教学实践往往依赖于加工工具的创造性使用（图 2-60），而第二类操作的教学探索则依赖于单一材料自身的表现力，以及学生造型能力和形式感悟力的差别（图 2-61）。

　　莫霍利的形式理论回应了格罗皮乌斯关于艺术与技术"新统一"的论述：对于艺术感的启蒙和加工工艺的训练能够在预备课程的材料练习中共存。上述基于排列组合的形式方法论也成为包豪斯变迁史的一个核心话

图 2-60 四种类型的木弹簧（左）
图 2-61 单一材料的折纸训练，1943（右）

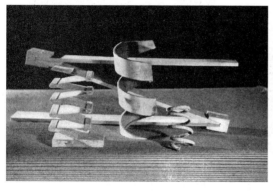

题。值得反思的是，在国内 1980 年代开始流行的形态构成教学中，基于"要素"与"组织"的"构成"法则正是延续了这种包豪斯的基本原理。

作为艺术启蒙教育，形式本身自然是不可回避的，但形式并非设计教学的唯一目的。实际上，包豪斯对于形式原理理解的多样性却往往在包豪斯教学法的流变历史中被狭隘理解，被逐步简化为一种基于要素和组合方式的形式策略。正如阿尔伯斯反复强调的，自己所教授的不是设计而是研究（Studies），因而教学过程并不是学生通过一两次操作即达到结果，而是他们通过反复的尝试来获得一个类似科学研究的答案。训练的意义也不在于最后求得几种令人满意的结果，而是通过过程的操作来获得对于形式更深入的认识。

（2）广义的空间观念

1920 年代前后，"空间"话语的兴起和热烈讨论成为现代建筑发展的重要推手。无论是柯布西耶的"自由平面"、密斯的"通用空间"（Universal Space）或是路斯的"空间规划"（Raumplan），都体现出建筑师独特的空间组织方法论。在包豪斯的教学体系中，空间是非常重要的一环，有着通识教育鲜明的特色——把空间感知作为一种联合艺术和建筑的普遍性经验。

在德国包豪斯时期，莫霍利已经意识到空间是建筑和艺术训练的公分母（Common Denominator），他同时认识到了空间感知也是一种生理性的体验。相对于另两位预备课程的导师，莫霍利对于空间的论述是具有建筑学特性的（图 2-62）。在吉迪翁对于现代建筑的空间观念和特征进行

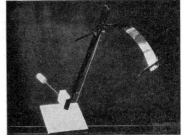

**PRELIMINARY COURSE
MOHOLY-NAGY**

**THE CONCEPT OF SPACE
by MOHOLY-NAGY**

　　We are all biologically equipped to experience space, just as we are equipped to experience colors or tones. This capacity can be developed through practice and suitable exercises. It will, of course, differ in degree in different people, as other capacities do, but in principle space can be experienced by everyone even in its rich and complex forms.

　　The way to learn to understand architecture is to have direct experience of space itself; that is, how you live in it and how you move in it. For architecture is the functionally and emotionally satisfactory arrangement of space. Naturally, just as in every other field, long preparation is necessary before one can appreciate this essential character of architecture.

　　Most people, unfortunately, still learn architecture out of books. They learn how to tell the "styles" of the great monuments of the past—how to recognize Doric columns, Corinthian capitals, Romanesque arches, Gothic rosettes, etc. But these are only the tags of architecture; those who learn by the historical method can seem to know a lot when all they have really learned is to classify and date the monuments of the past. In reality, only a very few ever learn really to experience the miracle of esthetically arranged space.

图 2-62　1920 年代中期莫霍利-纳吉对空间的论述

经典的论述之前，莫霍利对于建筑
空间的理解已经是激进且反古典的
（图 2-63），并体现出对"空间艺术"
的追求。比如，他对比了埃菲尔铁
塔和柯布西耶早期的住宅作品以说
明现代主义建筑对于内部空间流动
的强调（图 2-64）。

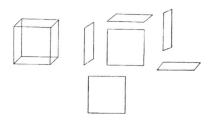

图 2-63　莫霍利 - 纳吉对"体量"
与"空间"的论述

图 2-64　莫霍利 - 纳吉引用埃
菲尔铁塔和柯布西耶的住宅
作品进行空间观的对比

　　纯粹的空间设计并不光是使用材料完成建造的问题。同样，现代的空
间构成也不单纯是石材的组合，或不同形态的体块（Blocks）构成，更不
是把一系列相同或不同尺度的体块进行堆砌。材料的建造方式在于创造和
限定空间，并最大限度地表达其与艺术性的关系[1]。

　　过去，建筑师往往会塑造可见、可度量同时比例精致的建筑体量，并
称之为"空间创造"（Space Creation）。但是，真正的空间体验依赖于内
部与外部、顶部与下部共时性的贯通（Simultaneous interpenetration），体
现在空间关系的内外流动，体现在通常不被注意的材料表现力上[2]。

　　实际上，莫霍利的个人艺术创作和论述都对 1950 年代研究空间教育
的美国学者有所启发。比如，"透明性"形式理论的启发之一就来源于莫
霍利与莱热（Fernand Léger）绘画作品的对比。而从文字本身而论，莫
霍利对于"空间"的理解显然不局限于如何定义"空间"这种感性的描
述，更牵涉空间组织策略与空间品质问题。这种学术立场与霍伊斯利和柯
林·罗等人对基本空间问题的探究是类似的。

　　当然，相较于建筑师对于空间定义的针对性，莫霍利的空间观念仍是
发散的，偏向以"总体艺术"（Gesamtkunstwerk）与"总体作品"的方式
来理解。由于缺乏具体的教学方法，早期包豪斯对于"空间感"的描述仍
然是模糊和感性的。但这种状态在莫霍利在芝加哥任教的期间已经有所好
转，新包豪斯建筑系的基础课程更为贴近现代建筑空间教育的本质，并体
现出预备课程"建筑化"的可能性。

[1] Herbert Bayer, Walter
Gropius, and Ise Gropius.
Bauhaus, 1919-1928[M].
Charles T. Branford Compa-
ny, 1952: 122-124.

[2] László Moholy-Nagy.
The New Vision: Funda-
mentals of Design, Paint-
ing, Sculpture, Architec-
ture[M]. New York: W.W.
Norton & Company, inc.,
1938: 184.

和同时期的现代主义建筑师类似，莫霍利笃信现代设计能够对社会产生反作用——建立功能性社会与人能理解的抽象符号之间的联系。他也是典型的技术乐观主义者，相信新技术、新媒体能够改变人类集体的感知方式，而这种感知方式的转变又将催生新的社会关系与空间关系。这种观念也被史学家班纳姆概括为包豪斯第二阶段发展的里程碑：所有的观念探索借助于新的美学原理，付诸物质生产，进而重构一种"社会的整合图式"❶。

（3）建筑师的视觉教育

作为包豪斯观念的实践者，阿尔伯斯和莫霍利共同拓展了视觉研究在建筑学领域的应用维度，并呈现出不同的特征。

阿尔伯斯对于"观看"的论述有着现象学的特征，他也把艺术看作为"个人面对世界时产生内在反应的视觉重构（Visual formulation）"❷。在他诸多原创训练的背后，一个重要的诉求就是教会学生如何观察，尤其是把握那些稍纵即逝或模棱两可的视觉现象。实际上，他对于形式的态度也是内在而自省的：形式并不是自我表现，而是依赖于调动艺术感知力所建立的创作者与客观世界的一种联系。某种程度上，阿尔伯斯对于观察的强调重新唤醒了建筑师对于空间和形式的洞察力。这一点在他与建筑师的教学与实践合作上体现得尤为明显。

莫霍利的艺术表现、技术追求以及教学实验都与"新视觉"紧密关联。实际上，"从材料到建筑"向"新视觉"的转换已经体现出包豪斯的变化趋势。在格罗皮乌斯和莫霍利所共同主导的包豪斯中期阶段，对于新视觉、新生活方式和新建筑的追求成为整个师生群体的共性，并把这所艺术学校打造成了一个实验性的品牌。对于包豪斯形象的塑造，莫霍利的作用非同小可。他负责了1920年代出版的"包豪斯丛书"（Bauhausbücher）的装帧，并完成了其中两本著作❸。王雨林和卢永毅曾指出，通过图册、出版物、展览、广告等视觉媒介的发布，包豪斯获得了形象上的提升；但一定程度上又抑制了感知、材料、工艺训练以及意识形态内核的重要性。这种对于传播本身的强调也为包豪斯教学最后的碎片化和工具化埋下伏笔❹。实质上，无论格罗皮乌斯如何解释包豪斯并非一种风格，但是德绍时期的包豪斯仍然不自觉地形成了一种可辨识的"包豪斯风格"，并通过平面设计、工业制品、建筑设计的工业化风格强化了这一特征。

区别于其他包豪斯人，莫霍利更善于把不同类型的视觉资源作为一种设计的素材，并通过巧妙的组织体现出时代特征。在《新视觉》与《动态视觉》中都大量出现了表现城市与建筑的影像资料，包含达达派的摄影蒙太奇、照片拼贴等，并充分运用了一点透视、广角、航拍、微距等摄影技巧。他游刃有余的视觉素材运用显然在对传统的美学进行宣战，并阐明摄

❶ 周诗岩 . 莫霍利 – 纳吉 Ⅱ 总体实验与视觉生产 [J]. 新美术，2019，40（01）：49-62.

❷ Josef Albers. General Education and Art Education: Possessive and Productive, Search Versus Re-Search[M]. Hartford: Trinity University Press, 1969: 10.

❸ 从 1925 年至 1930 年，"包豪斯丛书"陆续出版了 14 本，包含格罗皮乌斯、蒙德里安、克利、施莱默、凡·杜斯堡等人的专著。莫霍利的著作包含丛书第 8 册《绘画、摄影、电影》和第 14 册《从材料到建筑》。

❹ 王雨林，卢永毅 . 包豪斯预备课程的建筑迁行——以拉兹洛·莫霍利 – 纳吉主持的课程为例 [J]. 建筑师，2019（04）：62-75.

影和电影也可以创造一种全新的空间体验，并与建筑学有所关联。在美国的教学和实践中，莫霍利延续了以视觉为基础的创作理念，并持续拓展了包豪斯的影响力。这里仅以基础课程为例，他在材料与空间训练的同时始终强调视觉的作用。比如：摄影成为一种承载和记录教学过程的媒介，同时也促进了教学成果的传播；材料的触觉训练也需要进行视觉的转化，材料拼贴更是把视觉再现的作用发挥到了极致；光线成为基础造型训练中一种重要的要素，加强了找形（Form-giving）视觉体验的敏感度❶。

❶ 在莫霍利"空间调节"（space modulator）、"光线调节"（light modulator）这类练习的操作过程中，光线都是造型塑造过程中着重考虑的因素。

　　实际上，纵观包豪斯在美国的移植和发展轨迹，视觉化的设计教育无疑是一种逐步扩大的洪流。这种对于视觉进行操控的意识已经从画面中形式要素的构图手法上升到惯性的"视觉修养"。随着预备课程在建筑教育的普及，建筑师的基本功训练也融合了上述特征。无论是阿尔伯斯对于"学会观察"（To Open Eyes）的论述还是莫霍利的"新视觉"（Neues Sehen）教育都体现出这种转变。一旦包豪斯放弃了早期对于"总体艺术""完整的人"这类整体性学术理想之后，视觉教育的革命就成为一个更易达到的目标。但另一方面，当包豪斯的观念与方法都固化为教条时，其自身也会蜕变成为另一种学院派的美学范式。

2.5　本章小结

　　作为包豪斯预备课程的缔造者，阿尔伯斯和莫霍利的设计基础教学均以材料训练为核心，并通过二维和三维形式训练传播了抽象形式要素和组织法则的设计方法论。实际上，包豪斯预备课程中具有"泛设计"与"练习化"特征的教学法有着长久的生命力。1980 年代之后国内曾流行的"三大构成"教学与阿尔伯斯关于平面、立体、色彩的分阶段训练有着相似的知识体系和教学方法。莫霍利对于材料与触觉、动态构成、光构成的研究也极具前瞻性。在当代建筑教育关于材料、形式和实体建造的许多训练中也能够找到包豪斯传统的影响。

　　阿尔伯斯在黑山学院和耶鲁大学的基础教学，为"基本设计"在美国建筑院校的传播奠定了基础。他关于"质感"与"材料"的两类研究引导学生通过操作与观察来获得对于形式、空间的认知。此外，他还发展出一系列微妙、严谨的视觉训练来强化对线、面、体和色彩的感知。通过格罗皮乌斯所倡导的包豪斯通识教育模式，阿尔伯斯针对抽象形式的教学法在建筑教育界的影响力被进一步放大，并被奉为替代布扎教学方法的最佳选择。

　　莫霍利在芝加哥新包豪斯的教学则成为包豪斯预备课程在美国移植的另一个范本。他不仅延续了预备课程对于材料和形式的探索，同时还尝试在艺术院校中推行实验性的建筑教育。在基础教学领域，莫霍利强调材料与工具的相互关系，并积极拥抱新兴工业技术所带来的可能。"构成"练习、触觉感知以及动态视觉都成为基础课程中的特色环节。莫霍利提出的"从材料到建筑"成为包豪斯模式"建筑化"的一个理想途径。

　　包豪斯教学为美国建筑教育带来了不同于布扎模式的入门方法：对于材料和形态的敏锐感知、抽象空间与形式的知识体系、模型操作与观察的工作方法。但另一方面，艺术化的包豪斯预备课程并不能完全对等现代建筑教育的基本价值观，其对建筑师培养的创新性与局限性都根植于其"非建筑"的学科特征。

第三章

"基本设计"在美国建筑教育的流变

3.1　包豪斯原理传播的三种模式

"二战"以后，美国一跃成为最发达的资本主义国家，整个社会进入了高速发展的工业化阶段。消费驱动型经济促使资本在各个行业间流动。伴随着全美城市化的进程，各大中城市的建设量快速增加。大众对教育的需求日益增长，以求得在社会各个阶层中的上升空间。与此同时，美国建筑教育进入了飞速发展的新阶段。1945 年，美国已经有 49 所大学开设了正规的建筑教育。一批退伍军人回归学校，各校入学人数也持续激增，而学校师资和管理人员的短缺也非常明显。以位于东南部的乔治亚理工学院为例，建筑系的学生人数在战后增长了近 7 倍[1]。这一趋势导致各所建筑院校开始大量聘任教师，简化培养、毕业流程以应对教育规模的快速增长。比如，康奈尔大学甚至暂停了建筑学的五年学制，缩短为四年以促进学生快速毕业[2]。

1940 年代末，现代建筑教育模式在美国建筑院校中占据了压倒性的优势。尽管仍然有一些德高望重的老教师还在延续布扎的教学传统，但年轻的师生已经自觉接纳了现代建筑和包豪斯的影响。随着法籍教师的陆续退休，布扎模式在美国建筑教育中日趋衰退。折中主义建筑训练的"唯美法则"（Perfect Aesthetic Code）被逐步淡忘。与此同时，大批建筑院系开始从布扎的学术组织中退出，布扎设计研究院（BAID）所主持的竞赛也因为舞弊现象和过于繁琐而受到了指责。麻省理工学院、加州大学伯克利分校（UC Berkeley）等一批学院式教育底蕴深厚的院校也通过引入现代主义建筑的新观念，从而完成了自身建筑教育的转型。1951 年，宾夕法尼亚大学建筑系宣布引入师从格罗皮乌斯的帕金斯（G. Holmes Perkins）和包豪斯教学体系，以一种"自我反叛"（Rebellion Within the System）的方式结束了其辉煌的布扎教育传统[3]。

作为包豪斯教学体系在美国移植的核心人物，阿尔伯斯和莫霍利－纳吉已经在美国视觉艺术、工业设计等教育领域有着广泛的影响力，但二人在建筑院校的接受度却是相对有限的[4]。这种结果自然归因于学科界限所造成的认知差异。对第一代包豪斯人来说，建筑师的培养需要借用艺术类通识教育的入门方法，提炼出通用的空间形式语言。预备课程在建筑系的教学不仅在于其具有启发性的训练方法，也体现在艺术类预科训练与整个建筑教学体系的协调与匹配。

现代建筑在美国已成主流，但如何把现代建筑的基本原理转化为入门方法却并无共识。随着"哈佛包豪斯"影响力与日俱增，大多数美国建筑院校选择吸纳本土的包豪斯毕业生担任教职，以应对逐年增长的学生。预备课程的教学法也随着包豪斯体系的传播而被建筑院校所接纳。从师承关

❶ 乔治亚理工学院建筑系在 1940 年代末总共有 450 名学生，而在战争期间仅有 22 人，战前也只有 66 人的规模。

❷ Joan. Ockman, Rebecca Williamson. Architecture School. Three Centuries of Educating Architects in North America[M]. Association of Collegiate Schools of Architecture, Cambridge: The MIT Press.2012: 126.

❸ Richard Walter Lukens. The Changing Role of Drawing and Rendering in Architectural Education[D]. Philadelphia, University of Pennsylvania, 1979: 164-165.

❹ Kenneth Frampton, Alessandra Latour. Notes on American Architectural Education. From the End of the Nineteenth Century until the 1970s[J]. Lotus International, 1980, 27: 23.

系而言，毕业于美国本土的第二代包豪斯教师主动地参与建筑教育，把艺术教育中经验性的传教转化为普适的方法；从学科互动的角度而言，艺术化的空间形式原理必然要经历"建筑化"的过程来融合到建筑学的知识体系中。包豪斯特征的材料和形式训练固然对建筑学的空间认知有所启发，但其"建筑化"核心问题在于：一系列的抽象练习应当如何恰当地被教授，是以一种通识类的必修环节融入所有建筑学生的入门训练，还是以一种辅助的视觉设计课程提高学生修养，抑或是被转化为符合建筑学基本原则的新方法？基于对美国建筑院校历史的整体把握，本章以三种包豪斯教学的传播模式来进行分类讨论。

3.2 模式一：建筑学辅助的视觉基础训练

毋庸置疑，以"哈佛包豪斯"为代表的教学法从 1940 到 1950 年代在全美的建筑院校中有着最广泛的受众。不过，也有很多建筑学背景的教师对于"基本设计"培养建筑师的有效性颇有微词。他们反对的立场是类似的：从建筑学内部来抵抗这种艺术类的通识训练，并坚持专业性更强的入门方法。换句话说，尽管美国流行的"基本设计"对于培养形式创造力和视觉感知都有帮助，但却并不适合作为建筑教育的基础。抽象练习本身只是建筑教育核心价值的延伸和附属。以这种价值观进行教学的一个典型案例就是沃特·彼得汉斯（Walter Peterhans）在伊利诺伊理工学院开设的"视觉训练"（Visual Training）系列课程。

3.2.1 彼得汉斯：伊利诺伊理工学院的视觉教学（1937~1960）

伊利诺伊理工学院的前身是成立于 1892 年的阿默理工学院，由著名的阿默家族（Armour Family）支持筹建❶。该校有着很强的工学院（Polytechnic）传统，强调工程技术训练。虽然阿默理工学院的建筑系属于 BAID 的院校联盟，但其教学体系却并不是典型的布扎模式。在包豪斯方法引入之前，阿默理工学院的建筑教育延续了源自德国的工学院传统，并反映了芝加哥建筑实践领域中普遍的实用主义特征。1938 年，密斯移民美国并就任阿默理工建筑系的系主任，按照自己的建筑观念架构了现代主义的建筑教育体系。

1937 年，密斯向校长亨利·希尔德（Henry T. Heald）递交了第一份"建筑教育计划"（Programme for Architectural Education）来表达自己对培养职业建筑师的构想❷。在这份教学计划中，包豪斯的基本理念通过材料、建造和形式三者的交互关系得以实现。密斯非常看重从材料进入建筑设计学习这种本体的方式，但他对于材料的理解却不同于预备课程中艺术

❶ 阿默理工学院在 1940 年和刘易斯学院（Lewis Institute）合并，并形成了芝加哥著名的伊利诺伊理工学院。本书的研究范畴为该校 1930 年代以后的建筑教育，为叙述统一，本段之后采用"伊利诺伊理工学院"的译名。

❷ 密斯教学计划曾由包豪斯的两位学生普里斯特利（William Priestley）和罗杰斯（John Rodgers）协助完成，并由彼得汉斯译成英文，这一教学计划随后即被学校批准。

❶ Alfred Swenson, Pao-Chi Chang, Illinois Institute of Technology. Architectural Education at IIT, 1938-1978[M]. Illinois Institute of Technology, 1980: 22-23.

❷ Alfred Swenson, Pao-Chi Chang, Illinois Institute of Technology. Architectural Education at IIT, 1938-1978[M]. Illinois Institute of Technology, 1980: 22-23.

化的训练模式，而仅限于构成建筑的物质性材料。例如，在他1937年拟定的教学计划中，材料被视为实现建筑的基本途径（Means）❶。正如密斯所论述的，"建筑形式的创造是基于木材、石材、砖、钢材、混凝土等材料不同的构造方式和细部处理。❷"这一观念与格罗皮乌斯通识类、艺术化、精英式的教学主张大相径庭。实际上，密斯的教学法更多来源于他自己在1920和1930年代建筑实践的个人经验，并且体现出一种强调建筑本体性和物质性的基本观念。他在教学计划上也宣称建筑、绘画与雕塑是培养创造力的统一体。不过，他所宣扬的并不是从材料到建筑的通识教育模式，而是强调建筑材料的基础性作用以及抽象视觉研究对于建筑学的价值。

实际上，伊利诺伊理工学院建筑系的基础教学明显偏离了典型的包豪斯模式，尤其与阿尔伯斯和莫霍利所倡导"从材料到建筑"的方式有所差异。从1940年代开始，该校的建筑教育保持了相当稳定的状态，并从一个侧面反映出密斯惯有的工作方法。例如，在1980年出版的学院建筑系的史料中，一份1977~1978年的课程表（Chart of the IIT Curriculum）就很清晰地反映了密斯特征教学体系的延续性（图3-1）。这一课程设置的雏形于1941年开始实施，在之后三十余年的教学中没有大的调整❸。建筑学的入门训练从工程制图开始：一年级的课程主要分为四个部分：制图（写生、建筑制图，占35%学时）、工程科学基础（静力学、微积分及解析几何，占30%）、通识教育（占23%学时）、历史（建筑历史，占12%学时）。从第二到第三学年，学生要修读一门由沃特·彼得汉斯主持的"视觉训练"来辅助建筑设计教学。就整个教学体系而言，学生在低、中年级的建筑训练都类似于完整设计环节的"分解动作"，他们要在第四、第五学年才进入到大尺度建筑的综合训练，并形成完整的建筑观念。

❸ Alfred Swenson, Pao-Chi Chang, Illinois Institute of Technology. Architectural Education at IIT, 1938-1978[M]. Illinois Institute of Technology, 1980: 24-25.

（1）制图系列

在建筑入门阶段，密斯并没有安排任何发散性的艺术造型训练，唯一的方法就是建筑制图（Architectural Drawing）。他认为这是培养职业建筑师最有效的途径：通过工具辅助的制图系列（Drawing Sequence），学生能够掌握在二维图形中表达空间的能力。"课程把制图作为一种建筑语言，并作为学生积累建筑知识所必须掌握的基本工具。绘图同样与手脑协作相关；清晰的制图必然是清晰思维的结果，以提炼出（Crystallized to）最本质、最关键的线条。❹"

❹ Alfred Swenson, Pao-Chi Chang, Illinois Institute of Technology. Architectural Education at IIT, 1938-1978[M]. Illinois Institute of Technology, 1980: 31.

伊利诺伊理工学院第一学期制图训练的目的在于传授基本技能，比如从铅笔到墨线制图的过渡，并讨论线宽、线型、线条交接、图形填充等基本问题（图3-2）。此外，课程还包括圆、抛物线以及异形体的工具制图方法（图3-3）。第二学期的课程重点训练二维线条表达三维空间：首先，学生要熟悉规则、不规则物体轴测图的表达法，比如弧形楼梯、等高线

注：课程下方横线数量等于其学时数

序列	一年级		二年级		三年级		四年级		五年级	
	第一学期	第二学期	第三学期	第四学期	第五学期	第六学期	第七学期	第八学期	第九学期	第十学期
建筑 Architecture							建筑 I	建筑 II	建筑 III 建筑实践 I	建筑 IV 建筑实践 II
规划 Planning							城市规划 I	城市规划 II	区域规划选修 13学时	区域规划选修 13学时
构造 Construction			材料与构造 I	材料与构造 II	建筑构造 I	建筑构造 II				
视觉训练 Visual Training			视觉训练 I	视觉训练 II	视觉训练 III	视觉训练 IV				
科学工程 Science-Engineering	计算与解析几何 I	计算与解析几何 II 静力学	材料力学 物理	结构 I 木材 物理 II	结构 II 金属 设备系统	结构 III 混凝土 电力系统				
历史 History	建筑历史 I	建筑历史 II	建筑艺术分析 I	建筑艺术分析 II	建筑艺术分析 III	建筑艺术分析 IV				
绘图 Drawing	写生绘画 I 建筑绘画 I	写生绘画 II 建筑绘画 II	写生绘画 III	写生绘画 IV						
通识教育 General Education Program	选修	选修		计算的科学			选修	选修	选修	选修

图3-1　1977～1978学年的 IIT 课程计划，与密斯 1941 年制定的课程比较有变化

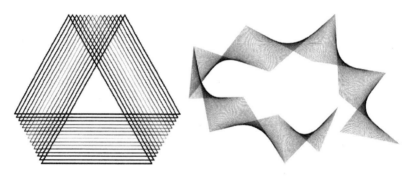

图 3-2　平行线平面构成，第一
学年（左）
图 3-3　抛物线训练（右）

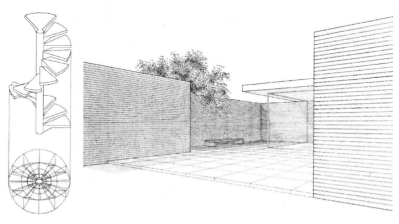

图 3-4　轴测图训练，第二学期
（左）
图 3-5　透视和制图训练，第二
学期（右）

地形的表达方法（图 3-4）；其次，课程进入透视图的画法，并进行一点
和多点透视的精确作图教学；最后，作为上述技能的综合，学生要用透视
图描绘一个典型密斯建筑空间中的场景，并用墨线去进行材料和构造细
节的表达（图 3-5）。

　　密斯对于制图的基本功训练有着极简甚至到严苛的要求：通过线条图
正确、清晰地进行建筑空间表达，并由此熟悉建筑专业的基本知识。学生
不仅要保证工程制图的绝对正确，同时还要摒弃图面的美学效果（Aesthetic
Qualities）。在初步熟悉线稿绘图的抽象法则（Abstract Manner）后，制
图系列的核心目标是通过二维的图形来限定和表现空间。对于画法几何的
学习能够培养学生对于空间的领悟力，并由此形成脑、手、眼三者的协调
和统一。

　　在密斯主导的建筑基础课程体系中，对待传统美术训练的态度显然是
批判的。譬如，在出版的建筑系教学文献中，几乎很难看到强调图面表现
力的素描明暗练习，这与同时期的布扎模式教学有着天壤之别。制图训练
虽然也包含了写生（Life Drawing）类的任务，并要求学生熟悉铅笔、墨
水笔、油画棒和笔刷的技法，但其核心内容并非艺术性的追求，而是通过
线条表达形式，进而进行空间的感知与表达 ❶。

❶Alfred Swenson, Pao-
Chi Chang, Illinois Insti-
tute of Technology. Archi-
tectural Education at IIT,
1938-1978[M]. Illinois
Institute of Technology,
1980: 32.

（2）视觉训练系列

从第二年的教学开始，彼得汉斯的"视觉训练系列"（Visual Training Sequence）提供了一种不同于"基本设计"的教学模式。从源流上，"视觉训练"课程在伊利诺伊理工学院有着超过 80 年的教学传统，并延续了内在的包豪斯基因。这门课在创立之初所构建的价值观念与基本方法在当下仍然具有影响力。不过，其教学法的精髓却往往在建筑教育史的研究中被忽略。

"视觉训练"的创始人彼得汉斯于 1929 至 1933 年在德绍和柏林包豪斯主持摄影工作坊。之后，他受到密斯的邀请来到芝加哥，并发展一门培养视觉感知能力的课程。这门课程始于 1938 年，并结合了彼得汉斯"画法几何"（Descriptive Geometry）与摄影训练的内容。在随后的十年中，教学重心逐步从绘画与摄影的技巧性训练转向视觉感知能力的培养❶。

密斯曾对建筑教育的实用性有着直接的论述："任何新学生（Freshman）经过合适的训练和指导，都可以在一年内成为称职的绘图员（Draftsman）"❷。不过，这种速成的训练无法弥补学生美学修养的不足，尤其难以辅助学生形成对建筑物比例和尺度的控制力。因此，彼得汉斯教学的初衷在于视觉敏感度的训练，并直接与建筑设计相关联。视觉训练的核心目标在于建立"干净、清晰、准确性工作的基础"❸，并为高年级的建筑设计训练积累经验。尽管和包豪斯预备课程有着共通的学理基础，但彼得汉斯的视觉训练却并非通过体验材料和形式来培养学生的创造力，而在于执行一种严谨、具有针对性的视觉感知训练。当然，包豪斯方法所建立的知识体系还是给予彼得汉斯的教学很大影响。学生必须了解比例、韵律、肌理、色彩、体量等抽象形式的基本准则。上述原理的传授与具有指向性的训练结合起来，同时具有明确的限制条件。正如 1949 年"视觉训练"课程大纲所记录的：

审美表达作为一种体验，通过形式研究来进行，比如：比例与韵律、肌理与色彩、体量与空间。训练包括视觉感知与美学判断，如形式的分离（Isolation）与分析，感知属性的相互依赖与整合，或是在限制条件下达到一种美学的统一❹。

彼得汉斯的训练通常需要在大的白色衬纸（常规尺寸为 20 英寸 ×30 英寸）上进行。具体来说，第三学期的视觉训练是比例研究，并且采用最少的视觉信息来进行。构图的素材被尽可能地控制，通常只允许用黑色的线条和长方形（图 3-6、图 3-7）。学生需要在大的衬纸上缓慢移动图形，排除形式多样性的干扰，对比例微小的差别进行细致的观察。第四学期的

❶ Kristin Jones. Research in Architectural Education: Theory and Practice of Visual Training[J]. The ARCC Journal for Architectural Research, 2016, 13 (1): 7-16.

❷ Alfred Swenson, Pao-Chi Chang, Illinois Institute of Technology. Architectural Education at IIT, 1938-1978[M]. Illinois Institute of Technology, 1980: 47.

❸ Alfred Swenson, Pao-Chi Chang, Illinois Institute of Technology. Architectural Education at IIT, 1938-1978[M]. Illinois Institute of Technology, 1980: 47.

❹ Kristin Jones. Research in Architectural Education: Theory and Practice of Visual Training[J]. The ARCC Journal for Architectural Research, 2016, 13 (1): 7-16.

图 3-6 线面构成，（20 英寸 x
30 英寸）第三学期（左）
图 3-7 线面构成，第三学期
（右）

图 3-8 不透明和透明彩色的平
面构成，第四学期（左）
图 3-9 木材与纸的拼贴训练，
第六学期（右）

教学是三个平面构图训练，其目的在于表达空间的前后关系和视觉上的深度（图 3-8）。第五学期和第六学期则是肌理、材料和颜色的视觉训练。学生除了要用拼贴的方式对常用建筑材料进行收集和展示（图 3-9），还要对透明、半透明、重叠等视觉现象进行精确的研究。值得一提的是，上述训练的组织并不是集中在一个教学模块完成，而是分散在不同学期进行，以和建筑设计课程进行搭配。

克丽斯汀·琼斯（Kristin Jones）曾撰文对彼得汉斯十个最具代表性的视觉练习进行介绍 ❶ 。前六个训练主要关注二维图形限定空间，其中三个研究欧几里得空间（Euclidean Space）中的分割问题，包括高低及左右关系（正交）、前后关系（重叠）以及大小关系（秩序）。另外三个训练分别侧重于单一线条在空间中的运动轨迹（连续与变化）、多重平面之间的关系（离散与关联）以及双曲抛物面的原理（离散与连续）。上述所有训练都要在白色衬纸上完成，并以纯粹的黑白关系来表达。除了绘制双曲面之外，所有的训练都必须以卡纸切割构图的方式来进行。正交图形必须做到横平竖直，而曲线图形必须达到圆滑和连续的效果。教案要求学生仔细体会图形细微差别所带来微妙的视觉感官变化。

❶ Kristin Jones. Research in Architectural Education: Theory and Practice of Visual Training[J]. The ARCC Journal for Architectural Research, 2016, 13 (1): 7-16.

　　除了精确的构图训练外,另外两个练习主要讨论影响流动形体(Liquid Form)变化的直接和间接途径。首先是墨水在纸上扩散过程中从湿到干的变化过程。其次是墨水在其他液态介质中的扩散过程研究,比如墨水、水彩或丙烯颜料等不同墨迹的扩散方式。上述两个训练都是对流体形态的研究,学生们要在白色的衬板上观察液体形态的变化,并分析其潜在的影响。

　　最后两个练习则是研究固态、具有纹理的材料。其中一个是材料表面色彩、肌理等视觉特性的采集,选取12个样本,调整彼此之间的组合关系并进行对照;另一个则是三维的材料组合研究,学生要收集不同材料并在基座上进行搭配。在二维材料研究中,把平面界面和肌理转化为有空间感的图案是需要反复实验的,而在三维训练中,学生必须把材料具象的视觉特性转化为具有空间属性的表达,而这也是抽象练习向建筑空间训练的过渡。

　　从教学法来说,彼得汉斯的视觉训练不仅没有任何建筑动机,而且也不鼓励学生由此发展出一个设计或进行艺术创作。教学聚焦于形式和视知觉的精确性研究,这种视觉敏感度的培养却是训练建筑师的重要环节之一。视觉比较(Visual Comparison)成为这门课程的方法学基础。从学理溯源,视觉比较分析可以追溯到形式分析法鼻祖海因里希·沃尔夫林(Heinrich Wölfflin)等学者,并强调对于艺术作品视觉特征中蛛丝马迹的追踪。通过观察训练,学生不仅要对形式中微妙的差异具有分辨能力,同时还要建立不同形式之间的联系并具有一定的联想能力。在课堂教学中,彼得汉斯通常会把具有可比性的大幅图案并置在一起,鼓励学生深入观察以分析出其中隐藏的视觉规律,尤其是比例、尺度这些与建筑学有关的问题。同时,他还会有规律地逐步改变线条长短、位置高低和线型粗细,并要求学生最为准确地描述形式的变化,而不是使用一些含糊的感官判断。这种严苛的并列比较(Side-by-side Comparison)往往能激发学生形成一种不自觉的视觉强迫美学,并应用到不同领域的设计中。

　　从1938年正式在伊利诺伊理工学院任教起,彼得汉斯持续四个学期的"视觉训练"就颇受好评,并一直延续到他1960年去世。这门课程在建筑系有着持续的影响力,由其学生们接任课程。这种教学传承也说明这类教学即便是在数字媒体泛滥的当代仍然具有一定的现实价值。作为德国包豪斯的教员,彼得汉斯的视知觉训练必然与预备课程有着学理上的关联,但又有着明确的差异。他曾毫不掩饰对于预备课程过于发散的批评:"我们有意识地避免为了个人表达自由而造成的随意性。我们并不用黏土来造型,也不沉溺于折纸形成的巨环所带来的视幻觉。我们的教学实验恰恰是限制去做过多可能的尝试" ❶。

❶ Werner Blaser. Mies van Der Rohe: Continuing the Chicago School of Architecture[M]. Stuttgart: Birkhauser, 1981: 36.

"视觉训练"讨论了所谓现代建筑的"空间"问题，并以一种极度凝练的方式来介入。彼得汉斯的教学与阿尔伯斯"基本绘画"的训练有着类似的原理，强调抽象形式要素本身的表现力，但却摒弃了包豪斯预备课程中艺术化的材料训练。彼得汉斯的教学主张明显有别于包豪斯预备课程所秉承的"基础"与"通识"，而恰恰是一种"辅助"与"聚焦"。

（3）拼贴与建筑

在伊利诺伊理工学院的建筑教学体系中，二年级和三年级的视觉训练发挥了承上启下的作用。这一课程延续了基础课程中制图训练精确与抽象的基本原则，不仅如此，它还与第七学期开始的建筑系列（Architecture Sequence）有着方法学上的关联。

在第四学年，学生第一个设计课题（Problem）"画与雕塑研究"（Painting and Sculpture Studies）借用了拼贴的方法来探索物体与建筑内部空间的关系。学生要选择毕加索（Pablo Picasso）、马约尔（Aristide Maillol）等艺术家的画作和雕塑作为构图要素，放置在一点透视的空间中，调整相对位置和尺度，并观察空间正立面（Frontality）产生的微妙变化。在画面中，学生通过材料分缝、透视收缩（Foreshortening）等途径来表达空间深度（Spatial Depth）或空间层次问题。

为了进一步讨论抽象空间的品质，密斯发展了两个相互关联的练习——"承重墙空间研究"（Bearing Wall Space Study）和"庭院住宅空间研究"（Court House Space Study）。在第一个练习中，学生要以片墙为基本要素来设计一栋个人工作室或周末住宅❶。设计的核心是利用板片要素分隔空间，把卫生间、床、橱柜等大件家具以抽象体块来表达，并体现出建筑内部空间的流动性与透明性。在第二个庭院住宅的设计中，学生要继续发展上一个设计，延伸内部的分隔墙至室外空间，加入新的院墙以形成围合的院落。墙、院与房间三者的关系是判断空间品质与设计优劣的核心问题。此外，学生需要进一步分析屋顶面（Roof Plane）与其支撑方式来进一步讨论空间组织与结构体系的关联。上述两个教学案例综合应用了绘图、拼贴和模型三种建筑表达方式，并体现出密斯建筑设计方法的逻辑性。

密斯对于拼贴的兴趣在他早期的建筑实践中已经有所体现。比如在他1921年完成著名的玻璃摩天楼渲染图（Friedrichstrasse Skyscraper Project）已经采用了类似的手法。随后，密斯在1920到1930年代的建筑实践中逐步把拼贴作为一种表达室内空间的工作方法：以一点透视建立画面，并通过画面组织来体现空间关系。在就任柏林包豪斯校长期间，他还有主持墙绘工作坊（Wall Painting Workshop）的经历❷，并对材料的内在属性和外在表现力都有所了解。实际上，密斯也把包豪斯所惯有的视觉兴趣延伸到自己的建筑实践中，甚至是把材料本身转化为一种现代主义的

❶ Werner Blaser. Mies van Der Rohe: Continuing the Chicago School of Architecture[M]. Stuttgart: Birkhauser, 1981: 120.

❷ Eric Kim Lum. Architecture as Artform: Drawing, Painting, Collage, and Architecture, 1945-1965[D]. Massachusetts Institute of Technology, 1999: 240.

"装饰"。这种倾向在巴塞罗那德国馆的设计与建造过程体现得尤为明显。从 1930 年代开始，现代绘画与雕塑的图像拼贴开始成为密斯合院住宅系列创作的工作方法。密斯尤为关注墙体材料的视觉属性，通常会用大理石、木材、金属等材料样板进行不同比例的拼贴研究。同时，这种工作方法是严谨而具有建造意图的。区别于水墨渲染图的表现方法，密斯倾向于通过概念拼贴图来预判真实建造的效果，并追求抽象、精炼的空间品质。

　　无论是彼得汉斯的视觉训练，还是密斯建筑设计的个人经验，拼贴都成为一种表达空间、形式、材料视觉特性的工作方法（图 3-10），并成为美国包豪斯广泛采用的教学工具。拼贴要素的前后次序、材料的尺度都暗示了空间关系的存在。作为一种形式与结构要素，板片（分隔墙）和杆件（金属柱）的组合方式发挥了调节（Modulating）空间的作用。这里需指出的是，尽管密斯的建筑理念往往被解读为追求纯粹的空间与结构关系，并具有设计的逻辑性，但其作品最终的视觉呈现却时常体现出一种模棱两可、似是而非的特征（图 3-11）。比如，在密斯设计室内空间的草图或拼贴图中，建筑环境的表达通常被抽象，室内外的分隔或气候边界多以双线来表达，顶棚、地板与柱子的连接方式颇为类似，并形成上下对称的视错觉。总而言之，密斯对于建筑空间的呈现与表达并不等同于极少主义的克制，而是隐含了很多视觉层面微妙的处理方法。

图 3-10　住宅设计的拼贴研究（左）
图 3-11　密斯的巴塞罗那馆室内空间草图（右）

　　伊利诺伊理工学院的建筑教育并没有涉及通识、通才培养这些包豪斯早年热衷探讨的问题，而是更为务实地讨论建筑学的本体问题。作为辅助课程，彼得汉斯的教学把包豪斯的基本原理转化为一种建筑师视觉修养的培育。无论"视觉训练"还是拼贴方法都没有偏离包豪斯的核心价值，但却放弃了从基础教学到专业训练的进阶模式，而是全面配合密斯所主导的建筑设计教学体系。

3.2.2　凯普斯：视觉语言与形式理论（1944~1953）

　　作为第二代包豪斯教师的代表，凯普斯早期的教学生涯与莫霍利 - 纳吉有着密切的联系。在赴美之前，他曾辗转于柏林和伦敦，追随莫霍利从事艺术和工业设计，并接触到包豪斯的理念。1937 年，凯普斯受邀在芝加哥的新包豪斯学校任教，并主持光线与色彩（Light and Color）工作坊的教学。随后，他发表了论文——"眼睛的教育"（Education of the Eye），开始在视觉教育领域崭露头角。而这也是他一生专注的教学与研究领域。凯普斯不仅在平面设计、视觉传达等领域有所成就，而且尤其擅长从基本原理的角度重新阐释艺术创作中难以言说的个人经验。

（1）视知觉训练的理论基础：《视觉语言》

1944 年，凯普斯出版了他的成名作《视觉语言》（Language of Vision）。该书是第一部以理论综述方式来研究现代主义艺术和建筑中视觉现象的专著，并很快成为广为传播的教科书。第一代包豪斯教育者曾在现代艺术的创作与实践中寻找一种通用的形式语言，并不断给建筑师培养以启发。1930 年代，格罗皮乌斯曾在"创新设计的教育"（Education towards Creative Design）的文章中提出过"图形语言"（Language of Shape）和"设计语法"（Grammar in Design）等概念来解释艺术领域不断涌现的新造型方法，但他并未更深入地给出具体的教学意见 ❶。凯普斯的著作延续了第一代包豪斯学人的基本立场，并进一步论述了视觉教育对培养建筑师的作用。他不仅吸纳了康定斯基、克利等理论家对于抽象形式的见解，并且进一步将其转化为可传播的基本法则。

❶ Walter Gropius. Education Towards Creative Design[J]. American Architect and Architecture，1937（81）: 26-30.

《视觉语言》一书分为三个章节，分别为"形式组织"（Plastic Organization）、"视觉再现"（Visual Representation）和"动态图像学"（Toward a Dynamic Iconography）。三个章节构成了基本原理、历史演变和发展趋势的叙述框架。

第一章主要从术语与知识体系角度阐述了形式组织的基本法则。凯普斯对于人类视觉感知的相对性（Relativity）进行了客观的论述："实际上并没有绝对意义上的色彩、亮度、饱和度，也无法在视野范围度量绝对意义上的尺度、长度和形状。因为每一个视觉单元（Visual Unit）会根据其所在的视觉环境产生动态反应，并有着各自独特的显现方式"❷。显然，相对性的论述不仅是格式塔形式理论的重要观点之一，同时也成为理解包豪斯视觉原理的基础。比如，艺术理论中的图底关系、现代建筑教育中热衷探讨的空间正负形感知都与之相关。从方法论而言，阿尔伯斯关于色彩交互学的研究就精妙地以实验的方式验证了色彩感知的相对性。

❷ Gyorgy Kepes. Language of Vision[M]. P. Theobold，1944: 18.

作为包豪斯理论的传承，凯普斯引述了点、线、面、颜色、肌理等抽象形式要素，并对 1940 年代之前的视觉艺术作品进行了深入浅出的分析。他还援引了物理学以及自然科学中的基本观念，提出了"空间力"（Spatial Forces）、"空间力场"（Fields of Spatial Forces）、"空间张力"（Spatial Tension）、"动态平衡"（Dynamic Equilibrium）等一系列描述形式关系与构图法则的术语。视觉单元的位置、方向、尺度等属性的描述能够更为科学和明确地表达动态的视觉关系。此外，对于视觉要素的感知同样包含对于空间力场和能量的感知。

在基本术语的介绍之后，凯普斯继续阐述了形式要素（Plastic Elements）组织的基本原则。首先，他分析了形式组织中的"空间跨度"（Space Span）概念，并认为其与视觉单元的感知相关。在人的生理条件下，只有 5~6 个视觉单元的特征能够被同时辨别。依据格式塔心理学的观点，当人们观察多个要素构成的对象时，总会采用"整体"和"局部"观察相结合的方式。比如，人眼在观看重复出现的相同对象时，总会把它们作为一个整体来处理，以形成新的视觉形象。当整体与局部的感知同时存在时，人脑对于图像的处理也会相应地产生变化，并对图像进行重组。

随后，凯普斯重点分析了四个形式组织的基本概念，分别为："接近"（Nearness）、"近似或相同"（Similarity or Equality）、"连续"（Continuance）和"闭合"（Closure）。他不仅对皮特·蒙德里安（Piet Mondrian）、杜斯伯格、莫霍利 - 纳吉等艺术家的作品进行了形式分析，同时还以图解来对这四个概念进行进一步阐释。比如，阅读文字时的视觉体验会因为字母间距的变化而相应改变。在阅读时，人脑还会对少量字母错误或位置颠倒进行自动纠错，从而形成符合惯例的视觉印象。视觉感知中整体和部分的关系不仅涉及形式层面的构图问题，还能够引发更有深意的心理学讨论。

当然，凯普斯的视觉研究对于建筑教育同样有所启发。在书中，他还把纯粹形式组织的研究延伸到建筑空间层面。对于视觉艺术而言，画面组织的核心概念在于"节奏"（Rhythm），而对于现代建筑的空间组织来说，最基本的特征之一就是空间连续（Spatial Progression）❶。根据凯普斯的论述，1920 年代以来绘画形式组织的突破在于创造了一种运动的视觉结构（Optical Structure），并达到一种动态的连续性和平衡感。这一论述与莫霍利 - 纳吉对于三维"构成"训练和现代建筑空间的描述基本一致。此外，书中还暗示了建筑空间感知和图像观察的差异——现代建筑空间的动态体验比摄影或绘画更依赖现场的感受。凯普斯对于风格派的绘画作品特别青睐，认为其创造了抽象形式组织的全新法则。通过对画面中形式要素的抽象与重构，风格派创作用纯粹的颜色、几何体进行构图，创造出一种对应于现代主义建筑的形式秩序。

《视觉语言》的第二章"视觉再现"属于全书的主体部分。凯普斯以史纲的方式解释了视觉现象从人类文明初期到 20 世纪现代艺术的演进过程。他以完整的历史视角审视了视觉再现的目的和方法。凯普斯把视觉再现的操作视为一种特殊的符号系统（Sign System），并以此来联系外界感知的刺激（Stimulation）和真实世界的可视结构（Visible Structure）❷。

❶ 凯普斯认为："绘画者为营造有冲击力的视觉效果，画面需要体现一种瞬时结构（temporal structure）的组织——为了回应创作过程的节奏，并用一种特定的方式来强调这个节奏。"引自 Gyorgy Kepes. Language of Vision[M]. P. Theobold, 1944: 53.

❷ Gyorgy Kepes. Language of Vision[M]. P. Theobold, 1944: 67.

他还提及物质环境中的时空事件（Space-time Events）以及它们在图像学中的特定表达。

在第二章的历史叙述中，凯普斯以两个线索来展开论述。首先，视觉再现的不同特征来源于绘画中形式组织法则的差异，这类法则也可以理解为一种抽象的空间策略；其次，该章节着重强调了透视法在视觉艺术中的变迁，并把对古典艺术作品的分析和对当代艺术的引介两部分整合为一体。

凯普斯以五种不同的策略总结了画面中视觉要素组织法则的历史演变（图3-12），分别为："单个对象"（The Single Unit）、"大小关系"（Relationship of Size）、"垂直位置的深度关系"（Relationship of Depth by Vertical Location）、"形体重叠表达空间深度"（Representation of Depth by Overlapping Figures）、"透明性与渗透"（Transparency and Interpenetration）。关于重叠、渗透和透明性的论述都对现代建筑的空间理论和教学法有很大启示。"实际上，透明性不仅属于一种视觉特征，而是暗含了更宏观的空间秩序。透明性意味着不同空间位置的共时性感知"❶。显然，凯普斯在当时历史语境下对于透明性的论述是具有先见之明的。他甚至以现代建筑中通透和开敞的界面（合成材料或玻璃幕墙等）来描述一种全新的内外空间关系。柯林·罗和斯拉茨基在他的定义中看到了更多的可能性，具有革命性地提出了"透明性"的形式理论，并发展为一种针对现代建筑空间策略的教学法。

而针对透视法的演变，凯普斯用六种透视类型进行了历史阶段的划分（图3-13），分别为"线性透视"（Linear Perspective）、"反转透视"（Inverse Perspective）、"夸张透视"（Amplified Perspective）、"多点共时性透视"（Multiple，Simultaneous Perspective）、"固定视点的消除"（Breakdown of Fixed Perspective）以及"固定透视法则的最终消失"（Final Elimination of the Fixed Perspective Order）。在前三个阶段，透视的把握能与特定的视觉体验相关联。"线性透视"可以对应文艺复兴以来不断巩固的两点和三点透视法；"反转透视"是对于人视点法则的刻意改变，例如印象派画家罗特列克（Toulouse Lautrec）的作品就使用故意抬高的视平线来调整

❶ Gyorgy Kepes. Language of Vision[M]. P. Theobold，1944：77.

图3-12 《视觉语言》书中关于视觉元素的组织

1.（形式）单元	2. 大小关系	3. 垂直位置的空间深度关系	4.重叠图形的空间深度关系	5. 透明性和渗透

1. 线性透视法　　　2. 反透视画法　　　3. 夸张的视角　　　4. 多视点、共时性的透视　　5. 固定视点消除　　　6. 透视法则消失
　　对象的空间分析　　　画面的完全重构

基本造型力（Basic plastic　　　平面中心空间构成（Space
forces）：线条和色彩平面　　construction on the picture
　　　　　　　　　　　　　　　surface）

造型力整合　　　　　　　　　画面的封闭：
1 压缩，渗透　　　　　　　　空间力量的和谐

2 共享边界的空间整合

构图；"夸张透视"则广泛用于海报和平面设计中，用来表达鸟瞰和物体
运动视角等特定效果。

　　后三种透视法来源于 1920 年代前后现代视觉艺术的探索。具体而言，
"共时性多点透视"的表达就是立体主义、纯粹主义绘画的核心诉求。其
主要方法在于把不同视点对物体的观察内容整合到同一个画面中，打破了
古典绘画的视觉再现方式。随后，凯普斯提到视觉艺术变迁史中几个重要
的转折点，包括固定视点的消除、画面空间深度的压缩、拼贴方法，甚至
是构成主义和风格派作品对于传统透视法所建立画面秩序的颠覆。他同时
罗列了芝加哥新包豪斯教学中出现的学生作业，说明上述艺术家的个人创
作能够转化为普适性的方法。作者显然对于当代艺术的工作方法更感兴趣，
并在"固定视点的消除""固定透视法则的最终消失"两个阶段所用笔墨
最多。

　　在透视法固定视点消除的部分，凯普斯分别以空间分析、线面与色彩
的造型力、造型力整合三种方式进行阐述，并以绘画作品的解析来展开。

图 3-13 《视觉语言》书中关于
透视法的演变

他从毕加索和胡安·格里斯（Juan Gris）的画作中，论证了形式的分解、重叠可以整合不同角度进行物体观察的结果，还引用了未经绘画训练儿童的作品来说明这一技巧可能来源于观察和感知的本能。在造型力整合的论述中，他提出了对于传统透视法进行分解的两个困难：首先，富余、冗杂的空间形式信息如何在图纸上表达；其次，物体描绘过程中所释放的形式能量（Plastic Energies）会让原先的画面秩序紊乱，应当如何对图画的组织进行控制。在回顾先锋派的艺术创作之后，凯普斯提出了两种基本方法来解决：方法一是通过形式的"渗透来实现画面压缩"（The Compression of Planes through Interpenetration），并用有规律的线型来控制画面。这种方法来源于立体主义的绘画，例如乔治·布拉克（Georges Braque）的静物作品就试图打破和重构物体的轮廓，形成画面空间深度的压缩。方法二则通过模棱两可的轮廓线（Equivocal Lines）来整合处于不同空间方位的多个物体。这里所涉及最重要的概念就是"共享边界"（Marriage of Contours）。这种方法主要源自奥占芳和柯布西耶为代表的纯粹主义绘画。此外，在格里斯的静物画中也时常用形体共享的边界线来组织画面。在这类作品中，不同物体的轮廓线相互重叠，形成两者共有的边界，并包含两个图形或空间的共存。观者自然能够读出形式本身的复杂性。共享边界重新建立了图画的秩序，打破了画面中物体的图底关系。此外，共有的轮廓线还可以作为图案和颜色的分界，把不同色块、面域形成有规律的整体，并能调节整体构图的节奏和韵律。

　　凯普斯认为，立体派画家帮助人们逐步意识到固定视点观看画作的局限性，并需要打破透视法原则在绘画中的统治地位。前文所提到多视点的画面组织就是一种典型的处理手法。在立体主义绘画之后，艺术家开始对画面进行更为凝练的抽象，并可以完全消除透视法的影响。画面本身成为一种结构物，有自身独特的构成法则。这也正是抽象形式观念对于现代艺术的重要贡献。在回顾1920年代以来造型艺术发展的基础上，凯普斯提出了一种极度理性的形式观念：创作者可以摒弃画面中所有的人工痕迹和偶然因素，回到最基本的几何形式要素（如矩形、直线等），并进一步探求这些要素之间的数理关系，最大程度实现形式的精确性。他把现代绘画的形式组织总结为三种不同的策略 ❶：其一是画面的彻底开放（Ultimate Opening of the Picture Surface），去除画框和视线的边界，以构成主义的绘画为代表；其二是在画面中尝试进行空间构成（Space Construction），预设了绘画向装置艺术的观念转变，并以利西茨基（EL Lissitzky）、马列维奇（Kazimir Malevich）等艺术家的创作为代表；其三是画面中的界面闭合（Closing the Surface），并产生空间的张力（Spatial Forces），典型代表就是蒙德里安和杜斯伯格等风格派艺术家所惯用

❶ Gyorgy Kepes. Language of Vision[M]. P. Theobold, 1944: 108.

分割画面的构图。

凯普斯并非纯粹的艺术史家，而是强调知行合一的教育者。他所进行的绘画史论和视觉研究的初衷在于形式组织策略的归纳，并结合了自身教学的第一手经验。按照艺术教育学者罗根（Frederick M. Logan）的评论，《视觉语言》在 1940 年代后的重要性在于拓宽了美国艺术和建筑教育的视野，并为观念滞后的教师们普及了先锋艺术家的工作方法❶。这也是美国建筑教育在当时所面临的窘境之———教学方法仍偏于保守，现代主义的建筑观念仍然未能完全改变教学。同样，吉迪恩也认为凯普斯的著作为描绘 1940 年代以前纷繁的现代艺术和建筑运动提供了知识层面的具体依据，他曾宣称"不同的艺术运动都有着一个公分母：新的空间观念（Spatial Conception）"❷。

凯普斯认为观察力的训练对于建筑学科是至关重要的，他曾在教学笔记中称："建筑学，是培养建筑师对于形式的眼界（Vision）和能力。❸"建筑设计过程本身是一种"心理感知反应"（Psycho-perceptual Reception）的结果，并依赖于视觉上的体验。作为包豪斯学派的共识，凯普斯反对以纯技术的职业训练来培养建筑师，而应当发展学生与时代同步的鉴赏力和观察力。对于凯普斯来说，布扎建筑教育衰退的原因在于其美学训练的根基已经脱离了 1940 年代快速变革、技术飞跃的社会环境。随着地铁、轨道交通、摩天楼、综合体建筑这些快速城市化背景下的发明，复杂而全新的视觉环境正在形成。作为对时代的回应，建筑师应当敏锐地把握一种新的空间关系（Spatial Relationship）并形成新的空间观念；当代画家的任务在于培养大众对"新视觉"的敏锐度（Sensibility），建立全新的视觉准则❹。凯普斯把自己在麻省理工学院的教学活动归结为从智性与感知层面对空间、形式等基本问题进行探索，而并非是为职业技能的发展提供某种捷径。

《视觉语言》是美国最早系统介绍现代视知觉理论的著作之一，并为建筑教育带来了新的契机。该书的出版为凯普斯赢得了巨大的声誉。1947年，他受邀前往布扎教育底蕴深厚的麻省理工学院建筑系进行改革，并把一系列古典绘画课程改组为具有包豪斯特征的"视觉基础"（Visual Fundamentals），全面促进了该校建筑教育由古典向现代的转型。

（2）麻省理工学院的建筑基础课程

成立于 1868 年的麻省理工学院建筑系是全美第一个开设建筑学专业的高等院校。在该系成立之初，设计教学承袭了源自法国的布扎模式并一直延续到 1940 年代。1945 年，推崇欧洲现代主义建筑的威廉·伍斯特（William W. Wurster）就任建筑与规划学院（School of Architecture and Planning）院长，并全方位地推行教学改革。

❶ Frederick Logan, Growth of Art in American Schools[M]. New York: Harper and Row, 1955: 255-257.

❷ 见吉迪恩为《视觉语言》撰写的序言"艺术即现实"（Art Means Reality），引自 Gyorgy Kepes. Language of Vision[M]. P. Theobold, 1944: 6-7.

❸ Anna Vallye. Design and the Politics of Knowledge in America, 1937-1967: Walter Gropius, Gyorgy Kepes[D]. Columbia University, 2011: 282.

❹ Gyorgy Kepes. Language of Vision[M]. P. Theobold, 1944: 67.

❶ 根据 MIT Bulletin 的记载，麻省理工学院建筑与规划学院（School of Architecture）一年级的基础课程包含物理、工程制图、西方文明、微积分、画法几何、军事科学以及其他辅修课。

❷ 引自 MIT Bulletin, Catalogue Issue July 1943, Volume 78: 85.

❸ 凯普斯此后一直在视觉设计领域探索，并于 1968 年在麻省理工学院成立了高级视觉研究中心（Center for Advanced Visual Studies, MIT）。

❹MIT Bulletin, Catalogue Issue for 1944-1945 Session: 82

在当时，麻省理工建筑基础教学的转型与变革面临着特殊的双重局面。一方面，作为美国历史最悠久的建筑院校，该校有着长期布扎建筑教育的传统，偏向唯美和古典的建筑设计观念；另一方面，出于学校的定位，麻省理工的建筑教学也保持着工科院校的特色，对技术类课程有着特别的要求。具体而言，该校曾在 1940 年代施行了理工科类的基础通识教育❶，学生在二年级才会接触到建筑设计的专业训练。通过对 1940~1970 年学校年鉴的梳理（图 3-14），我们可以进一步分析包豪斯教学方法对于其课程体系的影响。

在全面引入包豪斯的"基本设计"之前，麻省理工建筑系已经开设了一门名为"工作坊"（Shop）的新课用来培养学生动手制作模型的能力，某种程度上回应了包豪斯工作坊的价值观，并具有实用性的特征。这门课程在官方档案出现的时间从 1943~1944 学年到 1953~1954 学年。在 1940 年代中期，课程一直由马萨诸塞州北部马布尔黑德（Marblehead）小有名气的雕塑家、画家塞默-拉森（Johan Selmer-Larsen）主持。根据学校年鉴中的课程介绍，教学内容包含以下环节：通过（学生的）操作和体验来熟悉常用材料的特性并应用到具体的设计中。课程训练学生使用手工和机械工具进行加工，强化学生的制作技能，以快速和准确地进行建筑模型和足尺家具的制作❷。

1940 年代中期开始，麻省理工学院的建筑教育全面引入了包豪斯的教学方法，并推动教学体系的快速转型。1944 年，院长伍斯特邀请凯普斯来到波士顿任教，并主持视觉设计的课程。在这之前，凯普斯并没有建筑学专业任教的经验，但是凭借着《视觉语言》一书出版的影响力，他不仅把包豪斯视觉教育移植到建筑学科，而且以学科交叉的方式拓展了建筑教育的边界❸。

在包豪斯方法进入之前，麻省理工学院建筑教育开设有"徒手绘画"（Freehand Drawing）和"色彩"（Freehand Color）的两门课，以培养学生的古典美学功底和修养。根据 1944~1945 学年教学计划的记载，"徒手绘画"是三至五年级的必修课程，并在教学体系中占有相当的分量（图 3-15）。1940 年代，这两门课一直由艺术家塞默-拉森来主持教学，并采用了被现代主义改革派戏称为"建筑考古学"的方法。课程延续了布扎的传统，典型的练习包括基本形体的结构素描训练、形式分析以及人体写生。学生甚至要通过在波士顿美术馆（Boston Museum of Fine Arts）长达八周的"现场学习"来认知西方古典艺术，并进行古典建筑构件和雕塑的临摹❹。在学院院长伍斯特看来，这种方法已经难以适应建筑教育日趋变化的新局面，而具有包豪斯背景的凯普斯正是这类艺术课程最理想的改革者。

		1943-1944学年	1944-1945学年	1945-1946学年	1946-1953学年	1953-1954学年	1954-1956学年	1956-1957学年	1957-1976学年
一年级	第一学期	建筑画(Architectural Drawing) 基础课程(Foundation course)		基础课程(全校通识课程)					全校基础课程：画法几何、工程制图(Engineering Drawing)、物理(Physics)等
	第二学期	画法几何(Descriptive Geometry) 建筑画							
二年级	第一学期	建筑设计二(Architectural DesignII)	建筑设计二+材料(Materials)	建筑设计(Architectural Design)+静力学(Statics &Dynamics)		建筑设计	建筑设计		建筑形式与结构(Architectural Form and Structure)
	第二学期	建筑设计二	建筑设计二	建筑设计(Architectural Design) 材料强度(Strength of Materials) 材料(Materials)			建筑设计		建筑设计 材料强度

工作坊(Shop)，1943-1954年开设

建筑设计(Architectural Design)，1943-1954年开设

形式与设计(Form and design)，1954-1976年开设

		1944-1945学年	1945-1946学年	1946-1953学年	1953-1954学年	1954-1956学年	1956-1957学年	1957-1976学年
三年级	第一学期	徒手画(Freehand Drawing) 热能与通风(Heating and Ventilation) 结构分析(Structural Analysis) 材料	徒手画 热能与通风 建筑设备(Sanitation) 建筑设计 结构分析	视觉基础(Visual Fundamentals) 热能与通风 建筑设备 建筑设计 结构分析		建筑设计 结构分析 城市规划理论(City Planning Theory) 建筑历史(History of Architecture)	建筑设计 结构分析 城市规划理论 艺术与建筑导论(Introduction to Art and Architecture)	建筑设计 结构分析 艺术与建筑导论
	第二学期	徒手画 热能与通风 建筑构造(Construction) 材料	徒手画 热能与通风 建筑设计三	视觉基础 热能与通风 建筑设计 结构分析 材料 城市规划原理(City Planning Principles)		建筑设计 结构分析 建筑历史 垫木、塑料、织物(Mat-Wood, Plastics, Fabrics)	建筑设计 结构分析 现代艺术与建筑(Modern Art and Architecture) 垫木、塑料、织物	建筑设计 结构分析 现代艺术与建筑 城市规划原理

注：▨ 涂色的课程采用包豪斯特征教学

图3-14　麻省理工学院建筑课程体系的演变，(一年级至三年级)，1940至1970年代 根据麻省理工学院年鉴整理

❶William Wurster, "School of Architecture and Planning," MIT Bulletin, President's Report issue, 1944-1945, vol. 81, no. 1 (October 1945): 139.

❷MIT Bulletin, Catalogue Issue 81, June 1946: 99.

❸MIT Bulletin, Catalogue Issue 81, June 1946: 99.

1945 年 10 月，凯普斯正式被任命进行"徒手绘画"课程的改革❶。他从教学体系层面对美术课程进行统筹，把原先"徒手绘画"课程中的水墨渲染、古典柱式、阴影、透视等训练内容进行简化。他逐步在建筑学教学体系中加入了现代视知觉研究的内容。在 1946~1947 学年的教学计划中，凯普斯开设的"视觉基础"(Visual Fundamentals)、"光线与色彩"(Light and Color)、"图形表达"(Graphic Presentation)、"绘画"(Painting) 四门课首次出现，全面替代了塞默 – 拉森古典的绘画和色彩训练（图 3-16）。同时，凯普斯还依据包豪斯的原理重组了二年级的工作坊教学❷。他的视知觉课程延续了《视觉语言》著作中所建构的知识体系，并强化了抽象形式要素和其组织方式的对应关系。

研究二维平面（构图）的结构（Structure）。基本元素包括点、线、形状（Shape）、明暗（Value）、形式（Form）和肌理。组合方式则包括平衡、动态平衡（Dynamic Equilibrium）、张力、韵律、比例等。对制图工具进行实验的目的在于了解它们的创作潜力❸（图 3-17）。

图 3-15　麻省理工学院建筑系课程（1944~1945 学年）

❹ "Tabulation of Subjects", MIT Bulletin, Catalogue Issue 1948: 141.

1948 年，凯普斯所主导的四门视觉训练形成了从三年级到五年级完整的系列课程，并成为麻省理工建筑教育现代转型的重要标志之一❹。实际上，凯普斯的教学对于建筑学领域中的通识教育和学科交叉都颇具启发。首先，凯普斯并非灌输一种艺术至上的排他观念，而是更关注视知觉与空间感知、形式分析等建筑学问题的关联，并强调纯粹造型训练与建筑形式训练的差异。其次，凯普斯并没有把教学的重心完全放在基础课程中，而是转向范畴更广阔的光线、色彩与视知觉研究（图 3-18~图 3-20）。作为视觉教育的一个核心问题，敏锐的空间意识是对于现代建筑教育有所启发的内容。基于麻省理工特定的学科定位，凯普斯的视觉教育贯通了艺术感知和科学经验的两极，并为建筑学领域的视觉研究提出了诸多可行的方案，影响深远。例如，凯普斯的研究也同样对城市、建筑的物质空间感知与分析提供了参照。他和麻省理工的同事凯文·林奇（Kevin Lynch）的合作研究就成功地把视知觉的经验转移到城市形态要素的抽象和研究中。

ARCHITECTURE AND PLANNING — 4·00-4·99

No.	Subject	Prerequisite	Year	Term	Taken by	Rec. Lec.	Lab. Draw.	Prep.	Instructor in charge
4·031	Visual Fundamentals	—	3	1	IV	0	4	0	Kepes
4·032	Visual Fundamentals	4·031	3	2	IV	0	4	0	Kepes
4·041	Light and Color	4·032	4	1	(Elective)	0	6	0	Kepes
4·051	Light and Color	4·032	4	2	IV	0	6	0	Kepes
4·051	Graphic Presentation	4·042	5(B)	1	IV	0	6	0	Kepes
4·052	Graphic Presentation	4·051	5(B)	2	IV	0	6	0	Kepes
4·053	Painting	4·052	G(A)	1	(Elective)	0	6	0	Kepes
4·054	Painting	4·053	G(A)	2	(Elective)	0	6	0	Kepes
4·07	Shop	—	2	2	IV	0	4	0	Anderson
4·10	Arch. Illumination	—	4	2	(Elective)	0	9	0	Anderson
4·41	Fine Arts	—	4	1 or 2	(Elective)	3	—	5	H. L. Seaver
4·451	Hist. of Architecture	E22	5	1	IV	3	—	6	H. R. Hitchcock
4·452	Hist. of Architecture	4·451	5	2	IV	3	—	6	H. R. Hitchcock
4·461	Europ. Civilization & Art	4·451	5(B)	1	(Elective)	3	—	6	Seaver
4·462	Europ. Civilization & Art	4·461	5(B)	2	(Elective)	3	—	6	Seaver
4·50	Office Practice	—	4	S	IV-B	40 h.p.w.			F. J. Adams
4·52	Office Practice	4·50	G(A)	1	IV-B	0	30	0	F. J. Adams
4·541	Housing Seminar	4·683 or 4·751	G(A)	1	(Elective)	2	—	4	Burchard
4·542	Housing Seminar	4·541	G(A)	2	(Elective)	2	—	4	Burchard
4·59	Govt. & Public Admin.	—	3	1	IV-B	2	—	4	Schaefer
4·60	Plan. Legis. & Admin.	4·59	4(B)	2	IV-B	2	—	4	Shurtleff
4·62	Site Plan. & Const.	4·681	4	1	IV-B	0	9	3	Bender
4·621	Site Plan. & Const.	4·741	5(B)	2	IV-B	0	9	3	Bender
4·641	City Planning, Principles	—	2	2	IV-B	2	—	4	Shurtleff
			4	2	IV				
4·651	City Plan., Th. & Prac.	4·641	3	1	IV-B	3	—	6	F. J. Adams
4·652	City Plan., Th. & Prac.	4·651	3	2	IV-B	3	—	6	F. J. Adams
4·661	City Planning Research	4·683	G(A)	1	(Elective)	2	—	4	F. J. Adams
4·662	City Planning Research	4·661	G(A)	2	(Elective)	2	—	4	F. J. Adams
4·681	City & Regional Planning	4·672	3	1	IV-B	0	12	6	Greeley, Bender
4·682	City & Regional Planning	4·681	3	2	IV-B	0	12	6	Greeley, Bender
4·683	City & Regional Planning	4·682	4(B)	2	IV-B	0	9	3	Adams, Greeley
4·691	City & Reg. Plan., Adv.	4·683	G(A)	1	(Elective)	0	30	0	F. J. Adams, Greeley
4·692	City & Reg. Plan., Adv.	4·691	G(A)	2	(Elective)	0	30	0	F. J. Adams, Greeley
4·721	Architectural Design	—	2	1	IV, IV-B	0	9	3	Anderson
4·722	Architectural Design	4·721	2	2	IV, IV-B	0	9	3	Anderson
4·731	Architectural Design	4·722	3	1	IV	0	12	6	Anderson
4·732	Architectural Design	4·731	3	2	IV	0	12	6	Anderson
4·741	Architectural Design	4·732, 4·811, 4·812	4	1	IV	0	12	6	Anderson
4·742	Architectural Design	4·741	4	2	IV	0	12	6	Anderson
4·751	Architectural Design	4·742	5(B)	1	IV	0	9	3	Anderson
4·761	Architectural Design	4·751	G(A)	1	(Elective)	0	30	0	Anderson
4·762	Architectural Design	4·761	G(A)	2	(Elective)	★			Anderson
4·78	Planning Principles	—	2	2	XVII	0	4	0	Anderson
4·811	Structural Analysis	2·04, 4·722	3	1	IV	2	6	0	Gelotte

★ Time specially arranged. ‡ Not offered 1946-47.

图 3-16　麻省理工学院建筑系课程（1946~1947 学年）

图 3-17　"视觉基础"课程的学生作业：芝加哥设计学院平面构图

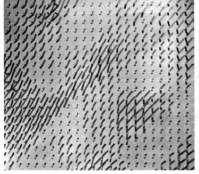

图 3-18　凯普斯的设计基础课程光线与形式变化（左）
图 3-19　凯普斯"光线与色彩"课程的研究（右）

图 3-20　凯普斯的"光线与色彩"课程研究通过光线变化影响空间体量感知

　　凯普斯的理论研究为包豪斯教学法的再发展和转化提供了可能性，并形成了另一种建筑理论范畴的形式主义（Formalism）。以"得州骑警"的形式主义教学为例，柯林·罗、斯拉茨基的"透明性"空间形式理论恰恰是以凯普斯的发现为起点的。从建筑学知识体系的角度而言，形式要素中的点、线、面能够类比具有建筑属性的要素，如柱、梁、桁架、楼板等构件，并相应地形成体系化的教学方法。实际上，包豪斯抽象形式理论也确实为现代建筑空间形式原理的升华提供了必要的理论基础。

3.3　模式二："基本设计"为蓝本的建筑设计基础课程

　　在格罗皮乌斯一直追求的"总体建筑观"中，以"基本设计"为蓝本的建筑基础教学需坚持以下原则：从材料研究入手，熟悉抽象的设计要素，并对设计理念进行视觉表达；坚持通识教育的本质，必须通过基础课环节才能进入建筑学习；通过艺术类的视觉感知训练启发建筑空间与形式的感知能力。这一主张意味着建筑教育的决策者要在学生完整的建筑认知之前安排必修的教学环节来执行这种宽泛的抽象形式训练。采用这一模式的典型案例就是艺术家理查德·菲利波斯基在哈佛大学和麻省理工学院开设的基础课程。

3.3.1　包豪斯的争议：哈佛大学的"设计基础"（1950~1952）

　　吉尔·帕尔曼在 2007 年出版的关于哈德纳特的专著披露了一段 1940 年代包豪斯在哈佛建筑教育传播的特殊历程。"二战"之后，尽管现代建筑已经无可争议地替代了古典建筑的传统，但如何重构出适应现代建筑基本原则的基础教学仍然存在争议。格罗皮乌斯作为包豪斯的缔造者，自然希望把其预备课程带入到哈佛的建筑课程中，并积极邀请阿尔伯斯加入教学团队❶。不过，格氏"哈佛包豪斯"的观念却遭到了本土建筑教育掌门人哈德纳特的强烈抵制。同为建筑教育整体架构的决策者，格、哈二人曾共同对美国的布扎建筑教育传统发起过挑战，也有过亲密的合作。但他们对于现代建筑的基本问题与入门方法却有着难以弥合的差异。本书在第二章曾对二人在基础教学的分歧进行了论述，并指出其冲突的根源在于建筑观念和核心价值的差异。

1950 年，格罗皮乌斯经过长期斡旋终于在哈佛 GSD 开设了一门等同于"基本设计"的课程，名为"设计基础"（Design Fundamentals）。由于有限的经费和仅仅两年的试开课期，他聘用了自己熟识的年轻教师理查德·菲利波斯基来任教（图 3-21）。菲利波斯基曾于 1942~1946 年在芝加哥新包豪斯学习，之后留校任教。受到莫霍利－纳吉的影响，他也有着多元的兴趣，主要关注于媒体艺术、绘画和金属造型等领域。在加入哈佛之前，菲利波斯基并没有直接参与建筑教育的经验，但他认为通识类的设计教育是具有普适性的，设计始于"对生活的基本态度、对当代时空关系的理解以及新的材料和工业技术"❷。秉承着包豪斯的共识，菲利波斯基同样认为抽象练习能够帮助建筑系学生领悟建筑形式的基本要素和原理（图 3-22）。

根据帕尔曼的考证，当时"设计基础"选课的学生有本科生和研究生共 70 人。学生每周要参加 2 小时的授课，并完成 20 小时的工作坊实操训练❸。菲利波斯基的教学法与包豪斯预备课程如出一辙：教学从材料的操作开始，由二维的抽象构图练习转换到三维的材料训练，并揭示材料和形式之间的微妙关系（图 3-23~ 图 3-25）。学生需要研究木片、卡纸、金属丝等不同材料的内在特性，同时还要采用不同的操作方式加工材料，如切割、弯曲、折叠、延展和打孔等。此外，他们还要同步观察加工材料时所产生的结构（Structural）、体量和形式层面的变化。上述训练方法都与阿尔伯斯和莫霍利－纳吉有着直接的渊源关系。

❶Jill E Pearlman. Inventing American Modernism：Joseph Hudnut，Walter Gropius, and the Bauhaus Legacy at Harvard[M]. Charlottesville：University of Virginia Press, 2007：204.

❷Jill E Pearlman. Inventing American Modernism：Joseph Hudnut，Walter Gropius, and the Bauhaus Legacy at Harvard[M]. Charlottesville：University of Virginia Press, 2007：218.

❸Jill E Pearlman. Inventing American Modernism：Joseph Hudnut，Walter Gropius, and the Bauhaus Legacy at Harvard[M]. Charlottesville：University of Virginia Press, 2007：220.

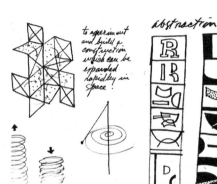

图 3-21　菲利波斯基肖像（左）
图 3-22　菲利波斯基为"设计基础"课程绘制的图解（右）

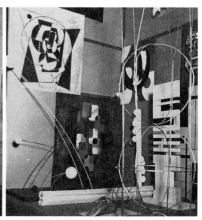

图 3-23 "设计基础"学生作业

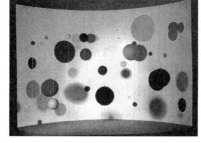

图 3-24 "设计基础"的空间与
色彩训练，1951 年（左）
图 3-25 "设计基础"的平面构
图练习，1951 年（右）

　　"设计基础"的教学在哈佛 GSD 只进行了两年就被哈德纳特取消。随
后，格罗皮乌斯也宣布辞去在学院的领导职务。在学院内部，针对"设计
基础"的教学反馈褒贬不一。从教学史料推断，这门课在学生中受到了
广泛的好评。例如，1952 年 2 月的《哈佛日报》（ *The Harvard Crimson* ）
就报道了本校学生对哈德纳特中止这门课的抗议，并呼吁包豪斯的
教学理念。

　　设计基础体现了包豪斯和格罗皮乌斯的思想——在如今机械化主导的
社会背景下，包豪斯师生是少数认真思考生活与创造这类新问题的群体。
他们试图融合技术与艺术，并相信不同形式的工作中存在着一种统一的设
计理论（Unified Theory of Design）。很明显，身处当下，我们不能受制于
过去所形成的种种束缚，也不能陷入过度的专业化（Over-specialization）。
（包豪斯的）通识教学有效地避免了上述误区，然后，哈德纳特院长却不
自觉地与这种主张背道而驰。

　　现在，罗宾逊大厅（Robinson Hall，哈佛建筑系馆）内开展的教学采
用了艺术家的工作媒介：光（Light）、形状（Shape）、颜色（Color）和线
条（Line），这对建筑系学生而言是全新而陌生的。也许一些学生作品并
不成熟，但这项工作仍在继续……这门课程彻底颠覆了学生从事创造性活

动的媒介，甚至也改变了其生活方式。选课的许多学生也的确体会到这一点，这就证明了包豪斯原理的有效性……❶

❶ 引自 http://www.thecrimson.com/article/1952/2/28/design-for-today-pto-the-editors.

除此之外，哈佛建筑系也有不少教员认为"基本设计"能够培养学生的形式创造力。例如，曾接受过布扎古典训练的景观建筑师诺曼·纽顿（Norman Newton）就积极支持包豪斯的基础教学。他不仅旁听了菲利波斯基的课程，并且从中吸取了抽象形式的基本原理来重新组织景观设计教学。纽顿认为，包豪斯的教育建立了一种广义上视知觉训练的基础，并符合哈佛 GSD 融合建筑、规划、景观的办学特色❷。路易斯·塞特也同样认为"设计基础"的方法适合于建筑学的入门训练，并且与高年级的设计课程没有教学衔接上的矛盾❸。当然，对于包豪斯教学的负面评价也同样存在。建筑师休·斯塔宾斯（Hugh Stubbins）就点明了包豪斯预备课程的非专业性："这一课程安排在中学进行学习更为合理，因为其本身并没有建筑学的理论基础"❹。

❷Jill E Pearlman. Inventing American Modernism: Joseph Hudnut, Walter Gropius, and the Bauhaus Legacy at Harvard[M]. Charlottesville: University of Virginia Press, 2007: 222.

❸Richard Walter Lukens. The Changing Role of Drawing and Rendering in Architectural Education[D]. Philadelphia: University of Pennsylvania, 1979: 320.

❹Jill E Pearlman. Inventing American Modernism: Joseph Hudnut, Walter Gropius, and the Bauhaus Legacy at Harvard[M]. Charlottesville: University of Virginia Press, 2007: 223.

哈德纳特与格罗皮乌斯的争议最终导致两人在学术道路上分道扬镳。1952 年，格氏提前一年在哈佛退休，并把精力主要放在个人"协和建筑事务所（TAC）"（The Architects Collaborative）的业务中。不过，他仍然与菲利波斯基保持了联系，并曾邀请其为自己在林肯（Lincoln, Massachusetts）的著名自宅建筑旁边设计了户外雕塑❺。菲利波斯基也通过"设计基础"的教学积累了在建筑系的工作经验，进一步推动了"基本设计"的传播。

❺Marisa Bartolucci. Richard Filipowski: Art and Design Beyond the Bauhaus[M].New York: The Monacelli Press, 2018: 70.

❻1950 年，伍斯特转至加州大学伯克利分校（UC Berkeley）建筑学院担任院长，并持续推动教学改革。

3.3.2　菲利波斯基："形式与设计"（1954~1976）

1945 年任院长的伍斯特为麻省理工学院的建筑教育带来了现代主义变革的先导❻。1951 年继任院长的意大利裔建筑师彼得罗·贝鲁斯基（Pietro Belluschi）同样持续推动了现代主义的建筑教育。他是美国本土现代建筑的倡导者，同时与格罗皮乌斯保持了长期的项目合作关系。他的实践传播了"国际风格"（International Style）建筑的影响力。继哈佛 GSD 之后，麻省理工学院逐步成为全美现代建筑教育的另一个重要阵地。贝鲁斯基很快注意到了年轻的菲利波斯基在视觉训练方面的教学成果。他是芝加哥新包豪斯莫霍利的高徒，谙熟"材料研究""空间调节"这些包豪斯的套路。同时，他在哈佛"设计基础"的课程在学生群体中颇有影响力。贝鲁斯基随即允诺给他建筑系的教职，并推行包豪斯教学。

1953 年，菲利波斯基正式加入麻省理工学院建筑系，直至 1989 年荣休。他在该校一直任职长达 36 年，并持续拓展了"基本设计"在美国建筑教育的影响力。通过对于 1940 至 1970 年代《麻省理工学院年鉴》的梳理，我们能够从三个阶段性的变化来讨论该校建筑设计教学体系的变革（图 3-14）。

第一，在基础课程全面包豪斯化之前，1943~1944 学年二年级下已经开设了一门名为"工作坊"的课程。这门课程一直延续到 1953~1954 学年，主要用来帮助学生熟悉模型材料及其制作技巧。课程最初由古典艺术家塞默－拉森教授。所谓"工作坊"的教学与"基本设计"有着类似的目标，学生通过材料和工具的使用来获得动手能力的提升，并把这些技能应用到设计中。此外，该课程还教授学生如何使用手工和机械工具来制作建筑模型、构件大样甚至是家具❶。不过，直到 1940 年代中期，麻省理工建筑设计主干课程的变化并不大，美术建筑的影响仍然延续。

第二，随着现代建筑在美国建筑院校影响力的攀升，凯普斯等包豪斯教师从 1946 年开始的教学改革全方位地输入了抽象形式的教学，并替代了塞默－拉森主持的古典绘画类的课程。不过，最具包豪斯特征的抽象练习仍然没有完全占据麻省理工的建筑设计基础教学。具体而言，1945~1946 学年之前的一年级基础课仍以建筑制图原理为核心。而 1946 年之后直至 1950 年代后期，建筑系一年级的教学实施了学校层面的工科通识教育，包含数理和工程技术类基础课，这显然回应了理工院校的办学特色。同时，低年级独立的建筑设计课并未引入抽象的材料和形式练习，包豪斯的影响主要在于辅助学生建立抽象视觉的基础❷。

第三，1954~1955 学年起开设的"形式与设计"（Form and Design）课程最为完整地实现了包豪斯设计启蒙的诉求❸。第二年的建筑专业训练就从这门课开始，学生从二维、三维形式研究开始进行入门，而不再设有单独的建筑设计课程。在 1960 年代中期，菲利波斯基还在基础课中增开了"形式与色彩"（Form and Color）课程，作为包豪斯教学的补充。这两门基础课一直持续到 1975~1976 学年才从教学大纲中取消。换句话说，通识类的抽象练习不仅替代了布扎体系的制图与渲染训练，同时成为学生接触建筑设计等专业课题之前的一个必经阶段。

结合包豪斯的第一手经验，菲利波斯基开设了一门名为"形式与设计"的课程，并启蒙学生掌握设计的基本方法。这门课最早于 1954~1955 学年出现在麻省理工建筑系的教学大纲中。教案回应了包豪斯教学法的基本原则，引导新生熟悉形式的视觉特性和结构属性，并强调艺术、科学和技术基本原理的互动。课程属于"*在设计教室与工作坊（Workshop）的学习，以传授学生空间、尺度、形态、体量、结构、肌理、线、面、色彩的知识，并创造出有美感的形式（Aesthetic Form）*"❹。学生作业强调在平面和三维空间中进行纯粹抽象和几何化的表达（图 3-26），具有明显的非建筑特征。波士顿创刊的《基督教科学箴言报》（*The Christian Science Monitor*）甚至在 1958 年 4 月刊中整版报道了"形式与设计"的教学（图 3-27），并

❶ MIT Bulletin, Catalogue Issue July 1943, Volume 78.

❷ 根据年鉴中刊登的课程描述，二年级上的设计基础课程（Architectural Design）与 1940 年代并没有本质差别，但更全面的教学方法判断有待发掘更多的资料进行论证。

❸ MIT Bulletin, Catalogue Issue for 1954-1955 Session, June 1954: 126.

❹ MIT Bulletin, Catalogue Issue for 1954-1955 Session, June 1954: 126.

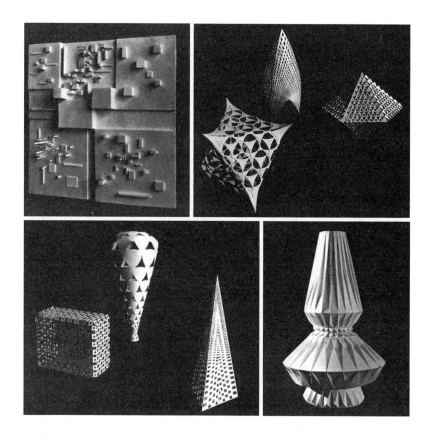

图 3-26　由理查德·菲利波斯基主持的"形式与设计"课程作业

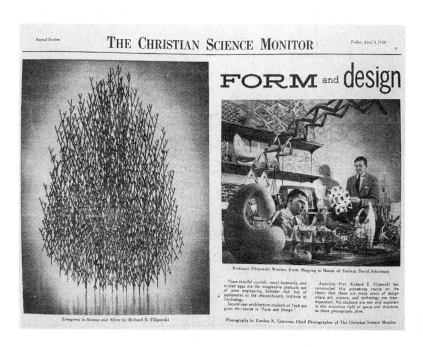

图 3-27　波士顿媒体对于"形式与设计"课程的报道

❶Marisa Bartolucci. Richard Filipowski: Art and Design Beyond the Bauhaus[M]. New York: The Monacelli Press, 2018: 183.

说明这是一门整合艺术、科学与技术的创新性课程❶。

1950 年代后期，这门课逐步成为建筑设计基础的主干，最为本质地体现了包豪斯强调启蒙与预科训练的特征。在 1960 年代中期至 1970 年代初，菲利波斯基的课程拓展为"形式与设计"Ⅰ、Ⅱ和"形式与色彩"Ⅰ、Ⅱ四门基础课。具体而言，在第一阶段学生要"研究形式的视觉要素，以理解形式生成（Form Synthesis）的过程。"；第二阶段的教学重点则在于"立体设计的实验与教学，关注数量、基本单元与体量关系、模块化（Modularity）和形式、体积和结构、体块表面结构（Surface Structure）、空间构成、点 / 线 / 面构成、雕塑造型。强调建构（Architectonic）与形态雕塑美感的关联性"❷。色彩教学分别从自然形态色彩和色彩固有属性研究展开，包含"色彩与面积、肌理、规律性图案（Periodic Patterns）、自由组合（Random Configurations）、色彩深度、黑白、视觉动态、色彩与自然形式、体量、结构、运动、物体与其色彩环境（Color Environment）、色彩对空间的视觉影响"❸等内容。此外，这类课程也具有通识的特征，比如选择城市规划（Urban Planning Program）方向的学生也同样要修读。

❷MIT Bulletin, Catalogue Issue for 1968-1969 Session, July 1968: 259.

❸ 同❷。

菲利波斯基的教学代表了 1950 到 1970 年代麻省理工学院设计基础课程的核心价值。在官方档案中，这门课中止的时间是 1975 年。在 1975~1976 的学院年鉴中，建筑基础教学不再开设对于材料、形式和色彩的专门研究，而只有"建筑设计"❹。不过，倘若把"形式与设计"的课程作业与包豪斯预备课程早期的教学成果进行对比，两者的差异也非常明显。预备课程在初创阶段仍带有很强的个人实验性，并有着更为宽泛的学理基础。而随着其教学法在美国建筑院校的移植，具有偶然性的创作逐步固化为一种形式的基本法则，并以更为普适和实用的方式进行传播。

❹MIT Bulletin, Catalogue Issue for 1975-1976 Session, August 1975: 134-135.

我们可以从回忆文章中找到更多的证据以还原当时的教学情况。作为一名波士顿地区活跃的建筑师，约瑟夫·梅班克（Joseph Maybank）曾连续在哈佛大学和麻省理工学院接触到菲利波斯基的设计基础教学并深受其影响。梅班克曾回忆，建筑设计入门的教学是从木块的材料研究开始，研究其塑性和强度等物理特征。他开始曾对这些训练的意图感到不解，但逐步意识到材料的形式（Form）与结构（Structure）特征类似"凝固的音乐"或同时具备其他特性。梅班克也注意到加工材料工具与结果的关联性，并评价"这是一门颇具想象力的课程，通过动手制作，理解操作过程的重要性……甚至是自己学生时代最为振奋的收获之一。❺"

❺Marisa Bartolucci. Richard Filipowski: Art and Design Beyond the Bauhaus[M]. New York: The Monacelli Press, 2018: 167.

另一位知名建筑师理查德·达特内（Richard Dattner）也对菲利波斯基的教学有着具体的回忆：

菲利波斯基会在工作坊的学生中安静地走动，仔细审视每个人的作品，有时令人捉摸不透地点评，有时沉默地走过。我们时常对他的举止感到不解，而老师则会用手绘的草图进行示意，一言不发地用视觉语言进行沟通。当时，我曾经对着人体模特进行速写并给菲利波斯基看，而他在我的速写本上画了一个圆润的人体形象，令人惊诧地联想到奥斯卡·施莱默（Oskar Schlemmer）在包豪斯时期的创作⋯⋯

菲利波斯基是我行为的榜样。在麻省理工建筑系毕业不久，我就成为纽约库伯联盟学院（The Cooper Union）的助理教授，参与立体空间设计和建筑设计的教学。作为麻省理工另一位包豪斯的代表人物，凯普斯就认为最好的教师应该与学生保持长久的学术和友谊关系。而在我们那个时代，亦师亦友的菲利波斯基就是一个典范❶。

❶Marisa Bartolucci. Richard Filipowski: Art and Design Beyond the Bauhaus[M]. New York: The Monacelli Press, 2018: 181.

正如这些职业建筑师对于教学经历的回忆，包豪斯特征的基础教学奠定了学生认知和体验空间的起点，这种反传统的观念体现出现代主义建筑的主张。这一定程度上反映了当时的时代特征：建筑空间形式教育仍依赖于现代艺术，并从"基本设计"等训练中获得对于抽象空间的想象力和创造力，尤其是通过手工练习领悟到三维造型的巨大潜力。

3.4 模式三：寻求现代建筑的空间形式基础

3.4.1 "得州骑警"：短暂的教学实验（1954~1958）

1950 年代之后，现代主义建筑已经无可争议地成为美国建筑教育的主导力量。随着"哈佛包豪斯"在全美建筑院校影响力的增长，包豪斯教育逐步成为继布扎之后另一统领模式。不过，包豪斯却并非美国建筑教育现代转型的唯一路径。1954 年，由美国建筑师协会组织编纂的调查报告《世纪中的建筑师》就评述了包豪斯模式在美国的变迁记录，并对其进行了较为中肯的评价。报告认为包豪斯对于扫除布扎折中主义建筑的桎梏有着积极的作用，但却未能形成与布扎模式相对等的共同价值和影响力。在回顾包豪斯教育的全面影响之后，报告对于美国建筑教育的未来发展趋势进行了极具洞见的预测。建筑教育的核心矛盾并不在于古典与现代的"美术建筑"之争，"未来完全依赖于围绕科学与技术的建筑学"，而这种趋势归因于建筑教育对于工程学的推崇❷。

在当时，包豪斯模式在美国建筑院校的发展也确实陷入了一种程式化的窘境。例如，赫登格所提出"装饰图解"（Decorated Diagram）的批评就针对了包豪斯教学对于建筑内在形式逻辑和历史传统的漠视。伴随着对于现代建筑的批评，对包豪斯方法的反思也逐步凸现。这种思潮很快转化为一种对于新教学方法的追求。1954~1958 年，得州大学奥斯汀分校

❷Joan Ockman, Rebecca Williamson. Architecture School: Three Centuries of Educating Architects in North America[M]. Cambridge: MIT Press, 2012: 22.

（University of Texas at Austin）的教学实验成为一个重要的转折点，并从空间形式层面探讨了如何让现代建筑变得"可教"(Teachable)。得州大学的师资中聚集了一批主张改革的青年教师，包括伯纳德·霍斯利、柯林·罗、约翰·海杜克、罗伯特·斯拉茨基等，并有着"得州骑警"的称谓（图 3-28）。这批教师日后也成为美国建筑教育举足轻重的人物。亚历山大·卡拉冈就曾在专著中对于这一段教学历史有着翔实的记述 ❶。"得州骑警"所倡导的教学理论和形式观念试图重新定义现代建筑的空间形式基础，并对于布扎、包豪斯两种模式都有着批判性的认识。从教学法的源流而言，包豪斯的抽象形式观念仍然对于得州大学建筑基础课程的变革有着关键影响。本节将进一步讨论一批兼具艺术和建筑修养的青年教师是如何对待包豪斯传统，并把其方法进一步"建筑化"的。

❶ Alexander Caragonne. The Texas Rangers: Notes from an Architectural Underground[M]. Cambridge: MIT Press, 1995.

图 3-28 "得州骑警"教师群像，1954~1955 年

（1）霍斯利的批评

1951 年，时年 48 岁的哈维尔·哈里斯（Harwell Hamilton Harris）被委任为得州大学奥斯汀分校建筑学院的院长，并酝酿着一场全新的教学实验。同年，不到 30 岁的霍斯利也来到得州大学任教。他曾在柯布西耶的事务所工作，也受到过法国现代艺术家费尔南德·莱热（Fernand Léger）工作方法的影响。三年后，师从鲁道夫·维特科尔（Rudolf Wittkower）的柯林·罗也加入到教学团队，成为霍斯利的搭档。1954 年，霍斯利和罗共同起草了一份教学备忘录（Memorandum）以阐述教学的目标和导向。

在备忘录中，霍斯利对新教学体系的基本原则有以下论述：

①对于设计过程的强调将对（其他院校教学）现状形成本质的批评；
②学生（对设计）归纳（Generalization）和抽象（Abstraction）的能力必须被唤醒；

❷ Rowe and Hoesli, "Memorandum, March 1954", Hoesli Archives, ETH Zurich.

③（设计的）选择意味着对某种具体原则的遵循；
④学术机构需要传授一种本质的知识，并表达基本的态度 ❷。

对他而言,新建筑的热浪已经逐步降温,但真正解决实际问题的设计方法并未出现。现代主义建筑不能仅仅被理解为一种形式特征,而应当包含一种特定的工作方法。"得州骑警"把空间形式教育的基础重新回归到柯布西耶的"多米诺"系统和风格派的"时空构成"(Space-Time Construction),这预示着一种对于空间组织基本规律的发现❶(图3-29、图3-30)。霍斯利意识到现代建筑的基本问题应当是空间组织,他所主持的教学也成功地把现代建筑的形式问题融入具有逻辑的设计过程中,并把现代建筑大师的个人创作方式转化为一种普遍性的、可教的方法。

❶ 在1954年3月得州大学奥斯汀分校的建筑教学备忘录中就引用了杜斯伯格的"空间构成"和柯布西耶的"多米诺体系"图解,并作为其教学的理论原型。

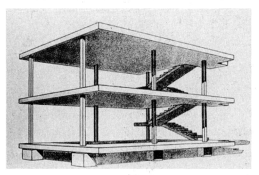

图3-29 柯布西耶的"多米诺体系"(左)
图3-30 "时空构成"(Space-Time Construction),3号(右)

1920年代,包豪斯预备课程的兴起在于寻求现代绘画、雕塑和建筑之间共通的形式原则,并且与格罗皮乌斯所倡导的整体性设计观念有着直接联系。然而,随着布扎模式的衰退,预备课程中艺术化和强调释放创造力的入门方法对于培养职业建筑师似乎不再重要。基础课程在当时的任务在于如何清晰地提炼出早已被接受的现代建筑基本原理,并发展出有针对性的训练方法。作为得州大学教改的统领,时任二年级教学负责人的霍斯利率先意识到包豪斯练习与建筑教学的脱节。

1950年代早期,"基本设计"的教学逐步流行,并成为一种全美建筑系流行的固定模式。得州大学也曾设置过类似的课程:自1950年开始,"设计基础"(Freshmen Design Studio)的主干课就体现了包豪斯的影响。其教学大纲与格罗皮乌斯领导下的哈佛GSD和芝加哥新包豪斯的教学如出一辙。霍斯利认为,这类抽象训练目标过于发散且教学效用低下,甚至是"负面的"❷。

1953年,在哈里斯院长对教学体系的主导下,五个年级的设计课程重新配备了新的教学协调人。李·赫希、霍斯利和柯林·罗分别负责一、二和五年级的设计课程❸。每位协调人需要检查不同学生的分组情况,选择特定的问题,并为每个设计任务组织教案和安排作业。当时二年级设计课程的第一个题目为"公交站站台(Shelter)"设计,同时衔接一年级的教学。二年级负责人霍斯利对各校普遍采用的包豪斯方法提出了批评。

❷ Alexander Caragonne. The Texas Rangers: Notes from an Architectural Underground[M].Cambridge: MIT Press, 1995: 188.

❸ Alexander Caragonne. The Texas Rangers: Notes from an Architectural Underground[M].Cambridge: MIT Press, 1995: 45.

　　在（二年级）第一个设计课程之前进行十周乃至更长的抽象训练并没有什么作用。这类练习和建筑设计没有直接的关系，……实际可以不用设置。设计课开始所面临的问题都是相同的，无论是在十二月还是来年四月。这种"抽象"的设计是否对教学产生消极作用仍然存疑**❶**。

❶ Alexander Caragonne. The Texas Rangers：Notes from an Architectural Underground[M].Cambridge：MIT Press，1995：82.

　　霍斯利对于包豪斯教学法的质疑体现出布扎与包豪斯之外的第三种教学主张。他意识到艺术化的形式训练并不能作为建筑设计方法的基础。这里我们从两点进行分析。

　　首先，从学术背景而言，训练建筑师的基本问题在 1950 年代已经开始发生转变。30 年之前，包豪斯预备课程的出现在于寻求绘画、雕塑、建筑等不同艺术门类的共同基础。学生通过个人体验来熟悉材料操作的方法，并发现自己的独特形式语言。在当时，这种艺术类的实验和探索是对建筑领域有所启发的。然而，1950 年代中期，现代建筑在美国已经彻底压倒了复古主义的保守派。不仅在于形式、风格的更迭，现代建筑的确立是一个体系化的模式重构，并在结构、材料、工艺等层面有着全面建树。因此，建筑基础教学的核心任务已不单是进行新形式语言的探索，而转向了如何重新界定现代建筑的基本特征。

　　其次，从基础课程与建筑设计的对应关系而言，包豪斯所预设的教学体系也受到质疑。预备课程的直接目的是为不同种类工作坊的教学打下基础。但是，当包豪斯教育完全移植到美国建筑院校后，这种关系已经发生了质变。大学正规的建筑教育需要重新发展合适而恰当的基础课程，以适应建筑学的知识体系。霍斯利并不否认形式训练在基础教学中的作用，但却反对"基本设计"纯艺术的发散性。得州大学奥斯汀分校其他教员也有着类似的观点，如李·霍辰（Lee F. Hodgden）和约翰·肖（John Shaw）也质疑了艺术类启蒙教育内在的矛盾性："表现主义（Expressionist）训练的困境在于目标的模棱两可，因为其表达往往使用隐晦的术语，而学生难以领悟训练的针对性。初学者除了以某种方式来应对那些不可言喻的艺术秘密外，往往没有头绪"**❷**。

❷ Alexander Caragonne. The Texas Rangers：Notes from an Architectural Underground[M].Cambridge：MIT Press，1995：79.

（2）透明性

　　1954 年，柯林·罗远渡重洋来到得克萨斯州任教。他与一起教学的其他年轻教师有着相近的学术观点——挑战已经固化的教学体系，重新发掘被贬低的建筑形式和历史的价值，来对抗当时占主导地位的实用主义现代建筑观念。通过与斯拉茨基的合作，罗发现了现代艺术"观看"对于空间体验的特殊作用，而这也与自己早年图像学（Iconography）和形式分析的研究经验相辅相成。

　　1956 年，柯林·罗和斯拉茨基撰写的文章"透明性：字面的与现象的"

（Transparency：Literal and Phenomenal）提供了一个讨论现代建筑空间形式的基点，同时成为"得州骑警"建筑理论的核心贡献。作为包豪斯预备课程的推动者，莫霍利－纳吉和凯普斯从艺术角度对"透明性"进行了阐释。而罗和斯拉茨基则提出了"现象透明性"以此来讨论超越视觉关系的空间。延续了凯普斯对于"透明性"的定义，罗和斯拉茨基审视了现代绘画（尤其是立体主义绘画）与建筑中所共有的视觉和空间现象，并对形式组织和空间组织的基本原理进行了讨论。对于"透明"的理解从玻璃或其他通透材料的视觉现象转向了一种彼此嵌套的空间关系。文中所提出"同时性"（Simultaneity）、"渗透"（Interpenetration）、"重叠"（Superimposition）、"时空"（Space-time）等术语也为讨论现代建筑的空间话语提供了新的依据。

如果从方法传播的角度而言，"透明性"与包豪斯的视觉研究有着直接联系。比如，斯拉茨基的独特贡献在于通过凯普斯和莫霍利－纳吉重新发现了视觉感知对于空间认知的作用。他对于立体主义绘画的分析，以及对"透明性"格式塔心理学层面的解读都转化为建筑学的基本经验。实际上，斯拉茨基对于"字面"（Literal）和"现象"（Phenomenal）透明性的解读可以追溯到他在耶鲁艺术学的本科论文（B.F.A. thesis）❶。在论文中，他对于绘画中"真实"与"错觉"的界面进行了分析：画布上由颜料形成的分层和色差只是解读画面的一种方式，具有空间特征的界面感知实际上来源于视觉的效应，并形成画面的水平分层。这种理解回应了克莱门特·格林伯格（Clement Greenberg）对于抽象画面的论述，只不过斯拉茨基并不去追求理论解释，而更为关注不同个案的特征和差异。

综上所述，"透明性"理论的提出绝非偶然。一方面，柯林·罗所继承形式主义的分析方法为研究现代建筑的空间形式问题提供了依据；另一方面，谙熟分析性立体主义（Analytical Cubism）绘画的斯拉茨基很自然地把包豪斯学派的工作方法转化为认知抽象空间的工具。"透明性"对于包豪斯本身是一种批判性的继承。"透明性"理论既根植于包豪斯倡导的新视觉原理，又对包豪斯模式中建筑教育的不确定性和"功能—形式"简单的对应关系提出了批判。

3.4.2　斯拉茨基：包豪斯传统的超越（1954~1958）

（1）设计预备训练

根据霍斯利1953年制定的教学计划，在建筑设计训练之前，需要进行一个"设计预备训练"（Pre-design Course）来培养基本制图技巧。在教学改革之前，预备训练的目的在于"形式感知的培养和徒手透视绘图的技巧"❷。方法和传统的美术训练差别不大，并且要用不同的工具如铅笔、炭笔、墨线、笔刷来完成。实际上，除了设计课程外，美术教学的改革也

❶ Eric Kim Lum. Architecture as Artform：Drawing，Painting，Collage，and Architecture，1945-1965[D]. Massachusetts Institute of Technology，1999：79.

❷ Alexander Caragonne. The Texas Rangers：Notes from an Architectural Underground[M].Cambridge：MIT Press，1995：174.

已经提上日程。

早在 1952 年，得州大学奥斯汀分校建筑学院的新院长哈维尔·哈里斯已经注意到了阿尔伯斯独特的教学法，他甚至在耶鲁大学艺术系观摩了这位包豪斯前辈的教学。他也打算从阿尔伯斯的学生中招聘人才以加强本校的师资队伍。1954 年 9 月，斯拉茨基、李·赫希和埃文·鲁宾（Irwin Rubin）从耶鲁大学艺术系毕业并先后加入到得州大学任教❶。三位师从阿尔伯斯的美术教师很快发展了一个全新的基础课程用来训练学生的观察力。根据卡拉贡的描述，教学的变革与斯拉茨基所推崇的抽象形式方法有着直接关联。在斯拉茨基和赫希的主持下，三个关键的因素在制图教学中被反复灌输，分别为观察、线条控制（Line Control）和构图（Composition）。同时，绘图工具通常只使用硬质铅笔和大张绘图纸。

在改革后的预备练习中，所有的制图练习都以"单线表达"（Single Expressive Line）的方式来进行，而强调细腻刻画的表现主义风格则被限制，例如光影表现不再成为绘画的训练重点❷。学生要仔细观察指定物体的轮廓、肌理和结构，以清晰的线条来表达，并且训练手与眼的协调性。

在阿尔伯斯的教学法中，对于二维平面的空间表达是一个重点，而这一倾向也被带入到得州大学奥斯汀分校的建筑基础教学中。"间隙"（Gapping）和"线型"（Line Weight）这两个包豪斯术语被引入❸。例如，线条的间隙表达了空间关系，线型的粗细可以体现图形在画面的前后关系，并有着更为丰富的空间指涉。斯拉茨基和其他教师还设置了训练的顺序：首先，学生要进行线框、基本几何形及其构图的绘制，通过重叠、排序、渐变等方式来表达空间和运动；其次，一些日常用品或静物也被纳入绘画的题材中（图 3-31），甚至可以采用等比例描绘和放大的方式来表达细节，但仍需采用单线绘画的方式以强调形式的精确性；最后，临近期末，"负形素描"（Delineation of Negative Space）和"动态素描"（Gestural Figure Drawing）这两个阿尔伯斯原创的练习被引入❹。"负形素描"通常选择椅子这类有镂空图形的物体（图 3-32），并用来感知图底关系和表达图底反转的形式。而"动态素描"主要包含两个平行的环节，一是"右脑

❶ Alexander Caragonne. The Texas Rangers：Notes from an Architectural Underground[M].Cambridge：MIT Press，1995：174.

❷ Alexander Caragonne. The Texas Rangers：Notes from an Architectural Underground[M].Cambridge：MIT Press，1995：174.

❸ Alexander Caragonne. The Texas Rangers：Notes from an Architectural Underground[M].Cambridge：MIT Press，1995：175.

❹ Alexander Caragonne. The Texas Rangers：Notes from an Architectural Underground[M].Cambridge：MIT Press，1995：182-183.

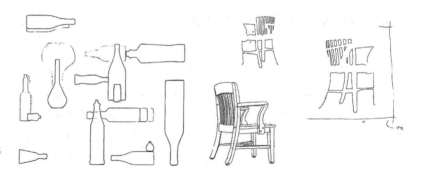

图 3-31　静物轮廓的构图，1954~1956（左）
图 3-32　负形素描，1954~1956（右）

绘画"（Right Brain drawing），用来训练瞬间记忆的速写能力；二是"轮廓盲绘"（Blind Contour Drawing），用来训练眼睛、手的协调和同一性。

　　除了绘画训练外，斯拉茨基和赫希还根据阿尔伯斯色彩互动学的理论重新组织了色彩研究的课程。"课程把色纸而不是绘画（颜料）作为表达颜色的媒介。学生要通过工作坊实验性的练习来激发和放大颜色之间的反应——并不是描绘和装饰，也不是为了自我表现，而是为了产生特殊的颜色反应（Color Effects）"[1]。

[1] Werner Spies. Josef Albers[M]. New York：Harry N. Abrams，1970.

　　其一，色彩课的重点在于色彩感知而不再是机械的调色训练。因此，学生要从报纸、杂志和出版物中找到已有颜色（Found Colors），并直接进入色彩构成训练。其二，通过观察和试错，学生要寻找色彩交互关系中的视错觉，例如，两种不同颜色的纸片在不同的特定背景中可能被感知为同种颜色。同理，一种色卡在两种不同的背景中也能被感知为两种不同颜色。其三，颜色训练还针对一些特定的视觉现象，如图底关系、透明性或空间深度等（图3-33和图3-34）[2]。这些话题都与"得州骑警"的建筑形式教学有着密切关联。

[2] Alexander Caragonne. The Texas Rangers：Notes from an Architectural Underground[M]. Cambridge：MIT Press，1995：186.

　　斯拉茨基和同事们通过上述严谨和收敛的绘画训练探索了一些特定的视觉现象。作为包豪斯教师谱系的延续，他们在得州的教学放弃了包豪斯预备课程中对于材料的感性训练，而借用绘画来进行视觉感知的培养，并通过抽象与空间来和建筑设计教学进行衔接。抽象的图形组织具有转化成建筑学图示的可能性，不仅仅是图案和肌理的装饰，更是一种涉及平、立、剖面图的空间关系。区别于阿尔伯斯和柯林·罗，斯拉茨基是从包豪斯到"得州骑警"亲身经历的传承者。他的教学与著述促进了现代绘画与建筑的亲缘关系，并通过形式分析的方式让现代建筑中暧昧、感性的空间关系

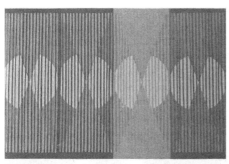

图3-33　色彩练习（左）
上图：用最少数量的基本颜色来达到视觉上的多样性。
下图：色彩构成
图3-34　色彩和透明性"形式重叠与空间深度的微妙变化"（右）

变得清晰和可教。同时，他的个人创作与基础教学也是格式塔心理学在艺术和建筑教育最直接和明晰的应用。

（2）"九宫格"练习的雏形

除了艺术类的基础教学外，斯拉茨基对于现代建筑教育的教学法也有着独到的贡献。1950年代，他曾在耶鲁大学师从阿尔伯斯和伯戈因·迪勒（Burgoyne Diller）这两位潜心于抽象形式研究的艺术家。在得州任教之前，斯拉茨基的主要兴趣在于抽象绘画和借用格式塔理论的形式分析，并没有建筑专业的经验。但"得州骑警"内部独特的师资构成和研究兴趣却提供了转化和超越包豪斯原理的学术土壤。

在包豪斯基本原理的启发下，他与同为艺术家的赫希设计了一个特定的练习：在九宫格的网格中，在轴线的位置加入灰卡纸的板片来进行正方形的分割，进而可以讨论空间围合、流动与限定的问题。这一练习的最初设定是基于平面延伸和压缩的形式训练（Plastic Extension and Compression of Planes）❶，并非针对建筑问题。实际上，芝加哥新包豪斯"空间限定"等作业也有类似的特征，但主要目的在于形态本身的讨论。

约翰·海杜克很快意识到所谓"九宫格"训练对于建筑教育的作用：通过网格和抽象形式要素来进行空间研究，包含着一种逻辑的递推关系。平面网格 X 轴和 Y 轴的交叉形成了基本的轴线关系，网格沿着空间的 Z 轴方向平移就形成了水平方向梁的连接，竖直的支撑则形成了柱子。这样梁柱的交叉最终形成了一个九宫格的"框架结构"（Frame Structure）（图 3-35、图 3-36）。随后，在框架中可以增加水平和竖直的板片来进一步分隔空间。从建筑学角度，网格表达了平面的划分，竖直方向的板可以理解为限定空间的墙，而水平方向被梁所支撑的板则成为屋顶。墙板的位置可以在网格的基础上进行调整，并由此形成空间的变化。这样的建筑基本单元完全吻合霍斯利所设想的空间理念：由抽象的设计最终形成具有意义的形式 ❷。

❶Alexander Caragonne. The Texas Rangers: Notes from an Architectural Underground[M]. Cambridge: MIT Press, 1995: 190.

❷Alexander Caragonne. The Texas Rangers: Notes from an Architectural Underground[M]. Cambridge: MIT Press, 1995: 192.

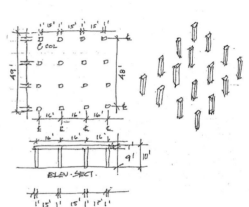

图3-35　学生作业,九宫格结构,
1954~1955 年（左）
图3-36 "九宫格问题",海杜克的草图（右）

从 1954 至 1956 年间，海杜克成功地把"九宫格"训练发展为一个具有潜力的建筑学训练方法，并成为二年级设计教学的主体。他把源自包豪斯的点、线、面要素转化为柱、梁、板的建筑要素。由抽象形式要素到建筑要素的转换也与"得州骑警"的教学理论相吻合。从形式操作的角度而言，斯拉茨基的尝试回应了杜斯伯格等风格派艺术家的创作；从空间、结构原理而言，"九宫格"所代表的框架结构体系也追随了柯布西耶所提出的"多米诺体系"，并具备继续发展的可能性。实际上，对于海杜克和其他教师而言，"九宫格"只是建筑空间形式生成的原型，其所产生的复杂变体（Variations）以及对于建筑设计方法的潜在影响才是这一工具的真正价值。

海杜克借用了"装配部件"（Kit-of-parts）的基本原理，在纯粹的形式研究中赋予了建筑学基本要素的含义。"九宫格"练习为没有空间组织和结构经验的入门学生提供了容易上手的训练方法，并对应了现代建筑空间、形式、结构的基本原则。这一教学法的兴起也恰恰印证了抽象形式研究和建筑设计相互整合的一个特定的切入点。

（3）抽象练习与"基本设计"

正如霍斯利等教师对于包豪斯模式的批评，建筑学训练的基础需要重新被定义。在 1954 年开始的教改中，以包豪斯预备课程为参照的基础课（Arc. 607）随即被全盘调整 ❶。不过，霍斯利并没有漠视抽象练习的作用，而是不断明确训练本身对于建筑学的作用。一方面，斯拉茨基和赫希在一年级的"预备练习"延续了包豪斯的视觉基本原理，但与设计主干课划清了界限；另一方面，在二年级的设计教学中，霍斯利自己重新设计了一套以空间教育为核心的练习，并逐步发展为"得州骑警"以及日后他在苏黎世联邦理工学院设计课程中最具代表性的教学法。

1956~1958 年是得州大学教学改革的最后一个阶段。在预备训练与"九宫格"的双重影响下，霍斯利明显感觉学生们对于空间组织有着更强的领悟力。在二年级的训练中，五个短周期的"初步练习"（Introductory Exercise 1~5）用来进行设计启蒙（图 3-37）。课程前三周的教学紧密围绕着空间训练展开。教学的目标并非追求形式的创造力，而是要体现出"建构"（Architectonic）的本体属性，包括对于平面、剖面、空间、体量、结构、梁板柱、肌理、颜色等问题的关注。霍斯利和其同事认为，学生在熟悉上述基本问题后，就可以进入到更为真实、复杂的建筑设计环节。比如，他们所接触的第一个设计题目"花园凉亭和泳池"就是建立在先前空间练习的基础上的 ❷。在海杜克"九宫格"实验的基础上，一些改进的抽象训练被设置在建筑设计课之前用来进行空间组织的教学。具体而言，"初步练习"（4）和（5）的任务书引导学生从抽象练习逐步过渡

❶ Alexander Caragonne. The Texas Rangers: Notes from an Architectural Underground[M]. Cambridge: MIT Press, 1995: 39.

❷ Alexander Caragonne. The Texas Rangers: Notes from an Architectural Underground[M]. Cambridge: MIT Press, 1995: 275-280.

基础练习 1–5，1956~1957

介绍		图版 1	图版 2	图版 3
1	场地	8½ 英寸 × 11 英寸白纸	8½ 英寸 × 11 英寸白纸	8½ 英寸 × 11 英寸白纸
	要素	≥ 15 个 1 英寸 × 1 英寸灰色正方形	≥ 15 个任意尺寸灰色矩形	≥ 15 个灰色等边三角形
	任务	正交组合	组合成相关联的三部分	形成图底关系
	历时	4 天	4 天	4 天
2	场地	8½ 英寸 × 11 英寸白纸	8½ 英寸圆形白色卡纸	
	要素	任意尺寸灰色矩形纸	任意尺寸白色矩形纸板	
	任务	正交组合成两部分（宽松、密集），并结合线性元素	浮雕组合不少于 4 个层级，高差不超过 ¾ 英寸，并画出剖面	
	历时	4 天	3 天	
3	场地	8½ 英寸 × 11 英寸白板	8½ 英寸 × 11 英寸白板	
	要素	≥ 15 个 1 英寸 × 1 英寸灰色方形纸；不高于 2 英寸的三个灰色垂直平面卡纸	≥ 15 个 ¾ 英寸 × 1¼ 英寸灰色矩形，≤ 2 个拥有多种垂直元素的纵向平面，一个矩形水平面，5 种不同质地，3 种鹅卵石	
	任务	在 1 英寸方格上组成正方形，在封闭空间中增加 3 个垂直平面	用多种垂直元素和不多于两个垂直平面营造一个空间，颜色为灰色加白色	
	历时	4 天	2 天	
4–5	场地	11 英寸 × 13 英寸白板	白板	
	要素	创建一个 2 英寸 × 2 英寸方形网格，轴线交叉处放高 1¼ 英寸立柱（立柱尺寸与场地和数量相关）和不同纹理笔直或弯曲同高度的白色隔墙，水平面高于场地 ¼ 英寸	创建一个 1¾ 英寸 × 2½ 英寸矩形网格，由 6 英寸 × 7 英寸或者 15 英寸 × 12¼ 英寸个单元组成，在正交处放置高 1¾ 英寸的立柱和笔直或弯曲同高度的无柱隔板，水平面高于场地¼英寸，两个细枝（表达植物）	
	任务	在三个不同空间中创造一种序列，使其传递到第四个主导空间，用 1 英寸见方的灰色方形纸实现由外部转向内部的空间，最后建立完整的组织	在一个主要的和两个附属的空间中，用高 1¾ 英寸立柱支承的屋顶覆盖封闭的空间及外部环境，立柱可突出屋顶；两个细枝，材料可改变颜色和形状，元素须遵从网格的秩序	
	历时	9 天	9 天	

图 3-37 得州大学奥斯汀分校基础课（Arc.510）练习任务书，1956~1957

到建筑（图 3-38、图 3-39）。在三维空间框架的基础上，学生可以通过墙、板、柱的调节来界定空间、布置功能和讨论基本的结构问题。这样柯布西耶、密斯、路斯等建筑师的空间观念都可以被转化到建筑入门训练中。

除此之外，曾师从柯林·罗的李·霍辰也对"基本设计"有着自己的理解。他所谓"理性论证"（Reasoned Argument）就是一种重新反思空间形式的逻辑推演 ❶。首先，霍辰界定了一类现代主义的建筑术语，如形式、透明性、层级、连续性、图底关系、序列、比例、尺度等，并吸纳了格式塔理论的基本观点；其次，他论证了现代建筑的理性原则、历史演变以及其与现代艺术的关系，并试图定义现代建筑空间的基本原则；最后，还以三个问题来进行反思：

❶ Alexander Caragonne. The Texas Rangers: Notes from an Architectural Underground[M]. Cambridge: MIT Press, 1995: 291.

图 3-38 基础课（Arc.510）的练习（4），作者 E. Hunter，1956～1957（左）
图 3-39 基础课（Arc.510）的练习（5），作者 J. Denton，1956～1957（右）

（1）我们如何看待建筑？

（2）建筑师在何种条件下，以何种方式来获得设计灵感？

（3）建筑形式由什么决定❶？

❶ Alexander Caragonne. The Texas Rangers：Notes from an Architectural Underground[M]. Cambridge：MIT Press，1995：291.

　　霍辰调整了基础课程（Arc. 607）的教学倾向，并全面导向一种视觉心理学的偏好。比如，在平面构图的小练习中，训练目的往往是正交体系控制下的形式秩序研究，讨论透明性、视错觉、图底关系等问题（图 3-40）。不过，作业的呈现效果已经与包豪斯的视觉研究有所偏差，而固化为一种程式化的表达（图 3-41）。在三维空间训练中，教学组织依据同样的形式逻辑，其中"方盒子"练习就颇具代表性。作为一种历久弥新的训练方法，"方盒子"对于国内空间教育的起步有着非常重要的意义。

　　"得州骑警"教学的历史固然短暂，但却被比作形式主义在美国建筑教育广泛传播的火种（图 3-42）。柯林·罗在离开得克萨斯之后在剑桥大学和康奈尔大学任教，并培养了彼得·埃森曼（Peter Eisenman）和安东尼·维德勒（Anthony Vidler）这样重量级的学生。1962 年之后，柯林·罗与李·霍辰、约翰·肖、沃纳·塞利格曼（Werner Seligmann）等人在康奈尔大学长期任教并形成了当时颇具影响力"康奈尔学派"（Cornell School）❷。作为教学的负责人，霍斯利离开美国后长期在苏黎世联邦理工学院建筑系深耕，并重新建构了以空间为核心的基础教学体系。海杜克和斯拉茨基则在纽约库伯联盟学院继续开创了极具实验性的教学。正如"得州骑警"术语的由来，这批教师对于空间与形式的敏锐度无疑来源于对现代建筑与现代艺术的共同认知，并有着建筑学思想内核和知识体系的支撑。包豪斯空间形式的基本原理被转化为具有"装配部件"特征的教学法，并与现代建筑的基础教学相关联。

❷ 康奈尔学派影响下重要的建筑师和学者包括赫登格、弗瑞德·科特（Fred Koetter）、迈克尔·丹尼斯（Michael Dennis）、艾伦·奇马科夫（Alan Chimacoff）和迈克尔·格雷夫斯（Michael Graves）等。

3.5　回响："基本设计"的内涵与外延

　　正如在第二章和第三章中所论述的，包豪斯第一代和第二代教师在美

图 3-40　平面空间表达的教学
笔记，由李·霍辰绘制

二维平面空间（深度）表达的关键

最强	1. 重叠	清晰且最强烈的空间表达	
	2. 透明性	模糊重叠空间的多重表达	
	3. 尺寸渐变	（线性透视） 强烈空间表达	
强烈	4. 明暗渐变	强对比＝相邻 弱对比＝远离	
	5. 色彩	"前进"（暖色）＝接近 "后退"（冷色）＝远离	
	6. 肌理渐变	大尺度肌理＝接近 小尺度肌理＝远离	
薄弱	7. 初始位置	（非线性透视） 例如儿童绘画与轴测图 向上＝远离 向下＝相邻	
	8. 初始尺寸	（非线性透视） 大体块理解为"相邻" 小体块理解为"远离"	

图 3-41　Arc. 607 的平面练习
系列，关于形式缩放、图底关系、
透明性、线型的训练

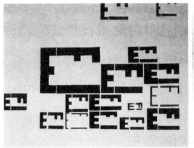

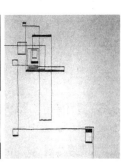

图 3-42 "得州骑警"部分成员
的教学谱系图

国建筑院校中把抽象形式研究推向了一个高潮并向建筑学转化。芝加哥的莫霍利－纳吉与彼得汉斯，哈佛大学的勒·博特列，麻省理工学院的凯普斯和菲利波斯基，耶鲁大学的阿尔伯斯以及得克萨斯的斯拉茨基等教师都对包豪斯预备课程的传统进行了个人化的演绎。预备课程在美国传播的三种模式体现出具有通识教育性质的视觉和形式训练在建筑学科转化的必经过程。这种分化的路径既体现出教学管理决策者与任课教师对于教学目标的协调，也体现出理工、艺术属性院校对于包豪斯模式的差异化理解。"基本设计"是包豪斯预备课程在美国本土化的一个产物，并有着教学法与课程体系两个维度的理解。

从狭义上说，"基本设计"是关于平面、立体、色彩等领域设计基础的教学方法，并以包豪斯的抽象形式原理为基础。不过，不同于阿尔伯斯早期定义中对于材料和物质性的强调，"基本设计"在 1960 年代以后已经形成了明确的教学方法。它关注于基本几何形态的组成，并以简单、纯粹和经济的方式来进行平面和立体空间的组织。"基本设计"与空间体验密切相关，需要以最直观的方式来完成设计概念到材料实现的过程。相比包豪斯预备课程对于教师个人风范的依赖，作为教学法的"基本设计"更强调普适性的方法。当然，这也带来了对于形式生成原理僵化理解的误区。

广义上的"基本设计"则涵盖了艺术和建筑领域的基础教学体系。比如，在工业设计、包装设计、展示系统、室内设计以及建筑学等领域，"基本设计"都可以成为基础课的代称。1960 年代，很多美国建筑院校都以"基本设计"为核心重组了建筑设计基础课程，并尤为强调设计"练习化"、以抽象空间为核心的训练方法。以霍斯利的教学为例，他在得州的教改已经沿用了

"基本设计"的术语，并批判地吸收了一些包豪斯的基本观念与方法。而从奥斯汀回到苏黎世联邦理工任教之后，霍斯利把一年级的基础课程改为"基础设计"（Grundkurs），尽管英译仍为"Basic Design"，也以抽象练习为主体，但已经聚焦于建筑学的空间问题。"基础设计"应当理解为"作为（建筑）设计的基础"❶，并非包豪斯模式下不同艺术门类的共同基础。而在伊利诺伊大学香槟分校（University of Illinois at Urbana-Champaign）1970年代的基础教学中，"基本设计"除了包含模型操作、空间图解之外，还融入了设计方法学与系统论的原理。这种变化也体现出学科新知识生产与变革对于建筑教育的反作用。

❶ 赫伯特·克莱默，顾大庆，吴佳维.基础设计·设计基础 Basic Design · Design Basics[M]. 北京：中国建筑工业出版社，2020：4.

3.5.1 从空间研究到形式主义

从包豪斯的抽象形式练习到"得州骑警"的空间训练，其中一个重要的转变在于以建筑学的知识体系重新解释作为形式的来源和逻辑问题。从"哈佛包豪斯"到得州大学奥斯汀分校的教学实验，以及之后散布的学术脉络也体现了形式主义（Formalism）在美国建筑教育乃至建筑学科的传播。

在"得州骑警"之后，位于纽约的库伯联盟学院对于建筑教学观念与教学法的探索非常具有代表性。该校教学最集中的展现无疑是1971年在纽约现代艺术博物馆的教学成果展，并以《建筑师的教育：一种观点》（*Education of An Architect: A Point of View*）一书为代表。从基础课程而言，库伯联盟的教学仍然从包豪斯的传统中汲取了养分，并由斯拉茨基、埃文·鲁宾等包豪斯直系的教师所主导。其方法仍然体现出对于视觉感知能力的强调，并试图建立一种大脑与身体的联系。

比如，由鲁宾主导的"徒手画"（Freehand Drawing）训练中，教学原理都与阿尔伯斯的"基本绘画"颇为类似（图3-43~图3-45），强调用线稿来表达抽象的空间关系，手和脑之间的协调，而不使用尺规和橡皮。课程采用循序渐进的方式："当学生手头控制能力得到提升后，就要进入

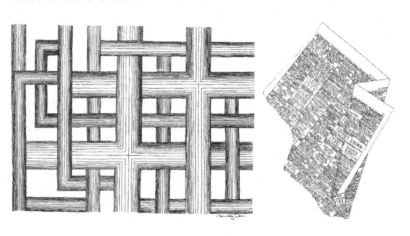

图3-43 徒手画训练，线条练习（左）
图3-44 徒手画训练，肌理练习（右）

图 3-45　徒手画训练，负形素描（左）
图 3-46　平面训练，图底关系研究（右）

到三维物体的描绘。重点在于表达物体和物体空隙（Void）的特征与空间属性。最后，复杂的空间问题也会涉及，并首先以概念的方式来解决"❶。

在斯拉茨基主持的"平面/色彩训练"（Two-dimensional/Color Exercises）的教学中，也延续了现代艺术的基本观念，综合运用了拼贴、照片组合（Photo Montage）等手段（图 3-46）。相对于"基本设计"的平面构图，斯拉茨基的教学更强调对材料、素材本身的理解，而不套用所谓的形式法则。这种训练视觉敏锐度的拼贴和材料训练都成为建筑师修养的一部分。比如，霍斯利和理查德·迈耶（Richard Meier）都推崇这类研究。他们不仅坚持拼贴作品的创作，还把拼贴本身视为一种获得空间感的必要途径。

建筑专业训练的开始便是经典的"九宫格"练习。海杜克在库伯联盟的教学仍延续了奥斯汀时期的探索，其目的在于"建立一种理性的教学"，并以柱（Columns）、基础（Piers）、墙（Walls）、梁（Beams）、边（Edges）等建筑要素的组合为基础❷。学生被动地进入到一种抽象的模式去重新理解建筑，并清除他们对房子本身的固有观念。实际上，"九宫格"已经成为一种联系抽象练习与真实空间的工具。同时，一系列现代主义的术语和方法被引入 ❸，如同建筑学的基本规训，并通过反复的空间形式练习得以强化。相对于得克萨斯时期的训练，库伯联盟的"九宫格"训练更为成熟，并出现了多种变体以体现其适应性（图 3-47、图 3-48）。此外，在海杜克主持的"立方体"训练（The Cube Problem）中，同样与"九宫格"练习有着类似的倾向。"立方体训练并不是专属于建筑学院的，某种程度上是有普适性的；它的潜力在于未来能够成为一种说教的工具。其有趣之处在于如何去看待它"❹。这种训练延续了对于抽象空间、形式、结构的讨论，并关注抽象构图关系向真实空间组织的转化（图 3-49）。

"胡安·格里斯问题"（The Juan Gris Problem）则是一个更为典型的从绘画到建筑的案例。教学的意图在于实现立体主义绘画向建筑空间组

❶ The Cooper Union School of Art and Architecture, Education of an Architect: A Point of View [M]. New York: Monacelli Press, 1999: 51.

❷ John Hejduk, Mask of Medusa: Works 1947-1983[M]. New York: Rizzoli, 1985: 35.

❸ 正如海杜克所言："比如，网格、框架、梁/板/柱、中心、区域、边缘、线/面/体、延伸、压缩、张力、剪切等，学生由此开始认识平、立、剖面图，理解二维平面图纸与三维的透视、轴测图之间的关系"。引自 The Cooper Union School of Art and Architecture, Education of an Architect: A Point of View [M]. New York: Monacelli Press, 1999: 23.

❹ The Cooper Union School of Art and Architecture, Education of an Architect: A Point of View [M]. New York: Monacelli Press, 1999: 121.

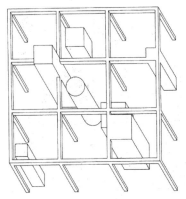

图 3-47　"九宫格"训练一（左）
图 3-48　"九宫格"训练二（右）

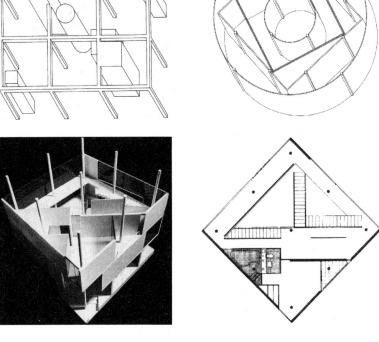

图 3-49　基于"九宫格"原理
的小住宅设计

❶ 根据设计者的描述："创
作灵感来源于格里斯早期
的绘画作品。设计主要考
虑用清晰的构图（Composi-
tion）来表达分层和重叠而
形成模棱两可的空间……
立体主义对于中心（Central-
ity）的概念体现在建筑中央
的廊道（Spine）。这种操作
能够形成一个加长的条状
交通空间，并让部分外墙
延伸出去以连接空间"。

织的转化。格里斯的构图将被转化为一个三维的包裹性空间并具有起居
的功能（图 3-50）。训练的目标要同时兼顾建筑形式与功能需求。很显然，
根据图形转换的原则，空间本身的"动态平衡"（Dynamically Stable）是
第一位的，并且有着造型艺术的特征，而建筑的结构逻辑同样依附于空
间组织❶。

　　从历史视角回溯，库伯联盟的教学某种程度上代表了数字化建筑教育
全面普及前空间艺术教育的一个高峰。无论从平面、立体、色彩或形式转

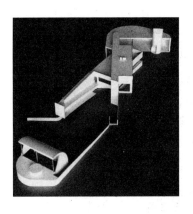

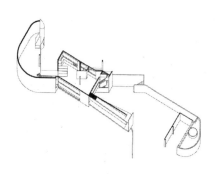

图 3-50　"胡安·格里斯问题"

换等话题，其独特的教学法都体现出与包豪斯类似的实验精神。从纯粹的空间、形式来解释建筑必然会尝试建立一种具有普适性的标准，并且依赖于视觉感知。这种"自主性"的建筑观念难免是剑走偏锋的：对于建筑基本要素的抽象与重构必然会牺牲细节的丰富性，体验的差异性，甚至忽略其背后的社会与文化要素。但从另一个角度而言，建筑设计入门与基本问题的"可教"也可以采用这种聚焦的方式来强调其不可压缩的内核问题。

除此之外，空间形式训练还在更多的美国建筑院校中有所影响。比如，在康奈尔大学和雪城大学（Syracuse University）的建筑基础课程均采用了"装配部件"的教学法。1980年代，布鲁斯·朗曼（Bruce Eric Lonnman）在俄亥俄州立大学（Ohio State University）的设计基础课程就延续了"得州骑警"的方法（图3-51），同时这套方法也被朗曼带入到了香港中文大学建筑学院的基础教学中❶。纽约理工学院（New York Institute of Technology）由乔纳森·弗里德曼（Jonathan B. Friedman）主持的建筑基础课程也是采用了典型、系统的空间训练教学法❷。

从方法传承而言，"得州骑警"的教学实验和"透明性"理论奠定了一系列教学变革的基础，并重新定义了建筑学的"空间教育"。这种基本的空间观念成为建筑教育入门阶段最为核心的内容。无论是程大锦（Francis D. K. Ching）的《形式、空间、秩序》（*Form, Space, and Order*）还是皮耶·麦斯（Pierre von Meiss）的《建筑元素：从形式到场地》（*The Elements of Architecture: From Form to Place*），这类经典的入门参考书都有着共同的逻辑：其内在的视觉语法和空间组织方法都体现出趋同的形式原则（图3-52），并同时受到现代建筑与现代艺术的影响。

得州大学奥斯汀分校的建筑实验是美国现代主义建筑运动之后关于形式主义探索的源头，同时也对建筑实践产生了长远的影响。在哥伦比亚大学取得硕士学位之后，埃森曼于1960年进入剑桥大学学习。而他和柯

❶ 布鲁斯·埃里克·朗曼，徐亮，顾大庆. 空间练习之装配部件教学方法 [J]. 建筑师，2014（06）：39-49.

❷ Jonathan Friedman. Creation in Space: Fundamentals of Architecture, Volumes 1 and 2 [M]. Dubuque Kendall Hunt Publishing, 1999.

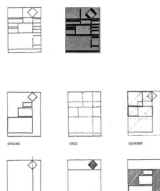

图3-51　俄亥俄州立大学设计基础课程"空间限定"训练，1985~1991

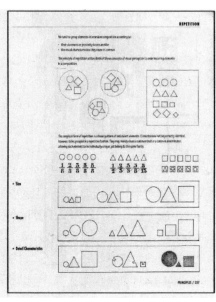

图 3-52 《形式、空间、秩序》
教学书中对于形式的分析

林·罗一同在欧洲的游历则学到建筑"精读"（Close Reading）的重要性——
以重新发现建筑中的"不可见"。之后，他延续了罗的学术传统，对朱塞
普·特拉尼（Giuseppe Terragni）的作品进行精读，并完成了其著名的博士
论文《现代建筑的形式基础》。1963 年，埃森曼赴普林斯顿大学（Princeton
University）任教，与迈克尔·格雷夫斯（Michael Graves）一起工作，并
开始实践。同时，深受柯布等建筑师影响的理查德·迈耶在纽约独立执
业，并完成了一系列独立住宅设计。而纽约现代艺术博物馆发起的设计竞
赛和展览最终形成了"纽约学派"（New York School），并出版了《五人
建筑师》（*Five Architects*）的著作❶。"纽约五人组"的建筑价值观实际上
根植于 1920 到 1930 年代辉煌的现代主义建筑和艺术运动，并试图重新发
现建筑形式的价值。这种思潮的涌现同样体现出教育观念在建筑职业发展
上的延续：对于抽象形式和建筑自主性的探索，并不断从历史先例中获取
变革的动力。

❶Peter Eisenman，et al.
Five Architects：Eisenman,
Graves, Gwathmey, He-
jduk, Meier[M]. New York：
Wittenborn, 1972；2nd
ed.，New York：Oxford
University Press, 1975.

3.5.2　教育观念的拓展

在美国建筑教育现代转型的历史进程中，包豪斯模式对于布扎模式替
代的一个核心指标在于空间形式原理的转换。然而，随着现代建筑观念的
传播，建筑学科本身的内涵与外延都已经发生转变，并引入了新的方法论。
在这种情况下，设计基础教学也不可避免地跟随大的趋势而变动，本节简
要从两方面进行论述。

第一，建筑教育观念的拓展来源于设计方法运动（Design Methods
Movement）和设计科学研究的兴起。1960 年代以英国为大本营的设计方

法运动具有跨学科、科学性与研究性的特征。其涉及领域包括现代制造业、建筑业、机械工程等,探索"设计"本身内在的科学方法,并成为一个独立的学术领域❶。就建筑学教育而言,克斯利托弗·亚历山大(Christopher Alexander)在当时的影响是决定性的。他在 1963 年完成的博士论文《形式综合论》(*Notes on the Synthesis of Form*)就是针对建筑设计方法研究的开山之作。他所提出"模式语言"(Pattern Language)理论借用了信息理论和系统论的观点,把复杂的设计活动分解为若干易于解决的分支。通过系统、子系统的分解,设计过程的图解能够辅助设计者应对各种不同的需求并解决设计问题。

这种对于"设计方法学"(Design Methodology)的重新思考对于建筑教育的影响也显而易见。在 1970 年代伊利诺伊大学香槟分校的设计基础教学中,"基本设计"仍然是重要的通识类基础课程。根据官方的课程描述,本课程选课人数达 500 人,主要对象为建筑学学生,并包含六年本硕连读的学生❷。但这门课程同样也是城市规划和景观建筑学方向学生所共有的基础课。尽管仍有着"Basic Design"的冠名,但设计的依据更多是客观的方法和事实依据。在基础课中,除了与形式生成有关的内容之外,教学设置把"设计"解释为"问题求解"(Problem-solving)的过程,全面依托设计方法学的原理,并对设计教学有如下约束:

(a)发展一种清晰的视觉语汇(Visual-verbal Vocabulary);

(b)基本的交流技能,包含视觉和语法层面;

(c)传统技能与新兴符号学技巧(Notation Techniques)(既强调传统徒手表达的技巧,同时也关注矩阵分析、电脑图形表达等新兴的工具与技巧),以及照相、摄影、视频模拟的应用;

(d)情感与认知层面的研究;

(e)社会与文化因素;

(f)基于图像整合(Integration of Image)、活动和技术系统的概念生成(Concept-formation),包含从个体在房间中到群体在市镇中不同尺度的感知;

(g)问题求解过程:设定问题,形成不同概念(Concepts),依据客观(公众)的评价和系统评价方案而进行决策❸。

课程所表达的设计思维图解已经很明显地体现出设计方法学的影响,尤其是以"分析—综合"模型为代表的模式。在系统论的观念下,学生要通过"描述"(Description)、"评价"(Evaluation)、"概念"(Concept)、"形式转译"(Form Translation)的方式来推进设计,并强调线性、客观

❶ 设计方法学的核心学者包括机械工程背景的布鲁斯·阿彻(L. Bruce Archer)、工业设计背景的约翰·克斯利托弗·琼斯(John Christopher Jones),而在建筑学领域影响显著的则是克斯利托弗·亚历山大。其详细论述可参见鲁安东."设计研究"在建筑教育中的兴起及其当代因应 [J]. 时代建筑,2017(03):46-49.

❷ 引自 Annual newsletter / Department of Architecture, University of Illinois at Urbana-Champaign.

❸ 引自 Annual newsletter / Department of Architecture, University of Illinois at Urbana-Champaign.

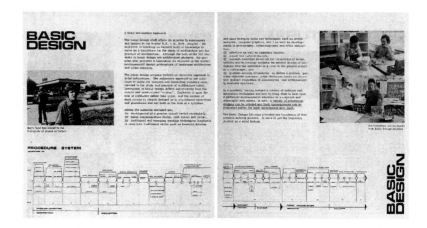

图 3-53　伊利诺伊大学香槟分校"基本设计"课程

和理性的设计思维。前两个阶段类似于背景资料的输入和处理，而后两个阶段则侧重设计概念的提出与深化，同时又分为分析（Analysis）、综合（Synthesis）、描述、评价四个步骤（图 3-53）。这种教学意图是非常明确的：虽然教学的工具仍然是模型和图纸，但是，建筑空间"找形"（Form-giving）的过程与理性的设计思维进行结合，而不再是依托于艺术化的直觉和判断。

　　第二，以"基本设计"为主体的通识类基础教学也在艺术类和综合性大学中有着广泛的影响力，并强调美育培养、设计思维和动手能力训练。这种课程的广泛开展对于非建筑专业普及建筑学的基本知识具有积极意义。比如，中国台湾设计教育家王无邪曾于 1960 年代在美国私立的艺术院校学习现代设计，并引介了以平面设计和立体设计原理的方式的"基本设计"。这类抽象形式的训练成为国内建筑院校"三大构成"教学的源头。本书第五章将对其流变过程进行详细阐述。

　　在美国爱荷华大学（University of Iowa）艺术系的教学中，基础课程就对其他专业的学生开放。这类通识课程不仅吸引了一些转修设计专业的学生，甚至引导了一部分人在研究生阶段学习建筑❶。实际上，"基本设计"在该校属于人文（Liberal Arts）学院教育的一部分，而不局限于艺术系的专业课程。在该校曾多年主持基础课程的胡宏述（Hu Hung-Shu）就是建筑学转到通识教育的艺术教育家❷。他对"基本设计"教学曾有过中肯的评价："市面上有很多'基本设计'的教材，然而其中大部分都把设计狭义理解为艺术基本要素和设计原理。这类书籍割裂了对于线条、形状、肌理以及平衡、比例、韵律原理的学习，但并没有真正教授做设计的方法"❸。实际上，形式原理的教学必须以设计本身为导向，并以解决生活中的实际问题为基本目标。1960 年代以后，胡宏述在工业设计领域的诸多作品也体现出"基本设计"原理与生产实践的关联（图 3-54）。此外，他也反对

❶ 胡宏述. 基本设计——执行、理性和感性的孕育[M]. 北京：高等教育出版社，2008：4.

❷ 胡宏述在台湾成功大学接受了本科建筑教育之后，曾在中原大学和东海大学建筑系任教。之后，他赴匡溪艺术学院学习现代艺术，并在绘画创作、工业设计领域都有所建树。他在美国爱荷华大学艺术系长期主持"基本设计"的教学，并担任设计系主任直至 2003 年荣休。

❸ 胡宏述. 基本设计——执行、理性和感性的孕育[M]. 北京：高等教育出版社，2008：5.

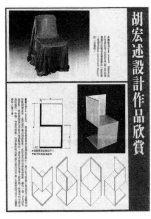

以"平面""立体"这种形式优先的方式来进行设计的分类，而更强调以一种整体性的角度来思考设计活动，并以此来培养创造性思维。实际上各种设计学科门类是触类旁通的。

图 3-54　"基本设计"观念与工业产品的转化，胡宏述作品

　　建筑师的培养往往能造就高水平的设计人才。比如，很多顶级的家具都是由建筑师设计的而不是家具设计师。这倒并不是说所有建筑师都可以跨界，但是建筑学的训练却对整个设计领域至关重要。通过"基本设计"的训练，一些具有建筑学背景的学生能够在研究生阶段更好地学习工业设计。实际上，很多美国大学并没有建筑课程，但是，建筑教育的基本经验却能够融合到"基本设计"的课程中❶。

❶ 胡宏述. 基本设计——执行、理性和感性的孕育 [M]. 北京: 高等教育出版社，2008: 4-5.

3.6　本章小结

　　包豪斯抽象形式原理对于布扎古典形式传统的替代属于实践现代建筑教育的重要一步。"基本设计"的兴起说明包豪斯预备课程中的原理逐步被凝练，并形成了一种新的形式语言。包豪斯预备课程在美国建筑院校的传播呈现出立体化的变迁过程，并由包豪斯教育体系所培养的第二代教师来完成。这一教师群体的共同特征是具有现代艺术和视知觉训练的背景，同时参与建筑基础教学。但他们的学术主张更为复杂，同时也对于"基本设计"在建筑教育中的作用有着不同认识。本章将这一传播过程概括为三种不同的模式。

　　第一种转化模式是认可"基本设计"的形式原理和教学理念，并接纳了其以材料为核心的训练方法。更重要的是，这种方式延续了对包豪斯预备课程最初的价值判断，即为包含建筑在内的不同艺术门类提供共通的基础课程，培养对空间形式的感知能力，并熟悉不同门类所共有的设计语言。

对于"基本设计"的接纳最具代表性的就是菲利波斯基 1950 年代在哈佛大学和麻省理工学院所开设的设计基础课程。在这类教学中，建筑基础课程将切分出独立的环节来执行所谓的"基本设计"：在进入完整的建筑设计训练之前，需要对学生进行一系列发散的材料和形式训练，并和建筑课程形成连贯的对接。

"基本设计"的第二种转化模式体现出对于包豪斯"从材料到建筑"模式的质疑。这类学术主张认为抽象的形式练习不能替代建筑基础课程，而应当以一种辅助的视觉训练来执行。自包豪斯模式移植美国之后，对于建筑基础教学全面包豪斯化的抵制就已经出现，并以彼得汉斯 1940 年代开始的"视觉训练"为代表。彼得汉斯坚持严谨的制图训练在基础教学中的核心作用，并把"基本设计"的基本原理以平行于设计课程的方式进行教学。凯普斯 1950 年代的"视觉基础"课程则是另一种高年级开展抽象视觉教学研究的方式。他延续了对包豪斯原理的兴趣，并在色彩、光线等领域有了更深入的研究，以反哺建筑教学。

作为形式主义的实验，"得州骑警"的设计教学则体现了第三种对待包豪斯教学的态度。在海杜克和柯林·罗的探索中，包豪斯形式原理在教学法和空间理论都分别有了新的发展。而斯拉茨基等视觉艺术家则在这个法则变迁和超越的过程中起到了穿针引线的作用。"基本设计"中观察和感知的精髓被继承，并被转化为建筑学的空间形式法则。此外，包豪斯教学法中对于"练习"的创造性理解也被赋予了新的含义，并形成以"装配部件"为特征的教学方法。一方面，"得州骑警"的空间形式教学批判了美国包豪斯"形式—功能"简单对应的实用主义教条，为形式背后的逻辑增加了空间、结构等建筑学层面的知识依托；另一方面，包豪斯预备课程教学法的成就也被继承和转化，并在形式分析、空间训练与视觉研究等领域继续发挥作用。

第四章

包豪斯观念与中国建筑教育的初遇

❶ 本书第四、第五和第六章论述的是包豪斯预备课程及其变体在中国的两次传播。其中第四章和第六章主要讨论中国内地（不含中国香港、澳门和台湾地区）建筑教育的历史，为叙述便利同时符合建筑教育史的惯例，故以"中国"或"国内"建筑教育来表述；第五章概括论述"构成"教学通过对中国香港的学术交流和港台地区及日本教科书传入内地，为清晰界定研究范围，故以"中国内地"或"内地"的建筑教育来表述；第七章主要进行美国和中国建筑教育历史的比较，因此仍以"中国"或"国内"建筑教育来进行表述。

❷ 张道一. 图案与图案教学 [J]. 南京艺术学院学报（美术与设计版），1982（03）: 1-13.

❸ 但根据袁熙旸的研究，早期的图案教学往往脱离生产实际，"这种误解反应在教学上，表现为将图案的概念缩小为纹样的练习。"

❹ 引自"国立北京美术学校高等部图案科第一部（工艺图案）课程表"（1918）。

❺ 陈之佛于 1919 年至1928 年在日本留学，是当时留日美术学生中学习工艺图案的第一人。

❻ 杭间，靳埭强，胡恩威. 包豪斯道路：历史、遗泽、世界与中国 [M]. 山东美术出版社，2014: 126.

❼ 引自陈之佛的《图案构成法》，绪论部分。

❽ 马海平. 图说上海美专 [M]. 南京大学出版社，2012: 138.

❾《良友》杂志 1937 年 2月（总 125 期）就曾刊登了上海美专教学展览的详细介绍。

❿ 马海平. 图说上海美专 [M]. 南京大学出版社，2012: 138.

⓫ 爱伯. 现代绘画论 [M]. 刘海粟译. 上海：商务印书馆，1936.

⓬ 罗小未同时指出，圣约翰大学当时之所以把建筑专业命名为建筑工程系，也是突出建筑既是艺术又是工程技术的特点。引自罗小未，李德华. 原圣约翰大学的建筑工程系，1942-1952[J]. 时代建筑，2004（06）: 24-26.

4.1 背景：抽象形式观念的早期影响

4.1.1 工艺美术教育中的包豪斯思潮

（1）"图案构成"教学

1920 年代，在包豪斯抽象形式教学传入到国内建筑教育之前❶，在工艺美术教育领域已经出现对于新设计思潮的引介。一批从事美术创作和工艺美术实践的先行者已经通过不同渠道进行图案与形式的教学，并对日本和欧洲的新艺术思潮非常敏感。

美术教育中的图案教学可以追溯到 20 世纪初办学的两江师范学堂的图画手工科❷。1918 年，国立北京美术学校创立时即设有图案科。相对于另一个更为成熟的分支绘画科的教学，图案科的教学模式主要借鉴了日本的东京美术学校，但并未形成完整的体系❸。早期国内的图案教学以临摹装饰、纹样为主，但也出现了"平面图案法""立体图案法"这样的新式教学，同时"建筑学大意"成为图案科入门的学习内容❹。

时任浙江省立甲种工业学校教员的陈之佛于 1917 年自主编纂了第一本"图案"教科书，后赴日本学习工艺图案科❺。1923 年，他回国之后，在上海创立了"尚美图案馆"，并从事工艺美术的教育和商业设计工作，同时传播了日本现代设计与教育的资讯❻。这里特别要提到"图案"在当时的语境具有双重意义，除了作为工艺美术、建筑装饰等领域的一种独立艺术形式，它还包含了"设计""意匠"的意思。例如，陈之佛曾对"图案"有如下定义："可知图案就是制作物品之先设计的图样，必先有制作一种物品的企图，然后才设计一种适应于这物品的图样"❼。这种观念意味着设计和制造的分离，并体现出了正在萌芽的现代设计观念。实际上，在 1930 年代国内建筑教育的课程中，"图案"同样具有"设计"的意味，如"初级图案"即可理解为建筑设计基础。

1930 年代中期，上海美术专门学校（现南京艺术学院）也开设了图案科❽。在这之前，该校已经设置有色彩学、透视学、图案法等课程，并曾举办过具有现代设计特征的教学成果展览❾。展品包含产品设计、包装设计、广告宣传画、室内设计等门类，并有"南洋、欧美等国的图案参考品陈列"❿。1936 年，上海美专出版的译介丛书《现代绘画论》中就已经出现了介绍欧洲立体主义绘画的内容⓫。1940 年代，装饰艺术风格的"摩登建筑"表现图甚至成为图案科学生的专门作业。罗小未也曾在回忆文章中提到美术院校进行建筑形式启蒙的可能性：在圣约翰大学建筑专业建系之前，上海美专已经有一些关于建筑形式的课程，但并不是正式的专业⓬。

1940 年，四川省艺术专科学校成立，李有行任校长。一些具有留学背

景的教师开始引入国外的教学理念，进行图案基础课的变革。时任教务主
任的庞薰琹很注重技术和艺术的结合，并强调动手能力的重要性。该校甚
至开办了几期以《技与艺》命名的刊物，来推广这些新理念 ❶。尽管当时
处于抗战的艰苦时期，但国内艺术院校已经体现出向西方设计教育体系学
习的态度。

　　如前文所述，正式办学当然是一种系统化传播现代设计教育启蒙思想
的方式。除此之外，在逐步西化的年代，抽象形式观念更多的是通过教科
书、图集等文献资料在国内进行广泛的传播。

　　1930 年代，由一批进步的美术教师所编纂的图案构成教科书中已出
现了针对抽象构图法的研究。书中的文字和图例部分源于日本美术院校的
平面构图类的教材。这些书籍中的术语和插图不仅视野比较前卫，甚至出
现了对立体主义、欧美抽象视觉艺术片段性的介绍，以下举例进行论证。

　　朱龢典和潘淡明于 1935 年编写的《图案构成法》侧重讲解图案构成
的基本原理和法则（图 4-1）。书中不仅介绍了抽象图案的基本要素、组织
法则，还提及形式和色彩心理感知的内容 ❷。例如，不同颜色的搭配会引
导观者产生不同的心理和空间感受（图 4-2~ 图 4-4）。上述内容都与传统
图案学中对于纹样和装饰的表现有显著差异。极具代表性的是，该书涉及
一些由西方引入的格式塔形式分析的基本原理，比如形式重合时的共享边
界（Shared Contour）、正负形重合时如何对隐含图形（Implied Form）进
行判断等（图 4-5 和图 4-6）。《图案构成法》还把"立体图案"作为一种
调节室内空间、装饰氛围的意匠和手法。书中提到室内动线、家具布置的
改变均会对人的视线和空间感知产生影响（图 4-7），店铺的平面布局和店
招设计可以利用"立体构成"的原理来满足店铺的功能需要，并制造视觉

❶ 杭间 . 靳埭强 . 胡恩
威 . 包豪斯道路：历史、遗
泽、世界与中国 [M]. 山东
美术出版社，2014：132.

❷ 朱龢典 . 潘淡明 . 图案构
成法 [M]. 北京：中华书局，
1935.

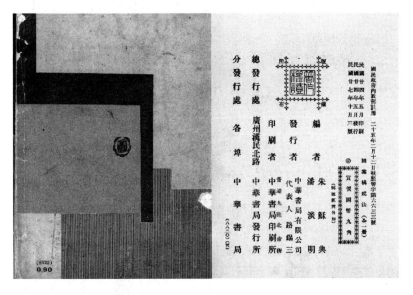

图 4-1 《图案构成法》封面
作者：朱龢典、潘淡明
1935 年

图 4-2　基本形式要素和变化
（左）
图 4-3　色彩构成及其叠加（右）

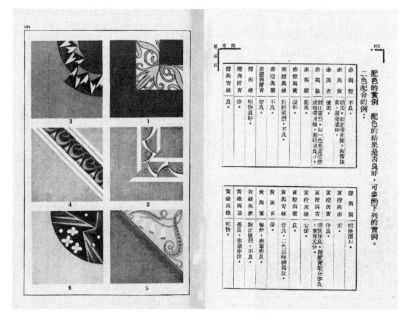

图 4-4　配色组合及其视觉反馈
标准

的趣味以吸引顾客（图 4-8）。

　　由傅抱石在 1930 年代中后期编译的《基本图案学》和《基本工艺图
案法》也同样关注于图案和手工艺设计中的构图原理（图 4-9～图 4-11）。
前者的图案学研究偏向纯粹的形式研究。具体来说，利用视错觉、图案表
达三维空间的歧义性的案例都有被该教材引用。其目的在于通过"图案"
的设计来增加视知觉的丰富性和趣味性。而"工艺图案"的研究则属于生

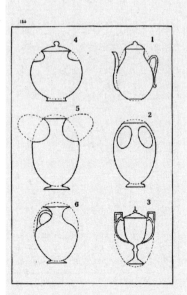

图 4-5　共享边界与格式塔心理学的视觉感知（左）
图 4-6　格式塔心理学的形式研究（右）

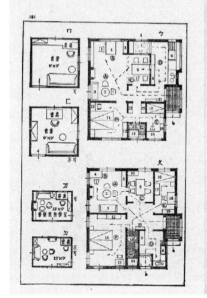

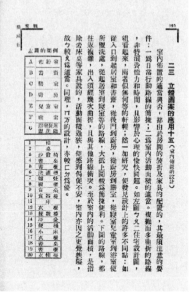

图 4-7　立体图案及在室内设计的应用

产和应用性的工艺美学研究。《基本工艺图案法》中以室内家具和陈设为例，具体介绍了比例、尺度等形式分析法在家具和日常用品设计中的应用（图 4-12~图 4-14）。

　　陈浩雄于 1936 年撰写的《图案之构成法》则属于更为系统的著作（图 4-15）。与包豪斯的形式原理颇为类似，本书对于形式丰富性的实现方法有着非常前卫的论述："变化和统一两要素，有如织物的经纬线，互相构成，

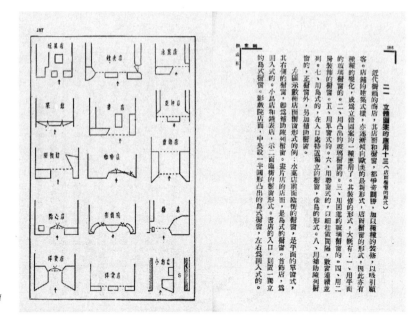

图 4-8 立体图案在入口和橱窗设计中的应用

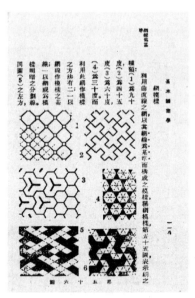

图 4-9 《基本图案学》封面（左）
编译者：傅抱石 1936 年
图 4-10 网格和形式的生成（右）

❶ 陈浩雄.图案之构成法[M].北京：商务印书馆，1936：14.

方能为适宜的图案❶。"同时，作者还以图解的方式对于变化的"对象"（形、分量、色调）和"方法"（旋律、均衡、调和）进行排列组合的映射分析（图 4-16）。这种抽象要素和其形式法则的对应关系与半个世纪后引入国内的"三大构成"原理不谋而合。除了传统的图案、纹样等形式研究之外（图 4-17），书中还出现了对完形、正负形、共享边界等抽象形式概念进行讨论的实例（图 4-18）。陈浩雄甚至片段地引用和改绘了伊顿在其经典著作《设计与形式》（Design and Form）中的图解（图 4-19），并以形式要

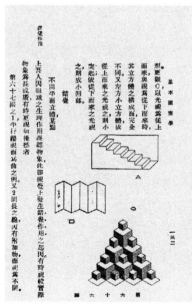

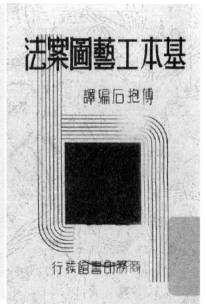

图 4-11　三维视错觉（左）
图 4-12　《基本工艺图案法》封面（右）
编译者：傅抱石
1939 年

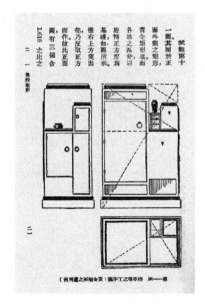

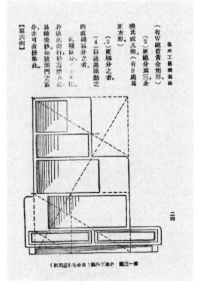

图 4-13　家具立面研究（黄金比例）（左）
图 4-14　家具立面研究（右）

素之间的对比法则来解释构图的原理❶。

（2）包豪斯观念的传播

在国内美术教育领域，对于包豪斯和现代建筑的了解可以追溯到早期欧洲留学生的活动。不同于日本，华人学生并没有在德国包豪斯直接学习过，因而对于包豪斯的认知主要来源于留欧时期的参观游历和书籍文献。从 1920 年代到 1930 年代，国内留学法国的工艺美术先驱已经对包豪斯和受其影响的新建筑运动有一定认知，如庞薰琹、郑可、雷圭元等都曾了解

❶ 陈浩雄 . 图案之构成法 [M]. 北京：商务印书馆，1936：59.

图 4-15 《图案之构成法》封面
作者：陈浩雄
1936 年

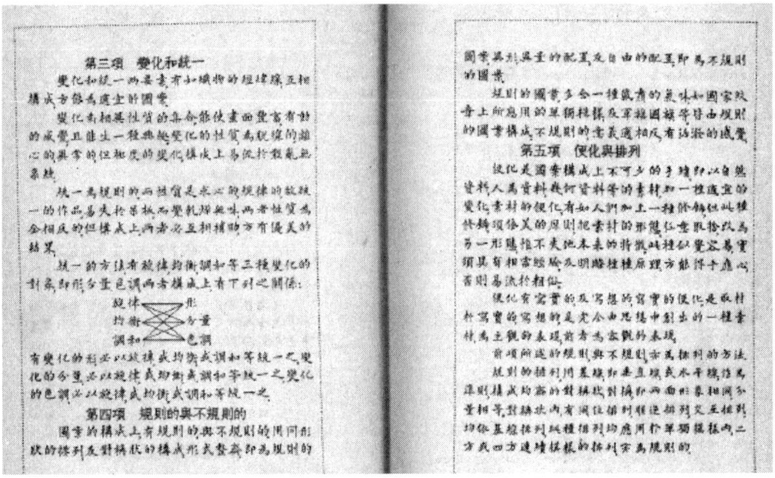

图 4-16　形式法则

图 4-17　"四方连"（左）
图 4-18　共享边界的形式研究
（右）

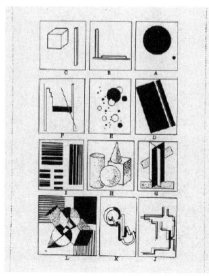

图4-19　伊顿形式理论的改编
（左）
图4-20　《生产工艺》封面（右）

过包豪斯的新建筑思潮。但总体而言，很难判定其是否对于教学产生过实质影响。

　　受"包浩斯"影响的建筑，表现在私人住宅方面是很明显的。首先每个建筑物在造型方面变化很大，屋顶采用了平顶，使建筑物的造型得到了更自由的发展，室内布置完全抛弃了旧的传统。由于钢铁工业、玻璃工业的发展，大量采用玻璃，使室内光线起了根本性的变化，改变了"内外关系"❶。

❶ 庞薰琹．就是这样走过来的 [M]．上海：三联书店，1988：140．

　　庞薰琹在回忆录《就是这样走过来的》曾提到1929年他在柏林等地参观新建筑时所感受到的包豪斯的传播。在华人建筑学生的推荐下，他去柏林近郊看了一些新建筑，颇为之震撼。通过庞的论述，我们不难推断当时包豪斯和现代设计所产生的影响力使人们对建筑与空间有了颠覆性的认识。另一位现代工业设计的奠基人郑可也曾于1930年代早期在法国参观过德国包豪斯的展览。他回国后从事教育工作，于1934到1937年在广州市立美术学校任教，后在香港创办工厂，从事商业设计。

　　1930年代之后，一批憧憬变革的艺术家通过开办设计机构，以出版书籍刊物等方式来传播现代设计理念。这其中就出现了对包豪斯更为全面的介绍。1930年，吕著青、储小石（曾任北平艺专图案系主任）、黄怀英等北平美术界和工商界的人士曾组成"生产工艺协进会"，并创立刊物《生产工艺》（图4-20），其第二期（1931年）刊物发布了"Bauhaus工艺学校"校舍以及校长格罗皮乌斯的照片❷（图4-21）。

❷ 生产工艺协进会．生产工艺 [J]．北京：生产工艺协进会内部出版，1931，第二期．

❶ 该书于 1932 年 6 月出版，是最早全面评述介绍现代工艺美术的学术著作。

图 4-21　第二期《生产工艺》关于包豪斯校舍和格罗皮乌斯的介绍，1931 年

1929 年，张光宇和张正宇等人合作创立"工艺美术合作社"，进行商业创作，活动内容涉及绘画、建筑、装饰、雕塑、木器、铸金六个门类。随后，张光宇在 1932 年出版了《近代工艺美术》❶，并用了较长的篇幅介绍现代设计教育，还有"近代建筑"的独立一节。书中出现了被译为"伯绥司"（Bauhaus）的包豪斯，同时还有对德绍新校舍建筑和室内设计的介绍，并配有照片作为佐证。

总而言之，伴随着现代建筑、社会改良、技术变革等一系列现象，中国工艺美术教育领域在 1930 年代就已经注意到了包豪斯的存在。不可避免的是，这种对于现代设计的认知受时代局限仍比较模糊。此外，工艺美术界对建筑形式问题（如建筑造型、室内装饰）的关注在其设计学科建立时就已经存在，并一直持续。这也体现了建筑的艺术属性在认知和传播过程中发挥的作用。在抗战全面爆发之前，国内工艺美术界对于现代设计的诉求和自我意识在逐步加深，但现代设计教育观念向具体教学方法的转化仍需要更多知识体系层面的积淀。

4.1.2　建筑设计教学的转变

在高校建筑教育初创的时期，"庚款"的留美学生在以宾大为代表的建筑院校中接触到了布扎的教学方法，并接受了严谨的折中主义建筑的训练方法。布扎教育体系崇尚古典，视建筑为艺术，并从基础课程开始贯彻这种理念。基础教学被设置为独立的环节，包含一套完善的训练方法，其中包括绘图基本功、柱式渲染、古典建筑细部绘图、"分解构图"（Analytique）等。这一类有梯度的练习用来培养学生对于古典建筑形式的修养，引导他们逐步从建筑构件的片段进入到完整的单体建筑设计。布扎教学也被一大批归国的留美学生移植到国内的建筑教育中，并发展为一个全国性的模式。顾大庆在《中国的"鲍扎"建筑教育之历史沿革——移植、本土化和抵抗》一文中从教学方法演变的角度对此有过具体论述❷。当然，布扎建筑教育模式的本质仍是美术建筑，教学强调绘图技能的培养和古典形式法则的灌输，这一点与具有工学院特征、强调技术和工程性质的建筑教育模式是有很大差别的❸。

在包豪斯方法正式被引入国内的建筑基础教学之前，正规大学建筑系办学已经有约十五年的历史。当时各校留存的教案和作业非常有限，这对于完整地理解基础教学的发展脉络有一定障碍。但我们仍能通过既

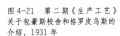

❷ 顾大庆 . 中国的"鲍扎"建筑教育之历史沿革——移植、本土化和抵抗 [J]. 建筑师，2007（02）：97-107.

❸ 艺术类与土木类的建筑院校的竞争在美国建筑教育也有所存在。从 1920 年代开始法国布扎逐步取代德国的工学院模式，而成为一个新的教学范式。

有研究中积累的史料，以课表或教学计划作为切入点来分析基础课的组成，并推断其教学方法的来源。这里我们更为关注的是，布扎模式影响下的基础课程在这一时期是否已经有所转变，并呈现出向现代建筑教育转型的趋势。

（1）基础课程：布扎传统的延续

中央大学建筑系（1927年成立）在建系之初并非采用纯粹的布扎模式，这一论点已有潘谷西、单踊、顾大庆等学者进行过阐述。这一教学主张与早期教师的学术背景有密切联系。从负责设计教学的科主任刘福泰在俄勒冈大学的学习经历和时间来看，尽管不是纯粹宾大的方法，但学院式教学的影响仍无法回避。从建系不久的课表（1928年）就可以看出（图4-22），以"建筑画""建筑大要""初级图案"为代表的绘图、概论和设计课所组成的基础教学体系已经比较清晰。1930年后这个体系又改用"建筑初则及建筑画"与"初级图案"，由留德归来、强调技术的贝季眉负责。

东北大学建筑系（1928年成立）显然是直接延续了宾大的传统，这与创系者梁思成、林徽因二人的求学经历和研究兴趣直接相关。在当时一年级的设计课程中包含"建筑则例"（第一学期）、"建筑图案"（第二学期）两个内容，还有"建筑理论"和"西洋建筑史"等建筑导论的内容。此外，学生在入门阶段还需要学习法文 ❶，笔者推测这可能有助于阅读布扎的文献材料。张镈的《忆东北大学建筑系》一文中也有对于当时基础教学（四年学制中的第一年）的回忆：

> 在一年级上学期完成建筑初步及构图规律严格训练之后，在一年级下学期即转入正式设计课程……1930年，童寯教授担任教职，他十分重视学院派的五柱式模数制，要求同学能识、能画，能背诵如流，能按模数默画 ❷。

童寯写于1930年的《制图须知及建筑术语》一文大致对应了当时建筑初步的教学大纲 ❸。文中对于制图、制图工具、着色的平涂（Flat Wash）和退晕（Graded Wash）、"课题研究"（Study Problem）都有细节描述，可推断出渲染训练的具体方法。同样写于1930年的《比例》一文则是对于古典柱式和建筑法则的详细描述，这也与基础理论课直接关联。此外，在1930年代的《中国建筑》期刊中还时常刊登东北大学的学生作业，以供各校交流。例如，刘致平等人所绘的西方古典建筑的雕饰图就属于布扎模式中固有的古典建筑细部描绘 ❹，这也间接说明了古典美学修养在教学体系中的作用。

勤勤大学建筑系（1932年成立）的教学历史则体现出师生对于现代

❶ "法文"课程包含一年级上、下两个学期，各占3学分。

❷ 杨永生. 建筑百家回忆录 [M]. 北京：中国建筑工业出版社，2000：12-14.

❸ 童寯. 童寯文集（一）[M]. 北京：中国建筑工业出版社，2003：11-14.

❹ 1928年入学的刘致平图的署名时间是1930年11月，这说明除了基础课程外，绘画训练在高年级可能仍在继续。

	中央大学建筑工程系 1928		中央大学建筑工程系 1933		东北大学工学院 1928年左右		全国统一课程 1939		广东省立工专 1933		勃勤大学工学院建筑工程学系 1937	
	课程	学分	课程	学分	课程	学分	课程	学分	课程	学分	课程	学分
设计类	初级图案	2	建筑初则与建筑画(1)	2	建筑则例(1)	2	初级图案		建筑学图案(1)	3	建筑图案(1)	2
			初级图案(2)	2	建筑图案(2)	4			建筑图案设计(2)	3	建筑图案设计(2)	选修
制图类	阴影法	2	投影几何(1)	2	徒手画(1,2)	2,3	投影几何		画法几何(1)	2	画法几何(1,2)	2
	投影法	3	徒手画(1)	2	阴影法(1,2)	选修,2	阴影法		阴影学(1)	1	自在画(1,2)	1
	西洋绘画	3	透视画(2)	2			徒手画		图案(1,2)	2	图案(1,2)	选修
	建筑画	2	模型素描(2)	2					自在画(1,2)	2,1	模型(1,2)	选修
											阴影学(2)	1
史论类	文化史	2			西洋建筑史(1,2)	2,2			建筑学原理(1,2)	2	建筑学原理(1,2)	2
	建筑大要	1			建筑理论(1)	4			建筑学史(2)	2		
技术类	测量学	3			应用力学(1,2)	4	应用力学		材料强弱学(1,2)	2		
	地质学	1					材料力学					
							木工					
资料来源	中国现代建筑教育史(1920—1980), 57		《中国建筑》1933年第1卷第2期		《童寯文集》(一), 115				广东省立工专校刊, 1933年7月: 9-10		《广东省立勃勤大学概览》, 1937年: 2-4	

图 4-22　国内建筑院校（1920年代和1930年代）一年级课表

❶ 1932 年林克明向广东省立工专校长卢德建议创办建筑学系得到应允，任建筑学系及土木科主任。在省政府和教育厅的督办下，1932 年秋季，省立工专设建筑科。

❷ 彭长歆. 中国近代建筑教育一个非"鲍扎"个案的形成：勤勤大学建筑工程学系的现代主义教育与探索 [J]. 建筑师，2010（02）：89-96.

❸ 施瑛. 华南建筑教育早期发展历程研究（1932-1966）. 广州：华南理工大学，2014：72-86.

❹ 施瑛. 华南建筑教育早期发展历程研究（1932-1966）[D]. 广州：华南理工大学，2014：86.

❺ 一年来校务概况. 广东省立工专校刊 .1933：11-13. 转引自施瑛. 华南建筑教育早期发展历程研究（1932-1966）[D]. 广州：华南理工大学，2014：74-75.

❻ 施瑛. 华南建筑教育早期发展历程研究（1932-1966）[D]. 广州：华南理工大学，2014：74-75.

建筑的自主追求 ❶。以该校自办刊物《新建筑》为代表，这一观念上的变革与采用布扎模式的学校有着显著差别 ❷。但勤大的建筑基础教学是否呈现出与古典传统不同的特征，这里值得深究。通过对广东省立工专建筑系 1933 年 7 月的课表 ❸ 和 1936 年的课表（第二学期）❹ 的解读（图 4-23），我们可以对一年级专业课的内容进行如下分析：

首先，从课程架构来看，教学计划对数理知识、画法几何、阴影学等具有工程学特征的技术课程比较重视。在 1933 年的必修科目中就包含有数学、物理、材料强弱学的课程，尤其是在 1936 年的基础课中，数学成为一年级权重最高的必修科目（两学期共 4+4 学分，每周 4 学时）。

其次，基础教学环节由设计课程（建筑学图案和建筑图案设计）和概论（建筑学原理）两部分组成。根据 1933 年广东省立工专校刊中对于课程的记录 ❺，一年级下的建筑图案设计延续了建筑类型教学的原则，从功能简单的题目，直至复杂的类型。由此我们可以大致推断，其基本原理也是基于布扎的方法。

建筑及图案（一学期）：授以各种建筑元素及建筑图案制作法，使明了建筑物各部分之方式，为建筑设计之准备。

建筑图案设计：初授以园亭台阶等简单的建筑图案设计，继授学校、衙署等各种大建筑物之设计。

建筑学原理（两学年）：前一年授以建筑设计主要原理，及设计上之主要法则（Architecture Composition），后一学年授以各种建筑物之要素（Elements of Architecture），如学校、医院等公共建筑物设计要素 ❻。

再次，美术教学强调实用性而非艺术性，所占比重不大。这一特征与

	中山大学建筑系 1945		清华大学建筑工程系 1946		同济大学本科房屋建筑学 1952		高教部五年统一教学计划 1954	
	课程	学分	课程	学分	课程	学分	课程	学分
设计类	建筑初则与建筑画（1）	2	预级图案（2）	3	建筑设计初步（1,2）	6	建筑设计初步（2）	8
	建筑图案设计（2）	2						
制图类	徒手画（1,2）	2	素描（1,2）	4	投影几何（1,2）	4	投影几何及阴影透视（1）	6
	投影几何（1）	2	制图初步（1）	1	素描（1,2）	4	素描（1,2）	4
	透视画（2）	2	古典范式（1）	1				
	模型素描（2）	2	画法几何（1）	2				
	阴影学（2）	2	阴影画（2）	1				
	透视学（2）	1						
史论类							世界美术史（1）	2
							中国建筑史（2）	4
							建筑构图原理（2）	2
技术类	工厂实习（1）	1			普通测量学（1）	4	测量学（2）	2
	木工（2）	1			理论力学（2）	4		
					建筑构造（1,2）	5		
资料来源	1948届金振声课程表		张德沛课程表		中国现代建筑教育史（1920—1980），245			

同时期中央大学等重视美术基础的院校有所差别。"图案画（一学年）、自在画（一学年）、模型（一学期）：此三种美术课目，略与普通美术有别。其目的在使能描写物体之外观形式，由实在的艺术方法表现之，以期养成对于物体比例之感觉性及美术性。❶"更重要的是，美术教学中采用有独立的模型教学，这无疑是对单纯图面表达的一个重要补充。当然，由于资料的缺失我们难以推断模型课具体的教学方式。在 1936 年的课表中，图案画已被列为选修，不设学分，这再次说明美术教学并非课程体系的重点。

上述三所建筑院校课程的比较，大致反映了 1930 年代国内建筑基础教学的基本概况。从教学体系的核心价值而言，存在着布扎学院式与工学院模式的平衡：前者把建筑视为艺术，崇尚美、法的古典主义艺术传统；后者注重工程技术，延续了日、德的建筑教育传统。上述两种教学模式在教学执行层面的主要差异在于图艺类和工程类课程的权重。在建筑教育尚不发达，媒体传播力相对有限的条件下，国内各所建筑学校的教学方法自然来源于课程主持教师的学术履历，并具有相对的独立性。其共性是，基础课程仍然是布扎方法为主导。从古典柱式、建筑要素和构件、构图训练逐步进入单体建筑设计这一基本流程，应当是各个学校基础教学的共识。

（2）设计课程：吸纳现代建筑的形式语言

从 1920 年代开始，现代建筑在欧美各国的影响力已与日俱增。国内沿海开放城市的建筑行业也积极引入现代建筑，商业和民用建筑的创作中都已出现了一些具有现代特征的"摩登建筑"，并体现出反古典的形式主张。欧美华人留学生回国前必然通过授课、游学、杂志等不同的媒介对源自欧洲的现代主义建筑运动有所认知，尽管他们本身接受的仍是古典主义教育，但这并不妨碍他们把现代建筑作为一种新生力量和特定风格来认知❷。

1930 年代初，《建筑实录》（*Architectural Record*）、《铅笔尖》（*Pencil*

图 4-23　国内建筑院校（1940 年代和 1950 年代）一年级课程大纲

❶ 施瑛. 华南建筑教育早期发展历程研究（1932-1966）[D]. 广州：华南理工大学，2014：74-75.

❷ 例如，通过对于童寯 1930 年 4 月起开始的旅欧日记的阅读，我们能够发现他在 1930 年 6 月就曾在法兰克福参观过格罗皮乌斯的现代建筑展（主要是工业建筑），当然相较于他对于古典建筑的描述只是非常微小的一部分。

Points）等西方建筑杂志上刊登柯布西耶、赖特等现代主义建筑师的作品已是普遍现象。同一时期，这类杂志在中国的沿海城市已可接触到，并被纳入建筑教育和职业培训的参考书。具体而言，童寯在1931年写的《答读者问》一文提及当时建筑教育的参考书有宾大约翰·哈伯逊（John Harbeson）所著的《建筑设计学习》（*The Study of Architectural Design*）、《工程实践（图册）》（*Good Practice in Construction*），纽约《铅笔尖》杂志出版社的刊物等。

1933年，由原天津工商学院编辑出版的教会杂志《北辰》中刊登了题为"现代美国建筑论"的译介文章，原作者是艾勒莫·库本（Elmer R. Coburn），中文译者署名"木之"❶。在文中，作者向国内读者介绍了当时美国建筑领域的"两种互相冲突的学派"，即现代主义和古典主义建筑观念的碰撞：

> 他们另外还受了以前巴黎美术学校学生们所组织的美术建筑师协会（Society of Beaux-Arts Architects），以及设立工作室制度（Atelier System）的影响……一般现代派主义的主张者，和保守派不相投，就是因为保守派以艺术为主张的原故❷。

此外，以"摩登建筑"为代表的现代建筑思潮在学生中也颇有影响。1933年《中国建筑》上，东北大学建筑系毕业生石麟炳就撰文呼吁建筑设计观念的转变。"此后欧风渐次东来，建筑界亦影响所及，多从事于摩登风格建筑（Modern Style Architecture）矣。❸"在石的文章中，并未有更多反映现代建筑实质的内容，但仍能够看出作者对当时建筑师盲目的风格追逐是持批判态度的。

勷勤大学建筑系的教学中更明显地带有现代建筑的主张。1933年，林克明在《广东省立工专校刊》上撰文《什么是摩登建筑》，这是国内较早介绍现代建筑的文章之一。1936年，在广州勷勤大学建筑系的学生自办刊物《新建筑》中已经出现了对欧美现代主义建筑较全面的介绍。同年，建筑系教师胡德元在校刊中撰文《建筑之三位》："若由建筑之真的本质（Essential）上言之，则以用途、材料、艺术的思想三者，实为建筑之三位。❹"文中把材料和用途（功能）、艺术相并置的观点并不多见，却更为贴近于建筑本体论的观念。此外，从1934到1937年，亲身体验过包豪斯的郑可也在广州勷勤大学建筑系兼职室内设计的教学❺。勷大师生对于新建筑思潮的呼吁一定程度上拓展了对"摩登建筑"的全面理解。

1930年代左右，伴随着现代建筑观念与思想在国内建筑院校的持续传播，建筑设计教学相应产生了古典向现代的转型。在高年级的设计课程中，

❶ 根据文章出处《铅笔尖》杂志上的介绍，英文作者是时任 Mr. Welles Bosworth 驻纽约事务所的建筑师。

❷ 引自《北辰》杂志，1933年第5卷。

❸ 石麟炳. 中国建筑 [J]. 中国建筑，1933（1）：31.

❹ 胡德元. 建筑之三位 [J]. 广州：广东省立勷勤大学工学院特刊，1935.

❺ 彭长歆. 庄少庞. 华南建筑80年. 华南理工大学建筑学科大事记（1932-2012）[M]. 广州：华南理工大学出版社，2012.

学生已经自觉接受了现代建筑作为一种新的风格、语汇和形式主张而存在。

首先，现代建筑观念对以建筑类型为核心的教学产生了明显的导向。例如，在独立住宅、学校、办公楼等一些新建筑类型中，学生往往会自觉采用简洁的建筑语汇来完成设计。在《中国建筑》1933年到1934年的各期刊物中出现的学生作业都体现了类似的倾向。东北大学建筑系李兴唐所绘的《新式住宅习题》就采用了简洁的立面（临界店铺和住宅采用不同的立面风格）❶。刘鸿典所画的"救火会图案"也出现了一些现代建筑的特征，如现代风格的立面、条形长窗、不对称的建筑体量和平面。在张镈转至中央大学时的作业（乡村学校图案）❷以及中央大学戴志昂（公共办公室习题）❸、徐中等人发表的学生作业中，都能明显地看到现代建筑的影响。而在市政建筑、名人纪念堂等一些纪念性类型的建筑中，形式观念也是相对含糊的，中国古典和西方古典建筑的风格语汇也都有被采纳。

其次，高年级学生作业关于建筑风格的表现是多元的，这体现了教学的包容性。在统一的任务书之下，学生可以根据自己个人的兴趣和理解去进行不同形式语言的探索。这也相应解释了为什么同一个题目会出现不同的风格。从1938年第七期《新建筑》杂志上刊登的"战时后方伤兵医院计划"（勷勤大学建筑系三年级建筑图案，胡德元指导）来看，学生作业中的差异非常明显，并尤其体现在立面的表达上。如郑官裕、莫汝达、连锡汉的立面设计都采用了横线条的长窗，而陈桢祥的设计则采用装饰艺术（Art Deco）风格的竖线条。四个方案都完全没有采用古典柱式，尤其是莫汝达的方案，设计采用不对称的空间体量，甚至连檐口的线脚都进行了简化。不过，从功能类型与空间组织来说，学生们的探索仍乏善可陈。

1930年代开始，从西方建筑教育的大趋势判断，由古典建筑向现代建筑的转型已成必然。随着包豪斯方法的输入，美国的建筑院校借用了移植而来的"基本设计"完成了基础课程的现代转型。这一变革不仅依赖于包豪斯学派从欧洲向美国的流动，同时也依赖于建筑教育者对建筑基本问题的认知水平。反观国内建筑教育的演变，植根于古典建筑法则的布扎体系在基础教学的式微也同样具有必然性。例如，西方古典柱式的渲染方法已经开始与国内的建筑实践逐步脱节，但由于缺乏一个替代渲染训练的方法，布扎体系基础教学的训练模式迟迟未能发生变化。根据美国建筑教育变迁的基本特征来看，教学法的新旧交替往往需要借助于外部方法的输入来推动。包豪斯的引入所起到的催化剂作用，在中美两国建筑教育都有所体现。1940年代，黄作燊、梁思成先后成立圣约翰大学和清华大学建筑系，并吸纳了美国现代建筑教育的基本原理。在上述两所院校中，包豪斯预备课程的抽象形式法则与训练方法开始被主动地引入，以一种观念探索先行的方式开始改变国内建筑教育。

❶ 引自《中国建筑》1933年，第3期。

❷ 引自《中国建筑》1934年，第1期。

❸ 引自《中国建筑》1933年，第2期。

4.2 包豪斯预备课程的引入（1942~1952）

4.2.1 圣约翰大学建筑系的基础课程

1942年，留美归来的黄作燊在杨宽麟的邀请下在上海圣约翰大学工学院创办建筑工程系。尽管处于日据"孤岛"时期的艰苦条件下❶，但初创的院系和黄作燊自身的教育背景确保了他能够在属于教会学校的圣约翰大学建立一个不同于布扎的教学模式，并彻底地推行现代建筑的主张。对于早期圣约翰大学和同济建筑教育史的研究，伍江、卢永毅、钱锋等学者已经做了较为系统的研究。作为同济建筑系的前身，圣约翰大学（1942~1952）的十年时期，包豪斯的影响最为明显和纯粹。但受抗战、内战等社会大背景的影响，教学一直处于动荡，教学史料（文字、图像等素材）尤其是学生作业比较匮乏，这也让这一时段的历史研究很大程度上依赖于口述史积累的素材。

一方面，黄作燊的学术背景和建筑履历决定了早期圣约翰大学建筑教育的方向。他在海外主要有两段求学经历，一是在英国伦敦建筑联盟学校（Architectural Association School of Architecture），时间从1933到1937年；二是在哈佛GSD，时间从1938年到1941年❷。黄作燊在AA学校学习期间，恰逢英国建筑教育从古典向现代进行转变的时期，"到1930年代后期，AA学校的观念更为激进，并成为英国第一个追求现代主义的建筑学校……布扎体系被中止之后，一个基于单元体制（Unit System）、合作式的现代教学模式开始建立，而不再是布扎强调草图保留和学生竞赛的模式。此外，设计研究的机制和城市规划的理念开始进入学校。❸"黄作燊在哈佛就读期间刚好是格罗皮乌斯与哈德纳特推动教学改革的时期，他们把观念保守的哈佛建筑系改组为建筑、规划、景观并行的"设计研究生院"，以打通学科壁垒，并一跃成为全美现代主义建筑思想和教育的中心。

另一方面，圣约翰大学建筑教育的另一个背景与优势是现代建筑在上海的广泛影响。作为一个发达的租界城市，现代建筑的实践在上海一直颇具影响力，并有很多落地的作品。当时有一批具有现代建筑教育背景和视野的建筑师在圣约翰大学建筑系任教或兼职。德国德累斯顿工业大学（Technical University Dresden）毕业的理查德·鲍立克（Richard Paulick）曾为格罗皮乌斯工作❹，后来在上海开业，并在圣约翰大学任教城市规划和室内设计，同时他也为圣约翰大学的师生提供了参与实践的机会。从他1940年代在上海所完成的建筑设计来说，已经很明显地属于现代建筑。对于鲍立克的历史研究也在最近十年积累了相当的成果，爱德华·科格尔（Eduard Kögel）、侯丽、沃尔夫冈（Wolfgang Thöner）等学者都作了细致深入的研究（图4-24~图4-27）。匈牙利籍建筑师海吉克（Hajek）也曾参

❶ 1937年上海被攻陷后，沦为孤岛。之后圣约翰大学曾停课，并迁址于公共租界。1942年继续办学。

❷ 卢永毅. 同济早期现代建筑教育探索 [J]. 时代建筑，2012（03）：48-53.

❸ 引自 AA School Archive. https://archiveshub.jisc.ac.uk/search/archives/17c309c0-13bc-3d9f-bf72-6fe8632c0406.

❹ 个人介绍见 https://www.bauhaus100.de/en/past/people/friends/richard-paulick/。实际上，在执教圣约翰大学之前，于1933到1937年，鲍立克已经在上海"Modern home in Shanghai"执业，1937年，他和兄弟在上海组建"Modern Homes Company"，在执教期间他还参与了市政规划项目和铁路、港口的建设。1950年，他返回民主德国，并成为国家建筑师。

与过圣约翰大学建筑历史教学。当时著名的"五联"建筑师事务所合伙人（王大闳、陈占祥、陆谦受、郑观宣、黄作燊）在上海执业，同时参与教学。这种教学与实践紧密融合的状态与学院式的氛围有相当差别。尽管当时的学术环境因为战乱时局和经济动荡并不稳定 ❶，但这种师资的流动却为圣约翰大学建筑教育的探索搭建了一个开放、动态的平台。而 1949 年前后，通过黄作燊与从业建筑师的对谈也可以判断，上海业界对于新建筑的追求是明显的，并渴望重新建构本土建筑师的话语（图 4-28）。

❶ 根据罗小未和李德华的回忆，当时圣约翰大学建筑系因为经费或是专职教师比较难请，而邀请学者或建筑师进行评图或指导授课。而在 1946 年，从鲍立克和学院所签的合约来看，也间接说明当时建筑系运营并不轻松。

（1）包豪斯特征的教学

我们可以把圣约翰大学建筑基础课程的演变分为两个阶段：第一阶段从 1942 年学院成立到 1949 年之前，设计教学主要由黄作燊主导，部分外籍教师积极参与教学，这其中鲍立克的作用巨大。尽管他参与教学的重心在于城市规划，但对于包豪斯观念的普及仍起到了重要作用。第二阶段从 1949 年后到 1952 年院系调整之前，外籍教师陆续撤走，圣约翰大学建筑

图 4-24　对鲍立克的历史研究著作封面（左）
图 4-25　圣约翰大学理查德·鲍立克的肖像（右）

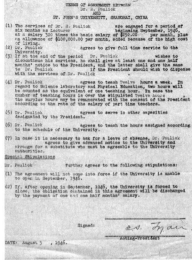

图 4-26　鲍立克公司的小册子《现代家庭》，发表于《中国日报》，1936 年第 3 期（左）
图 4-27　鲍立克与圣约翰大学的合同，1946 年（右）

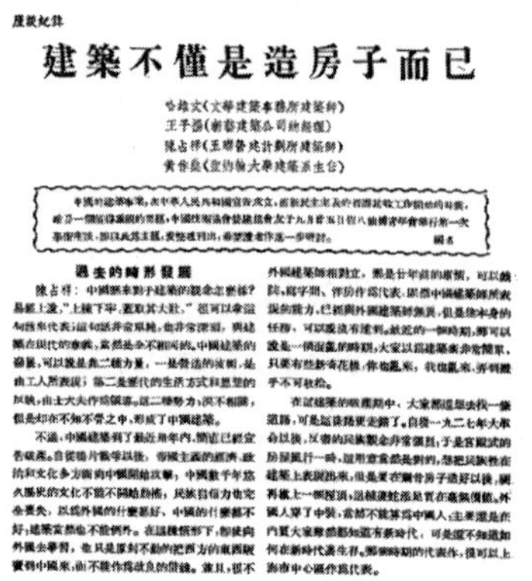

图4-28　哈雄文、王子杨、陈占祥、黄作燊关于建筑及其教育的讨论，发表于《工程界》1949年第4卷第9-10页（左）
图4-29　"记圣约翰大学都市计划展览会"，发表于1947年《市政评论》第9卷第8期（右）

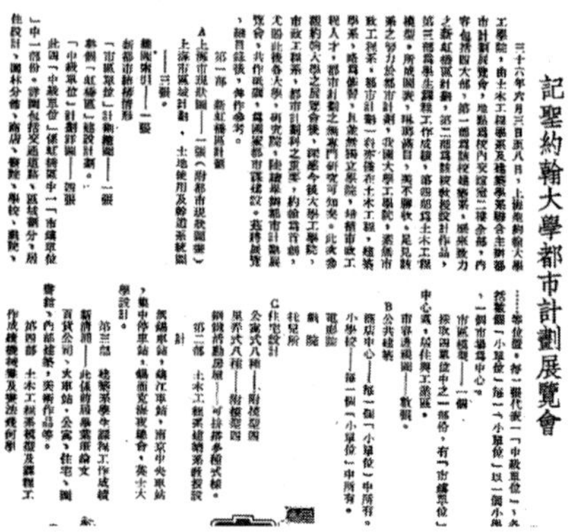

系的毕业生留校任教，同时办学规模进一步扩大。

由于圣约翰大学建筑系几乎没有留存作业，很大程度上阻碍了教育史研究对于设计课程内容的考察。在《市政评论》1947年第9卷第8期《记圣约翰大学都市计划展览会》一文中（图4-29），作者徐令修除了提及"都市计划科之重要，约翰为首创，尤盼此后各大学，研究院，陆续举办都市计划展览会，共作砥砺，为国家都市谋建设❶"，还提到了"建筑系学生课程工作成绩"，包含了"百货公司、火车站、公寓、住宅、图书馆、内部建筑、美术作品"几个部分。这一定程度上说明当时学生作业的选题已经与时代接轨，并按照建筑类型来组织设计教学。

如果把圣约翰大学早期课程设置（1943~1947）和1939年全国统一发布的教学计划进行对比❷，就设计类课程而言，统一课表中的基础课"初级图案"在圣约翰大学被称为"建筑设计"（和高年级设计课一样）（图4-23）。根据钱锋和伍江的研究，"建筑绘画""建筑原理""模型学"三门课程与布扎教学是有所差异的❸（图4-30）。

圣约翰大学建筑系的基础课"建筑绘画"具有包豪斯的特征。其目的在于"培养学生之想象力及创造力，用绘画或其他可应用之工具以表现其思想❹"。这一理念与当时布扎的渲染和绘画训练明显对立，它是通过培养创造力的抽象形式训练来超越对于古典建筑构件的模仿。低年级"建筑原理（概论）"课程有助于缓解学生在设计入门时以渲染方法为主的经验性教学所带来的迷惑。这一课程也和黄作燊本人对于现代建筑和基础训练的理解有直接关系。

圣约翰大学早期的建筑基础课中已经出现了材料收集、拼贴等抽象训练来改变学生对于形式和形式来源的认知。这一训练以包豪斯阿尔伯斯的教学法最具代表性，并对美国建筑教育的发展产生了影响。根据罗小未的回忆，黄作燊最具代表性的训练就是"图案和肌理"（Pattern and Texture）。

❶ 引自《市政评论》1947年第9卷第8期。

❷ 根据樊书培的修课记录整理而成。引自钱锋，伍江.中国现代建筑教育史（1920-1980）[M]. 北京：中国建筑工业出版社，2008：107-108.

❸ 根据樊书培的修课记录整理而成。引自钱锋，伍江.中国现代建筑教育史（1920-1980）[M]. 北京：中国建筑工业出版社，2008：107-108.

❹ 根据樊书培的修课纪录.整理而成。引自钱锋，伍江.中国现代建筑教育史（1920-1980）[M]. 北京：中国建筑工业出版社，2008：108.

我们各自在一张图纸上画了八个方块，上面四个是 Pattern，下面四个是 Texture。华亦增做的一个 Texture 是将一种像人参那样的中药切成圆片片，并在这些断面上带有裂痕的圆片一个一个贴在上面；我做的一个 Texture 是把粉和胶水和在一起，厚厚地涂在方块上，并把它们绕成涡卷形❶。

图 4-30　圣约翰大学的学生模型

❶ 王伯伟. 同济大学建筑与城市规划学院五十周年纪念文集 [M]. 上海：上海科技出版社，2002：6.

可惜有关练习并无实证，而这生动细致的细节描述不禁让人联想到阿尔伯斯对材料表面视觉属性的教学。但黄的教学过程是暗示性的，目的在于让学生认识到"图案"和"肌理"存在的同时性。

事实上，"图案和肌理"不仅是一个关于材料的包豪斯基础练习，同时也是格罗皮乌斯在建筑设计方法学中的设置的一个环节❷。图案和肌理的问题不但牵涉材料与视觉的关系，同时也贯穿于高年级的设计教学。与之相似的观念也被黄作燊带到了圣约翰大学的建筑设计教学中，引导学生引入视知觉的思考，并产生一种心理作用❸。这也就涉及"哈佛包豪斯"模式中从基础课到设计课的转换。

❷ Klaus Herdeg, The Decorated Diagram : Harvard Architecture and the Failure of the Bauhaus Legacy[M]. Cambridge : MIT Press, 1985.

❸ 钱锋. 中国现代建筑教育奠基人 —— 黄作燊 [D]. 上海：同济大学 .2001：44.

1949 年之后，圣约翰大学的外籍教师离开，一批早期的毕业生加入教师队伍，如李德华、王吉螽、翁致祥等，同时陈业勋、欧天垣、王雪勤、李滢等国外归来的青年教师参与教学，建筑系招生规模也逐步扩大。作为基础课程的"建筑画"得到继续发展。在这里，区别于古典柱式的渲染基础训练的一个重要特征就是抽象的形式训练。例如李德华接任黄作燊担任教师时，其"内容以启发学生之想象力及创造力为主，并对新美学作初步了解，内容大部分抽象。❹"而到樊书培教这门课时还让学生用色彩来表现"噩梦""春天"等意向。

❹ 钱锋，伍江. 中国现代建筑教育史（1920-1980）[M]. 北京：中国建筑工业出版社，2008：114.

在 1951 年举办的建筑系教学展会上，圣约翰大学师生已经开始激烈地推崇"新建筑"，这放在当时的大环境下并不奇怪。李定毅在展览中所作的食堂设计"以画代序"的招贴画就是一个典型的实例❺，学生以一幅平面构图来表达食堂的含义（图 4-31）。例如在画面的中心，两个竖条可能代表水和火两种元素，而学生把刀、蔬菜、斧子、煎蛋等和厨房相关的用品提取出来，并打破传统绘画稳定的构图，但这种认识是基于具象描绘，而并不完全等同现代艺术中的抽象构图。

❺ 罗小未，李德华. 原圣约翰大学的建筑工程系，1942-1952[J]. 上海：时代建筑，2004（06）：24-26.

作为初步课程的延伸，"工艺研习"（Workshop）则是一个很好的补充。这门课程开设时间可能已经在 1949 年之后，分为初级和高级两部分，安

图4-31　1951年学生作品展的图案构成

❶ 董鉴泓. 同济建筑系的源与流[J]. 上海: 时代建筑, 1993（02）: 3-7.

❷ 李滢在圣约翰大学任教的时间是1951年1月到1952年1月, 而之后她就加入了北京市都市计划委员会工作, 后于1956年专职北京市建筑设计院工作, 从事"建筑理论研究"和"装配式建筑体系"的研究。她的现代建筑的第一手认识来源于在美国的学习, 她于1946年9月到1949年9月先后在麻省理工学院和哈佛GSD学习。而经过欧洲等地的游历, 她通过澳门辗转回国的时间是1950年12月。引自《中国现代建筑史人物档案 李滢——国产化装配式建筑研究人》,《建筑创作》杂志社。

❸ 钱锋, 伍江. 中国现代建筑教育史（1920-1980）[M]. 北京: 中国建筑工业出版社, 2008: 114.

❹ 钱锋, 伍江. 中国现代建筑教育史（1920-1980）[M]. 北京: 中国建筑工业出版社, 2008: 114.

❺ 此外, 还有杭州艺专建筑组、交通大学和大同大学土木系、上海工业专科学校等院系的部分师生也并入新组建的同济大学建筑系。

排在基础课程之后以培养学生的动手能力。根据董鉴泓（1951年毕业于同济大学土木系市政组）的回忆, 圣约翰大学的基础课包含两部分内容, 一是在低年级由系主任黄作燊开设的"一门类似建筑概论的课, 讲述建筑的概念、建筑与生活的关系、建筑与技术的关系等", 还有"一门建筑初步课, 内容不是一般的平涂、渲染的建筑表现技巧, 而是通过动手做模型, 用传统的简单工具自己动手做陶器的造型。❶"

此外, 圣约翰大学毕业、美国归来的李滢加入了教学队伍。她在圣约翰大学任教的时间是1951年1月到1952年1月。李滢对现代建筑的直接经验来源于在美国的学习。她于1946年9月到1949年9月先后在麻省理工学院和哈佛GSD学习, 并受到阿尔瓦·阿尔托和格罗皮乌斯的影响。在这一时期, 麻省理工学院刚刚在新院长伍斯特的引导下完成了从布扎向现代建筑的转变。❷

在圣约翰大学的"工艺研习"中, 比较有代表的训练如陶器制作, 这是基于中国传统工艺美术的延伸, 同时助教们还设计制作了脚踏工具转盘❸。垒砖实验是另一个具有包豪斯特征的训练（可能属于工艺研习高级课程）, 这也弥合了设计课程和技术课程分离、技术课程过于抽象的缺点。学生们要在助教的协助下完成砖砌墙的过程, 并通过推力测试来检验哪种墙体最为坚固（如不同砌缝、增设墙墩等）❹。这一训练内容作为土木工程的知识并不新鲜, 其特征在于结合了美国包豪斯的知识体系。如学生需要通过对砖的砌筑、观察来体会形式问题, 比如"图案"和"肌理"的相互关系。这是格罗皮乌斯设计课程中以视知觉为核心的一个方法, 当然这也是后来遭到诟病的问题。可以说, 圣约翰大学的基础课程受包豪斯的影响是全方位的, 并且教学中对于抽象形式和现代建筑的认识也在加深。但随着1952年院系调整, 这种现代建筑的探索基本被中止了。

（2）再度布扎教学

1952年院系调整之后, 新组建的同济大学建筑系主要有三个源头, 为圣约翰大学建筑系、之江大学建筑系以及同济大学土木系市政组, 以及其他几所杭州和上海的院校❺。这使得当时相对纯粹地受现代主义影响的教学体系变得复杂, 原本逐步向现代建筑教育转变的趋势骤然停止。

这里有两方面的原因, 首先是组建院校中教师不同的学术主张。圣约翰大学建筑系的基础课程是具有包豪斯特征的现代模式, 而当时之江大学建筑系沿用了美国移植而来的布扎方法，因而在基础课程中两者必然存在冲突。更为实质性的是来自外部的行政力量。院系调整之后，由教育部下达的全面学习苏联的统一教学计划重新让基础课程的方法导向了学院式模式。在这两个因素下，一批谙熟布扎方法的原之江大学的老师很快沿用了古典方法❶。

"建筑画及建筑初则"这类具有布扎特征的基础课开始出现在同济的教学中。在 1952 年同济本科房屋建筑学专业的教学计划中，"建筑初步"课程取代了圣约翰大学具有包豪斯特色的"建筑绘画"课程，但当时仍然是四年的学制，初步课程安排在一年级的两个学期完成，每周 6 学时，共210 个学时，仍保留"近代建筑概论"的课程❷。而到 1954 年，同济大学建筑学也接受了教育部统一的教学计划，学制改为五年，而初步课程延长为 3 个学期（一年级下和二年级上下），同时还增设了"建筑构图原理"（每周 2 课时）。这也说明，更为系统的布扎教学已经被引入同济大学，而现代建筑教育的发展受到抑制，原有包豪斯特征的基础课程被取消。

圣约翰大学建筑系 1942 年成立，1952 年院系调整并入同济大学。这10 年间，圣约翰大学在黄作燊的领导下大力推行包豪斯课程和现代建筑教育，培养了李德华、罗小未、李滢和张肇康等一批人才。李、罗伉俪成为国内建筑界的中坚，张肇康也赴美留学，后来对台湾地区和香港地区的现代建筑教育有积极的推动作用。

4.2.2 清华大学建筑系的教学改革（1946~1952）

1946 年 7 月，清华大学正式组建建筑工程学系，聘梁思成为系主任，负责筹建工作和教学。这是梁的第二次办学经历。尽管梁思成在从宾大毕业回国的实践中已经出现了一些现代建筑的形式特征❸，但他在 1928 年创办东北大学建筑系的教学时，依然采用了纯粹的布扎方法，在基础课中延续了西方古典柱式的教学。这与当时国际上的大环境是吻合的，即现代建筑的影响已经出现，但教学方法尤其是基础课程仍然遵循古典的法则。

1940 年代之后，梁思成敏锐地意识到在国际背景下建筑教育所产生的变化。1945 年，他给当时清华校长梅贻琦的信中提到了对于学院式训练脱离实际的认识，并希望引入包豪斯方法，"（包豪斯）其着重于实际方面。以工程地为实习场，设计与实施并重，以养成赋有创造力之人才。❹"实际上，早在 1940 年代初，梁、林二人已经在四川李庄通过费正清夫妇了解到西方现代主义建筑的发展。随后，梁思成因为中国古代木构建筑研究的突出贡献而赴耶鲁大学讲学，并担任联合国大厦设计顾问建筑师。梁于 1946 年赴美，在近一年的考察经历中，他直接接触到了美国现代建筑发展的新动向，直接导致其教育观念的转变和现代城市规划思想的萌芽。

❶ 这其中包含宾大毕业，曾在华盖事务所任职并在之江大学兼职的陈植；宾大毕业，曾在中大任教的谭垣；麻省理工毕业，曾在重大任教的黄家骅；法国巴黎建筑学院毕业的吴景祥，之江大学第一届毕业生并教授基础课的吴一清；以及青年教师黄毓麟、李正、杨公侠等人。

❷ 钱锋，伍江．中国现代建筑教育史（1920-1980）[M]．北京：中国建筑工业出版社，2008：245．

❸ 例如，梁思成设计于1934~1935 年的北京大学女生宿舍，采用了不对称的体量和简洁的形式语言。

❹ 见《梁思成全集》第五卷。

❶ 例如梁思成在美国期间对于现代建筑的直接体验，对赖特、沙里宁、斯坦因（Stein）等建筑师的访问这些都是重要的因素。

❷ 赖德霖从教学制度的角度分析了梁思成建筑教育思想从古典向现代的转变。而"重视社会科学，对建筑史和艺术史的重视、重视艺术训练"则是梁思成教育思想的三个特征（见"梁思成建筑教育思想的形成及特色"，赖德霖，建筑学报，1996.6）。伍江和钱锋从三方面对于梁思成当时建筑教学中的现代主义倾向的给予总结，一是对于学科扩大和城市规划领域的关注，二是建筑系新课程中社会科学内容的扩充，三是基础课程体系对于包豪斯方法的引入。朱涛也分析了梁思成现代城市规划思想的西方溯源和形成的过程。

❸ 邬劲旅 1918 年生于广东番禺，是广东著名园林余荫山房主人邬氏的后人。邬劲旅在香港岭南中学（Lingnan Middle School in Hong Kong）接受了中学教育，而在 1937 年入学密歇根大学建筑系，并先后转学耶鲁与哈佛。他于 1944 年和 1945 年先后在哈佛获得建筑学的本科和硕士学位，并于 1945 年回到耶鲁任教直到 1988 年退休。他接受了包豪斯的建筑教育，其同学和师长不乏布劳耶、菲利普·约翰逊、贝聿铭、保罗·鲁道夫这样对现代建筑传播起重要作用的人物。他在耶鲁教书时与阿尔伯斯有过深度的教学合作，并有林璎（Maya Lin）、格瓦思梅、罗伯特·斯特恩这样的学生。邬劲旅对于光线与建筑有很深的研究，并研究中国传统园林。"文革"结束后曾赴南工、华工等校讲学，传播现代建筑理念。2002 年辞世前任耶鲁终身教授。

❹ Wilma Fairbank. Liang and Lin: Partners in Exploring China's Architectural Past[M]. Philadelphia: University of Pennsylvania Press, 1994: 149.

❺ 参考《清华大学建筑学院 60 年，1946-2006》第 8 卷。但学生数目在清华自编的学生纪念册和朱自煊的回忆中统计的是 15 人。

图 4-32 清华建筑系于美术教室举办的化装舞会（1940 年代末）

总体而言，梁思成在 1940 年代末教学思想和方法的转变是一个复杂而立体的过程，并存在着多重影响❶。对于这段历史，已经有赖德霖、朱涛、钱锋等学者从不同角度对于梁的教学改革做过研究❷。

在古典与现代建筑思想交汇之下，梁思成在清华建筑系创立初期的教学活动也体现出新旧建筑教育观念的融合。赴美归来后，他所提出的基于"体形环境论"（Physical Environment）的《清华大学工学院营建系（建筑工程系）学制及学程计划草案》便是其教育探索的直接成果。对于建筑设计教学而言，包豪斯所强调的通识理念和"总体建筑观"是非常清晰的。在耶鲁建筑系访学期间，梁思成结识了岭南背景的青年教师邬劲旅❸。尽管两人有着年龄上的差距，但并不影响彼此学术上的交流。邬参加了梁在耶鲁的建筑讲座，并且获得了国内项目的一些帮助。他也给正在寻求新教学方法的梁思成提供了耶鲁和哈佛的教学资料。根据费慰梅（Wilma Fairbank）的描述，邬劲旅对于清华建筑系最直接的贡献在于他根据自己的研究和当时美国主流院校建筑和规划的教学，为清华建筑系制定了一个书单，帮助购买，并寄到了北京❹。此外，梁思成还从邬劲旅那里了解到当时美国建筑界所发生的种种变革与最新动态。

（1）转变：从"古典型范"到"抽象构图"

1946 年 8 月，梁思成应耶鲁大学之邀赴美，但这并未影响清华建筑系第一届新生的正常教学。吴柳生为代系主任，借用旧水利馆二楼为系馆，条件较为艰苦（图 4-32、图 4-33），第一届学生为 16 人❺。教学具体工作主要是林徽因和吴良镛等助教承担。在清华建筑系第一届的教学中，仍然是参照了布扎的教学体系，并且建筑学的课程并不成熟。

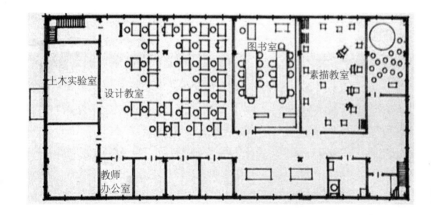

图 4-33　清华大学建筑系教室平面图

只有一个仅容纳十几人听课的小教室，一个绘图教室、一个素描教室、一个图书室和一间办公室❶。

第一班的基础课几乎都是和理、工学院有关系，有些是和土木系一起上的，到我们班时已发现一些问题，但仍没有条件过多改变……❷

建筑系成立之初的教学参考书也包含了一些布扎和现代混合的特征，其中主要是 1920 年代到 1930 年代的建筑期刊，如《建筑论坛》(*Architectural Forum*)、《建筑实录》(*Architectural Record*)、《进步建筑》(*Progressive Architecture*) 和《铅笔尖》等。

这里我们要特别注意早期教学中师资的学术背景和知识体系。在 1950 年清华第一届毕业生留校之前，教师背景主要有三方面。其一是来自中央大学的青年教师（也包含重庆大学毕业的教师），他们延承了中央大学"沙坪坝时期"布扎的教学方法，并在设计教学中起了很大作用。其二是营造学社的社员和学者，这与梁思成的学术主张有密切联系。其三是来自原北平艺专等美术院校的教师和校外教师。

1952 年院系调整之前的清华建筑系师资：

（1）中央大学：吴良镛、程应铨、郑孝燮、朱畅中、胡允敬、张昌龄、周卜颐（从美归来）

（2）营造学社：刘致平（1932 年东北大学毕业，1947 年入校任教）、莫宗江、罗哲文（1940 年入营造学社）、纪玉堂（1947 年入校，教辅）

（3）国内美院或美术专业：李宗津（1946~1947 年北平艺专任教）、高庄、李斛（1946 年中央大学艺术系毕业）、徐沛贞（北平艺专）、常沙娜

（4）重庆大学：汪国瑜（1945 年毕业，1947 年入校任教）

（5）校外：陈占祥、侯仁之、李颂声、吴华庆

（6）职工：何凤芝、张立刚❸

❶ 引自《清华大学建筑系第一、二、三、四届毕业班纪念集》: 113.

❷ 引自茹兢华，"回忆我们班——一九四七级"，《清华大学建筑系第一、二、三、四届毕业班纪念集》。

❸ 教师名单根据清华大学建筑系留档资料整理。

上述师资足以说明在创系之初，清华建筑教育受古典方法的影响之深。尽管梁思成在归国后也曾考虑从国外引入有现代主张的建筑教师（如王大闳、邬劲旅等），并且学校在行政上也有所支持❶，但最终未能如愿。譬如，梁思成曾力邀邬劲旅赴中国任教，但因为他在长沙耶鲁大学中国分校区的项目而未能成行。而此计划在清华建筑工程学系 1948~1949 学年的学程上也能看到❷，邬劲旅被安排在四年级的教学。

在第一届的基础课中，中央大学建筑系毕业生吴良镛的作用很大❸，根据当时学生的回忆，他除了担任"制图初步"课教学外，还教授"古典型范""阴影画""预级图案"课程❹，而 1947 年初来任教的莫宗江担任"素描"的教师。这里"古典型范"是古典建筑基本法则的知识，如五种柱式规范、比例尺度等问题。而"预级图案"是设计的基础课，包含构图训练（类似 Analytique 训练）和入门的小设计❺。第一届"预级图案"的课程实际上是安排在 1946~1947 学年的下学期，作为设计课程的开始。1947 年之后，刘致平、胡允敬、汪国瑜、朱畅中等新老师加入教学，当时教方法较灵活，并没有"包教到人"❻。

在清华建筑第一届学生中，"预级图案"课程延续了全国主流的布扎方法，但在训练内容上并非纯粹的古典建筑（西方古典的形式可能更少）。例如 1946 级朱自煊的作业"休息亭"应用了中国古典的悬山屋顶和屋架（图 4-34），1946 级宋华沐一年级作业"清华员生抗战纪念柱"则是以华表和香炉的中国古典元素进行的构图（图 4-35），而另一个作业"公园大门"尽管有着雕塑、喷泉等西方古典建筑的部件，其大门采用的是柱、梁、坊的结构，并没有古典柱式的内容。1946 级蔡君馥的作业"临水亭榭"（一年级第三个作业）已经采用了简洁的现代建筑形式，甚至出现了轴测图来辅助表达空间（图 4-36）。上述案例足以说明，当时的基础课程已经存在多元的形式主张：西方古典、中国古典、现代建筑都有出现，并呈现出布扎方法本土化的特征。

从当时的教学过程来看，布扎的特征还是比较明显的。钟炯垣在回忆文章《我的第一张建筑设计习作》中提到了他于 1947 年 4 月完成"预级图案"课程第一个设计的情况❼，当时设计的题目是公园大门（图 4-37）。他提到了设计是一个从草图到正草图，再到渲染的过程。而在设计的发展中教师的作用非常大，不仅要对于草图设计进行示范（甚至"送方案"），还要在渲染等表现技法的内容上手把手地教授❽。一个有意思的细节是，钟炯垣的设计本身简化了古典柱式的引用，并出现了简洁的形式语言。但在教师吴良镛的要求下，他又增加了一个雕塑，并回到图书室寻找先例才完成设计。在第一届到第四届（1946~1949 年入学）毕业生中，诸多回忆文章都体现了师徒制言传身教和不同年级学生同处大教室互相学

❶ 梅贻琦对梁思成的回复是："建筑系师资在国内物色亦极困难，因建筑师均喜欢自己开业，思成兄能在国外洽聘最好。"

❷ 秦佑国. 从宾大到清华——梁思成建筑教育思想（1928—1949）[J]. 建筑史, 2012（01）: 1-14.

❸ 参见《清华大学建筑系第一、二、三、四届毕业班级纪念集》: 114.

❹ 这三门基础课程在张德沛和梁思成的课表中都可以见到。

❺ 学生仍然学习古典柱式并进行古典大渲染训练（即将大比例尺的立面构件片段组成画面边框，古典建筑的立面在图面中央，进行严格而细腻的渲染）。引自高亦兰. 梁思成的办学思想[J]. 世界建筑, 2006（11）: 134-135.

❻ 参见《清华大学建筑系第一、二、三、四届毕业班级纪念集》: 114.

❼ 参见《清华大学建筑系第一、二、三、四届毕业班级纪念集》: 135.

❽ 而根据吴良镛的回忆，当时他是中央大学的毕业生来教初步设计，而"送方案"的方法来源于中央大学谭垣的做法。参见《清华大学建筑系第一、二、三、四届毕业班级纪念集》: 5.

图 4-34　一年级作业：休息室，
1946 年，朱自煊

图 4-35　一年级作业：纪念柱，
1946 年，宋华沐

图 4-36　一年级作业：临水亭
榭，1946 年，蔡君馥

图 4-37　1947 年钟炳垣第一次作业的回忆文章

❶ 参见《清华大学建筑系第一、二、三、四届毕业班纪念集》中郑孝燮的"最初'四届同堂'的清华建筑系"一文。

图 4-38　从 1946~1950 年张德沛的课程表（上）

图 4-39　从 1947~1951 年王其明的课程表（下）

习的场景，这说明图房、垂直工作室等布扎教育的制度仍存在。

基础课程向包豪斯的转变出现在梁思成归来之后。梁于 1947 年夏从美归来，教授"初级图案"和"欧美建筑史"两门课程，并推动教学改革。"……这个新学系一方面在建筑史的研究与教学上具有先天优势，另方面还是最先引进国外现代建筑启蒙知识的学系。❶"

通过将张德沛（1946 年入学）和王其明（1947 年入学）回忆文章的课表进行对比（图 4-38、图 4-39），我们看到"古典型范"在 1947 年的基础课中并未出现，且 1949~1950 学年出现了"视觉与图案"的课程。而"预级图案"中增加了"抽象构图"训练，并逐步取代原来的学院式方法。1947 年入学的李道增则回忆，从他们这届开始，一年级就学"抽象构图"。

第一学年（1946~1947）			第二学年（1947~1948）			第三学年（1948~1949）			第四学年（1949~1950）		
学程	学期	学分	学程	学期	学分	学程	学期	学分	学程	学期	学分
国文读本		4	微积分		8	应用力学	上	4	辩证唯物主义　历史唯物主义	上	3
国文作文		2	经济学简要		4	材料力学	下	4	结构学	上	4
英文读本及作文		6	社会学概论		6	钢筋混凝土结构	下	3	工程材料学	上	2
微积分		—	测量	下	2	中国建筑史	上	3	钢筋混凝土结构（二）	上	3
物理		8	欧美建筑史		4	中级图案		12	建筑设计概论	上	1
画法几何	上	2	材料与结构		4	市镇计划原理	下	2	中国绘塑史	上	2
制图初步	上	1	透视		1	素描（五）（六）		2	雕塑（一）	上	2
古典型范	上	1	初级图案		8	近代建筑	上	—	高级建筑图案	上	5
素描（一）（二）	上	4	素描（三）	上	1	水彩（三）（四）		2			
阴影画		1	素描（四）	下	1						
预级图案		3	水彩（一）	上	1						
物理实验		2	水彩（二）	下	1						

第一学年（1947~1948年度）		第二学年（1948~1949年度）		第三学年（1949~1950年度）		第四学年（1950~1951年度）	
课程	学分	课程	学分	课程	学分	课程	学分
国文读本	4	经济学简要	4	辩证唯物主义　历史唯物主义	3	钢筋混凝土设计	9
国文作文	2	社会学概论	6	工程材料学	2	建筑设计（六）	18
英文（一）读本	6	测量	2	结构学	4	雕塑（一）	3
英文（一）作本	6	应用力学	4	建筑设计概论	1	专题讲演	2
微积分	8	材料力学	4	中国绘塑史	2	东方建筑史（史一）	7
普通物理演讲	6	初级图案	6	水彩（三）（四）	2	给水排水装置	4
普通物理实验	2	欧美建筑史	4	城市概论	4	施工图说	4
投影画	4	素描（三）（四）	4	中级图案	9	毕业论文	9
制图初步	2	材料与结构	4	庭园学	1	雕塑（二）	4
素描（一）（二）	4	水彩（一）（二）	4	新民主主义论	3	东方建筑史（史二）	4
预级图案	2			钢筋混凝土结构	3	中国建筑技术	4
体育				视觉与图案	0.5	建筑设计（七）	21
				欧美绘塑史	1	专题讲演	2
				暖房通风水电	0.5	业务及估价	3
				房屋结构设计	1	体育	
				体育			

　　抽象构图课教学的作业和教案几乎都没有保存，研究主要依赖于当时学生的回忆文字。王其明提到在预级图案中已经有类似包豪斯的抽象形式练习了。当时的年轻教师对这个课题并不熟悉，师生对于"平面构图"尤其是"立体构图"找不到门径的时候，主要的参考就是梁思成带回来的书籍❶。

　　1947年入学的茹竞华的回忆则提到"预级图案课有一个练习，要求用曲线、直线组合成一张图但不能像任何一样实物，是抽象构图基本训练。❷"她还提到这个题目当时的评价标准很含糊，她自己也不明白，最后索性瞎画，而莫宗江认为她画的曲线像小提琴所以降低了成绩。

　　根据田学哲的描述，在1950年代初期的教学中，即开设有"视觉与图案"的课程。此外，还有类似平面构成的，如"抽象构图"（包括"固定数目的圆点构图"和"不限材料的质感表现"）❸。而所谓的"鸟浴池"训练，"以圆环，圆盘、细棒穿插组合…实际上是以圆、直线为基本形的立体构成。❹"

　　在1980年徐畅完成的硕士论文《设计基础与视觉艺术》中，他提到清华建系初期与包豪斯基础课类似的训练有圆点的拼图（无方向性要素）、方点的拼图（有方向性要素）、色彩的构成、纹理质感的构成、立体构成等❺。

　　尽管梁思成本身是宾大的教学背景，但他在基础课中逐步简化古典柱式的方法，还加入抽象构图的作业。高亦兰的回忆也可以证明这种古典的传统在逐步被放弃。"到了第四届学生（1949年入学），已完全不学古典柱式，建筑设计基础完全采用抽象构图的作业，渲染训练已简化到只有'深到浅、浅到深'的技法练习。❻"

　　通过上述回忆，我们能推断由于大部分师生都无法建立和抽象形式教育相关的知识体系，现代建筑尚未在中国深入发展，尽管引入了一些类似"构成"的平面和立体训练，但其对于设计教学转变的推动作用，仍不清晰。

　　当然，预级图案的训练并非只有"构成"这类抽象形式训练，这也更符合建筑教育入门的特征。例如1948级入学的林志群的预级图案第一题"书房与卧室"，这实际上是一个室内空间和人体尺度的训练，并且已经反映出现代的生活方式（图4-40）。学生要完成一个约3米见方的卧室的布置，并绘制技术图纸和透视图。此外，学生要对人体尺度进行研究。这既不同于对古典柱式的模仿，也不同于和建筑并不关联的纯粹抽象训练，而是反映了空间和使用、空间和尺度的关系。但由于资料的匮乏，我们仍无法进一步了解古典柱式被放弃后，其他用来填补的基本训练和知识。但从二年级之后，留存的学生作业中已经明显体现出现代建筑的影响，复古的建筑语汇一扫而空，并且有大学书店、托儿所等较为新颖的课题（图4-41~图4-44）。

❶ 王其明.忆梁思成先生教学事例数则[J].古建园林技术，2001（03）：19-21.

❷ 引自《清华大学建筑系第一、二、三、四届毕业班纪念集》：130.

❸ 见田学哲.形态构成解析[M].北京：中国建筑工业出版社，2005：前言.

❹ 见田学哲.形态构成解析[M].北京：中国建筑工业出版社，2005：前言.

❺ 徐畅为清华建筑系七八届研究生，其毕业论文《设计基础与视觉艺术》，导师汪坦.

❻ 高亦兰.梁思成的办学思想[J].世界建筑，2006（11）：134-135.

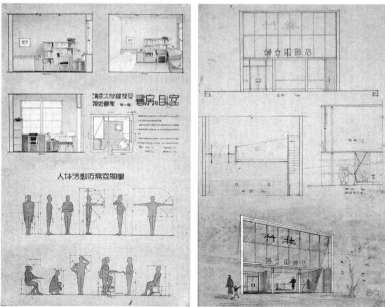

图 4-40　一年级作业：书房与卧室，1948 年，林志群（左）
图 4-41　二年级作业：服饰店，1947 年，李道增（右）

图 4-42　学校大门，1949 年，高亦兰

（2）工场实习

　　除了抽象构图的训练外，清华建筑系教学变革的另一个内容是"工场实习"。这门具有包豪斯特征的课程直接的目的是培养学生的动手能力，而指导教师是技艺精湛的匠师高庄。根据 1949 年刊载于《文汇报》的《清华大学工学院营建系（建筑工程系）学制及学程计划草案》，工场实习是五年制的建筑组的一门特定科目，其他分支如"市镇体形计划组""工业艺术系"等方面并没有开设。根据钱锋的论述，这门课的开设针对 1948

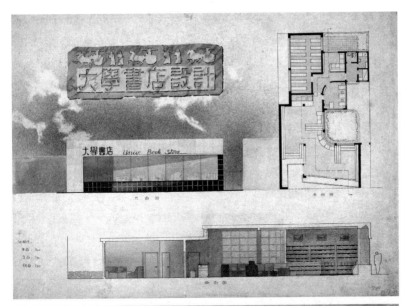

图 4-43　书店设计，1947 年，
周维权

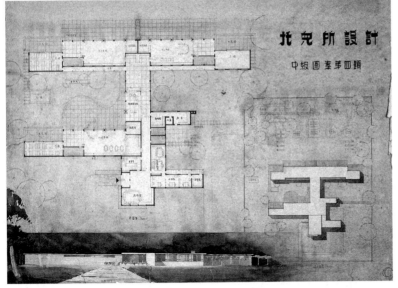

图 4-44　托儿所设计，1947 年，
周维权

年入学的新生（五年制），属于一年级课程，有十个学分，安排在二年级
的设计课程之前。内容是让学生在小平房车间中学木工，自己加工木材做
毛巾架和小凳子一类的生活用品❶。这必然会让人联想到包豪斯艺术和手
工艺的双轨制，但国内的教学并没有有意识地把形式训练和手工艺训练结
合起来。

　　当然也有对于这一方法的不同认识，如虞锦文（1946 年入学，1950
年毕业）曾在回忆中提及，"Wright 是梁公的老朋友，对梁公很有影响，
Wright 的学生都要学木匠，清华建筑系也有一门木工雕塑课，导师是高庄

❶ 参见《中国现代建筑教
育史（1920-1980）》: 126.

❶ 参见《清华大学建筑系第一、二、三、四届毕业班纪念集》第41页虞锦文回忆。

❷ 梁思成曾设想在营建系下开设"建筑学系、市乡计划学系、造园学系、工业艺术学系、建筑工程系",但最终未能完全实现。

❸ 参见《中国现代建筑教育史(1920-1980)》: 126.

❹ 高亦兰. 梁思成的办学思想 [J]. 世界建筑, 2006 (11): 134-135.
❺ 徐畅. 设计基础与视觉艺术 [D]. 北京: 清华大学, 1980: 6.
❻MoMA 的介绍如下: Elements of Design consists of twenty-four cardboard panels, 20 × 25" in size, with color reproductions, photographs and text introducing principles of design—line, form, space, color, light—as they are used in architecture, painting, sculpture, textile design, posters, and other arts. The fundamental premise of the exhibition is that design does not exist as a separate concept, but is intrinsic in all objects of the natural as well as the man-made world.

先生……图书馆前小河边,有一间四面透风的小屋就是高先生的教室,'玄武'们(学生的代称)谁都可以在这里干活,高先生来时就随时指导。❶"同时在回忆文章中还提到学生要在工场里做"克朗棋"以熟悉木工的技能。尽管这一方法在西方参考系有所不同,训练的内容也不直接与建筑教育相关,但这种"做中学(Learning from doing)"的方式却是类似的,旨在让学生从单一的绘图训练转到动手训练上。

在"体形环境论"影响下的清华营建系新学程,强调不同专业方向的融合,并在梁思成所设想的营建系学科建制中有明显的体现❷。除此以外,还有一些课程也体现了新的知识体系的影响,如"视觉与图案"。这门课程在1946级的学程表和1947级王其明提供的课表中都可以见到,为0.5个学分。这门课主讲教师是莫宗江,主要介绍抽象的图形理论,包括如抛物线型和心理学关系等❸。在《学制及学程计划草案》中,"视觉与图案"属于设计理论类,并且建筑、市镇、造园和工业艺术系都要学习。而建筑系的工业艺术方向还要学习"心理学""彩色学"这类有关形式感知的课程。

(3)《设计元素》: 包豪斯的知识体系

相对于同时期圣约翰大学的教学,清华大学引入包豪斯的教学并不是一个新学校的实验,而是更倾向基于布扎方法上的变革。教改从原有的教学方法和教师的知识体系上进行转变,使之更加依赖于一套系统的方法。而在当时,除了梁思成和陈占祥等少数短期参与教学的校外教师,国内教育背景的师生并没有对于现代建筑的直接认识,因而教学转变更加依赖于西方的教学资料。

在张德沛(1946入学)、朱自煊(1946入学)、李道增(1947入学)、高亦兰(1949入学)等多人的回忆中都提及梁思成从美国带回来的新教学方法和参考书对于教学变革的重要性。在这其中,《设计元素》(Elements of Design)的挂图是一个重要内容(图4-45)。这一挂图当时被挂在旧系馆的墙上。例如,"设计无处不在"(Design is Everywhere)、"空间即虚无"(Space is Nothing)是当时师生热衷讨论的话题。另外,根据高亦兰的回忆,梁思成带回的书籍还包括《空间、时间与建筑》(Space, Time and Architecture),《我们的城市能否生存》(Can Our Cities Survive)等❹。徐畅于1980年完成的论文也提到当时的抽象构图课"主要以梁先生带回来的一套挂图和几本包豪斯教师编著的关于视觉与形式设计的书为蓝本"❺。

《设计元素》作为一个教学挂图曾于1945年10月在纽约MoMA进行展览(图4-46、图4-47),并由MoMA出版。这套挂图是一个用照片和文字来介绍"基本设计"的教程,包含24张20英寸×25英寸的展板❻。挂图的作者是艺术家罗伯特·杰·沃夫。在MoMA的展览说明中对于这

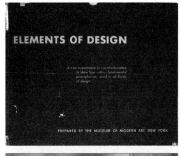

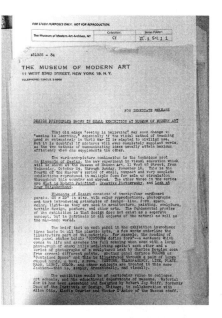

图 4-45 《设计元素》封面，1945 年，罗伯特·杰·沃夫（左上）
图 4-46 《设计元素》在 MoMA 的展览（左下）
图 4-47 MoMA 展览简介和说明（右）

套挂图的细节有所补充❶，与汪坦的回忆进行对照后可以判断这就是当时梁思成所带回的教学资料❷。

　　沃夫的教学活动与莫霍利－纳吉和凯普斯有着密切的联系，他本人之前接受的是学院式的训练，1938 年加入芝加哥的新包豪斯学校，受到了莫霍利－纳吉等人的学术影响。但他本人并没有任教建筑学院的经历，他在离开新包豪斯后，于 1946 年到 1964 年在布鲁克林学院（Brooklyn College）的艺术系任教。在展板的素材中，沃夫不仅引用了莫霍利－纳吉、凯普斯等包豪斯师生的作品和作业，也能看到密斯、布劳耶、赖特、乔治·霍伊等人的建筑作品。另一个对于这个展板传播有帮助的是艾洛蒂·考特（Elodie Courter）❸，她不仅协助沃夫完成了展板，并促成了其在美国的巡回展览。展板内容如下：

Checklist of panels in Elements of Design（图 4-48 至图 4-50）

Title Panel

1 Design is everywhere.

2 We begin with things we can See and Touch.

3 Texture in nature…in design.

4 Materials are chosen to fit the task.

5 Whatever the designer's tools and materials… he works with the same basic elements Lines, Space, Form, Light, Color.

6 A Line - a path of action.

❶ https://www.moma.org/momaorg/shared/pdfs/docs/press_archives/1008/releases/MOMA_1945_0041_1945-10-22_451022-34.pdf? 2010.

❷ "梁先生是孟尝君，很义气。他 1949 年回国带回 24 张挂图（时间疑似有误），改掉了五柱式的教育传统。讲视觉与图案和抽象构图。后来有人批判莫宗江先生的抽象构图是垃圾堆里找灵感"。引自汪坦，赖德霖．口述的历史：汪坦先生的回忆 [J]．建筑史，2005（00）：13-23.

❸ 女策展人艾洛蒂·考特（1911~1994）在 MoMA 任职期间（1933~1947）协助编纂了《设计元素》的挂图，并推动了包豪斯观念在美国的传播。引自 https://www.moma.org/d/c/press_releases/WlsiZiIsIjMyNTQ5MiJdXQ.pdf?sha=cdfe32ad3e41ee63.

图 4-48 《设计元素》,展板
1~9

7 The measured line is man's invention.

8 Contours define form.

9 Space is nothing until the eye detects a point of reference.

10 Isolated forms, unrelated to each other, are random islands in space.

11 The spaces between.

12 Our eyes automatically connect Points in Space.

13 The illusion of space on a flat surface.

14 Planes - surface directions in space.

15 A solid mass is independent of the space around it.

16 Volumes are interior spaces.

17 Transparency - a means of light and space.

图 4-49 《设计元素》，展板 10~18

18 Light reveals and transforms.

19 Light.

20 Color has power.

21 Selecting，combining，distributing Colors.

22 Values and colors modify each other.

23 Color as a means of expression.

24 The images of design vary with each civilization，the elements of design never change.

　　展板内容可以分为三部分。第一部分（展板 1~4，导论）主要介绍包豪斯知识体系下设计的基本定义。例如"设计无处不在（Design is Everywhere.）"说明设计由视觉和触觉产生。之后则是肌理和材料的介绍，

图4-50 《设计元素》，展板
19~24

① 刘先觉曾回忆道："比如说当时美国的现代艺术博物馆，他对现代艺术这个概念，都是一些抽象的概念，比如说对空间的概念，对思维的概念，对质感的概念，还有对色彩的概念，都有一些新的解释对后来的影响很大的……梁思成先生说，灵感处处皆有，就看你怎么去寻找，你也可以上云彩里去找，不断变化，抽象的嘛……还有比如说Space: Space is nothing。他中文解释就是空间就是虚无。就是说，你要寻找空间呢，必须要有实体来配合，没有实体就没有空间，是这样一个概念。像这类东西就灌输到现代建筑的教育里头去，就不像过去古典主义教育，就是一定要把图画得多细。讲到空间的教育、思维的教育，这就把现代的东西加进来了。"引自东南大学建筑历史与理论研究所.中国建筑研究室口述史(1953-1965) [M]. 南京：东南大学出版社: 128.

肌理用来增加视觉上的愉悦和多样性；而材料的选择是一种基于功能主义的考虑。第二部分（展板 5~23）是对于设计中共同的形式元素予以说明，作者按照线（Line），形式（Form），空间（Space），光（Light），颜色（Colour）五个要素来分类，分别介绍了在当时建筑、绘画、雕塑、纺织品设计中所共有一些形式元素。沃夫在教材中突出强调了空间感知对于形式训练的作用，并占据最多篇幅（展板 9~19）。例如，参照物对于空间感知的作用；正负空间的感知、图底反转的形式操作；通过重叠（Superimposition）、明暗（Chiaroscuro）和色彩来表达空间的远近和深度。同时作者还以面（Plane）、体量（Mass）、容积（Volumes）、透明性（Transparency）来描述空间，上述术语更为清晰地勾勒了现代空间教育的知识体系。第三部分（展板 24）总结了上述设计要素超越历史风格的一般规律。

《设计元素》在美国出版的初衷是普及包豪斯设计基础的原理，并不完全针对建筑基础教学。根据前文中教师和学生的回忆，我们能推断当时基础课程仍然缺乏一个更为具体和详尽的训练计划。当时清华建筑系"抽象构图"具体的教法很可能是基于这个挂图和当时已有的包豪斯出版物发展而成，并结合了建筑系教师的理解。

这套挂图对其他学校也产生过影响，并且还促进了现代建筑理论在国内的传播。例如，1953~1956 年在清华建筑系攻读硕士学位的刘先觉曾提及自己师从梁思成并接触到《设计元素》的经历。根据刘先觉的回忆文章，这是他在求学期间接触到的国内为数不多的抽象艺术和设计的思潮 ❶。这种影响体现在塑造现代空间的观念和设计思维上，甚至对史论类的课程教学亦产生过影响。根据顾大庆的论述，当时梁思成带回的教程曾在全国建筑教育会议上展示过，南京工学院的王文卿做了详细的笔记，并进行了兄弟院校间的交流。

《设计元素》在传播包豪斯原理时的重要性毋庸置疑。这套彩色的大幅挂图对于当时对现代艺术比较陌生的中国师生来说是一个直观的教学素材，有助于建立现代艺术和建筑形式训练的知识体系，并把肌理、材料、空间、体量、透明性这些术语带到了建筑教学的话语中。在国内建筑教育资料匮乏的 1940 年代，挂图的传播一定程度上弥合了国内针对抽象视觉艺术的认知缺失，并帮助构建起和欧美基本同步的包豪斯知识体系。

4.2.3　古典与现代的交汇

1940 年代，尽管受战争和社会动荡的影响，开设建筑课程的正规大学数量却已经逐步增加。除了前文提到的国立中央大学建筑系、广东省立工专 / 勷勤大学建筑系，还有上海沪江大学建筑系（1934 年成立，1946年停办）、天津工商学院建筑系（1937 年成立）、重庆大学土木系增设建筑学专业（1937 年）、之江大学建筑系（1938 年成立）等院校，以及新成立的圣约翰大学建筑系和清华大学建筑系。相对于强调实用的勷勤大学建筑系的基础课而言，圣约翰大学和清华建筑系基础课程的重要特征在于自觉借用与现代艺术相关的知识体系和抽象的形式训练，来替代原有的学院式方法。

此外，另一个笔者更为关注的问题是，在一些有布扎教育传统的建筑院校中，基础课程固然延续了古典模式，建筑设计教学和方法是否产生了变化？这里以 1940 年代中央大学建筑系的教学为例进行进一步说明。

中央大学：基础课与设计课的矛盾

1937 年，中央大学从南京迁至陪都重庆沙坪坝地区，并在重庆大学出借的松林坡建造校舍复学。由于时局动荡，当时已有师生离开，对教学影响比较大。例如，1940 年建筑系系主任刘福泰离职，学校办学遭遇困难，仅靠谭垣、鲍鼎等教师支撑。宾大毕业的谭垣在当时对于设计教学的作用非同小可❶。随着沙坪坝的教学趋于稳定，有一批优秀的建筑师（如当时被称为"四大名旦"的杨廷宝、童寯、李惠伯、陆谦受）和学者（如营造学社的刘敦桢）加入师资，形成了中央大学沙坪坝黄金时期的学院式教学。很多亲身经历的师生都在晚年通过文章来追忆这段时光❷。

1939 年，国民政府颁布了新制定的全国统一科目表，其中建筑教育以中央大学的课程为蓝本❸。从基础教学的角度，一年级的"建筑初则及建筑画""初级图案"与二年级以后的"建筑图案"分开，并形成了独立

❶ 卢永毅在《谭垣建筑设计教学思想及其渊源》一文中就有对于他本人的教学方法和宾大教学方法的对比研究。

❷ 例如，刘光华的《我的大学时光（三）——回忆建筑系的沙坪坝时期》一文就生动地描述了当时教学和生活。

❸ 具体参与者包括中央大学的刘福泰、营造学社的梁思成及"基泰工程司"的关颂声，他们参与工学院分系科目表的起草和审查。

❶ 根据童寯于 1944 年写的"建筑教育"一文，当时中央大学建筑系的课程延续了 1933 年的学程。并保持了古典的基础训练方法。

❷ 引自《中国建筑》，1933年，第 1 卷，第 2 期.

❸ 汪坦，赖德霖. 口述的历史：汪坦先生的回忆 [J].建筑史，2005（00）：15.

❹ 根据清华大学资料室部分图档的完成时间、作者以及图签（"国立中央大学建筑工程系建筑设计图案"）可以推断，它们应为中央大学的建筑毕业生完成，并带到之后成立的清华建筑系，作为教学资料。

❺ 朱畅中，1921 年 6 月生于浙江省杭州市，于 1941~1945 年在重庆中央大学建筑系学习，1947 年 9 月，受梁思成的邀请前往清华大学建筑系任教，协助梁先生为建筑系的初创、发展、壮大做了大量工作。他在中央大学的作业很可能也是在这一背景下被带到清华大学的。

❻ 在学生引用的古典雕塑中甚至提到了约翰·济慈（John Keats）的"A Thing of Beauty is a Joy Forever"。

❼ 这个作业的左上角贴着"国立中央大学建筑工程系建筑设计图案"的标签，因而可能是当时张昌龄中央大学的作业，后被带到清华作为学生的范图。

图 4-51　爱奥尼柱式，1940 年代早期，中央大学胡允敬

的基础课程环节。而中央大学沙坪坝时期（1938~1946）的建筑教育则延续了先前布扎基础教学的脉络❶。

第一学期的"建筑初则及建筑画"通过绘图来强化对于古典建筑的认识，"训练建筑绘画之基本技能、兼作字体练习、绘画古典式之柱范、各种线条、装饰及详图，作以后建筑设计之准备"。第二学期"初级图案"的小设计，学生要掌握"建筑物门窗及立视部分之简易设计，初级平面、剖面及立式图，兼注重解析方面……训练古典建筑之局部设计，注重图案局部及详部大样"❷。1949 年，中央大学建筑系把基础类课程改为"建筑设计初步"，一直沿用到"文革"之后。

中央大学 1940 年代的建筑基础课从师资和教学方法上都体现出了宾大布扎的影响。曾在中央大学就读的汪坦有过如下回忆："上初步课时的重头课是渲染和柱式…学 Analytic——分解构图，完全按照 John Harbeson 的 The Study of Architectural Design 所讲的程序。意、象、体的感觉和 holding 的微差等都需要古典训练"❸。

尽管沙坪坝时期的中央大学办学条件艰苦，教学动荡，但仍有一部分图档通过辗转而留存❹。朱畅中在中央大学学习的时间是从 1941 年到 1945 年❺，他的基础课作业爱奥尼柱式渲染体现出纯粹的古典技法，并在他日后任教的清华建筑系得以留存。胡允敬完成的多立克柱式渲染包含了从立面到涡卷细部（Detail of Volute）不同尺度下柱式的表达，体现出完整的古典建筑设计法则（图 4-51）。当然，学生作业中还有更为追求西方古典建筑传统的类型，如以遗址公园大门（A Relics Park Entrance）为题的设计就体现出对废墟美学的偏重，学生甚至要从建筑先例库中找出古典雕塑来渲染气氛❻。

在充满古典建筑浸润的基础教学之后，设计课程却明显体现出现代建筑的影响，且似乎与低年级的教学难以匹配。在二年级的书店设计中，张昌龄完成的作品很具代表性❼。从外观来看，建筑采用了通高的玻璃窗，完全是现代建筑的表达（图 4-52）。从内部空间分析，在交通和辅助空间出现了挑空的部分，设置了天窗，空间组织如实地反映功能的变化，这种意图在剖面上体现得较为明确。不过，图纸中建筑结构的表达上是由一圈外墙承重，里面设置有壁龛，这种结构和空间的关系仍能看到古典建筑的痕迹。在张昌龄的另一个二年级作业平

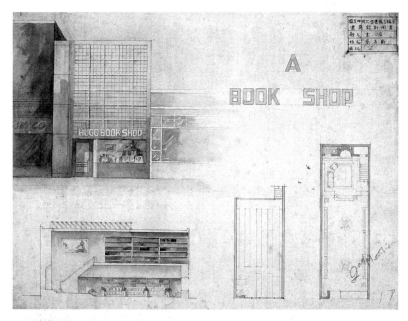

图 4-52　书店设计（二年级），
1940 年代初，张昌龄

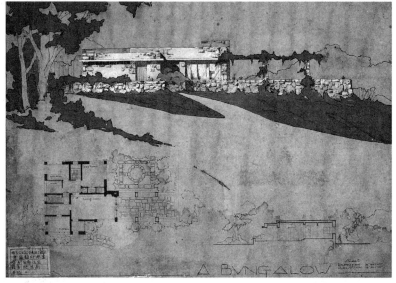

图 4-53　平层住宅设计（二年
级），1940 年代初，张昌龄

层住宅（A Bungalow）中，课题的选择与表达完全是西化的（图 4-53）。
从图纸推断，设计作业与 1920 年代美国流行的现代平层住宅较类似。这
类建筑往往具有层高变化的室内空间、大窗和游廊。从内容来看，建筑布
置在不对称的台基之上，设置有廊子作为户外活动的场所。平面布局上是
两居室的套房，依据功能需求布置，并有着女佣（Maid）、食品储藏（Pantry）
这类对应西式生活的功能单元。在汽车站、邮政所等这些三年级以上接触
的建筑类型中，学生作业往往呈现出简洁的现代表达，对功能流线的考虑
也更为贴近现代主义建筑。

❶ 汪坦，赖德霖．口述的历史：汪坦先生的回忆 [J]．建筑史，2005（00）: 16.

❷ 1933 年，共同毕业于美国密歇根大学建筑系的李惠伯、徐敬直和杨润钧在上海创办了兴业建筑事务所。

❸ 汪坦曾回忆："学生们说跟杨老师就要学古典，别搞现代派的东西。给杨先生看图要有平、立、剖。他认为不合适就画个室内透视作为说明提意见。但他不要求学生画透视。现在教学不重视剖面，这是不够格的。" 引自汪坦，赖德霖．口述的历史：汪坦先生的回忆 [J]．建筑史，2005（00）: 15.

❹ 在院系调整时，国内已有的建筑院校包括南京工学院、同济大学、清华大学、天津大学、华南工学院、东北工学院（后并入西安建筑工程学院）、重庆土木建筑学院（重建工前身），加上 1959 年成立的哈尔滨建筑工程学校，共八所院校，即称"老八校"。

教师也成为现代建筑设计观念的重要传播者。汪坦曾在回忆中提到李惠伯就是当时少数具有现代设计观念和工作方法的建筑师。"他与杨先生不同，他让大家用马粪纸做模型，设计山地住宅，用模型摆。他是现代主义的，用一本包豪斯的书。❶"实际上，创立兴业建筑事务所的李惠伯在1940 年代的作品中明显地表现出对现代主义建筑的追求❷。最典型的案例就是兴业事务所在 1941 年完成的上海裕华新村新式里弄住宅。这个项目无论从设计理念还是建筑语汇上都更为现代。此外，汪坦的回忆提到中央大学当时的设计教学具有相当的包容性，学生会有意识地按照教师的设计追求来学习建筑，而不局限于固定的风格❸。

4.3　现代主义建筑认知与教育的断裂（1952~1966）

4.3.1　教学制度化

国内各所建筑院校在 1940 年代对现代建筑教育的探索呈现出多元化的趋势，通过不同的教学模式和教学特色得以体现。在当时的环境下，国内院系固然一时无法建立起较完整的现代建筑教育体系，但古典与现代的建筑教育观念已呈现出此消彼长的趋势。然而，这种教育模式的现代转型却在 1950 年代初戛然而止。曾引入包豪斯教学法的圣约翰大学和清华大学建筑系都被迫放弃了具有现代特征的教学，其他建筑院校也由于意识形态的原因而对欧美等国的现代主义建筑思潮保持了距离。

从 1952 年全国院系调整开始到 1970 年代末"文革"结束，高校恢复招生，中国建筑教育在曲折中发展、探索，并逐步与世界建筑教育的发展轨迹脱节。在苏联布扎模式的影响下，全国建筑教育呈现出制度化的特征，同时合并组建了行业内周知的"建筑老八校"❹。"民族形式和社会主义内容"的政策干预强烈抑制了西方现代主义建筑观念和方法在国内的传播。1954 年，教育部在天津召开苏联专家参与的会议之后，向全国各校推行了统一的教案和教科书。这一制度化的举措促进了国内各所院系教学体系的趋同，并以哈建工、清华等北方院校为学习苏联布扎模式的代表。

在统一的教学计划中，设计教学的主线划分为建筑初步、建筑设计（以类型教学为核心）、毕业设计三个阶段，甚至沿用至今。第一阶段是建筑初步，包含了工具制图、渲染练习、测绘、小设计等内容。尽管各校在课题比重、训练内容、先后顺序等具体安排上略有差异，核心方法却是一致的。第二阶段是以建筑类型划分的设计课程，从二年级开始，一般到第四或第五年（含部分六年学制）。在以设计课为核心的教学体系中，同时会穿插加入美术（图艺表现）类、技术（建筑科学）类、史论类（建筑历史与理论）三种课程作为辅助。美术课程延续了学院式的特征，强调手头功夫；技术课程也有所加强，整个体系强调与实际工程结合，相对艰深；史论课程受到意识形态的影响，完全删除了欧美近现代建筑发展的部分，而强调古典美学的灌输。此外，教学体系中还出现了不同建筑类型的“设计原理”（如居住建筑设计原理、公共建筑设计原理）课程，以强化类型教学方法。最后一个阶段是毕业设计，学生主要通过综合性的大型建筑设计来熟悉完整的工作流程。尤其是在苏联模式的影响下，毕业设计在工程技术规范、施工图绘制等方面进行了更为严格的要求。

从全国层面而言，建筑教育的制度化进程一定程度上促成了一种本土化布扎模式的盛行，但另一方面，现代建筑所带来的影响从未完全停止。从院系调整到1966年“文革”全面爆发之前，国内建筑教育至少有两次较有影响的现代主义思潮的复苏，这绝非偶然，都与外部政治环境的松动相关联。第一次是在1955年到1956年左右，反浪费运动和“百家争鸣、百花齐放”的双百方针导致学术环境出现短暂的自由。这一时期，各高校都出现了对现代建筑的讨论。例如，南京工学院建筑系的童寯、张其师，同济建筑系的罗维东、吴景祥等都曾引介过欧美的新建筑。第二次现代建筑教育的复苏是在“大跃进”和“教育大革命”之后的1960年代初期。在1961年出台的《教育部直属高等学校暂行工作条例》（即“高教六十条”）政策的影响下，各建筑系的教学秩序有所恢复。在这一时期，冯纪忠提出了以空间类型取代建筑类型的“空间原理”，更进一步地探索了“空间”作为一种教学方法的本质。不过，“空间原理”制定时并不针对基础课程[1]，也因为学术大环境的局限而回避了建筑形式的更多讨论。

4.3.2 同济大学建筑系的基础课程（1956~1958）

1950年代中，罗维东在同济大学建筑系的基础教学是罕有的具有包豪斯教学特征的“插曲”。在重庆中央大学完成了建筑本科之后，罗对于现代建筑的认知直接来自于其在伊利诺伊理工学院建筑系跟随密斯的学习。罗维东于1956年受吴景祥之邀加入同济大学，主持建筑基础教学。而就同济建筑系当时的师资构成而言，也呈现出古典与现代并存、学术主张兼容的特征[2]。

罗维东在加入同济的基础教学团队后，减少了布扎方法的训练，并增加了一系列具有现代特征的练习，如“绘图桌测绘、建筑测绘、色块抽象构图、招贴海报设计”等[3]。根据张为诚的回忆，当时罗维东的教学就有抽象图形的构图训练和带有实用美术性质的封面、海报设计。学生在当时难以完全领会这些训练的意图，往往摸不着头脑。若学生花费时间在具象内容的绘画，反而会让最后的平面构图减分。而高分作业就需要对一些现

[1] 原文是“以空间关系的组合为核心，把建筑设计课的教学从二年级到五年级组成一个完整的序列，设计原理的讲解，课程设计题目的设定都围绕着这样一个体系展开”。引自冯纪忠．“空间原理”（建筑空间组合设计原理）述要 [J]. 同济大学学报，1978（02）：1-9.

[2] 根据赵秀恒与张为诚所提供资料，1950年代中后期同济建筑系部分教师名单为：建筑初步——罗维东、赵汉光、郑肖成、张家骥、王宗媛；建筑设计——冯纪忠、黄作燊、谭垣、罗维东、赵汉光、郑肖成、张家骥、王宗媛、罗小未、戴复东、杨公侠、陈宗晖、童勤华、胡纫茉、缪顺、朱亚新；美术——朱膺、周方白、陆传纹、蒋玄佁、陈盛铎、杨义辉、樊明体、胡久安、王秋野、张开先、倪景楣、李咏森。

[3] 徐甘．建筑设计基础教学体系在同济大学的发展研究（1952-2007）[D]. 上海：同济大学，2010：70.

代艺术作品的规律进行模仿。

在罗维东的抽象形式基础训练中，"组合画"无疑最具代表性。根据贾瑞云（1961 届毕业生，同年任教同济建筑系）的回忆，我们可以推断这是一个给定构图要素的平面构图设计。基本素材是"一个双耳的瓷罐，一块玻璃板，一个茶巾等几样常用的静物"，进行形式组合，并通过素描、淡彩等方式来表现出来。

　　组合画其实是一个构图的训练。我自己画素描的时候，绘画对象一般是在视觉中心。但组合画就不是这样，构图是打散的。茶巾是铺开作为背景花纹画上去的，而罐子就故意画一半。当时大家用的都是铅笔淡彩。其实整个作业做完我们也没完全领悟其中的意图 ❶。

❶ 笔者对贾瑞云的采访，2016 年 5 月 13 日。

　　根据上述回忆推断，这个作业试图改变传统绘图训练视觉中心和图底关系的固有认知。关于"组合画"训练的缘由尚不清楚，但从学理来说，这种对于形式感的培养和构图训练必然与罗维东在美国包豪斯的教育有关。除了参与教学外，罗维东更为直接地引介了密斯的设计思想与工作方法，拓展了现代主义建筑的影响力。1957 年，他以《密氏·温德路》为题较为完整地介绍了密斯的实践，在篇末他还特别提到了密斯以模型推动设计过程的方法和其"教学法"：

　　总之，密氏建筑教育的主要原则就是教导设计者的工作方法；换言之，就是研究每一个设计的"可能性"和"极限性"……是根据建筑物在功能上的要求，对空间的组织，结构形式的选择，材料特性的分析，切切实实解决设计中一切问题，其最终目的是把设计提到最高的艺术境界 ❷。

❷ 罗维东. 密氏·温德路[J]. 建筑学报, 1957 (05): 52-60.

　　罗维东还指出密斯的教学方法超越了传统的建筑类型教学：只要掌握一种空间、结构的处理方法，就能应对不同类型的建筑。这一认识在国内当时的学术语境难以深入探讨，但倘若以密斯 1940 和 1950 年代的教学实例来分析，是极具代表性的。在密斯的教学法中，空间、结构的统一性和举一反三是最为普遍的设计逻辑，尤其强调用不同结构类型和构造做法来塑造同一个空间以穷尽所有可能。罗维东的这一认识比单纯从形式与风格判断上讨论现代建筑更为深入，并意识到了方法学的重要性。当然，这篇文章的观点仍然是坚持采用建筑类型教学的，而并没有提炼出"空间优先"或"空间类型"的观念。对于这一问题的讨论也应该放在当时学术环境相对宽松的大背景下来理解。卢永毅和钱锋曾根据访谈，对罗维东所引介的密斯设计方法进行了三个阶段的总结，也是对于密斯"结构和空间优先"

教学倾向的再回顾❶。曾在 1950 年代师从罗维东的张为诚（1956 年入学）对他的教学方法和授课风格有过生动的回忆。

罗维东的确传播了密斯建筑空间的本质。其中影响最大的就是德国馆，所有的空间都是不隔死的。因为他是密斯的研究生，讲的非常透彻也很玄妙，学生们听得津津有味。当时上课的方式是彩色的幻灯片，也有板书，他的资料（在国内）是很全面的。巴塞罗那馆的空间意图是最明显的，我们看后真觉得对建筑的认知有所改变。这种体验对入门阶段一张白纸的学生是非常重要的。此外，罗维东当时还讲了范斯沃斯住宅、湖滨公寓等案例，这些是美国钢结构的新建筑。不过，他对密斯的方法也有自己的批判❷。

然而，罗维东在上海的教学并未持续太久。1958 年，他离开了同济建筑系并赴香港从事建筑实践。罗维东当时的两位助教，赵汉光与郑肖成不同程度地受到现代主义建筑思潮的影响。例如，1949 年入学圣约翰大学的赵汉光就保持了对现代建筑和技术的探索❸。在这一阶段，同济建筑教育仍然存在着布扎和现代并行的特征。根据张为诚的回忆，即便是在罗维东担任基础教学的时期，布扎的方法仍有影响。诸如"纪念亭"之类的古典建筑课题仍未中断，只是古典建筑繁复的法则已经大大简化了❹。

4.3.3　观念与方法：教科书的解读

从 1952 年全国院系调整到 1966 年"文革"的全面爆发，布扎教学体系在全面学习苏联政策的鼓动下，再度成为一个全国性的模式。原本逐步兴起的现代建筑教育受到阻碍。但不可否认的是，在中国重新被拾起的布扎方法并不等同于其在西方语境下用于传授古典建筑设计法则的教学，而有着鲜明的本土化特征。一方面，现代建筑观念在新中国成立初期已经被接纳。每当外部学术环境稍显宽松时，对于现代建筑教育的探索都会萌发。另一方面，以西方古典建筑构件为形式要素的训练方式也在国内发生了变迁，并加入了具有本土特征的内容。

参考书作为教学方法固化的载体，一定程度上能够还原其历史，并能相对客观地反映当时教学的知识构成。本章节将从两本设计方法的教参入手，来剖析国内布扎教学的知识体系是如何组织的，又如何吸纳现代建筑的影响。教材选择 1960 年代初由清华大学土建系民用建筑设计教研组编写出版的《建筑设计初步——参考图集》❺和《民用建筑设计原理（初稿）》❻（简称《建筑初步》和《设计原理》）。1963 年教育部曾颁发以清华建筑专业课程为蓝本的统一教学计划，并在全国推行（附录 4）。作

❶ 卢永毅. 同济早期现代建筑教育探索 [J]. 时代建筑, 2012（03）: 48-53.

❷ 笔者对张为诚的采访, 2016 年 5 月 10 日。

❸ 在圣约翰大学和同济大学早期建筑教育的影响下，赵汉光 1953 年同济毕业后留校任教，并传播现代建筑教育理念。同时他还对充气建筑的新类型进行探索，并在 1970 年代末就有相关研究成果。

❹ 张为诚在回忆中提到："只有建筑系有专业教室，其他学科都是轮换的。罗维东除了在阶梯教室上理论课，还要帮学生改图。当时建筑系的初步课分成两段，前一段主要是基本技法的培养，手头功夫，仿宋字、线条、如何用鸭嘴笔，使用工具，最后水墨渲染。后半段则接触一些小建筑设计。我们接触的第一个设计是纪念亭（1957 年 2 月），纯粹是一个小品建筑，基地设置在公园里。渲染的基本功固然重要，但已经没有应用古典柱式的硬性要求了"。

❺ 清华大学土建系民用建筑设计教研组. 建筑设计初步——参考图集 [Z]. 北京: 清华大学, 1962.

❻ 清华大学土建系民用建筑设计教研组. 民用建筑设计原理（初稿）[Z]. 北京: 清华大学, 1963.

为同时期出版的两本教材，它们回应了教学的基本问题：《建筑初步》从古典建筑要素和构图的角度启蒙设计，对应基础教学；《设计原理》从方法论的角度论述设计发展的过程，对应中高年级的设计教学。上述教材具备一定的示范性，并能反映出当时国内学院式建筑教育的一些共同特征。

（1）《建筑设计初步——参考图集》：本土化的布扎方法

如前文所述，随着统一教学计划的推行，国内建筑院校大多设置了一年时间的"建筑初步"课程用来培养学生基本的制图技巧并熟悉设计规范。顾大庆就曾把中国布扎从1950到1980年左右的历史沿革概括为一个"本土化"的阶段 ❶。他以南京工学院（1988年之后更名为东南大学）的教学历史来说明，布扎教育转型的一个重要特征就是在初步课程的柱式渲染中增加中国古典建筑、民居等内容以适应本土的特征。而这一趋势在清华的基础教学中也可以明显见到。

《建筑设计初步》并非统编教材，只是当时民用建筑设计教研组的内部参考资料，编纂于1962年。与参考图集一起刊印的还有文字版的讲义，这一资料在清华建筑系的图档室中能够查阅到（图4-54）。图集包含三个部分：第一部分是中英文书法的练习。第二部分是中国古典建筑的样式和构件图录，伴以精致的墨线绘制（图4-55）。内容包含北方官式建筑的平面（面阔进深）、剖面（梁架做法）、石作、装修（小木作）、细部装饰等，其目的在于阐明构件的名称及构造关系。主要来源是《清式营造则例》的图录，此外还包含姚承祖编纂的《营造法原》❷。第三部分则是西方古典建筑的内容，包含五柱式的平、立、剖分析和局部放大图、券柱式、亭子、西方古典建筑细部和装饰以及构图训练（图4-56）。对于上述构件分析的核心在于阐明其形式之间的数理关系。如母度（Module）、分度（Parts）的应用或是各部分构件尺寸与柱径（D，即Diameter）的关系。书中还以简图示意如何从基本的轴线起稿，分段，控制收分来绘制五种基本柱式。图例的出处则是威廉·韦尔（William R. Ware）所著的《美国的维尼奥拉》

❶ 顾大庆．中国的"鲍扎"建筑教育之历史沿革——移植、本土化和抵抗[J]．建筑师，2007（02）：97-107.

❷ 在《建筑设计初步》的内页中有提及所引用资料的出处。

图4-54　《建筑设计初步》封面，1962年（左）
图4-55　《建筑设计初步》目录（右）

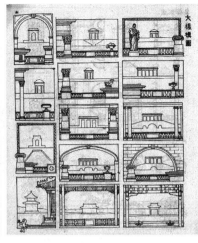

图 4-56　券柱式的立面分析（左）
图 4-57　"大样构图"模板（右）

（*The American Vignola*）一书 ❶。此书第一版发行于 1904 年，被视为折中主义建筑设计教学的经典教材。而作者韦尔曾在麻省理工参与创建美国高校的第一个建筑系，之后长期在哥伦比亚大学建筑系任教。

　　这里我们可以把《建筑设计初步》的图录与 1963 年基础课的教学计划来进行对照。基础训练中包含了一系列有梯度的制图和构图练习。学生要从字体和工具制图开始，通过铅笔线、墨线和渲染的方式熟悉古典建筑的形式法则。这里值得一提的是，能够在基础课程中体现布扎方法实质的"大样构图"（Analytique）也有涉及（图 4-57）❷，并且已把中国传统建筑纳入构图的要素中。这一练习在教学计划中亦占有很重的分量（占据一年级下 170 学时中的 90 学时）。与单纯重复古典建筑先例的临摹有所不同，"大样构图"是学生掌握基本原理之后的综合运用，并且包含不同空间层次和不同尺度建筑构件的"共时性再现"（图 4-58）。这一训练与宾大约翰·哈伯逊所著的《建筑设计学习》中的案例非常接近，但只是简化了原书中"立面 + 剖面"组合的处理方式 ❸。而在 1960 年代的教学中，立面渲染的技巧也是训练的重点，并有着详细的作图步骤（图 4-59）。但出于压缩学时的考虑，立面渲染的绘图技法和"大样构图"的形式训练在 1980 年代清华的基础教学中都被取消，而仅保留了柱头或柱式渲染的作业。这实际暗示了布扎设计方法的完整度在"文革"后的建筑教育已经被大幅缩减。

❶ William R. Ware. The American Vignola—— A Guide to the Making of Classical Architecture[M]. New York: Dover Publications, 1994.

❷ "大样构图"英文翻译引自哈伯逊所编著的《建筑设计学习》（*The Study of Architectural Design*）一书。本章节采用 1960 年代教案中的术语"大样构图"，也译作"分解构图"。其方法学原理可参见徐亮，顾大庆. 布扎的"分解构图"及其在中国建筑教育中的移植和衰变 [J]. 建筑师，2019（02）：89-98.

❸ John F Harbeson. The Study of Architectural Design: With Special Reference to the Program of the Beaux-Arts Institute of Design[M]. Pencil Points Press, 1927: 36.

图 4-58　清华大学建筑系一年级学生作业，1960 年代

图 4-59　立面渲染示意图，1960 年代

（2）《民用建筑设计原理》：空间观念

《民用建筑设计原理》初版于 1963 年发行，并作为内部交流的教参。主要执笔人员包括关肇邺、黄报青、李道增、田学哲等。上述学者在当时均为经历了 1949 年前后清华建筑系教改的青年教师，既谙熟布扎的教学，同时也对现代建筑的发展有一定认识。全书采用了文字论述和插图对照的形式，可以分为两个部分。第一部分归纳了建筑方案设计的一般过程以及其基本要素，并从功能、结构、经济的角度展开论述。在第一章的二至四节，作者把设计过程归纳为对设计任务的分析、方案设计、设计深化、正式图绘制四个阶段。在设计任务分析阶段，主要矛盾在于如何把建筑类型和其"性格"（Character）进行匹配，如何通过设计手法来使得"建筑意匠"的表达和其功能、环境相吻合❶。而建筑性格的塑造实际是一个综合的过程，并和布扎设计教学的传统有着密切联系。对于古典建筑性格的把握往往要依赖于历史文献、考古和测绘等途径，并着力于美学修养的培养。方案设计和设计深化阶段体现了平面和立面（体型）设计相对分离的过程。对于方案阶段的工作，书中认为其关键在于平面图，要把任务书中需求的面积、空间合理解决。"功能分析图解"就是一个解决问题的有效工具（图 4-60）。气泡图的分析方式体现了功能优先的原则，但从设计过程而言，这个图解的应用却是为了辅助学生发展一个好的设计立意（Parti）。"'分析图解'

❶ 书中提到，公园茶室设计应该用轻快活泼的传统形式来配合公园中的环境，而在名人纪念堂的项目则应该采用严谨的西方古典建筑形式来烘托庄严的气氛。

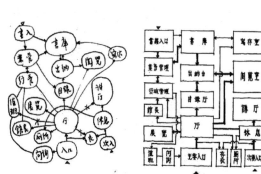
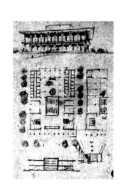

图 4-60　"分析图解"草图、功能分析图到方案草图

并不是建筑平面图，但是一个经过整理的，好的分析图往往可以暗示一个合理的建筑平面布局"❶。

例如，书中对于"文艺图书馆"设计的分析实际反映出其在布扎设计方法中加入了功能关系思考的环节。而书中所绘的图示很容易让人联想到宾大的哈伯逊在《建筑设计学习》教科书中对于"Parti"的图解。第三阶段"设计的深入推敲和发展"除了解决平面深化的问题，更需考虑的则是立面和建筑体型的设计。这一推敲的过程依赖于"空间组合"与"外形构图"法则的综合应用，不宜进行单方向的归纳。徒手小透视是一个推进方案深化的有力途径，必要时还可以用模型辅助研究外部体量。最后一步正式图的绘制在书中主要指画表现图，并根据不同的设计需求有所差别。书中指出，由于西方古典、中国古典和现代建筑具有不同的性格特征，因而在表达方式上应予以区分。例如用单色墨线渲染来表达西方古典建筑的体积感，而用彩色渲染来表达中国传统建筑的丰富色彩。

《民用建筑设计原理》的第二部分实际是对"建筑艺术创作方法"的分析。出于当时反对形式主义的学术环境，行文回避了建筑形式的提法，以"空间组合"和"外形构图"两部分展开，并分别从建筑的内部空间组织和外观体量阐述了建筑设计的法则（图 4-61）。在国内建筑系几乎通用的建筑类型教学基础之上，当时建筑形式法则的核心内容是"构图"与"空间"原理的混合，这也分别回应了古典和现代建筑教育的两种价值观。

李华曾对布扎教学体系中的"组合（Composition）"和其现代性有过如下论述。"组合"实际是"布扎体系内一套系统化的工具和方法，其目的是将不同的设计构思'转译'为适当的物质形态"❷。而"空间组合"则是把空间视为组合的基本对象，这更类似于一种转型期的形式理论，并非典型现代主义的文本。《民用建筑设计原理》对于空间基本属性的描述分别从形状、大小、尺度、围合度等角度展开，对于空间组合的探讨则包含"导向作用与轴线""空间序列"以及剖面中的空间应用等。这些内容，即便在今天的设计教学中也是相对不可教的部分，因而书中采取了案例分析的方式来进行阐述。

❶ 清华大学土建系民用建筑设计教研组．民用建筑设计原理（初稿）[Z]．北京：清华大学，1963：10．

❷ 李华．"组合"与建筑知识的制度化构筑——从 3 本书看 20 世纪 80 和 90 年代中国建筑实践的基础 [J]．时代建筑，2009（03）：38-43．

图 4-61　以"空间组合"与"外形构图"结合的设计方法

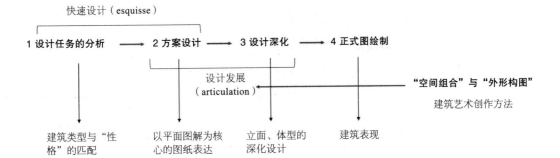

《民用建筑设计原理》对于建筑空间形式基本特征的描述是跨越风格的。插图分册混合编排了大量古典和"近代"建筑的案例，用来阐述其中的"空间组合"与"外形构图"。除了第一代现代主义建筑师的作品外，很多落成于 1940 年代后的新作也有涉及，如阿尔瓦·阿尔托、理查德·诺伊特拉（Richard Neutra）、山崎实（Minoru Yamasaki）、奥斯卡·尼迈耶（Oscar Niemeyer）等人的作品。这种在古今建筑案例中寻找一般规律的方式也让人不禁联想到塔勃特·哈姆林（Talbot Hamlin）以汇编的方式所著的《二十世纪建筑的形式与功能》（*Forms and Functions of Twentieth-Century Architecture*）。实际上，古典与现代的风格冲突历来不是教学原理所要关注的问题。《民用建筑设计原理》并未采用编年体的方式罗列上述案例，而是试图通过中西建筑的对比来分析其空间组合的一般特征。例如，书中把浙江民居室内分隔部分镂空的处理和现代建筑的流动空间进行对比。而针对空间层次的概念，书中借用诺伊特拉的住宅、巴塞罗那德国馆来说明片墙、柱和玻璃分隔所形成的空间层级，并达到以小见大的效果。"近代建筑中所强调的'同时感'和'透明感'即具有上述的涵义"❶（图 4-62）。同时作者又以苏州网师园和留园揖峰轩的庭院来与之比较，说明两者有着相似的空间感知效果。上述内容足以说明，国内设计教学中对于空间的意识和基本原理的梳理在 1960 年代已经有所展开，而并非一张白纸。但另一方面，对于上述问题的分析仍然是借助建筑案例本身的，属于个别经验，而并没有进一步的抽象和方法化。

尽管作为认知层面的"空间"从 1940 年代就已经开始影响国内建筑教育，但把其真正转化为方法并作为教学主线却绝非易事。从教学执行而言，清华建筑系在 1960 年代前期采用了典型的建筑类型教学方法。例如，

❶ 清华大学土建系民用建筑设计教研组. 民用建筑设计原理（初稿）[Z]. 北京：清华大学，1963：131.

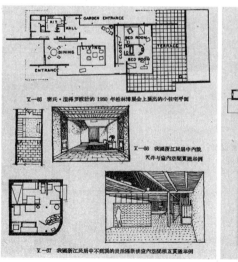

图 4-62 欧洲现代主义建筑与江南传统民居建筑进行内部空间组织的对比

图 4-63　"名人纪念堂"设计，
1961 级（左）
图 4-64　厂区规划与设计（效
果图），1957 级（右）

在 1964 年六年制的课程中，设计题目按照类型和规模来组织。从体裁来说，纯粹古典训练的比重已经非常小了。除了"名人纪念堂"等必须使用古典建筑语汇的类型（图 4-63），绝大部分课题都是常见的功能，也出现了高层旅馆这类体现时代特征的项目。在高年级的设计中，尤其是工业建筑这一类型，对于现代形式、空间、结构等问题的表达则更为直接（图 4-64）。但在任务书的描述中，关于构图能力、造型、立面仍然是衡量设计好坏的准绳。尤其作为"形式"的空间问题出于政治立场与意识形态的因素难以展开讨论。

通过对《建筑设计初步》和《民用建筑设计原理》的解读，我们能够论证基础课和设计课在建筑教育从古典向现代转型的进程中实际是不同步的。在 1960 年代的教学中，纯粹运用古典柱式的设计已被摒弃，对于现代建筑空间、结构的讨论也已经开始出现。从留存的清华学生作业来看，高年级学生采用简洁的形式语言来进行设计已经相对普遍。然而，《建筑设计初步》的教材中没有出现现代建筑的内容，布扎模式在基础课程的影响远未消退且根深蒂固。尽管作为一种观念，"现代建筑"在国内学生中已经普及，但基础课的教学尚不能找到一种与之对应的方法，因而只能继续沿用布扎的传统。

如果说折中主义建筑教育的基础是从熟悉古典建筑基本构件开始，那么基础课程中柱式渲染的训练当然无可厚非，这体现了基础教学与建筑设计相互匹配的关系。但随着源自欧洲的现代主义建筑运动的兴起，设计教学自然接纳了新建筑的影响，基础课程的变革则显得相对滞后。这属于个人经验向一般规律上升的必经过程。同时说明，现代建筑的可教问题需要从先锋事务所的探索逐步发展为行业共识，再提取出基本规律、转化为可教的方法。而这一过程在国内建筑教育的实现往往需要借助于对外交流来输入新的教学法。实际上，直接以模型操作而进入设计或建筑学习的方法（例如包豪斯方法）在国内普及要到 1980 年代的中期。大陆建筑院校借用日本和中国港台地区引入的"构成"教学才算真正撼动了学院式的入门方法。

4.4　本章小结

　　包豪斯预备课程和其抽象形式观念在国内建筑教育的第一次传播主要是从 1942 年到 1950 年代初，以圣约翰大学和清华大学两所建筑系的教学为代表。其传播主要依靠美国包豪斯基础教学的间接影响。圣约翰大学建筑系的黄作燊是格罗皮乌斯的追随者，鲍立克则与德国的包豪斯有直接的关联。圣约翰大学的设计基础课程强调材料研究和抽象构图，这些都相当接近包豪斯的做法，因此说圣约翰大学从师资到内容都是一个典型的包豪斯式的建筑学校并不为过。清华的梁思成在访美期间也与美国的包豪斯教学有过密切的接触，他从美国带回来的《设计元素》挂图对清华的基础教学有重要影响。但是，梁思成本人仍是典型的布扎学者，清华又缺乏能够执行包豪斯初步课程的教师，因而这种传播在教学层面比较间接，更多是作为一种抽象形式观念的普及。

　　从 1952 年全国高校院系调整到"文革"结束的二十余年时间中，以包豪斯为代表的现代设计教育在国内建筑院校的影响几乎停滞。如果说对现代主义建筑的功能和结构原则的讨论能够以某些实用主义的因素得以延续，那么关于形式本身的研究，尤其是和西方现代艺术相关的内容则沦为意识形态批判的对象而成为教学中的禁忌。

第五章

"构成"教学的溯源和曲折传播

5.1　背景："构成"的谱系

"文革"之后，随着布扎与现代建筑教育模式的此消彼长，对于渲染构图教学方法的检讨并不能解决基础教学的出路问题。对于中国内地建筑教育者而言，对传统的挑战需要另一种替代的方法，并体现出新的空间形式观念。作为包豪斯基本原理的延续与流变，1980 年代快速在中国内地传播的"构成"教学代表着一套有效的抽象形式原理与造型方法，并反映出现代设计的特征。在当时的背景下，向内地的工艺美院借鉴更为成熟的方法不失为一个可行的途径。但从本质而言，"构成"方法并非出自建筑学学科内部的规律，而是来自更广义的设计领域中造型方法的输入。因此，对于"构成"教学的学理溯源和传播谱系的总体把握是研究国内包豪斯观念和方法流变的重要组成部分。

从传播谱系而言，1980 年代初内地"构成"教学存在着两个主要来源：来源之一是以艺术家王无邪为代表的中国港台地区设计基础教学，并可进一步追溯至 1960 年代美国的"基本设计"方法；来源之二是日本艺术院校更为体系化的"构成教育"，并传播了视觉、工业设计等领域的造型基础理论和方法。改革开放之初的对外交流是"三大构成"传播的开端，中央工艺美术学院和广州美术学院的教学则为当时的代表。

需进一步阐明的是，"三大构成"在内地历史语境中有着清晰的学理范畴，但在日本和中国港台地区的艺术学界，以"构成"为代表的造型基础学科有着更为复杂的知识谱系和传播脉络。限于篇幅和史料收集范围，本章节主要从教学和知识体系源流的角度来概述"构成"的历史变迁，并着重关注抽象形式观念与方法对建筑教育的影响。本章将围绕以下研究问题展开：

（1）"构成"作为一种包豪斯教学的变体，在何时形成，包含了哪些内容，以及具体的流变过程该如何概括？

（2）"构成"的教学是如何传入中国内地的，"三大构成"的教学体系在内地为何兴起，又产生了何种影响？

（3）如何理解"构成"作为一种通用设计学科的造型基础教学的核心价值，"构成"理论、包豪斯及其与建筑教育的关系该如何重新界定？

5.2　"构成"在日本的溯源

从狭义的形式术语与原理而言，日本"构成"教学的发端与包豪斯直接相关，也与建筑学相关。有意思的是，"构成"教学在日本的演变轨迹却与建筑教育渐行渐远、逐步脱离，且大致可以分为两个阶段：第一阶段始于 1920 年代，属于欧洲设计观念与方法的输入。日本的设计基础教育主要受到包豪斯的影响且逐步转型。这一时期，苏联构成主义和包豪斯教学以文献方式同时被引入日本。1930 年代，德国包豪斯的日本留学生陆续回国，通过办学、著书、设计实践等方式来促进现代设计的发展。在此时期，"构成教育"在日本的发展与正兴起的现代建筑教育关联较紧密。第二阶段从"二战"结束开始，"构成"教学在日本发展出更为完备的教学体系，并与建筑教育逐步分离。1950 年代，日本国立艺术院校率先开设"构成"专业，同时中小学艺术教育也设立了"构成"的专业科目；随后，"构成"作为一种造型基础研究，在日本艺术院校有了长足的发展；1970 年代，"构成"逐步发展为一门独立的学科，形成了自身的学科架构与知识体系，并开始影响改革开放之后中国的工艺美术教育和建筑教育。

5.2.1 包豪斯与日本"构成教育运动"

日本现代设计教育的启蒙与全面西化的社会背景相关，尤其得益于 20 世纪初频繁的派留学生赴西方求学的活动 ❶。从 1920 到 1930 年代，日本开始广泛吸收欧洲各种现代建筑和艺术运动的能量。比如，苏联的构成主义艺术在大正年代（1912~1926）已经引入日本。"构成主义"（Constructivism）的术语通过当时的日文期刊和书籍在艺术圈流传。根据朝仓直巳的论述，日本"构成教育"的建立始于东京教育大学第一代教授、学科奠基人高桥正人（Masato Takahashi）。而"构成"（Kosei）的术语是他直接采用曾经在包豪斯学习过的水谷武彦对"Gestaltung"（构成）的翻译 ❷。因此，"构成"教学的学理可以追溯到包豪斯及其最具代表性的"预备课程"。

在日本留学生正式的包豪斯注册学习之前，堀口舍己（Sutemi Horiguchi）等建筑师在 1923 年就已和包豪斯进行了直接接触，并被欧陆的艺术先锋运动所吸引 ❸。除了现代建筑的传播，包豪斯中的抽象形式也在同一时期对日本产生影响。艺术评论家仲田定之助（Sadanosuke Nakada）和分离派建筑师石本喜久治（Kikuji Ishimoto）也对魏玛包豪斯进行过访问。石本喜久治不仅设计建筑，还对抽象形式构成产生了兴趣，并在回国之后进行了类似的设计实践 ❹。在包豪斯求学并接触到基础教学的日本学生有水谷武彦、山胁岩（Iwao Yamawaki）、山胁道子（Michiko Yamawaki）三人 ❺。还有学者指出包豪斯第四名日本学生是 1933 年 4 月入学的大野玉枝（Tamae Ohno），但她的活动主要在纺织领域 ❻。此外，建筑师山口文象（Bunzo Yamaguchi）曾在格罗皮乌斯的建筑事务所工作过。

❶ 1868 年明治维新之后，日本开始全方位学习西方。同年 4 月，日本政府颁布《五条誓文》，这预示了各方面改革的开始。1873 年，内务省成立，政府开始聘用西方专家，同时派留学生赴西方学习。

❷ 朝仓直巳，陈小清．作为基础造形的构成——有关构成的含义 [J]．美术学报，1995（01）：78-81．

❸ 根据藤森照信的论述，堀口捨己是最早注意到包豪斯的日本建筑师。他于大正十二年（1923）访问了魏玛的包豪斯，并参观了格罗皮乌斯和莫霍利-纳吉的办公室。引自藤森照信．日本近代建筑 [M]．山东人民出版社，2010：353．

❹ 石本喜久治曾为 1927 年日本分离派建筑展会设计了具有抽象构成特征的帷幔和室内设计。https://sites.google.com/site/dateyg/bunzo-archives-1/1926-asahishinbun

❺ 藤森照信．日本近代建筑 [M]．山东人民出版社，2010：354．

❻ 常见美纪子．大野玉枝研究（家具·木工、ファッション，口头による研究发表概要，平成 18 年度日本デザイン学会第 53 回研究发表大会）[C]．デザイン学研究．研究发表大会概要集，2006．

❶ 福井大学工学院（Gradu-ate School of Engineering, Fukui University）的 Petra Ruick（ペトラルイック）和筑波大学艺术学系日本美术史方向的寺尾和幸，都曾对水谷武彦在包豪斯学习和回国活动的历史进行了研究。

❷ 根据 Petra Ruick 的研究，水谷武彦在他的回忆文章中把当时在包豪斯接受的基础课分为两类：一是工作坊的训练，包括阿尔伯斯的"材料研究"（Training with Materials）、"抽象形式要素"（Abstract Form Elements）和康定斯基的"分析绘画"（Analytical Drawing）以及克利的"草图绘画"（Rough Drawing）等。二是工作坊训练时的理论课程，包括莫霍利－纳吉的"空间／体量构成"（Space/Mass Composi-tion）、克利的"平面设计基础理论"（Elementary De-sign Theory of the Plane）以及施莱默对于人体的研究等，并以阿尔伯斯和康定斯基的影响最大。水谷介绍阿尔伯斯的教学文献与包豪斯预备课程中对于教学目标、方法的理解都是极为类似的。引自 Petra Ruick . Takehiko Mizutani's Years at the Bauhaus Des-sau: Study on the Bauhaus and Takehiko Mizutani 水谷武彦のバウハウス・デッサウにおける留学時代について：バウハウスと水谷武彦に関する研究 その 1[J]. 日本建築学会計画系論文集，2006（599）：157-163。

❸ 水谷的回忆录着重描述了 Mart Stam 课程的内容。此外他还参与了马歇尔·布劳耶的家具工作坊的工作，并第一次接触到钢管家具的设计和制作。

❹ 山脇岩（Iwao Yamawa-ki）原名藤田岩（Iwao Fu-jita），于 1926 年毕业于东京艺术大学建筑系（Archi-tectural Department of the Tokyo School of Arts）。他在进入包豪斯之前曾在日本 Yokogawa Construction Company 短暂工作，之后加入"建筑研究协会"，并广泛吸收现代艺术和建筑的经验。

图 5-1　水谷武彦

图 5-2　水谷武彦在包豪斯阿尔伯斯预备课程所做的练习

　　包豪斯的首位日籍学生是水谷武彦，他在包豪斯的学习时段跨越了格罗皮乌斯和汉斯·迈耶两任校长的任期（图 5-1）❶。根据日本学者的研究，水谷武彦对于包豪斯基础课的学习主要吸纳了阿尔伯斯的材料训练和康定斯基的抽象形式理论，并对整个课程体系有所了解❷（图 5-2）。水谷在包豪斯期间，还参与了木工工作坊和为期六个月的建筑课程❸。水谷武彦于昭和六年（1931 年）回国，任职于东京美术学校建筑科。他很快发现自己在包豪斯所学的内容与当时日本的学院式教学难以匹配。随后，他与同为建筑师的川喜田炼七郎（Renshichiro Kawakita）商讨，并在后来促成了一个实验学校的诞生。水谷借用了包豪斯预备课程中对"造型"的理解，创造了"构成"的术语并从事相关教学工作。

　　作为水谷武彦的继任者，山脇岩和山脇道子夫妇在 1930 年进入包豪斯学习（图 5-3、图 5-4）。这里需要提及的是山脇岩在进入包豪斯之前就已有建筑学的专业背景和实践经验，并通过水谷等了解欧洲现代主义建筑运动的日本学者，学习和引介新建筑❹。山脇岩凭借自己在日本的建筑作品被包豪斯以三年制课程录取。随后，山脇道子也通过考试，并在包豪斯

图 5-3　山脇岩和与保罗·奥德的合影

图 5-4　山脇道子在包豪斯的学生证

注册（当时的情况是有近 170 名学生，其中女生有 50 名）❶。在当时的学制中，最为基础和重要的是第一年的"预备课程"（Vorkurs），包括阿尔伯斯的材料训练、康定斯基的抽象形式理论和其他设计导论课。此外，出于汉斯·迈耶的教学理念，基础课还包括数学、物理等通识科学课程。随后，山脇岩选择进入摄影工作坊，并遇到了彼得汉斯，接触到了"照片剪辑"（Photomontage）、"黑影照片"（Photogram）等前卫理念。他也创作了一些具有影响力的视觉拼贴作品，并留存于包豪斯❷。1932 年夏，山脇岩夫妇在学校日益动荡的局面下离开了柏林。尽管密斯仍在为包豪斯斡旋，但他们并未继续学习，而是把眼光投向日本国内。二人不仅带回了很多书籍、家具和器材，还筹划着日本本土设计的变革❸。

山脇岩在归国之后完成的建筑实践就明显体现出源自欧洲现代主义建筑的影响。比如，他为先锋画家三岸好太郎（Kotaro Migishi）设计的位于东京的小住宅和工作室（1934 年完成）就采用了内外通透的玻璃幕墙、有动态体验的内部空间及具有密斯特征的平面布局和空间组织。此外，山脇岩还把以莫霍利-纳吉和彼得汉斯为代表的摄影、拼贴和视觉研究带入了日本的设计教育中。

"构成教育"和新建筑工艺学院

1920 年代前后是日本广泛吸收欧美现代主义艺术与建筑思潮的时期。在西方观念的输入下，本土的教学实验也陆续展开，以探索新的创作领域。包豪斯在日本传播的历程中，新建筑工艺学院便是最突出的例子，并被誉为日本的包豪斯。

1932 年（昭和七年）6 月，川喜田炼七郎在东京银座创立了新建筑工艺学院❹。在创立初期，教师只有包豪斯归来的水谷武彦和山脇岩夫妇，后来土浦龟城（Kameki Tsuchiura）和市浦健（Ken Ichiura）也加入进来❺。值得一提的是，川喜田本身就是建筑学出身❻，创校的目的在于推广包豪斯的教学方法，推动建筑和艺术的变革。该校实际只是夜校性质的非正规机构，办学时间不长，从 1932 年成立到 1936 年学校关门，只有短短四年。

尽管以引介新建筑为目标，但"构成"教育却成为该校的主要教学内容。与包豪斯工作坊混合的模式相类似，新建筑工艺学院开设织物科、洋裁科、构成教育科、建筑科、绘画科（后为工艺美术科）等方向的课程（图 5-5）。但办学规模一直无法扩大，最后仅剩"构成教育"一个方向。通过回忆文章也能够推断，该校的教学主张与包豪斯非常相像。当时的学生桑泽洋子（Yoko Kuwasawa）曾回忆："从色彩、点、线、面、材质等造型要素的理解开始，到拼贴、立体构成的形式基础训练，而其目的却是追求建筑类综合性的形态构成。❼"而在藤森照信（Terunobu Fujimori）

❶ Capkova Helena. Trans-national Networkers-Iwao and Michiko Yamawaki and the Formation of Japanese Modernist Design[J]. Journal of Design History, 2014 (4): 370-385.

❷ 最为代表性的作品就是山脇岩于 1932 年（包豪斯政治的敏感时段）所创作的 "Attack on Bauhaus"。这作品于 1932 年 12 月出版，同时发表的还有一篇名为 "The Closing of Bauhaus" 的文章。

❸ 两人家底殷实，在包豪斯购置了很多设计产品、书籍、甚至是小型家具。他们希望能够在日本重塑包豪斯的氛围，以进行现代设计教育的实验。道子甚至通过航运带回了两台织布机，并用于她在东京的工作室。在山脇道子父亲的帮助下，两人在东京银座租下了近两层办公空间。随后，这里成为日本建筑师和艺术家传播新思想的场所。创办日本包豪斯的川喜田炼七郎是这的常客，另外还有来自 Nippon 杂志的摄影师名取洋之助（Yonosuke Natori）。

❹ 1932 年 6 月，该校从一所商业美术学校的"新建筑工艺科"，发展为"新建筑工艺研究讲习所"，后改为"新建筑工艺学院"。

❺ 藤森照信. 日本近代建筑 [M]. 山东人民出版社, 2010: 356.

❻ 川喜田炼七郎于 1924 年毕业于东京高等工业学校（现东京工业大学）建筑系。

❼ Hidehiro Ikegami. Kosei and Zokei Education: Bauhaus and the Formation of Kuwasawa Design School[C]. The First Asian Conference of Design History and Theory) ACDHT, 2016: 86-94.

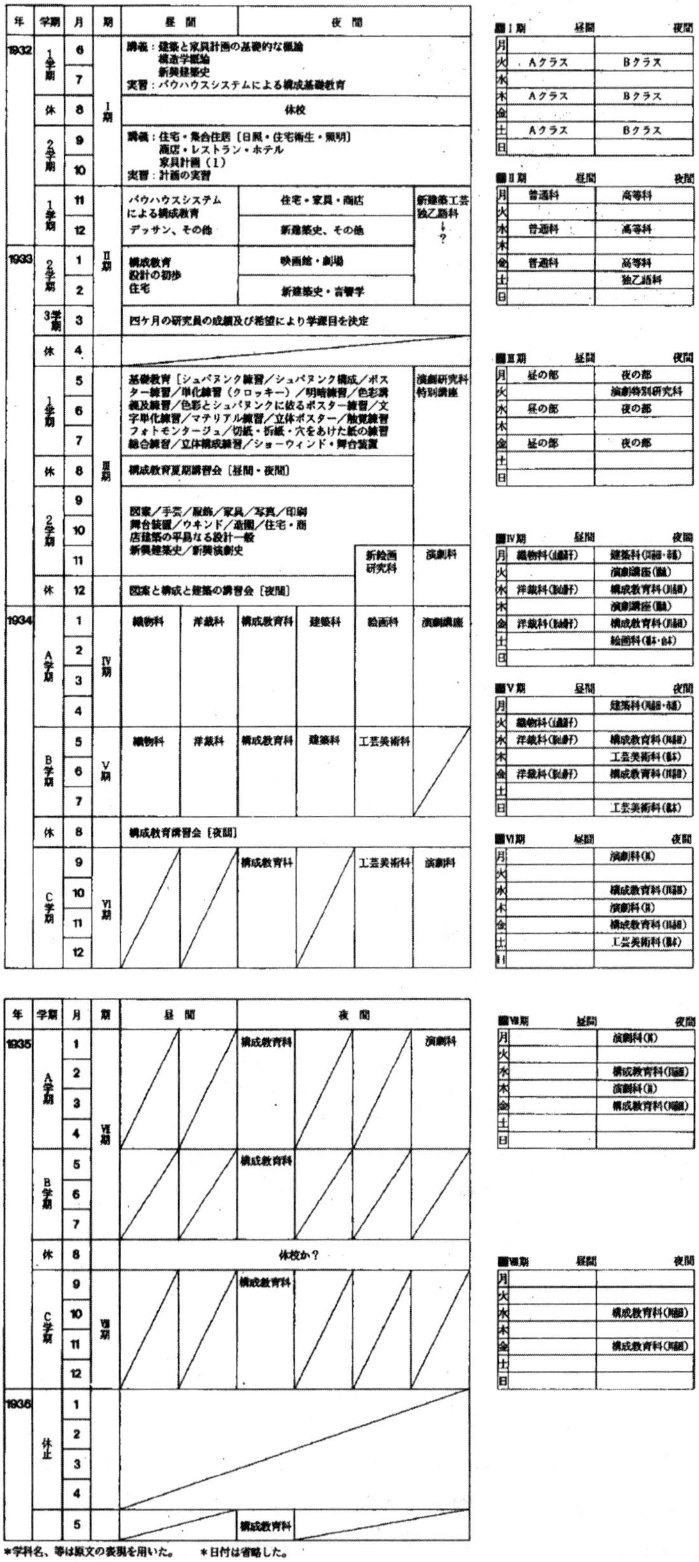

図 5-5　新建筑工艺学校的教学
档案展示与课程演变

*学科名、等は原文の表現を用いた。　*日付は省略した。

的论述中，这个学校对于日本建筑教育的影响甚微。包豪斯毕业的三个日本学生并没有建筑教学的经验，只是推动了抽象形式教育的启蒙。不过，该校的教学却在日本当时的设计教育领域产生了意外的效应，优秀弟子众多❶。

1932 年，东京文理科大学的桐光会创立了《构成教育》这一刊物。此外，武井胜雄（Katsuo Takei）和间所春（Haru Madokoro）共同完成了《构成教育的新图画》一书。随后，"构成教育"最具代表性的《构成教育大系》（Compendium of Kosei Education）一书于 1934 年由学校美术协会出版（图 5-6~图 5-9）。该书由川喜田炼七郎和武井胜雄编著。川喜田不仅是一个新派的艺术教育家，同时具有建筑背景（图 5-10）。他并没有包豪斯的留学经历，但通晓德语，且广泛阅读由留学生和学者从海外带回的文献和资料❷。

《构成教育大系》的组织和内容上都体现出鲜明的包豪斯特征。书的整体架构已经包含了"单线练习""黑影摄影（Photogram）""明暗练习""色彩练习""绘画练习""立体材料练习""肌理形态"等内容，完整地参照了包豪斯的教学法❸。具体而言，伊顿的色彩研究、莫霍利 - 纳吉的触觉练习以及阿尔伯斯的折纸训练都有涉及。但全书的主旨却并未沦为包豪斯

❶ 新建筑工艺学院最具影响力的学生包括桑泽洋子、原弘、龟仓雄策等日本现代设计大师。

❷ Hidehiro Ikegami.Kosei and Zokei Education: Bauhaus and the Formation of Kuwasawa Design School[C].The First Asian Conference of Design History and Theory）ACDHT, 2016: 86-94.

❸ 川喜田炼七郎，武井胜雄. 构成教育大系 [M]. 学校美术协会出版部，1934.

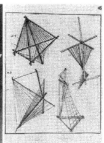

图 5-6 《构成教育大系》封面（左）
图 5-7 《构成教育大系》中的材料训练（右）

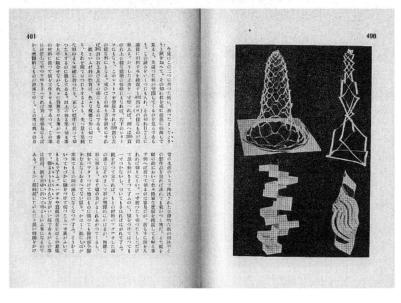

图 5-8 《构成教育大系》中的折纸训练

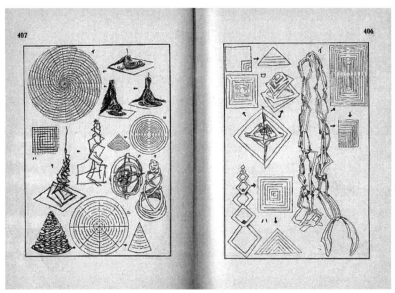

图 5-9 《构成教育大系》中的
折纸步骤

图 5-10 川喜田炼七郎的教学
场景

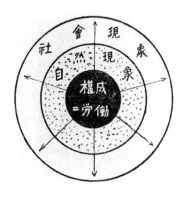

图 5-11 "构成"的定义

预备课程的翻版,"大系"一词即包含系统化与再梳理的意思。川喜田把"构成"理解为一种通用的造型活动——属于"人的活动和劳动"(图 5-11),并有两层不同的含义。他把教学中纯造型的基础训练理解为"抽象构成",对应了包豪斯预备课程的教学;而把基础教学之后具有生产性特征、以实用为目标的设计理解为"生产构成"。"生产构成"以培养从事建筑、手工艺等专业活动的匠人为目的。比如,家具设计属于专业化并具有实用价值的生产活动,因而"家具构成"必须考虑功能、材料和人体工程学。这一观念同样在新建筑工艺学院的办学理念中得以体现。这种对包豪斯原理的调适与转化反映出日本特有的实用主义设计价值观。

构成教育不是圆形、正方形和三角形的排列组合,也不是描绘所谓构成主义的图案。所谓"构成"是将我们日常生活中常见的,就在身边能够充分接触和注意到的事物,以全新的视角去观察,在观看与制作的同时去掌握其最本质的部分❶。

❶ 川喜田炼七郎,武井胜雄.构成教育大系[M].学校美术协会出版部,1934:1.

图5-12 "构成"与新建筑的引介

"构成"教育在1930年代的兴起促进了包豪斯观念的传播,被称为日本设计教育史上的"构成教育运动"。与包豪斯的初衷一致的"构成"教学在日本早期的传播也是跨学科的,在建筑与艺术的学科边界中探索现代设计的启蒙。作为预科教学和入门训练,"构成"的优势同样体现在对创造力和发散性思维的激发,而并不侧重于深层次的职业技能训练。早期从事"构成教育"的日本留学生和教师也与包豪斯人有着类似的乌托邦特质:视野开阔,对广义和跨学科的设计活动保持兴趣、笃信现代设计的能量……水谷武彦、山胁岩和川喜田炼七郎都具有建筑背景,他们对于"构成"的推动在于追求一种新的建筑观念,以脱离古典建筑形式语言的束缚(图5-12)。"构成"教育者的努力阴错阳差地开拓出一种艺术类的通识教育,并为新的教学改革积累了能量。正如陆伟荣在"日本的构成教育"一文中所指出的:

川喜田本来期待的是在建筑界的教育领域能得到反响和开展,结果遭到了冷遇,却意外地受到了日本初等、中等美术教育界——从临摹范画的教育中摆脱出来、经过自由画教育运动、正在朝下一个方向进行探索的教师们的赞赏和呼应❷。

❷ 陆伟荣.日本的构成教育[J].中国美术教育,1998(04):37-38.

5.2.2　"构成":通识基础与专业研究

"二战"之后,日本在战后重建中经济快速恢复,现代设计开始崛起。为了培养师资和学生,以适应发展建设的需要,"构成教育"得到了快速普及，并在专业教育和通识教育领域产生了分化。本章节将从以下三方面进行梳理：

（1）高等院校中的"构成"专业

1949 年，东京教育大学在教育学部艺术学科中开设了"构成专攻"❶，成为文教部认可的第一所开设"构成"专业的大学❷。高桥正人曾担任课程的主讲，此外，山胁岩、大智浩（Hiroshi Ohchi）、胜见胜（Masaru Katsumi）等人也参与了教学。在课程设置中，"构成"成为既属于"基础"又属于"专业"的科目。作为包豪斯预备课程精髓的延续，"构成"仍然具有通识教育的特征，形成横向的教学平台。但更重要的是，"构成"在纵向教学体系上也发展为专门的学术领域，并设有一至四年级本科生需修读的科目，在研究生教育中也开设了相关的研究课程。

东京教育大学于 1973 年整体迁入筑波大学，艺术专门学群也随之迁移过去❸。根据朝仓的描述，筑波大学的"构成"属于"造形"基础学科，并有着"Constructive Art"的英译说法，以强调其可实施性和实用性。筑波大学成立于 1973 年，艺术专业的招生是在 1975 年 4 月，并进一步拓展了"构成"教学的维度❹。原有"构成"体系中视觉设计、印刷、摄影等训练演化成一个独立的分支，即"视觉传达设计"；除了平面、立体、色彩等传统"构成"的研究范畴，光线、装置艺术、地景艺术等新兴的研究领域也被极大地拓展。传统的"构成"教学逐步向综合造型学科迈进，并顺应科技潮流，增设了造型心理学以及声光科技等辅助课程（图 5-13）。

作为日本"构成"教学的先驱，高桥正人、高山正喜久（Makihisa Takayama）等学者不仅长期在一线参与教学，还编纂了具有影响力的教科书，并对国内的"构成"教学产生了重要影响（图 5-14、图 5-15）。1981 年在筑波大学学习后回国开展"构成"教学的吴静芳曾回忆："东京教育大学时期，'构成'是高山正喜久来主持教学。我访学的筑波大学则是由朝仓直巳来组织教学。他毕业于东京教育大学，在外面短暂工作，就回到

❶ 1949 年东京教育大学由东京文理科大学、东京高等师范学校等校合并成立，1978 年停止招生，它也是筑波大学的前身。

❷ 当时，东京教育大学有艺术学、绘画、雕塑、构成、工艺五个专业方向。

❸ 学群是日本筑波大学设置的教学组织，是对大学内设置学部的改革，类似于专业教学大类学科群的概念。

❹（日）朝仓直巳. 艺术·设计的光构成 [M]. 白文花，译. 北京：中国计划出版社，2000：205.

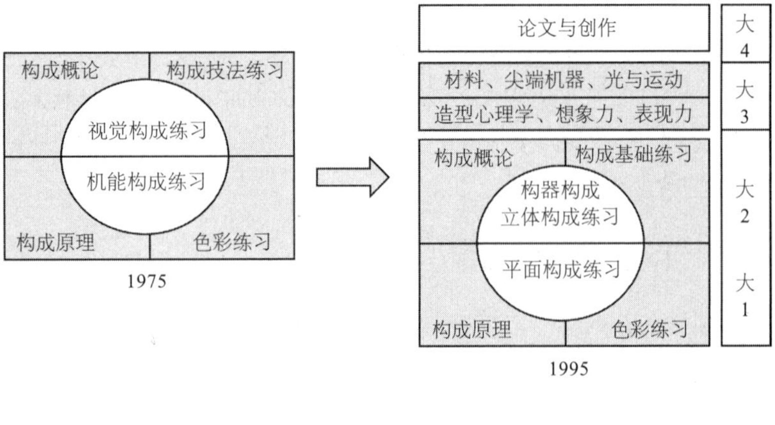

图 5-13 "构成"教学知识体系的变迁

图 5-14　"立体构成"教材，高山正喜久，1965 年（左）
图 5-15　"构成"教材，高桥正人，1974 年（右）

了筑波大学，专门从事构成学研究。这个和国内并不一样，我们的'构成'教学一直没有明确的学科属性和研究方向……在朝仓的那个时期，构成学研究甚至已设立博士课程了，同时也设有本科和硕士学位课程。因为朝仓先生的观念就是把'构成'视作既是基础，又是专业。❶"

　　"构成"教学在东京艺术大学的发展则更为多元。该校于 1970 年代中改组成立了新的设计系，并在此基础上设置了"构成设计"专业。例如，在 1980 年的教学计划中，前两年是共通的基础教学，三、四年级则是专业教育。"构成"专业内容包含影像构成、素材造型、构造计划、动态构成、古典美术研究欣赏、强化塑料造型（FRP 成型）、数理造型、空间构成、前卫设计、毕业创作定位、毕业创作等❷。在东京艺术大学的教学中，"构成设计"（Structural Design）并没有严格按照固定模式来教，其教学计划一直处于变动之中。教学方法上尊重学生的自主性，教学内容上也更为多元。

　　1980 年代初期，日本文部省直属的国立大学中，拥有"构成"这一造型基础学科的院校并不多，只有东京艺术大学、千叶大学、筑波大学、京都工艺纤维大学、九州艺术工科大学❸。此外，在日本各省还有以培养师资为目的的教育大学。在这种师范类院校中，一般设有绘画、雕塑、构成、美术理论和美术史、美术教学法等课程。在这种课程设置之下，"构成"和"设计"实际上有着很大的交集，甚至在进行教师资格认证的时候，两者都被认可。这类构成训练的目的，实际上并非是一种纯粹的造型专门训练，而更类似于对基本审美能力和设计能力的培养。

　　（2）造型专业类的设计学院

　　第二类专门从事"构成"教学的院校属于私立的设计学院，并以造型研究为目的，典型的代表为桑泽设计研究所（Kuwasawa Design School，桑沢デザイン研究所）和东京造形大学（Tokyo Zokei University）。

❶ 笔者对吴静芳的采访，2016 年 5 月 10 日。

❷（日）朝仓直巳. 艺术·设计的光构成 [M]. 白文花，译. 北京: 中国计划出版社，2000: 205.

❸（日）朝仓直巳. 艺术·设计的光构成 [M]. 白文花，译. 北京: 中国计划出版社，2000: 207.

图 5-16　格罗皮乌斯访问桑泽
设计研究所，1954 年

　　这两所学校都与设计教育家桑泽洋子直接相关。她毕业于最早受到
包豪斯影响的东京新建筑工艺学院，并有服装设计的实践背景。1954 年，
她在东京开设了桑泽设计研究所，积极传播新的设计理念（早期校址在都
港区青山北町，后迁到涩谷区）。在胜见胜的建议和帮助下，该研究所聘
请了当时的视觉艺术家、建筑师和产品设计师等前来授课，成为一个架构
完整的设计学校。1954 年，格罗皮乌斯曾造访过刚创立的桑泽设计研究所，
并给予学校办学积极的评价（图 5-16）。桑泽洋子筹建的设计学校延续了
包豪斯的基本理念，并在抽象形式和视知觉的研究上继续探索。她曾师从
川喜田炼七郎，对"构成"教学有着既继承又批判的认识。桑泽洋子认为"构
成"教学解决了抽象造型的方法问题，但在设计概念与制造实施层面缺少
了一个中间过程❶。如果学生直接从纯抽象形式进入到设计学习，往往会
忽视产品设计背后的技术与社会的复杂性。

　　1955 年，胜见胜、山口正城（Masaki Yamaguchi）、高桥正人等现代
艺术教育家创建了"造形教育中心"，并传播现代设计理念。这所机构主
要从事商业性的视觉设计和工业产品设计。期间，机构的教师编纂了"构成"
和设计基础教科书，并在"文革"之后间接传入到国内的工艺美术院校。

　　1966 年，桑泽洋子在其创立的设计研究所的基础上又创立了东京造
形大学，并亲自担任首任校长。这也是日本第一所以"造形"命名、专门
从事设计教育的院校。该校以理念前沿、精细化教学和小规模办学而著称，
一直延续至今，并形成了从本科、大学院修士（相当于我国的硕士）到博
士教育的完整培养体系。

　　（3）初等和中等教育

　　"构成"作为一种中小学艺术类通识教育，可以追溯到"二战"之
前❷。1947 年，日本文部省制定了从初级到高级阶段教育的指导纲要，

❶ Hidehiro Ikegami.Ko-
sei and Zokei Education：
Bauhaus and the Forma-
tion of Kuwasawa Design
School[C].The First Asian
Conference of Design His-
tory and Theory ACDHT，
2016：86-94.

❷ 1934 年，明治小学的美
术教师就已经开设了"构
成教育"的课程，并倡导
早期美术教育的改革。

其中就把"构成"作为中小学美术教育的一个分支。很显然，具有包豪斯特征的材料与形式训练不仅符合"做中学"的特质，同时也非常适合作为一种培养兴趣的训练方法。1977 年，日本文部省颁布的《小学学习指导纲领：图画篇》中就包含了"构成"，并试图通过折纸、材料研究等方法来进行设计启蒙。文部省《中学指导书：美术篇》中对于"构成"的定义是"以造型和颜色传达的设计"❶。在 1978 年的中学美术教材中已经出现了平面、立体、色彩和折纸造型的教学内容。开设这类课程的目的在于对中小学传统美术教育的表现形式（如绘画、雕塑、制作、鉴赏）进行补充。作为通识教育，"构成"在中小学开设的目的在于培养学生基本的形式美感，提高动手能力，而并不从属于职业技能的入门。这种价值理念却恰恰对应了包豪斯教育强调直觉、回归本原的初衷。

❶ 庞蕾. 构成教学研究 [D]. 南京：南京艺术学院，2008：73.

5.3　"构成"在中国内地的兴起：对外交流与方法引进

1980 年代初，以"三大构成"为代表的设计基础教学开始在中国内地艺术和建筑教育中流行，同时也引发了中国内地学界重新解读包豪斯的兴趣。从源流上说，"构成"教学虽然能够追溯到包豪斯，但两者并没有直接的联系。中国内地"构成"的教学方法与知识体系主要是从日本的设计教育中移植而来，同时还包含了中国港台地区设计基础教学的影响。但正是这种间接、弥散的"二次传播"促进了内地设计教育的现代化转型。"文革"之前，中国香港地区和台湾地区由于地缘和政治原因，比内地更早、更便利地接触到现代设计的影响，并催生了本土教育的变革。随着对外交流的开展，内地的设计教学亟待与国际同步。因而，港台地区就成为欧美现代设计教育在内地传播的一个跳板。

（1）王无邪："基本设计"的传播

中国香港作为 1960 年代亚太地区最发达的港口城市之一，在经济上率先腾飞，同时具有涉外文化的地缘优势，因而较早地受到现代设计的影响。包豪斯对香港的最初影响可以追溯到 1940 年代❷，但现代设计教育的全面传播仍要滞后一点。1960 年代中后期，海外归来的留学生开始借用本港的高等院校和下属培训机构办学，以培养年轻设计师。这一阶段，源于包豪斯的设计基础课程也被引进香港，王无邪起了巨大的推动作用。

王无邪早年在香港学习艺术，后赴美国哥伦布艺术与设计学院（Columbus College of Art and Design）和马里兰艺术学院（Maryland Insititute College of Art，MICA）学习现代绘画，深受"基本设计"和美国"硬边艺术"的影响❸。王无邪早期专攻中国水墨画，所以他对于现代设计的认识基本来源于在美国的学习和游历。回国后，他于 1966 年在香港

❷ 留学欧洲并亲历包豪斯的郑可回国后，在香港曾有开办实业的经历，并进行了现代设计的探索。

❸ 王无邪早年曾随吕寿琨（Lui Shou-kwan）学习水墨画，并与友人一起创办现代文学美术协会，出版《新思潮》杂志。从 1961 年至 1963 年，王无邪远赴美国中西部的私立艺术院校——哥伦布艺术与设计学院，攻读美术与设计。后赴马里兰艺术学院学习绘画，先后获美术学士与硕士学位。

中文大学校外进修学院（Department of Extramural Studies of CUHK）开设首届艺术设计文凭班，该班包含的六门课程为：设计素描、色彩学、描绘技巧与构图、平面及商业设计基础、中英文字体设计、透视学与预想图技巧❶。这也是香港引入西方现代设计教育理念的转折点。随后，王无邪于 1974 年到 1984 年在香港理工学院（现香港理工大学）设计学院任教，这也成为香港现代设计教育的一个重要阵地。

王无邪的教学法可以清晰地通过他的教学著作得以再现。他最早的出版物是 1969 年中英对照的《平面设计原理》，之后是 1984 年在台湾地区再版的《平面设计原理》和 1980 年代初问世的《立体设计原理》❷（图 5-17、图 5-18）。实际上，王无邪的教学集中于形式基本要素和抽象语汇的研究。不同于包豪斯预备课程中更为个性和难以捉摸的特质，他的两本教科书以"基本设计"为蓝本，以简明的逻辑重点阐述了以"元素"（Elements）和"组织"（Organization）为核心的形态构成法则（图 5-19、图 5-20）。根据他在《平面设计原理》中的描述，这门课程"是从德国包豪斯基本课程的精神出发，接受 60 年代流行的光学艺术及至简艺术的美学观念及几何结构，加上自己的教学性推理而写成。"

王无邪《平面设计原理》的出版主要是针对香港中文大学校外进修部和香港博物美术馆所举办的展览。之后在台湾出版的《平面设计原理》延续了之前的结构，并还原了当时的教学情况。其内容"有意识地保留课程讲授的原貌。这里一共是十二章，正是当时十二讲的课程，每讲完后必有习题，由学员在家中完成……我原来的课程共二十四小时，即每讲二小时"❸。

❶ 王无邪的香港中文大学校外进修部第一届两年制艺术设计文凭班，是香港最早引入西方现代设计教育观念的教学实践。讲授的平面设计基础共24课时，每次 2 小时，其中 1 小时用于讲评学员上一课时的作业，另 1 小时用于阐释新的内容。

❷ 这两本书的繁体中文版最初由台湾雄狮图书股份有限公司出版。

❸ 王无邪. 平面设计原理[M]. 台北：雄狮图书股份有限公司，1984: 2-3.

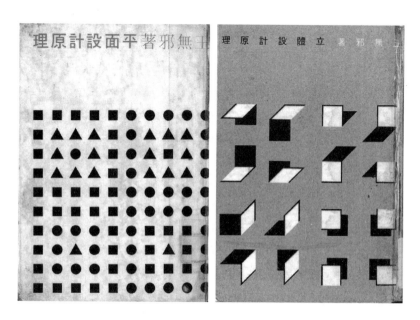

图 5-17 《平面设计原理》封面（左）
图 5-18 《立体设计原理》封面（右）

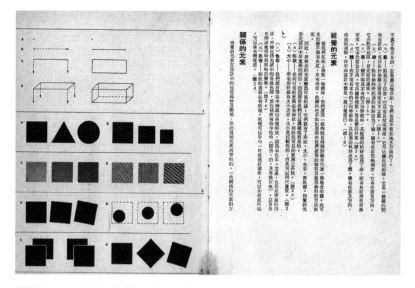

图 5-19　视觉元素的描述

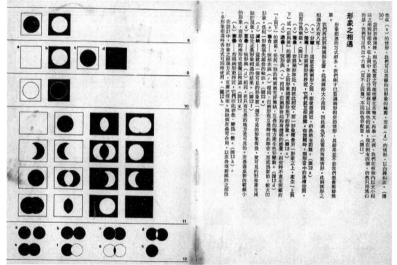

图 5-20　平面设计要素的关系

　　王无邪概述了其教学法的渊源：所谓的平面和立体设计原理同美国"基本设计"的教学模式有着学理上的联系。该书有意识地从理性且严谨的"视觉文法"来分析平面设计的形式问题，忽略关于情感和直觉的成分以突出教学的针对性。他同时指出，这一形式的理性基础并不是设计教育的唯一原则。此外，"原理"一书中平面设计和色彩设计是分离的，学生被规定不允许使用黑白色之外的任何颜色，甚至是灰色。这种观念可能间接导致了国内"三大构成"教学体系中平面构成与色彩构成的分离。

　　《平面设计原理》共十二章，导论主要讨论何为"设计"，并阐述了王无邪教学的抽象形式法则属于一种"视觉语言"的训练。他定义了四类基本的设计元素："概念的元素"（Conceptual Elements）——点、线、面、体；

"视觉的元素"（Visual Elements）——形状、大小、色彩、肌理；"关系的元素"（Relative Elements）——方向、位置、空间、重心；"实用的元素"（Practical Elements）——具象、意义、功能。第二章讨论形象（Form），形象指"各种视觉元素联合的统称"，作者借用了源于包豪斯的基本观念，把视觉形象抽象划分为点、线、面、体，同时分类讨论了形式术语，如正负形、图底关系和八种基本的形式关系（分离、接触、覆盖、透叠、联合、减缺、差叠、套叠）❶。这一分类和中文释义提出了一种理解形式关系的可教方法，在当时具有开拓性。

第三章和第四章论述了"构成"教学中非常关键的两个基本概念："基本形"（Unit Forms）和"骨格"（Structure）。"基本形"属于形态变化中重复的基本单元，同时包含了整体与局部的关系。而"骨格"类似控制形式变化位置的网格，引导"基本形"进行有规律的变化。对于"骨格"的分类，王无邪的定义相对繁琐，包括规律性、非规律性、有作用性、非作用性等。"基本形"和"骨格"的关系基本支撑了书中绝大部分形式生成的操作。对于"构成"而言，这也是一对非常重要的关系。在基本概念后，全书详细介绍了控制形式变化的"视觉文法"，包括重复、骨格、近似、渐变、发射、特异、对比、密集、肌理、空间十种类型，并以作业案例来解释形式生成的具体特征。当然，王无邪也指出，形式变化本身是微妙而复杂的，进行类型划分的作用在于更为清晰地理解形式规律。

上述抽象形式的知识体系也对改革开放初期内地工艺美院和建筑系的教学产生了长远影响。比如，陈菊盛编写的《平面设计原理》、同济大学和清华大学建筑系主持编写的教材《建筑形态设计基础》和《建筑初步》（第二版，1998年出版）中的形态构成部分，都采用了同样的形式生成逻辑。在"构成"知识体系的发展过程中，尽管术语和定义有所差异，但这种由抽象形式要素及其排列组合并以此获得形式丰富性的内核却一直未改变。

在香港商业化社会起步的1960年代和1970年代，王无邪的设计教学同样带有实用主义的特征，并广受设计行业的欢迎。除了在中文大学亲自任教外，他还邀请在香港从业的知名设计师来参与教学。毕业于耶鲁大学、曾师从保罗·兰德（Paul Rand）的石汉瑞（Henry Steiner）也曾受邀来授课❷。1969年8月，王无邪和学生的教学成果以"基本设计"为题在香港大会堂举办了特展（香港博物美术馆策展）❸，这足以说明其在当时现代设计教育大环境中的影响力（图5-21、图5-22）。

王无邪的同仁和学生们继续发展了他的现代设计理念。在最早接触到"基本设计"的学生们中，吕立勋（Lui Lup Fun）、靳埭强（Kan Tai Keung）、梁巨廷（Leung Kui Ting）都成功地把现代设计的传播与办学、出版与创业进行结合，在教育与产业的商业化中获得成果。吕立勋在修读

❶ 王无邪. 平面设计原理 [M]. 台北：雄狮图书股份有限公司，1984：16-17.

❷ 靳埭强，杭间. 中国现代设计与包豪斯 [M]. 北京：人民美术出版社，2014：80.

❸ 展览的原标题为"香港学生基本与应用设计成果展"（An Exhibition of Fundamental and Applied Design by Design Students of Hong Kong）。

图 5-21 王无邪"基本设计"
展览于香港大会堂举行(左)
图 5-22 "基本设计"展览海报
(右)

了王无邪的课程后进行创业,并极富先见性地意识到孕育现代设计文化和培养本土设计师的重要性。1970 年 7 月,他创建了一所当时颇为热门的私立学校"大一艺术设计学院"(The First Institute of Art and Design)❶,持续推动新的教学。这所早期以夜校模式运营的机构,在成立的第一个十年就意外地获得成功,并在"文革"之后把具有包豪斯特征的现代设计带入到内地。通过王无邪和吕立勋所推动的交流活动,中央工艺美术学院、广州美术学院等院校的师生重新接触到中断已久的现代设计教学❷。

（2）"三大构成"的形成

在"构成"教学引入之前,内地工艺美院普遍设有"图案学"的课程来研究图案的性质、功能、特征、分类、形式美等问题。当时的图案教学大多以自然形态的描绘为主,以临摹和写生的方法来进行设计启蒙和形式感的训练。1978 年开始,中央工艺美术学院的辛华泉和广州美术学院的尹定邦等教师率先将日本和我国港台地区的设计基础教学引入内地,以求变革。作为包豪斯基本原理的延续,"构成"教学以一种可教、实用、新颖的方式传播了一套形式法则,并逐步替代了传统图案教学。1980 年代前后,所谓的"造型基础"以平面构成、立体构成、色彩构成三个板块进行分步教学,并以"三大构成"的模式在内地的艺术院校中快速传播。继早期广州美术学院的实验教学之后,中央工艺美术学院和无锡轻工业学院都有发展"构成"教学,并形成了多种地缘布局。

"构成"在中央工艺美术学院的引入

"文革"初期,中央工艺美术学院装潢美术系的基础教学仍然依赖传统的图案和素描训练。造型能力的训练主要为临摹,形成了重绘画而轻设计、重装饰而轻功能的特征。引入"构成"教学,是基于图案(临摹、写生、构成)为主的基础课程与逐步发展的设计类课程之间的矛盾。根据辛华泉的回忆,当时的教学在于寻找一种既能体现学生主观性,又符合现代审美要求的造型方法❸。

❶ "大一艺术设计学院"于 1970 年 7 月创立于香港,早期的校舍曾在湾仔、轩尼诗道等场所,以夜校的形式出现,当时学生主要是在职人员。其"大一"的命名来源于吕寿琨,其培养的人才包括陈幼坚、叶锦添等。

❷ 调研过程中,笔者也在两所学校的资料室中看到了"大一学院"的作品集和介绍文献。

❸ 杭间.传统与学术:清华大学美术学院院史访谈录[M].北京:清华大学出版社,2011:273.

图 5-23 1979 年中央工艺美术学院举办的吕立勋教学展览
左起：阿劳、黄国强、吕立勋

图 5-24 1980 年北京中央工艺美术学院"设计捌拾"展览

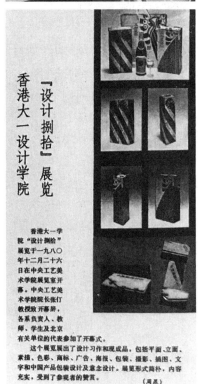

❶ 吕立勋在北京的讲课一开始是从元素入手，从概念元素到关系元素，再引出基本形与骨格，强调有规律性和非规律性，有作用性和非作用性，然后是发射、特异、密集、肌理及矛盾空间等，一系列新的概念、新的词汇在当时令听课者目不眼接，甚至令有些听课者如入云里雾里，不知其所以然。

❷ 展览开幕时间为 1980 年 12 月 26 号，地点为中央工艺美术学院展览室，其目的在于推广香港当时的艺术教育和工业设计，包含平面、立体、色彩、商标、广告、包装等设计。

1979 年初，香港"大一艺术设计学院"院长吕立勋应中央工艺美术学院院长张仃邀请，到北京开展交流活动（图 5-23）。吕立勋的团队为 1977 级本科生讲授了两门课程：平面设计原理与立体设计原理，授课时间为期一个月。吕的教学沿用了王无邪的教学法，从抽象的形式要素开始，通过基本形（Unit Form）、网格（Grid）来建立组织法则进行形态构成的训练。教学所引用的概念和术语对于当时的国内师生是陌生和新奇的，并产生了意外的传播效果❶。随后，中央工艺美术学院在 1980 年末举办了"大一学院"策划的"设计捌拾"的香港学生作业和工业设计展（图 5-24），集中展示了香港设计领域的前沿动向，展览甚至吸引了众多校外同行的关注❷。此外，1982 年，王无邪所求学的美国哥伦布艺术与设计学院的设计展览也对当时的内地师生带来了很大启发。

与教学交流相同步，一系列日本、中国台湾出版的设计基础教材开始被引入内地，快速助推了"构成"的兴起。真锅一男（Kazuo Manabe）的平面构成、高山正喜久的立体构成等其他教学方法很快被大陆读者所熟识。日版设计基础教科丛书《设计技法讲座（1-6）》以及台北大陆书店 1960 至 1970 年代出版的"设计基础"系列教材（《美术设计的基础》《美术设计的点、线、面》等）在当时都颇具影响力，于改革开放之初被中央工艺美术学院的资料室所采购（图 5-25）。很多外文资料都仅对教师和研究者开放，传播途径相对有限。不过，港版和台版的译著有效弥补了教学跨文化传播的语言障碍，并通过翻印、复印的方式使文献逐步流向其他省份的院校。

作为"构成"形式理论的本土化，一批最早接触到吕立勋教学的国

图 5-25　中央工艺美术学院内部引进的日本"构成"系列教科书，1980 年左右

图 5-26　《平面设计基础》封面（左）
图 5-27　《设计基础》封面（右）

内教师通过自编教材、授课等方式完善了"三大构成"的教学和知识体系。时任中央工艺美术学院装潢系教师的陈菊盛，在王无邪和吕立勋二人的平面设计教学之上，结合包豪斯的基本原理，整理出版了《平面设计基础》这一教材（图 5-26），这也是内地最早编译的"构成"教科书之一❶。青年教师辛华泉则是推动"构成"教学的重要人物。他翻译了山口正城等人的《设计基础》教材（图 5-27），并由中国工业美术协会在 1981 年出版，在当时颇具影响，并间接传入到建筑教育。此外，他还编撰了《立体构成》

❶ 陈菊盛的《平面设计原理》完全沿用了王无邪教材的架构。根据陈的引述，"平面设计基础在早已在商业美术、建筑艺术、染织美术、工业造型等设计领域广为应用。这本书就是为从事这些专业工作的同志和院校有关教师、同学们提供学习上的方便和共同探讨而写的。"针对解决平面形式的组织问题，书中提出了四类"平面设计元素"和十种"设计文法"的知识体系。与王无邪的教材相比，只是删除了关于形式"重复"的章节，其余都基本相同。

的手册（1981 年内部发行讲义）用于教学，并翻译汇编了真锅一男与高山正喜久的教材《设计技法讲座》。

"构成"在广州美术学院的引入

"构成"教学在广州美术学院的引入与中国香港当时的设计教育有着更为直接的关联。广州的设计教育处于开放的社会政治环境，因而对于境外设计思潮的新动态反应更为迅速❶。广州美术学院与香港设计院校的交流始于 1978 年，香港理工学院（Hong Kong Polytechnic College）与"大一艺术设计学院"就曾派靳埭强等设计师来广州讲学。1979 年夏，广州美术学院工艺美术系主任高永坚邀请了"香港设计家暨设计教育家代表团"来系访问❷。代表团中王无邪、靳埭强等人当时已经是香港推动设计教育发展最为重要的教师和设计师。除了演讲外，香港教师带来了设计基础的教材和著作，其中包括王无邪的两本教材，日本学者大智浩的《设计的色彩计划》以及胜见胜的理论著作《设计运动 100 年》等书籍。随后，教师尹定邦在北京、福州、湖北等地开展讲座，并在此基础上编写了较为系统的《装饰色彩基础研究》教参，并于 1980 年发行，推动了内地的色彩构成教学进一步发展。

广州美术学院早期的学术交流快速传播了抽象形式的教学，一定程度上普及了现代设计的观念与教育。在外界方法的输入下，广州美术学院的工艺美术系展开了教学改革，系统地推行了"构成"的教学。

"构成"在无锡轻工业学院的引入

另一所引进"构成"教学并在内地有一定影响力的是原无锡轻工业学院❸。1960 年，中国第一个工业设计类专业——"轻工业日用品造型美术设计"在无锡轻工业学院诞生。这个专业在初创时只有两名教师，到 1961 年扩大到 4 人❹。1978 年，该校造型美术系恢复招收四年制的本科生，在专业方向上开始了新的探索。1983 年在轻工产品造型美术设计专业的基础上，学院分设了工业造型设计和包装装潢设计两个专业❺。

"文革"后，无锡轻工业学院的工业设计系率先以对外交流的方式开启了设计基础教学的改革。1981 年学校迁址青山湾（1981~1998），进入教学的转型时期。无锡轻工业学院的设计教学改革主要以日本设计教学为参照系，并通过教师访学的方式积极引入以"构成"为代表的新教学理念。1981 年上半年，青年教师吴静芳和张福昌成为当时赴日本的第一批公派访问学者。吴静芳被派往日本筑波大学艺术学群进修，师从朝仓直巳，学习"构成"。1983 年 7 月，两人回国并开始推行教学改革❻。不久之后，当时系主任朱正文和张福昌又分别赴德国和日本进行了短期访问❼。

❶ 根据广州美术学院教师尹定邦的回忆，他在 1977 年春就与香港的设计师和教师有初步接触，并间接获得了香港一些教材、学生作业等资料的复印件。

❷ 根据靳埭强的回忆，一个约八人的"香港设计师与教育工作者交流团"，在广州美术学院进行三天的设计讲座活动。王无邪为团长，靳埭强为副团长。当时的教学资料、幻灯片和放映机等都赠送给学院，并且无需审查登记。

❸ 该校的前身是 1958 年由南京工学院食品工业系东迁无锡，并在此基础上成立的无锡食品工业学院，现在为江南大学。
❹ 无锡轻工业学院设计学院的创始人为陈维信、许恩源等四名教师。
❺1985 年在工业造型专业内又增设室内设计和服装设计两个专业。引自院志编纂委员会. 无锡轻工业学院院志 [Z]. 无锡轻工业学院，1988: 74.
❻ 张福昌于 1981 年 7 月至 1983 年 7 月作为公派访问学者在日本国千叶大学工学部工业意匠学科研修工业设计。
❼ 造型系主任朱正文参加轻工业部设计教育考察团，赴德国考察工业设计教育。而张福昌于 1985 年 10 月到 11 月赴日本考察工业设计和教育。参考院志编纂委员会. 无锡轻工业学院院志 [Z]. 无锡轻工业学院，1988: 123.

根据吴静芳的回忆,她在筑波大学的时候已经接触到了比较系统的构成教学:

> 我是 1981 年的 4 月份去日本的。他们是三学期学制的,我当时是修读了第一和第二学期的课程,第二年还在日本的设计事务所进行实习。朝仓先生其实还希望我选修他的其他课程。对于"设计"课程,国内叫工艺美术,而在日本就找不到对应方向。日本的"工艺美术"实际类似于我们的特种工艺专业。
>
> 我在那边先修读了朝仓的平面构成,作为选修课拿学分。我上的第一节课就是平面构成里的线的构成。上课内容大概分为三部分:三分之一的时间由朝仓进行理论授课,三分之一时间是对上一次课学生作业的讲评,最后就是同学之间互相提问和交换意见 ❶。

❶ 笔者对吴静芳的采访,2016 年 5 月 10 日。

1985 年 11 月,吴静芳邀请了筑波大学朝仓直巳教授在无锡轻工业学院举办了历时 40 天的"构成"师资研习班,面向全国授课 ❷。教学活动也吸引了中央工艺美术学院和广州美术学院的师生,甚至有建筑系教师参与。根据吴静芳的回忆,朝仓直巳的授课内容不仅涵盖了"构成"教学的梗概,还介绍了筑波大学采用的一些较前沿的造型设计方法。

❷ 参考院志编纂委员会.无锡轻工业学院院志 [M].无锡轻工业学院,1988:129.

> 在无锡的师资培训班中,朝仓先生概述了平面构成、立体构成和色彩构成,还介绍了动态构成和光的构成。比如,光的构成需要较好的教学设备,当然,我们的条件很有限。朝仓也自己带了一些设备,而我们就用镜子或者是用线缠绕着发光筒吊着转,去研究光的轨迹。最后,我们办学的效果还是很令人满意的 ❸。

❸ 笔者对吴静芳的采访,2016 年 5 月 10 日。

5.4 本章小结

作为基础造型的"构成"术语和学理都能够追溯到第一代日本包豪斯学生的活动。与包豪斯模式有着类似的理想,日本"构成"的引入并不只追求建立新的抽象形式法则,而更多希望推动新的建筑空间形式语汇的变革,但最终未果。从包豪斯预备课程到"构成"的流变过程中,形式的基本原理被逐步凝练为理性的法则,并形成了新的知识体系。"构成"从普适和广义的造型活动逐步发展为一门基础造型的学科,并有通识基础与专业研究这样一分为二的学科分支。日本"构成"教学的演变不单纯是包豪斯抽象形式观念与原理的本土化,而更接近一种自主的知识生产和重构。

　　讨论中国内地"构成"教学的得失，必须先对其传入的源流进行梳理。从知识体系来源而言，美国"基本设计"与日本"构成"形式理论是其教学的两个源头。当然，两者学理的范畴其实是互有重叠的。"构成"在内地工艺美院的兴起主要依赖教学交流与知识输入。1980年代初，"三大构成"的普及成功地传播了以"要素—组合"为基本法则的造型方法论，并助推了内地现代设计的启蒙。但同时，内地"构成"教学仍停留于表面，无法深入地讨论形式生成的本质以及设计背后的复杂性。对于上述教学缺失的弥补依赖于建构更为完整的现代设计观念和知识体系。

第六章

"构成" 在中国建筑教育的变迁

6.1　包豪斯形式原理的第二次影响

"文革"结束后，国内的建筑院系于 1977 年秋季陆续恢复招生。国门重新打开，对外交流和西方的资讯输入成为教学变革的驱动力。1980 年代初，一套以平面、立体和色彩为主题的"三大构成"教学迅速传播于建筑院校中，并成为培养抽象形式语言、开发学生创造力的必备方法。

从方法引入的初衷而言，国内工艺美院和建筑院系采用"构成"教学有着类似的目的——以探索一种体现现代设计观念的创新方式来替代传统的模仿教学。尽管"构成"并不是源于建筑学内部的方法，但国内大部分建筑院校仍然从教学条件更为成熟的工艺美院引入了"构成"教学，并逐步从抽象形式训练转化为针对空间的教育。

从教学传播的历史而言，形态构成被建筑院校引入的时间节点几乎与工艺美院同步。比如，在清华大学和同济大学的教学档案中，"构成"训练在 1980 年左右已经成为基础教学中独立的环节。随后，"构成"教学的有效性和其知识体系的适应性都在建筑院校中受到质疑，于是被调适、转化为"空间 + 构成"的折中模式，以替代布扎的传统。这一教学变迁的过程不能被单纯理解为一种由艺术类基础教学向建筑学转化的过程，它更包含了对于包豪斯原理以及现代建筑空间形式准则的吸纳与重构。而这一演变的历史正是本章所要重点探讨的。

"构成"在建筑教育式微的转折点出现在 2000 年左右，这也决定了本章讨论的时间跨度大致从高校恢复招生的 1977 年到 2000 年。抽象形式训练逐步失去热度的原因是复杂的，但其中最直接的因素是建构话语与空间建构教学的兴起，其逐步成为建筑基础教学中一个新的范式。从"构成"到"建构"的转变不仅体现出建筑教学法与建筑话语之间的关联，而且也从一个特定的维度勾勒出中国建筑教育现代转型的阶段性特征。

6.2　"构成"与"空间"：同济大学建筑系的基础课程（1977~2000）

1980 年代同济大学的建筑教育最重要的成果之一就是基础教学中对形态构成的探索。从教学管理者对教育史的论述可知，"构成"教学的影响力曾波及全国，并再一次传播了包豪斯的基本原理[1]。从建筑师的角度回顾自己早年的教育经历，以形态构成为代表的基础教学也是非常重要的环节[2]。作为包豪斯理念的延续，"构成"教学在同济建筑教育的传播也具有阶段性的特征。一方面，基础教学作为入门引导，教学环节的组织颇为重要，方法学的作用体现得尤为明显；另一方面，基础教学又受到教育观念、

[1] 李振宇. 从现代性到当代性 同济建筑学教育发展的四条线索和一点思考 [J]. 时代建筑，2017（03）：75-79.

[2] 柳亦春，陈屹峰. 柳亦春 陈屹峰自述 [J]. 世界建筑，2016（05）：61.

学科架构、学制学时等诸多因素的制约，并与整个教学体系的统筹安排有着直接的关联。

在"文革"后的教育历史中，同济大学建筑与城市规划学院下属的三个专业方向——建筑学、城市规划、风景园林曾形成有分有合的专业架构和学科群关系。但总体来说，三个方向的基础教学相对稳定，主要由建筑初步（建筑设计基础）教研室来承担教学。在后改革开放时期20年的历史中，1986年是一个重要的时间分界点，标志着教学体系的变革。这一年不仅学院更名为建筑与城市规划学院；同时，一年级的"建筑设计初步"与二年级的"建筑设计"相结合，形成了两年的基础课教学体系，并确立了"建筑设计基础"的课程名称❶。对于"构成"教学而言，两阶段的时间划分依据为：从1977~1986年的第一阶段代表着以美院"构成"为教学蓝本的历史时期，"三大构成"的影响力被快速传播；而1986~2000年的第二阶段则属于"空间＋构成"教学方法的调适，并依据建筑设计思维和基本原理的需求，在基础课中加入了视觉设计、材料结构训练等不同分支，从而发展出具有专业特征的"建筑形态设计基础"。

❶ 徐甘在他的博士论文中把"文革"之后到2000年之前的同济大学建筑系的基础教学分为两段：一是1977到1986年的"设计基础教学秩序的全面恢复和新体系的萌生"，二是1986年到1999年的"建筑设计基础教学新体系的建立和发展深化"。

6.2.1 "三大构成"的引入

（1）包豪斯的潜在影响

"文革"后同济建筑系第一届学生的本科教学始于1977年。在系主任冯纪忠的主持下，建筑初步课程由赵秀恒所在的民用教研室负责❷，诸多学院教师参与其中。不仅有主张现代建筑的冯纪忠、赵秀恒等人，还包括接受过学院式训练的戴复东、吴一清等老师。

根据徐甘的论述，1970年代末同济大学建筑系基础教学的课程体系主要由两部分组成：一是建筑基础理论，以导论的方式讲解建筑学的基本问题。二是建筑设计初步，包含以下训练环节：①字体与线条（图6-1、图6-2）；②渲染（图6-3~图6-5）；③建筑表现与技法（图6-6、图6-7）；④色彩基础；⑤标题构图；⑥文具盒设计与制作；⑦建筑与环境抄测绘；⑧小设计（公园茶室）。

❷ 徐甘.建筑设计基础教学体系在同济大学的发展研究(1952-2007)[D].上海：同济大学.2010：106.

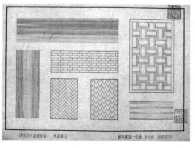
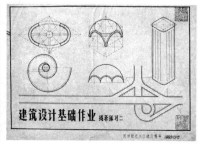

图6-1　线条练习，1978年（左）
图6-2　线条练习，1980年（右）

图 6-3　单色平涂退晕练习，
1982 年（左）
图 6-4　渲染练习，1979 年（中）
图 6-5　文远楼渲染练习，1974
年（右）

图 6-6　建筑表现图一，1980
年左右

图 6-7　建筑表现图二，1980 年
左右

在"构成"方法引入之前，基础课的教师已经开始自主发展一系列的训练，来改变布扎模式程式化的制图和渲染训练。这里可以用两种类型来概括：

第一类是视觉平面设计。这其中最具代表性的如在 1978~1979 学年开始的唱片套设计、书籍封面设计、标题构图等（图 6-8~图 6-10）❶。这些训练和圣约翰大学时期的建筑基础教学以及罗维东的"招贴海报设计"有一定渊源，但更直接的出发点是把建筑形式感的培养放到更广的领域中，如吸纳一些实用美术中的设计内容。此外，还包括一些抽象的"平面构图"练习，用以培养对几何形态的认知（图 6-11、图 6-12）。这类训练包含绘图基本功的训练，从日常生活中的小设计出发，具有可操作性。

第二类则是具有材料和构造要求的制作训练，这也更能体现包豪斯的主张。"文具盒"制作是一个具有代表性的案例（图 6-13、图 6-14），与之类似的还有"画纸筒"设计。在莫天伟、赵秀恒撰写的《建筑形态设计

图 6-8　平面设计，1979 年（左）
图 6-9　平面设计，1980 年（中）
图 6-10　标题构图练习，1980 年（右）

❶ 根据档案研究，这类平面设计在 1978~1979 学年就已经出现，按完成时间推算在第一学年第二学期。

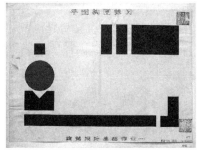
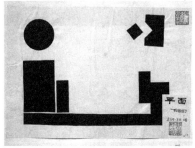

图6-11　平面构图练习一，1981 年（左）
图6-12　平面构图练习二，1981 年（右）

图6-13　文具盒（左）
图6-14　文具盒，1980 年代初（右）

图 6-15　文具盒图纸，1980 年

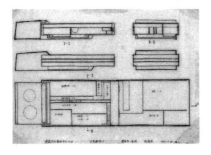

基础》教材中，文具盒制作的目的在于引导学生认识到设计概念的实现包含"要求—计划—制作—使用"的全过程。设计属于"造型计划的视觉化"❶，这与当时"构成"理论的传播直接相关。

"文具盒"练习加深了学生对于材料与制作的理解。根据 1980 年的作业图纸推断（图 6-15），文具盒的设计首先要求学生从功能出发，合理安排每种绘图工具的所需空间，并追求外观统一和美观❷。此外，学生还要以三合板、木块等材料来完成制作，以熟悉木工的基本技能。

伍江的回忆文章重现了学生完成作业的过程，体现出当时学生对于教学改革的热情❸。这种从绘图向制作的转变某种程度上回应了包豪斯的精神。据当时的授课教师贾瑞云回忆，在"构成"教学引入之前，"文具盒"的训练打开了学生的思路，与单纯强调手上画图功夫的模式有所不同❹。当时任教的张为诚则回忆了作业的进行过程：

> 铅笔盒，在当时是一个有点昂贵的作业。因为需要制作，得买材料，配一些小五金件（有的是老师提供的），还要油漆。进行制作的训练在当时很有意义。学生能够通过空间的分配，来进行功能的考虑，此外还有外观（的考虑）。可以说这是一个"设计"和"制作"的结合。这应该是同济自己发展出的具有特色的作业之一❺。

此外，同济建筑系的师生还通过对外的教学交流来引入新的教学方法。1981 年德国达姆斯塔特工业大学（Technical University of Darmstadt）贝歇尔夫妇（Max Bächer and Nina Bächer）来访上海，并带来了一系列强调建筑本体和空间认知的课题。例如"负荷构件设计""街道转角设计""车厢改造设计"，这三个设计课题都已经体现出明显不同于布扎教学的特征。课题分别关注于户外空间限定以及材料、结构与内部空间组织等问题，并尝试用模型来表达设计概念和成果❻。

从 1977 年恢复招生到 1980 年代初，是同济基础课程教学体系的恢复阶段。在这一阶段，"构成"方法并未被全面引进，但在基础课程中已经出现了一些具有包豪斯特征的教学方法。这自然是对圣约翰大学时期建筑教育理念的一种传承，但更直接的原因是对布扎基础课程中与时代脱节内容的抵抗和修正。

❶ 同济大学建筑系建筑设计基础教研室.建筑形态设计基础 [M].北京：中国建筑工业出版社，1991：2.

❷ 根据教学档案的记录，文具盒至少应当容纳墨水笔（3 支）、钢笔、铅笔（10 支）、橡皮、裁纸刀、双面刀片、大四件圆规、胶水、纸等绘图工具。

❸ 伍江.兼收并蓄，博采众长；锐意创新，开拓进取——简论同济建筑之路 [J].时代建筑，2004（06）：16-17.

❹ 笔者对贾瑞云的访谈，2016 年 5 月 13 日。

❺ 笔者对张为诚的访谈，2016 年 5 月 10 日。

❻ 徐甘.建筑设计基础教学体系在同济大学的发展研究（1952-2007）[D].上海：同济大学.2010：118.

（2）理论的展望：空间限定

随着西方建筑思潮的引入，国内建筑院校学术氛围趋于活跃，开始进行教学理论的探索。1979 年，赵秀恒在《同济大学学报》上发表了"建筑·建筑设计——《建筑设计基础》课的探讨"一文，以重新界定设计教学的基本问题❶。该文并没有直接涉及教学组织的具体环节，但却反映了转型初期建筑基础教学中知识体系转变的情况。

根据赵秀恒的回忆，这篇文章是对 1977 年恢复建筑系招生两年来的总结，并且"初步确立了这门课程的教学指导思想和结构体系，建立了'建筑概论'的理论体系和相当的'课题库'"❷。相对于当时从"文革"前的教学中继承下来的布扎方法，这篇文章的目的在于重新梳理建筑基础教学的知识体系。在文中的第二部分，作者讨论了建筑设计的过程、建筑设计的思维特征这些原理，并融入了当时前沿的系统论、信息论和控制论的观念，以寻求一种可控和理性的教学。作为现代建筑的基本特征，赵秀恒颇具前瞻性地意识到"空间"应该作为建筑设计基础的核心话语，并以"空间的限定""空间的组织""空间的构成"和"空间的构图"四个分支来进行概括。

"空间的限定"实际上是赵秀恒对日本空间构成理论的引入。他曾翻译了岩本芳雄（Yoshio Iwamoto）等人所著的"空间的限定"一文，并刊于 1982 年的《建筑师》上（图 6-16），但他在 1970 年代末就已经接触到上述空间理论。根据笔者的访谈❸，刊登"空间的限定（空间の限定）"一文的日本《建筑文化》杂志是当时同济大学进口的外文期刊（图 6-17、图 6-18），赵秀恒在学习外语的政策鼓动下抄写并翻译了全文❹（图 6-19、图 6-20）。空间限定的作用在于提出了一套比较系统、可分析的方法，来帮助学生建立基本的空间概念。"限定的要素""限定度""空间限定相位

❶ 赵秀恒.建筑·建筑设计——《建筑设计基础》课的探讨[J].同济大学学报，1979（04）：61-71.

❷ 赵秀恒.匠门逐梦：赵秀恒作品选集[M].北京：中国建筑工业出版社，2012：29.

❸ 笔者对赵秀恒的访谈，2016 年 5 月 17 日。

❹ "空間の限定／空間論への序章"原文刊于 1965 年 8 月的《建筑文化》，作者为岩木芳雄、堀越洋、桐原武志、大竹精一、佐佐木宏。

图 6-16 "空间的限定"，赵秀恒译（左）
图 6-17 "空间的限定"，岩木芳雄等著（右）

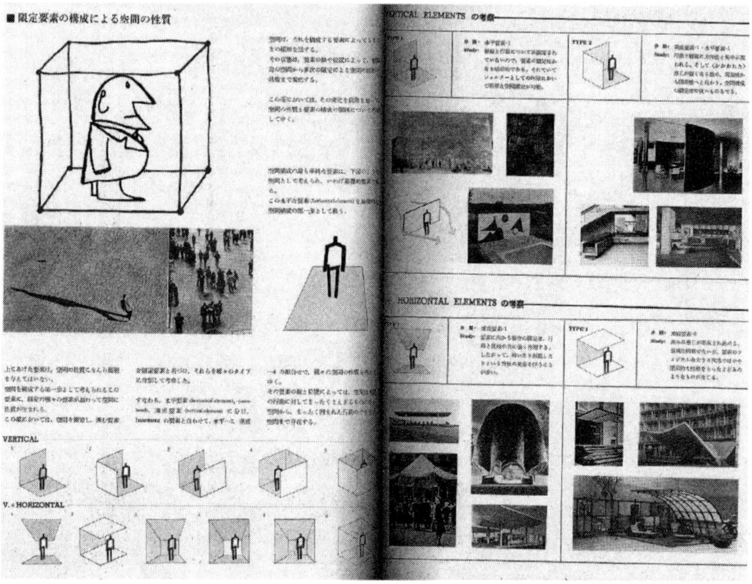

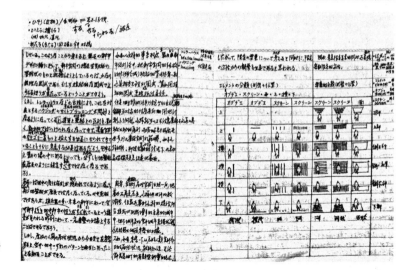

图 6-18　"空间的限定"图解

图 6-19　"空间的限定"，赵秀恒手稿一

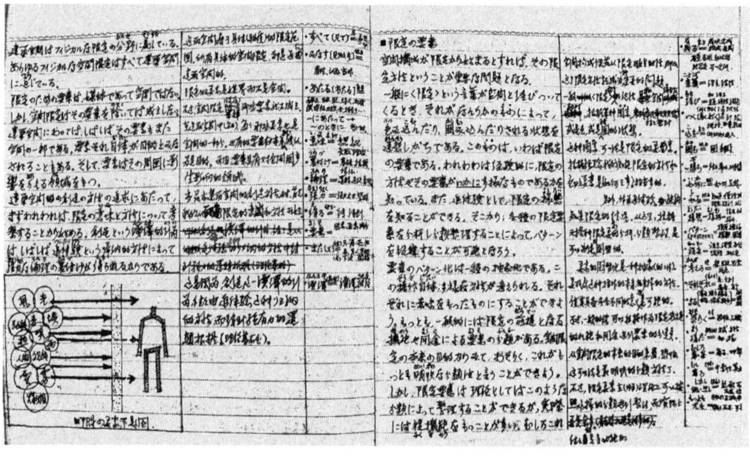

图 6-20　"空间的限定"，赵秀恒手稿二

的类型""构成空间的性质"这些术语的引入能够使人们有效地讨论空间问题，书中所绘的空间图解则更直观地反映了空间的形式关系。通过对比原文，我们能够判断岩本芳雄试图把"空间限定"作为建筑超越历史分期和风格划分的一种基本属性。在日文原文中，作者大量援引西方古典建筑、日本传统建筑和现代建筑的案例，用以说明"空间限定"问题的普遍性。

按照赵秀恒的解释，"空间的组织"是讨论建筑空间的关联与组织方法。实际上，这类教学法源于冯纪忠在 1960 年代初所提出的"空间原理"。作为冯的课程助教，他自然会在自己组织教学时延续因为时代原因而中止的空间教学探索。

当时的系主任冯纪忠，在"文革"前提出了"空间原理"，在国内颇具影响，但反对者也颇多。在刚毕业的 1962 年，我被分配到三年级教学小组，并辅助冯先生教学。当时对"空间原理"已经有了具体的想法，但仍缺少具体的文字描述。后来，冯先生就嘱咐我写"大空间"这一块的教材，对我的启发很大。因为"原理"是把这些空间要素加以分解，然后再进行组合，这就包含了设计方法的改变。这并不是类型学中的单一类型反复的记忆学习，而是开始要素之间的分解、分析，再进行错综复杂的组合。沿袭这一理念，我们在 1980 年代的教学中也贯彻了相似的思路。"构成"的原理也类似这种分解与组合的过程。当然，"构成"本质还是一个外在形象的东西。我们就顺着形式逻辑把它分成形态、肌理、色彩这些内容❶。

❶ 笔者对赵秀恒的访谈，2016 年 5 月 17 日。

"空间的构图"与"空间的构成"两者字面微差的背后是方法学的本质区别。"构图"（Composition）仍属于传统方法的继承，通过大量建筑先例的研究来讨论形式美的法则。1950 年代以来，源自苏联和美国的布扎教科书都曾对"构图"法则进行过阐释，并将其作为训练建筑师形式修养的必备。"空间的构成"是当时全新的话题，能追溯到包豪斯的抽象形式观念。如前文所述，"构成"在当时被视为"边缘的学科"，尚不成熟。但赵秀恒已经意识到这一方法在建筑形态教学中的作用：其包含分解与组合的思想，并以"构成"的逻辑带来形式的丰富性。在当时，很难预料"构成"是否能够成为一种替代渲染教学的普适方法，也很难预见其长久和广泛的影响力。

赵秀恒以"空间"为关键词对建筑设计基础教学的知识体系进行了重新组织，暗示了布扎模式之后教学新的可能。"空间"的话语在国内建筑学界并非陌生的话题，但意识形态带来的禁忌，导致作为现代建筑核心话语的"空间"直到"文革"之后才回归建筑教育的知识体系中。

（3）形态构成：通用的形式法则

1980 年代左右，同济大学建筑系在国内率先引入了形态构成的教学，并重新组织了基础教学的架构。赵秀恒与莫天伟提及将"构成"引入建筑基础教学的初衷在于发展出具体且易操作的抽象形式训练方法，来弥补学生入门时审美训练的不足。赵秀恒曾回忆"构成"教学给建筑设计基础教学带来的启发："构成"教学中的抽象思维以及"分解—组合"的形式生成方法有助于学生重新认识建筑的基本要素，重新梳理空间与形式的关联，这也正是"空间原理"想要探讨而受时代局限未能完成的[1]。

1982 年，同济大学建筑系成立了建筑设计基础教研室，并逐步改革"建筑初步"的教学。在这之前赵秀恒已经担任"建筑造型实验室"的主任[2]，并在基础教学中有所突破。1985~1986 年，莫天伟先后在《时代建筑》和《建筑学报》上发表了三篇有关形态构成基础教学的文章，从训练模式和知识体系的角度讲述了"构成"在同济的发展：

> （建筑师形式感的训练）依赖于学院派的建筑教学系统，或者更确切地说是继承了中国传统形象思维领域的教授方法，即那种强调"悟性"的师徒相授体系，通过大量临摹典范作品达到表象的积累，进而学会变通的本领……
>
> 教师在指导学生完满地进行环境、功能、技术分析后，却陷入了较为苍白的处境，不是手把手地去操作学生的形态设计，就是放任自流指望学生的悟性[3]。

在莫天伟看来，"构成"教学的有效性在于把抽象的概念要素转化为一种视觉要素，进而与建筑学基本的空间、形式问题进行匹配。"构成"的引入有助于贯通建筑设计过程中涉及形式问题的感性思维和理性思维：前者意味着建筑的"造型"能力来源于某种不可教的悟性，后者意味着形式来源于可教的基本法则。

当然，除了输入以"构成"和包豪斯原理等为代表的抽象形式观念外，中国传统的美学标准与形式观念也同样体现在设计基础教学中。比如，所谓的"构成"观念与中国传统哲学理念中对于物质的认识有着共通之处：道家思想中的"朴散则为器"一说就包含了对材料的分解与重组。这种宏观与微观结合的思辨也被从事基础教学的教师们所引用[4]。此外，莫天伟曾对"形态"的内涵进行过分析，对"形"与"态"分别下了定义："形"即形状，类似于西方话语中形式（Form）的含义，有着相对客观的法则；"态"即"情态"，其释义更具有东方审美的主观性，需要解读形式背后内在的能量和微妙的感知差异。

[1] 笔者对赵秀恒的访谈，2016 年 5 月 17 日。

[2] 引自赵秀恒. 匠门逐梦：赵秀恒作品选集 [M]. 北京：中国建筑工业出版社，2012.

[3] 莫天伟. 建筑教学中的形态构成训练 [J]. 建筑学报，1986（06）：65-70.

[4] 同济大学建筑系建筑设计基础教研室. 建筑形态设计基础 [M]. 北京：中国建筑工业出版社，1991：8.

理论部分		实践部分
建筑概论	形态构成原理	
建筑的基本属性	设计与造型	以亲身经历叙述造型过程——字体书写练习
	形态及其分类	四种形态和机械形有机化练习
建筑的构成要素	形态的形成和组织	骨骼系统变化和组织——工具线条练习
	形态设计 平面形态设计	平面形态设计
中外建筑的沿革	肌理形态设计	肌理形态的形成练习
	立体形态设计	立体基本形积聚练习
	空间形态设计	空间形态组织练习
		建筑空间的抄测绘练习
建筑技术概述	色彩构成基础知识	色系统及色彩推移练习
		色彩要素的对比调和练习
		色彩采集构成练习
建筑设计概述	建筑形态表现方法	建筑单色表现练习
建筑设计步骤	目的构成概述	建筑测绘练习
		目的构成练习——小建筑设计

图 6-21　同济大学基础课程表，1985 年左右

　　作为一种体现抽象形式原理和现代设计思维的新方法，"构成"教学很快就在布扎影响较弱的同济大学发挥了影响力。在赵秀恒的引入和莫天伟的发展下，一年级的设计教学形成了以"构成"理论为主线的教学体系（图 6-21），这里将以 1980 年代中期的一套教案为例，从三个层面展开分析：

　　第一，建筑形态的认知训练从通识类的设计基础入手。在"三大构成"的系统训练之前，学生要先完成"字体书写"的造型练习，还要按照"机械形、徒手形、规律形、偶然形"四种形态来分类（这一分类来自于赵秀恒），以表达对具象和抽象形式的区分 ❶。此外，将传统的工具制图训练与平面构成原理进行结合，以"骨骼系统变化和组织——工具线条练习"的方式出现，以加强学生制图的基本功。这一模式有着包豪斯的特征，即从"泛设计"的训练来进入建筑教育，而不强调入门阶段的专业性。另一方面，布扎体系所发展出的制图训练也并未完全消失，即便是在 1980 年代末期，工具线条、仿宋字、单色渲染，这类具有学院式特征的练习也依然存在。

　　第二，美院"构成"训练被打散融合到建筑空间与形式认知中。作为同济建筑基础教学的核心内容，平面、立体和色彩"三大构成"的形式原理和训练被划分为五个小练习，分别为平面、肌理、立体、空间形态构成和建筑空间抄测绘的训练（图 6-22）。其逻辑和目的在于通过二维、二维表面、三维的抽象形式训练，逐步过渡到建筑空间的训练。在平面形态的部分，要求分别为："1. 采用重复、渐变、近似、特异等形式组织骨骼和

❶ 莫天伟. 形态构成学与设计基础教育——同济大学学生作业 [J]. 时代建筑，1985（01）：22-24.

图 6-22 基础课程系列作业：字体、平面、立体、色彩及肌理构成

❶ 同济大学建筑系建筑设计基础教研室. 建筑形态设计基础 [M]. 北京：中国建筑工业出版社，1991：52-54.

❷ 同济大学建筑系建筑设计基础教研室. 建筑形态设计基础 [M]. 北京：中国建筑工业出版社，1991：54.

基本形，基本形形式不限；2. 设计应达到一定的视觉效果，并为其情态特征命题（例如热烈、闪烁、旋转等）；3. 绘制精细"。而立体构成部分，学生需要完成一个"基本形的积聚练习"❶。这就要求学生从单个元素出发，进行加法操作。基本原理和平面构成一致，也是要在重复、渐变、对比等组织原则下，完成一个 18cm 见方的体块构成。任务书并没有限定具体的材料，卡纸、木条、吹塑纸、泡沫塑料块、玻璃、铁片、石块等都可以被选取（图 6-23、图 6-24）。学生要区分线、面、块的抽象要素，同时"注意表现形态构成的材质特征、加工特征和结构联结特征"❷。

第三，在构成训练之后，学生仍然要进行建筑局部渲染、小建筑测绘等内容。这一部分更具专业性，以渲染和建筑制图的方式来让学生重新回到建筑设计中。对比清华大学和东南大学在 1980 年代的教案，同济的教学在学院式教育的比重更低，训练的内容更为自由。渲染的主题已经不再限于柱式或古典建筑局部，而转变为文远楼这类现代建筑局部或是更为抽象的建筑体量关系。布扎传统只是为了加强表现技巧，而不再注重灌输古

图 6-23 杆件的构成（左）
图 6-24 立体构成（右）

典建筑的形式法则。

从留存的学生作业来判断，建筑学的"构成"与工艺美院的"构成"差异不大。大多数设计作品仍然停留在单纯的形式训练中，追求视觉体验的丰富性，往往忽视形式背后的逻辑。学生对材料和构造的认知可以通过做模型来获得，这一点相较于"纸上建筑"的古典训练方法当然是一种超越，但仍无法和建筑学真实的知识经验进行对应。此外，"要素—组合"的形式逻辑既带来了形式的丰富性，也带来了设计结果评判的问题。例如，1980 年代担任基础课教师的贾瑞云提及，当时的评价标准主要就是视觉的愉悦感以及制作工艺和模型完成质量的考量❶。

6.2.2 "空间构成"与教学的转变

（1）两年的基础教学平台

在 1986 年新学院成立之前，同济建筑系主要的架构是一年的建筑设计初步和三年的建筑设计（包含两年半专业的深化阶段和半年毕业设计的综合阶段）。因而，两者的关系相对独立。一年级课程的三个板块"建筑概论""建筑表现与表达""形态设计基础"的关系也在 1980 年代中期发生了变化，"构成"的比例逐步加重。经历了教改初期的教学，形态构成与建筑学知识体系的关联性问题也开始出现。这既包含了一年级基础教学与高年级设计课程之间的衔接问题，也包含了纯粹抽象形式训练和建筑形式训练的矛盾。卢济威在总结文章中曾对国内所流行的"构成"教学提出反思：

1. 在设计教学中引入"形态构成"是必要的，能使学生理性地掌握造型的规律。

2. "形态构成"教学在时间上安排过早，内容过多，缺乏与建筑设计

❶ 贾瑞云回忆当时的评价标准"主要就是好看了，看有没有视觉愉悦感。其次是加工手段，有的学生构思不错，但是做得不细致，不过这个我们也是能够发现的。当时，我们有个作业就是让学生用牙签搭个东西，基本元素就是棍子。有的学生就搭得像蝈蝈笼子；有的呢，就有渐变、有韵律，看上去很好，那就 5 分啊。所以，关键是学生需要发现这个美的规律，然后加以运用。当时考建筑还有加试形态构成，就是一个形态规律的检验。"引自笔者对贾瑞云的采访，2016 年 5 月 13 日。

的结合，与学生的认识规律有距离，不能学以致用，并在建筑观方面产生片面性。

3. 要进行教学改革，低年级的改革要与整个建筑设计教学体系改革相结合。

4. 以环境观念为纲，组织建筑设计教学新体系❶。

❶ 卢济威. 以"环境观"建立建筑设计教学新体系 [J]. 时代建筑，1992（04）：8-12.

1986年10月，同济大学建筑与城市规划学院成立，李德华任首任院长，戴复东任建筑系主任。学院下设建筑学、城市规划与风景园林三个专业方向，统一调整了学制和教学计划。从1987年开始，建筑学专业由原先的四年制改为五年制。戴复东曾撰文以"一干三枝、两年基础、两年专业"概括学院新的教学体系：前两年为三个专业打通的基础教学平台，改变传统"建筑初步"教学与设计课脱节的弊端，并加强设计能力的培养，后两年（建筑学为后三年）则为各专业分开的培养模式，强调纵向体系的教学❷。这种打破专业壁垒的横向基础平台与纵向专业平台的教学模式在当时是具有实验性的。

❷ 戴复东. 我们的想法，我们的足迹 [J]. 时代建筑，1987（01）：3-7.

从师资架构层面而言，学院在原先建筑初步教研室和民用教研室的基础上，合并重组成立了两个建筑设计基础教研室。建筑设计基础教研一室由莫天伟负责，关注形态构成学与建筑教育的协调，强调设计思维与造型能力的培养。莫天伟、黄仁等骨干教师不但熟悉"构成"方法，而且是具有实际工程经验的教师。教研二室由余敏飞负责，更为关注功能流线、空间组织等本体性问题，尤其强调设计的深度和完成度❸。此外，由于当时一、二年级的基础平台要针对建筑学、城市规划和风景园林三个专业的学生，师资需求猛增。因此，张建龙（1988年留校）、李振宇（1989年留校）等一批优秀毕业生留校任教，也为师资传承和知识体系的延续打下了基础。

❸ 建筑设计基础教研室一室由莫天伟任教研室主任，原民用教研室的黄仁任副主任。教研二室则由余敏飞任教研室主任，由基础教研室调来的郑孝正担任副主任。

从教学统筹而言，两年建筑设计基础平台的设立重新界定了"构成"教学与专业教育的关系。建筑学领域的"构成"训练主要"以空间构成和立体构成为主，适当压缩与建筑关系稍远的平面构成、肌理构成等内容，时间拉长到二年完成。特别强调与建筑设计的结合，并在组织上成立建筑设计基础教研室"❹。在莫天伟和余敏飞的协调下，同济建筑系以"建筑创作思维与建筑形态设计基础"为方向，在基础课阶段形成了三大板块教学内容：理论教学（一年级的建筑概论及二年级的建筑设计原理）、建筑表达与表现、形态设计基础。这种"概论""表现"与"构成"的分类与1980年代初差异不大，但对"构成"的价值判断却出现了差异。"从构成到建筑"这种具有包豪斯特征的教学观念在同济的教学中被逐渐摒弃。一年级入门阶段不再进行完整的美院"构成"训练，而先接触建筑学的基本

❹ 卢济威. 以"环境观"建立建筑设计教学新体系 [J]. 时代建筑，1992（04）：8-12.

	课程名称 （知识板块）	教学内容 （作业题目）	教学目的	周学时
一年级 第一 学期	建筑概论	什么是建筑，建筑的物质性、社会性和文化性	使初涉建筑学领域的学生对建筑有一个正确而较为系统的认识，并为学生如何掌握本专业指明方向	1
	建筑制图（建筑认知、建筑表达及表现）	线条练习、字体练习、环境表现、建筑抄绘、建筑测绘、渲染练习、调色练习、明度调式、单色立面渲染、钢笔画临摹	熟悉各种绘图工具的使用方法，了解各类制图字体书写的要领和方法，掌握表达和表现建筑对象的基本技能	7
一年级 第二 学期	建筑概论	中国及外国建筑的沿革	使初涉建筑学领域的学生对建筑有一个正确而较为系统的认识，并为学生如何掌握本专业指明方向	1
	建筑表现（建筑认知、建筑表达及表现）	平面构成、肌理单元体设计、建筑剖析、建筑基本单元布置设计、室内外环境布置、小型建筑方案设计（同济新村门房、公园小卖部、自行车存放点等）	培养学生在视觉方面的创造力，以及造型观念与审美能力；通过建筑剖析、基本单元布置、室内外环境布置等，初步了解建筑方案设计的基本问题，以及设计的立意和解决办法	7
二年级 第一 学期	建筑设计原理	以形态构成作为主要线索，结合现代视觉设计中力的概念、材料和结构特征的概念、空间限定的概念等，比较理性地阐述形态设计的基本原理	开发学生基于个人实际，而不是基于理论的探究精神，对每一个实际问题坚持追求特殊的解决	1
	建筑设计一 （形态构成）	立体构成、空间构成、展览空间设计、汽车加油站设计或公园茶室设计	培养立体和空间构成的思维能力，认识构成与建筑设计的关联要素，训练运用特定物质技术手段，在特定环境条件下的立体构成和空间限定；并进行方案设计启蒙	7
二年级 第二 学期	建筑设计原理	关于建筑方案设计的基本原理	配合具体课程设计进行	1
	建筑设计二 （建筑设计入门训练）	独立式小住宅建筑设计、小型专家公寓设计、幼儿园设计等	培养学生掌握基本的建筑方案设计方法	7

图 6-25　建筑设计基础平台教学计划，1989~1990 学年

概念以及规范。二年级形成"先构成后设计"的步骤，并加强空间构成的"建筑化"。这里，我们以 1990 年左右的教案进行分析（图 6-25）。

　　第一学期的训练重点在于有梯度的制图训练，包含线条训练、字体训练、建筑抄绘、建筑测绘、单色立面渲染、钢笔画临摹等一系列训练方法，以加强手头功夫的训练。绘图的内容则非常包容，不仅有各类古典与现代建筑，还包括民居和市井生活的速写等。

　　学生最早接触"构成"方法在一年级下，训练内容是"平面构成"和"肌理单元体设计"，并且和"建筑基本单元布置设计""室内外环境布置""小型建筑方案设计"等内容同步进行。二年级上进行的"建筑设计一"则是把形态构成与建筑设计过程加以整合。比如，通过"立体构成""空间构成"等非建筑的训练熟悉空间组织的基本要素，再利用这种经验进行"展览空间设计""公园茶室"等小建筑设计。二年级下的设计

课题则进一步扩大建筑的尺度，呈现出类型化的特征，内容包括独立式小住宅、专家公寓或幼儿园设计等。

"构成"在建筑教育中的应用，包含着形式研究的进阶问题：从平面、肌理、三维空间，最后到更为复杂的建成环境。在探索"后布扎"时代的基础教学中，很多方法仍然带着工艺美院"构成"的痕迹。练习的材料选择、任务书设置、评价标准依赖于"构成"和"基本设计"方法的输入。比如，"肌理构成"的训练很容易让人联想到阿尔伯斯在包豪斯最具有代表性的折纸练习。而建筑系的教师们则努力建立抽象形式与建筑空间形式语言的关联。比如，在建筑学领域，肌理造型强调用纸雕塑来模拟建筑表面体块和构件有规律变化的视觉效果。不过，包豪斯折纸的初衷在于材料综合特性的探索，并与包装设计等工业制造领域的问题相对应。因而，"构成"的形式逻辑和建筑学领域的形式原理并不能简单地进行类比。

（2）空间构成：外在形式的推敲

在古典的建筑训练中，建筑体量研究（Massing）的过程往往借助于透视图、轴测图的表达，依赖于设计者在纸面上的空间表达能力。有经验的建筑师能够建立起透视草图与真实建筑空间的联系，但对于初学者来说，这种纸上空间向真实空间的转化是非常困难的。在计算机普及之前，物理模型自然是讨论建筑空间组合最有效且直观的工具。但如何通过抽象的模型体量进行组合、操作并转化为建筑空间关系，则需要一种新的法则，这类形态操作在当时仍然是感性而不可教的。立体构成和空间构成则提供了一个直观的教学媒介来讨论建筑的形式，并重新释放学生们的创造力。

在《建筑形态设计基础》一书中，对于立体构成的教学有着清晰的描述。比如，在以"积聚"为操作方法的立体构成中，训练分为前后两个阶段：前一阶段接近于美院的方法，用不同的材料进行抽象线、面、块的体量研究；第二阶段则要求把抽象体量与建筑课题进行整合，引导学生将"构成"的基本操作手段应用到建筑的形式推敲中（图6-26），并区别

图6-26 立体构成

于普通的工作模型❶。

　　作为一种体量研究的工具，"构成"方法最为适合具有重复体量单元的建筑类型，如幼儿园、学校和集合住宅等。比如，以二年级的幼儿园设计为例，建筑设计的过程首先从外部的体量研究入手来找到合适的解决策略。幼儿园中的班级单元通常被视为"构成"形式操作的基本单元。学生需要依据内部空间的尺寸（比如活动室或卧室在建筑规范中允许的尺度）来协调基本单元的尺寸，通过"构成"手法来塑造丰富的空间。同时，诸如楼梯间、门厅等建筑空间也成为形式操作的要素。很明显，设计的目的在于通过偏转、重复、镜像等操作手法，追求一种令人愉悦的视觉和空间体验。

　　此外，建筑外部环境中不具有明确功能属性的建筑构件，如隔墙、柱廊、雨篷等，也同样适用于"构成"法则的操作。这类附属构件不属于建筑主体的空间与结构系统，因而获得了更大的"造型"自由度，成为控制建筑形式的重要因素。上述所有的形式要素须综合考虑，并与铺地材质、墙体颜色和质感、植被形状等所有视觉要素一起，彼此协调，最终形成完整和丰富的建筑外在形象。

　　从教学执行的角度来说，纯粹美院式的"构成"教学在同济建筑系持续的时间并不长。在压缩与建筑学关系疏离的平面和肌理训练的同时，教师们采取了一种包容的处理方式，把"构成"理论和逐步兴起的"空间"观念糅合到建筑形态设计基础的教学中。根据1990年的教学计划，立体构成和空间限定的训练主要安排在第三学期。从留存的任务书和学生作业来判断❷，"空间"与"构成"的教学实际是相对含混的（图6-27）。

　　在第三学期，学生已经完成了门房、书店等小建筑设计，初步熟悉了建筑的基本要素、表达和规范性要求。在随后（一般为第四学期）的幼儿园、专家公寓等设计课题中，一个"构成模型"的训练方法被引入，用来推敲体量。通过任务书的解读，这个一周的模型训练用来引导学生重新考虑建筑外部的空间形式，并形成统一的外观。"构成模型"在1990年代同济的建筑设计教学中也比较普遍（图6-28），据曾参与教学的张建龙回忆：

❶ 同济大学建筑系建筑设计基础教研室.建筑形态设计基础 [M].北京：中国建筑工业出版社，1991：54-55.

❷ "空间限定"的典型任务书如下："运用空间限定的七种不同手法，作三个空间限定组合体：1.二个一次限定；2.一个一次限定，一个二次限定；3.一个二次限定，一个三次限定。要求：1.利用纸、木、铁、玻璃、吹塑纸、泡沫塑料等材料，用七种空间限定手法进行创作；2.限定组合正确；3.制作精细；4.有一定的形式美和个性特征。"

图6-27　空间限定练习

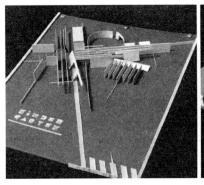
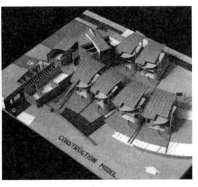

图 6-28 二年级幼儿园设计
构成模型，1990 年代中期

在"构成模型"引入之前，我们发现学生在进行完"三大构成"训练之后会掌握一定的形式操作技巧。但在建筑设计课题中，学生们的形式控制能力却很难发挥，这说明"构成"本身还是抽象的。他们会依据功能、流线等具体要求去推敲设计，等到技术性的问题解决得差不多了，却发现建筑空间与形式的组织已经比较凌乱。因为学生缺乏经验，在设计过程中，单纯地强调"形式服从功能"，他们往往无法妥当地处理空间组织问题。因此，在这个阶段我们就引入了"构成模型"，让学生们结合内部空间流线与外部视觉形态，对方案进行调整。从结果来看，当时的教学效果不错。"构成模型"可以帮助学生们认识到功能与形式的关系，哪些形态需要强化，哪些需要弱化。最终目的在于加强建筑形式的整体性❶。

❶ 笔者对张建龙的访谈，
2016 年 5 月 9 日。

在二年级下（第四学期）的幼儿园设计中，"构成模型"制作安排在平面草图完成之前，教学时长为一周。学生通过幼儿园（或老人院）的设计方案，结合"构成"原理，重新制作一个不同于工作草模的"构成模型"，并以此调整设计。这一单项训练穿插在方案设计的过程中，用来引导学生通过模型制作来认识空间构成与建筑设计的关联性，并了解特定物质技术手段下的立体构成与空间限定。而教学的侧重点在于"重复空间的重复表达，主从空间的组合表达以及交通空间的联系表达"❷。

❷ 钱锋，魏崴.同济大学
学生建筑设计作业选 [M].
北京:中国建筑工业出版
社，2002:35.

另一类"构成"方法与建筑设计相结合的案例是通过重复建筑的基本单元来形成特定的"构成感"。这里以二年级的小型专家公寓设计为例。根据当时课程负责教师黄仁的描述，教学的初衷在于"使学生掌握基本骨骼，点、线、面、体等概念要素的基本原理，以及切割、积聚、重复、渐变、对比、微差等基本操作方法;要求同学用同一的单元细胞要素，结合建筑的功能要求进行空间的构成设计"❸。

❸ 黄仁.设计基础教学
改革尝试 [J].时代建筑，
1989（02）:24-26.

从留存的部分学生作业来看，设计概念的表达对于建筑外在形式的关注是非常明显的。作为集合型公寓的特定要求，学生会采用"构成"的形式法则来进行"加法"设计，由小的单元户型通过重复、叠加来形成大体量的建筑。这种设计策略往往片面追求外在空间与形式的丰富性，而忽略了建筑群体本身的空间逻辑和结构逻辑。

此外，过度的形式操作会对学生设计的发展产生一定的负面作用。对于平面组织而言，学生会刻意旋转轴网，增加一个 45° 的轴网来体现形式操作的痕迹。这种处理对于跃层的单元住宅显然是不合适的。转动轴线的优势在于"在竖向上因相同单元空间要素转动，体面穿插，转角镂空，造型生动"❶。从形式的逻辑而言，这种旋转的操作更多是基于外部形态的考虑，而忽略了功能、结构等更本质的需求。学生在构成训练中获得的关于形式操作的经验，会不合理地转嫁到建筑的形式操作中，妨碍了对设计本体的判断。从整个设计教学的进程而言，"构成"的介入拉长了形体概念研究的时长。学生大多会被外部形态的主观评价所左右，而忽视了设计深化的重要性，也减弱了对空间、结构、材料等本质问题的深入思考。

由于美院造型观念的潜在影响，学生作业中出现了过于注重形式、手法主义的负面效应，而忽视了教学目的是清晰和准确地限定空间。学生的"注意力仅仅放在限定空间的手段和联结部位的操作方法上……堆砌辞藻和手法，忘记了根本，不易把空间形态设计组织好"❷。这种问题自然与基础课程形态训练过早介入，而让学生陷入无目的的形态操作有关，也与建筑实践的大环境有关——建筑行业也同样追求形式标新立异，而忽视了基本的空间、功能、结构问题。

1980 年代，对于建筑外在形式讨论背后的动因是相对复杂的。随着西方建筑思潮的涌入，现代建筑与后现代建筑几乎同时被热烈地引介。实际上，"构成"教学的流行与当时建筑话语的导向和形式观念的演变有着密切的联系。在"纽约五人组"（The New York Five）、詹姆斯·斯特林（James Stirling）、马里奥·博塔（Mario Botta）等当时流行的建筑师群体中，形式操作是一个热点话题。后现代对于建筑形式本身的戏谑也对国内年轻的建筑学子产生了影响，与"构成"中的一些手法具有类似之处。热衷于建筑形式的学生和年轻建筑师大多会模仿当时一些新潮建筑的外观。比如，轴网的偏转、弧形和直线楼板的穿插、具有韵律感的立面开洞等，这类手法都能有效地丰富建筑的外部视觉效果，并形成所谓的"构成感"。

（3）空间问题的聚焦

尽管"构成"教学在同济大学建筑系开展得如火如荼，但仍然有一批教师对这类训练保持质疑，并坚持建筑学本体的价值观。作为建筑设计基础教研室二室的负责人，余敏飞在 1985 年发表的文章中的观点就极具代表性。她提到，学生在刚开始进入设计时，通常会从外在的形式出发，缺乏整体感，无法抓住建筑最基本和实质的问题。因而"转入建筑设计阶段

❶ 黄仁.设计基础教学改革尝试[J].时代建筑，1989（02）：24-26.

❷ 同济大学建筑系建筑设计基础教研室.建筑形态设计基础[M].北京：中国建筑工业出版社，1991：46.

❶ 余敏飞.小简严深——谈建筑设计课启蒙教学 [J]. 时代建筑, 1985（01）: 11-15.

的教学过程中，在选题和教学方式上着重于'小、简、严、深'四个方面，其目的是培养学生掌握正确的设计方法，树立全面的建筑观。❶"

"小、简、严、深"的价值导向强调入门阶段的设计课题应满足小尺度建筑、功能类型简单、技术与规范要求严格、设计深度达标等要求。基础教学的目标是传授设计方法与工作流程，并引导学生初步理解建筑工程技术的复杂性。余敏飞认为，"小"和"简"的原则主要体现在任务书的设置和教学流程上。通过建筑尺度与功能的简化，学生能够减少对于设计概念和形体推敲的关注，同时适当收拢发散的创造性设计思维。相反，建筑形体生成的逻辑首先依赖于场地分析的结果，如交通、流线、日照、风环境等，然后再结合对任务书的功能要求和技术条件的综合考虑。"严"和"深"的原则体现在设计概念的深化和设计表达的准确性上。比如，对于小住宅类的设计，学生在完成 1：200 比例的体量分析和概念设计后，必须以 1：50 的比例来进一步深化设计，尤其是要对门洞、窗、楼梯等节点细部进行考虑。除此之外，对于长周期的设计课题来说，先例分析成为重要的教学环节。在当时，余敏飞的教学团队曾利用同济教工俱乐部的建筑分析（形体组织、内部空间、基本结构、交通组织、平面图）来强化学生对于建筑空间和结构的理解（图 6-29）。

值得一提的是，一些通过对外交流而引入的教学法在一定程度上弥补了"构成"对建筑空间属性讨论的缺失。作为观念上的共性，这类空间形式训练大多具有明确的限定性，须通过特定目标训练来提高教学的针对性。比如，1986 年由德国达姆斯塔特工业大学的约根·布莱顿（Juergen Bredow）所发展的"展览空间"就是一个用给定尺寸的板片进行空间限定的案例❷。这一练习也成为同济建筑基础教学在 1980 和 1990 年代的一

❷ 根据同济建筑系周芃的回忆，"展览空间"是 1975 年德国达姆斯塔特工业大学建筑系一年级的作业。

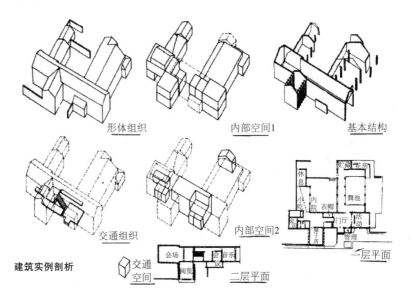

形体组织　　　　　内部空间1　　　　　基本结构

交通组织　　　　　内部空间2

交通空间　　建筑实例剖析　　会场　音乐　阅览　二层平面

一层平面　休息　汇报花房　小吃　内院　衣帽　舞池　门厅　活动　管理

图 6-29　建筑分析：空间，结构，流线及其他因素

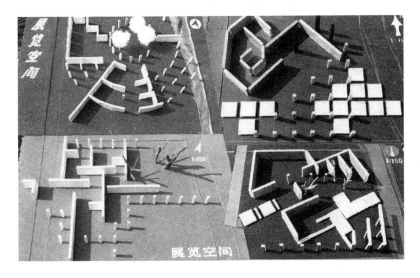

图 6-30　展览空间，基础课程训练

个必备环节。这个作业可以视为由抽象无目的"构成"训练向具体建筑训练的一个过渡。基本材料为给定尺寸的吹塑板。操作的工具是方形的板片和杆件这两种模数限制的元素："1. 基本构件（以 cm 为单位）：$30 \times 30 \times 6$ 方形板片使用量不得超过 40 块，$30 \times 6 \times 6$ 杆件使用量不得超过 32 根；2.300 × 300 硬质底板"。

　　项目的基地在一个近似方形的梯形场地上，基地内部有保留的树木和河流。学生要在此基础上完成一层（根据比例尺推算，层高 4.5m）的室外半开放的展览空间设计（图 6-30）。尽管有着"展览入口标志性、识别性处理，展览流线组织，展览可能性、适宜性"等问题的引导，但训练的重点仍在于"概念性的空间形态构成上"[1]。此外，在设计前的授课阶段，布莱顿教授还给中国学生介绍了赖特、密斯等建筑师的作品，从个案分析的角度来讲述现代建筑的空间形式特征。

　　在设计过程中，网格是一个重要的工具。布莱顿制作了横纵相间的拼图来帮助学生建立空间秩序和几何网格之间的联系。学生作业中也能够看到网格（包含正交、斜向、放射和正交、斜向相结合）对于形式生成的作用。尽管这个练习并不涉及方案深化和技术性问题，但它对于训练学生的内部空间组织有着积极的影响。它在原有"构成"的基础上，又往建筑学走了一步，是一种类似于"装配部件"的方法。

6.2.3　教科书：观念与知识体系重构

　　从 1970 年代末开始，同济大学的建筑基础教学就一直处于观念变革的时期，不断吸纳西方建筑思潮并转化为教学改革的驱动力。颇为戏剧性的是，三种不同源头的教学观念与方法交织在一起，共同体现出对于抽象

[1] 同济大学建筑系建筑设计基础教研室. 建筑形态设计基础 [M]. 北京：中国建筑工业出版社，1991：59.

空间形式教育的追求。如前文所述，"构成"理论和"空间限定"理论从引入之初就成为建筑形态设计基础的方法论来源。两者并没有学理的渊源，却整合形成了"空间构成"。第三种现代设计的观念则来源于1960年代后欧美的"基本设计"，并体现了现代艺术思潮的新动向。

（1）空间观念的变迁

作为现代建筑教育的核心话语，对于"空间"的讨论快速在同济大学建筑系的基础教学中展开，并逐步与教学融合。作为观念上的先导，"构成"与"空间限定"的整合成为同济建筑基础教学知识体系的核心。由同济建筑基础教研室编写的《建筑形态设计基础》就是当时以"构成＋空间"理论重组设计教学的产物，并曾数次重印，在国内颇有影响。

作为造型方法论的研究，建筑形态设计基础仍延续了所谓"要素＋组合"的法则，并以排列组合的数学逻辑来表达形式的丰富性。书中的第二章着重讨论了抽象形式要素和组合法则的映射关系，并以"基本要素""基本形""骨骼"这类典型的"构成"术语来论述形式的关系。第三章围绕着基本操作和形态力来讨论"形"的变化法则。第四章则从形式感知与分析理论的角度综述了形态组织的基本规律。

全书的叙述方式具有明显的包豪斯特征，即以一种视觉主导的方式来讨论"泛设计"的问题。比如，泰姬陵、拉维莱特公园等不同时期、不同地域的建筑以及许多视觉艺术作品被混合编排，并以此来说明形式的普遍存在和"构成"法则的一般性。这种观念与莫霍利－纳吉广泛的视觉教育非常相似，通过视觉法则来论证形式语言的普遍性。当然，本书并没有摆脱国内形态构成教学普遍的窠臼，即把立体造型与建筑外部体量、外在形式进行直接关联。第五章着重对"空间形态"的基本理论进行阐述。其观念与教学方法进一步本土化，发展为对"空间形态"的分类，包含"空间的形成""空间形态的操作"和"空间的组织"三个部分。

针对"空间的形成"，书中援引了"空间限定"的七种方式（空间限定相位的类型）❶。如前文所述，赵秀恒在1970年代末从日本引入的"空间限定"理论已经为教学改革进行了观念的探索。"空间限定"的原理通过"限定的要素""限定度""空间限定相位的类型""所构成空间的性质"四部分内容得以体现。这一定义在教科书中的措辞已经产生了简化。限定的方式按照垂直和水平方向分为两大类，垂直向的限定包括"围"和"设立"（图6-31），而水平方向的限定有五种，为"覆盖""肌理变化""凸""凹""架起"。

"空间形态的操作"包含三部分内容："空间的限定度——流通关系"对应了空间围合度的差异，书中以平面墙体角度的变化来反应限定的强弱。

❶ 原翻译的定义为"围合、覆盖、设置、隆起、托起、挖掘、变化质地"引自岩木芳雄，堀越洋，桐原武志，大竹精一，佐佐木宏．空间的限定 [J]．赵秀恒译．建筑师，1982（12）：226-237.

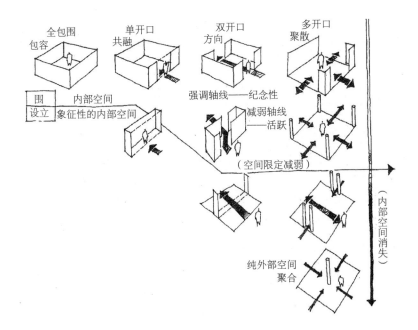

全包围
包容

单开口
共融

双开口
方向

多开口
聚散

围　内部空间
设立　象征性的内部空间

强调轴线——纪念性

减弱轴线
——活跃

（空间限定减弱）

（内部空间消失）

纯外部空间
聚合

图 6-31　以"围"和"设立"
进行操作的"空间限定"图解

"空间的叠合——共有关系"进一步讨论了空间的组合关系与品质。一方面，教学团队把"构成"理论中对于形式关系的讨论向建筑转化，揭示出"共享空间"的概念，并与 1980 年代日本"灰空间"的观念进行类比；另一方面，"共有关系"在书中虽然没有更为清晰的定义，却与"得州骑警"的"透明性"形式理论有着相似之处。"多次限定——层次关系"包含了空间限定的次数和层次："次数"决定了空间的丰富性，而"层次"则代表了空间分析的解读方式。

"空间的组织"主要从平面空间单元的组合排布来讨论空间与功能的关系，属于建筑学长久关注的话题之一。这一思想延续了冯纪忠在 1960 年代"空间原理"教学中的基本观点，以"并列""序列"和"主从"三种类型来概括，并辅以大量新建筑的案例来说明。

（2）基本设计：视觉动力学

作为同济形态构成教学的重要发展者，莫天伟也对抽象形式教育的新动向保持关注。1989 年，由莫天伟翻译的《基本设计：视觉形态动力学》（Basic Design：The Dynamics of Visual Form）教学译著出版。该书的作者是英国艺术教育家莫里斯·德·索斯马兹（Maurice de Sausmarez）。原作的第一版出版于 1964 年，并于 1980 年代在美国再版。索斯马兹曾于 1950 年代在利兹大学（University of Leeds）主持艺术系的教学，之后在多所艺术学院任教。

"文革"后中西学术交流重新开启，国内设计教育仍面临着与西方学界全方位的差距。对于翻译这本书的目的，莫天伟在 1988 年所写的译后

❶ 莫里斯·德·索斯马兹.基本设计：视觉形态动力学 [M].上海：上海人民美术出版社，1989：121.

❷ 莫里斯·德·索斯马兹.基本设计：视觉形态动力学 [M].上海：上海人民美术出版社，1989：7.

❸ 莫里斯·德·索斯马兹.基本设计：视觉形态动力学 [M].上海：上海人民美术出版社，1989：9.

记中有所提及："目的是寻觅现代设计的根系和轨迹，理顺思路，再思考我们对基本设计曾经有过怎样的误解，又应该如何面对今天的现实。从而让我们更理解我们的学生，也让他们更理解现代设计。❶"

在"导论"部分，索斯马兹指出了"基本设计"与传统学院式教学的关系。"传统学院式教学的贬值在于它不注重领会和体验，而过于注重仅仅是验证那些理性的既成事实"❷，这就使得技巧方法比创造能力更为重要，这实际上也是包豪斯和布扎基础课程的对立关系。随后，作者对基础训练的概念进行阐明，这一课程并非基于理论，而是针对个人具体问题的解决，训练的方法则是对"材料和构成的原理进行直觉和分析的工作"❸。随后作者针对"基本设计"被质疑的一些内容，从五个方面进行梳理，并指出这一训练并非一种过度抽象和教条化的方法，而是一种以形式为对象的系统研究。

如果把"基本设计"和"三大构成"方法相比，最主要的差别在于作者对于形态元素的"动态力"（Dynamic Forces）的研究。这就把形式问题和运动结合起来，并借用了力、能量等概念。例如，在"基本元素和力"的章节，力的引入有助于理解抽象的形式要素，如"点、线、面"相互转化的关系，并让形式研究更为科学化。索斯马兹的论述与凯普斯的《视觉语言》类似，源自包豪斯的基本观念，同时对视觉的科学性与艺术性进行了梳理，并融合了 1960 年代现代艺术的新发展。

尽管"基本设计"的知识体系和建筑学没有直接关系，但却对空间感知问题进行了讨论。在"占有空间的力"的部分，作者概括了七种由视觉而产生空间感的方式，包括：图底互换、大小变化、线性关系、形状差异、明度差异（包括光线）、色彩差异、肌理差异。这种论述本身很包豪斯，同时也强调了空间与感知的对应关系。此外，作者还以"力"作为形式分析的术语：形式的"动态力"不仅意味着画面观感的体验，还包含空间形态的组织策略。为了有效支撑理论部分的叙述，书中介绍了一些西方"基本设计"的最新案例，并以此来说明理论与教学的联系。

全书简明、概括地论述了包豪斯学派和抽象形式理论在 1960 年代的新发展，而没有过多着眼于教案设置等实用性的内容。从教学法来判断，这本关于"基本设计"的教参与教条化的"构成"有所区别；同时，也使国内的读者感觉相对陌生。这种陌生感不仅来自于抽象形式认知在国内普及度普遍较低，同时也是包豪斯通识教育观念"二次传播"时所难以避免的文化差异。

6.3 "渲染"与"构成"：清华大学建筑系的基础课程（1978~2000）

6.3.1 布扎传统的式微

在 1952 年院系调整并全面引入苏联模式之后，梁思成的现代建筑教育探索很快被中止，教学模式再度导向布扎方法。在梁本人复古主义思想的影响下，处于政治中心的清华大学建筑系很快成为国内布扎方法实行得最为彻底的学校之一。尽管 1940 年代建筑系成立初期的几届学生曾接受过包豪斯等现代建筑教育方法的启蒙，但这种影响相对有限。在"文革"前近三十年的时间，清华师生最为熟悉的仍然是布扎的古典传统。

根据顾大庆的论述，布扎体系在 1950 年代到 1980 年代"本土化"的历史过程中，实现了西方教学方法和中国建筑题材的统一，其中一个标志就是渲染练习内容开始采用中国古典建筑和民居的内容❶。第四章对 1960 年代清华建筑系的教学计划与学生作业进行了分析，这一特点也非常明显。例如，当时发布的"民用建筑设计教学大纲草案"就对具体的教学组织有着明确的规定。这种本土化的布扎模式通过教育的制度化得以确立，并一直延续到了"文革"之后的基础教学。

这里对于清华布扎基础教学的回顾有两层意义。一方面，就学院式教育本身来说，"文革"之后的教学与全面学习苏联时期的方法有了明显的简化，并加入了更多现代建筑的内容。另一方面，"构成"的引入，导致对基础课中古典建筑训练的练习数量和时长不得不进行压缩。对于年长的建筑教师而言，布扎方法意味着对教学传统的坚守，而年轻教师则更期待教学方法的变革。

1978 年初，吴良镛任建筑工程系主任，逐步恢复教学秩序。同年秋季，学院恢复招生，同时招收本科、专科和研究生近百余名❷。建筑学的教学从"文革"的中断中恢复，自然延续了"文革"前的学院式方法。但顺应时代要求，教师们对教学方法也进行了调整，以适应新的知识体系。如 1979 年 9 月开始的一年级教学中，上学期要进行八个小练习，分别为铅笔线条练习、墨线线条练习（图 6-32、图 6-33）、字体练习、铅笔工具制图（多立克）（图 6-34）、钢笔徒手画（帕特农神庙）、水墨渲染（深浅变化和塔司干柱式）（图 6-35）、墨线线条（知春亭）（图 6-36）。

如果我们把 1979 年(附录 5)和 1963 年(附录 3)的基础课教案相比较，可以发现练习之间的层级关系大致延续，但内容上已经进行了大幅简化。中国古典建筑细部、西洋古典建筑渲染（组合构图）这两个最为费时（分别为 70 学时和 90 学时）的渲染练习被取消，学生仅需完成一个塔司干的柱式渲染。线条训练的复杂程度也有所下降，古典五柱式铅笔训练和爱奥

❶ 顾大庆．中国的"鲍扎"建筑教育之历史沿革——移植、本土化和抵抗[J]．建筑师，2007（02）：97-107.

❷ 清华建筑系"文革"后首批招收建筑学专业五年制本科生 78 名，两年制专科学生 20 名，并录取研究生 21 名。参见清华大学建筑学院．匠人营：国清华大学建筑学院 60 年 [M]．北京：清华大学出版社，2006：112.

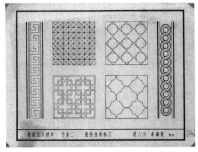
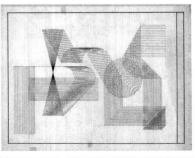

图 6-32 墨线线条练习，1970 年代末（左）
图 6-33 工具制图，1970 年代末（右）

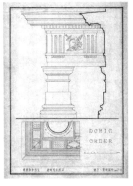

图 6-34 铅笔工具制图1970 年代末（左）
图 6-35 水墨渲染练习1970 年代末（中）
图 6-36 墨线线（知春亭抄绘）条1970 年代末（右）

尼的墨线训练都被简化。相对于表现北方官式建筑内部结构和形制的清华工字厅测绘练习也被简化为颐和园知春亭的立面抄绘。因此，1979 年上学期的基础课程侧重于绘图技巧的培养，学生通过对中西古典建筑立面的临摹来达到对于形式、比例等问题的认知。建筑设计本身的问题，则通过下学期的测绘和单人房间设计来弥补。

1980 年 2 月开始的下学期，设置了徒手钢笔画练习、构图练习、南校门测绘和单人房间设计四个训练，体现出现代设计观念的影响。作为清华建筑系徒手钢笔训练的典范，赖特建筑画的临摹持续了相当长的时间（图 6-37）。根据基础课负责人郭逊的回忆，这个训练到 1990 年代后期仍在进行❶。当然，赖特诸多的现代建筑作品仍然以古典建筑表现的方式来训练，学生要通过徒手的钢笔线条来追求唯美和细腻的建筑表现。实际上，绘图训练的主题在 1970 年代末已经颇为多元，一些现代主义建筑的范例，如包豪斯校舍、流水别墅等作品也成为抄绘练习的对象。出于时代的限制，学生接触新建筑的素材主要来源于有限的插图和照片，并且是片段性的。

1980 年代中期，建筑入门训练的重点显然落在"如画"的图面表达以提升学生的美学修养，并非传递古典建筑的认知与法则。1986~1987 学年清华建筑系"建筑初步"的教学计划有一个比较详实的记录❷。在一年级上学期，学生仍然需要通过完整的工具制图训练来加强手头功夫。一方面，布扎的美术建筑观念仍然得到巩固。一年级上的练习包括铅笔线条、墨线线条、仿宋字训练，再到徒手画和工具画，同时还有配套的课后速写。在

❶ 郭逊提到，在 2000 年之后，学院改为"4+2"的学制，因而对之前的渲染、赖特钢笔画、形态构成等科目都作了简化。

❷ 引自《清华大学建筑系一年级 建筑初步作业及指导书》，1986 年。

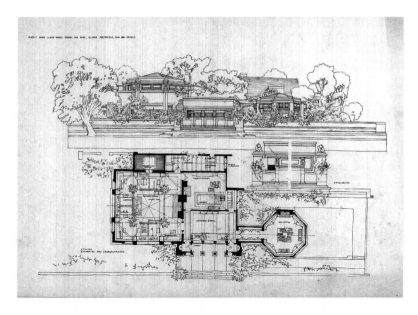

图6-37　赖特建筑画临摹,1979~
1980学年

铅笔徒手画（四种古典柱式）和墨线工具画（知春亭）中，学生从教师提
供的蓝图开始，首先要用拷贝纸抄录，然后再把图像翻印到绘图纸上。工
具墨线对制图技巧有严苛的要求，以保证线的质量。无论铅笔还是墨线练
习，学生都要熟知工作流程与绘图步骤。另一方面，教学对于古典建筑训
练的认知与目的却发生了改变。布扎的基础课程蜕变为一种图像敏感的训
练。例如在1986年的教案中，水墨渲染和塔司干柱式并没有放在上学期
的古典建筑训练中，而是与"构成"训练平行，作为对形体明暗和光影表
达的补充，这也反映出古典建筑知识体系的认知已经不再是教学的核心
内容。

　　从"文革"结束开始，布扎教学模式在清华建筑系的基础教学逐步呈
现出衰退的趋势。但古典建筑教育的传统对于图面效果训练却一直发挥作
用，基础教学仍然保持着布扎与现代混合的特征，直至2000年左右。

6.3.2　"构成"教学的引入

（1）早期的"构成"练习
　　"构成"教学在清华大学建筑系引入的初衷在于普及一种较为系统的
抽象形式训练。在笔者接触到的1979级的初步课程指导书中已经出现了
"构图练习"的训练，安排在第二学期（从1980年2月开始），并扩充为
四个平行的作业：线条构图练习、水池平面构图练习、黑白灰方块构图练
习和材料构图练习（图6-38）。这类练习与典型的工艺美院"构成"训练
并不完全相同。其中一些材料研究、拼贴类的抽象练习都明显地反映了包
豪斯教学特征。

图 6-38　抽象构成练习，1979~1980 学年

1980~1981 学年建筑初步（春季）的教学大致沿用了 1980 年的几个板块。就平面构图训练的教案和作业而言，已经明显受到了当时工艺美院教学的影响（图 6-39）。例如，在授课部分教师要讲解平面构成的基本原理，并按照相应的法则进行操作，不再是之前主观的构图练习。王无邪设计基础教学法中"基本形＋骨骼"的原理已经整合到了建筑基础课程中，并成为平面造型的基本方法。学生在理解形式生成的基本法则之后，需要在重复、近似、渐变、发射、特异（变异）、结集（密集）、对比等类型中选择操作方法并完成设计。

立体构成在平面构成后被引入，根据教学计划的对比，立体构成教学最早出现在 1981 级的教学中（1982 年春）。在这一年的教案中，"平面构成"和"立体构成"从术语上取代了之前的"构图练习"。课时的分量由之前的三周半增加到六周，并有理论知识的授课。最初，立体构成的作业是纸浮雕设计，学生需要对一张完整的方形纸进行切割和折叠，以形成不同的抽象造型 ❶。训练的过程在于通过形式操作和观察进行由平面到立体的形式转换（图 6-40）。任务书中提到学生要在 7cm 见方的纸上沿水平或对角线（选择一种方式）切一刀，然后完成折叠，折痕本身成为平面构图的一部分。评价的主要标准就是形式美观和加工精确。折纸造型练习在 1980年代的立体构成教学中一直是必备的环节。

❶ 笔者没有找到最早引入立体构成的学生作业，但郭逊和卢向东的访谈中都提到立体构成的开始是纸浮雕训练。

图 6-39 平面构成练习, 1979~
1980 学年

图 6-40 立体构成——纸浮雕
设计训练, 1984 年

在清华大学建筑系早期的形态构成教学中, 中央工艺美术学院的师资
与教学方法都是重要的辅助。基础课教师的回忆文章和访谈提供了一些依
据。根据田学哲的描述,"清华大学建筑学专业的形态构成教学始于 1980
年, 最初由美术院校移植, 经过消化吸收、借鉴积累, 逐步形成适合于自
己专业特点的教学体系。[1]"

田学哲师从梁思成等清华大学建筑系创系时期的教师, 接受了较为系
统的布扎教育。1970 年代末, 他开始主持基础教学, 积极支持当时的教
学改革, 并引入"构成"方法[2]。1979 年入学的郭逊提到, 他们那一级
学生没有经历"构成"教学, 但在一年级期末接触了一些包豪斯式的练

[1] 田学哲. 形态构成解析
[M]. 北京: 中国建筑工业
出版社, 2005: 序言.

[2] 笔者收集资料期间, 主
持基础课的田学哲先生已
经逝世。对"构成"教学
的回忆主要依靠郭逊和卢
向东两位老师。

❶ "我们本科教学的时候是没有构成的，一年级末的时候只是开始有点接触。我记得是最后一个作业，花了一周时间用一个布条来拼平面构成。系统地上'构成'是零字班，就是比我们低一届的。我记得他们做的有平面构成，还有立体构成。但其实并不是立体构成，而是类似纸的浅浮雕，主要做的肌理。这是因为美术学院做平面或装帧设计，可能需要这个。再后来逐步有平面、立体构成和色彩构成。" 笔者对郭逊的访谈，2016年6月13日。

❷ "而在当时，构成的课在清华并没有自己的老师来开，而是请了中央工艺美术学院的辛华泉老师。我们当时因为没有相关方面的教学人才，就请他来教构成方面的课……他的体系，基本上来自日本构成的教学，并且是重新引入。" 笔者对卢向东的访谈，2016年6月7日。

❸ 引自《清华大学建筑系一年级 建筑初步作业及指导书》，1986年。

❹ 学生要求制作30个方案，然后选中其中的9个，以九宫格的方式放在9块7cm见方的黑色衬纸上进行展示。

❺ 练习包括：①材料：卡片纸、请帖纸、吹塑纸、聚苯乙烯块等；②工具：快刀、钢尺、圆规、电阻丝切割器；③手段：割切［刻断、不刻断（正反）］、折叠、弯卷、拉伸、插接、悬吊、装订、粘贴；④大小：不小于20cm×20cm，不大于50cm×50cm，长度可有所调节，下面做一个深色底盘；⑤步骤：先确定一个基本形态，然后以此基本形态或基本形态的变求得大小、高低、厚薄、方向和深浅的协调变化与组合。

习，当时是用布条拼贴图案❶。根据卢向东的回忆，"构成"训练最早始于1980年前后，系统的教学则是源自当时中央工艺美术学院的辛华泉在清华大学建筑系的客座教学❷。

辛华泉老师的课是必修的，他的教学与日本"构成"有着渊源。在一年级的设计课中，他是主讲教师，真正辅导我们做设计的是本系的其他老师。师资组成有年轻的，也有年长的，甚至也有高年级的学生来给我们面进行辅导。辛老师主要是讲几次大课，并不直接参与学生的教学。建筑系实际上并没有教师来从事"构成"的专门研究，这与工艺美院截然不同。

"构成"引入建筑学的目的在于培养学生的审美能力和造型能力。而其进入建筑教育之后，自然面临着如何转化为适应建筑学需要的教学方法。自1980年代中期开始，"三大构成"的教学模块逐步被调整并突出专业性：一是色彩构成的训练结合到平面构成中以削减学时；二是通过对形式多样性的限定来突出建筑的专业性，如强调几何抽象性、图底关系以及单元重复的次数；三是加大立体构成的训练时长，并把抽象的体量研究与建筑形体生成进行结合。整个1980年代，"构成"教学在建筑设计基础教学中的位置一直在微调，但始终未能取代布扎的渲染训练。基础教学从架构上形成了布扎制图表现、形态构成和小设计三个板块并行的格局，并一直延续到2000年左右的教学改革。

（2）一套典型教案

在1986~1987年《建筑初步》的教学计划上详细地记录了当时教学的进度和内容❸，并反映出知识体系转型的时代特征。整个教学内容大致分成绘图、"构成"和小设计三部分，并附有步骤的说明。布扎特征的制图和渲染训练仍然占据一半以上时长：两个小设计（单人房间设计、商亭设计）占60学时，约25.5%；形态构成训练占52学时，约22%。这种古典与现代、绘图与模型并行的教学模式很具有典型性。在1986年的教案中，"构成"训练被安排在一年级下进行。平面构成与工艺美院的方法如出一辙，学生要在20cm见方的纸上用"基本形"和"骨骼"的要素来生成形态，并体现重复、近似、渐变、发射、特异、结集、对比等关系。

立体构成包含两个小练习，其一是具有包豪斯特征的折纸训练（包含纸浮雕和进深感训练两个阶段），研究从平面向立体转换的过程。这个练习比早期的折纸练习有了更为具体的要求，要进行折叠过程记录、多方案比较，并有试做和展示的要求❹。其二是对于"面材的练习——重复、渐变、群体组合或单体形式"❺。学生要以卡纸板作为基本单元，进行组合，而产生立体的空间关系。任务书中对于操作结果已经有所分类：立体组合、插接、屏障、层面、肌理等。就成果而言，对造型审美的判断几乎成为设计的全部评价标准。

　　要求：1.运用对比、调和、节奏、韵律、变化及统一等形式美的原则；2.造型优美、新颖、简洁，空间层次丰富；结实稳定、虚实透叠、疏密有致，形态起伏、变化多样，立体感强；3.从各个角度均有美好的视觉效果；4.具有抽象的艺术感染力——表情、生命力、动感、量感、进深感。❶

❶ 引自《清华大学建筑学一年级 建筑初步作业及指导书》，1986 年。

　　作为包豪斯视觉原理的延续，平面和立体构成的训练是相对发散的，以激发学生的创造力。在 1987~1988 学年的作业记录中，学生以金属丝和金箔为材料制作的立体构成都具有雕塑化的特征。比如，"音乐线雕"这类作业通过线材的弯曲来表达音符的形态特征（图 6-41）。作业对于视觉形象的追求已经超越了材料本身特性的体现，但学生追求的形式丰富和视觉愉悦很难与建筑的空间认知进行关联（图 6-42）。

　　此外，《建筑初步》教案还对色彩构成的训练方法进行了详细记录。色彩的基础认知从色彩的属性、术语开始，通过色轮绘制、色彩提取和特征分析（色相、明度、饱和度）、色调研究等训练展开。任务书记录了三种典型的练习：首先是配色（Color Scheme）的感知训练，要求以给定的颜色进行构成，分析其中的渐变关系；其次是依据平衡、渐变、重复等视觉法则的色彩构成；最后是给定画面的色相分析与色彩提取（图 6-43~图 6-45），并要求学生以色彩构成的差异来体现冷暖的不同感知，甚至是更为复杂的情感因素。

　　（3）转化与变迁

　　1990 年代，"构成"在清华大学建筑系的教学大致延续了之前的教学方法，并没有大幅调整。尽管以"三大构成"为代表的形式教学法在 1980 年代曾预示着一种新的设计观念，但"构成"核心知识体系的演变却几乎趋于停滞。具体而言，日本"构成"系列、王无邪的"设计基础"

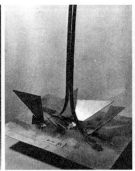

图 6-41　金属材料的立体构成练习，1987~1988 学年

图 6-42 不同材料的立体构成
练习，1980 年代末

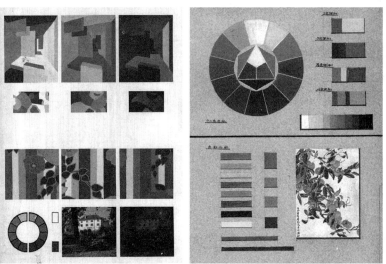

图 6-43 配色方案演示（左）
图 6-44 色彩构成，1985~1986
学年（右）

以及辛华泉的教材仍然是国内建筑设计基础教学最为重要的参考书。实际上，"构成"教学在国内建筑系开展的意义更多是一种实用性的过渡，其背后的包豪斯理论以及更宽泛的现代视觉艺术原理却很难也没有必要完全展开。

平面构成教学以所谓的"基本形"及其组合方式的变化来产生特定的图案，并与色彩构成进行结合（图 6-46）。带有包豪斯特征的点、线、面等基本要素仍是教学的重点。训练增加了一定的限制条件，比如仅限三种颜色的构图，更强调图案变化的规律性。立体构成的基本原理与平面构成一致，同样采用"要素"与"组合"的方式进行。但是教师在辅导中会有

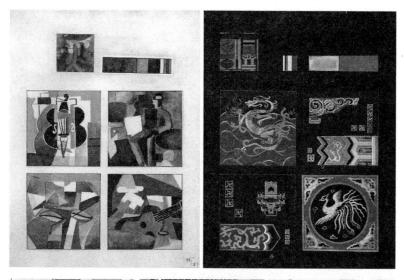

图 6-45　色彩研究（分解与合成），1988~1989 学年

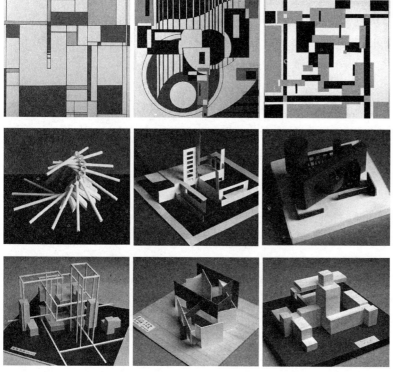

图 6-46　平面构成，1997~1998 学年

图 6-47　立体构成，1995~1996 学年

图 6-48　立体构成，1998~1999 学年

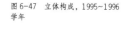

两种不同的导向：一种仍延续了纯粹抽象形式研究的观念，要求学生以"构成"本身的形式法则和美感来进行；另一种则强调"构成"与建筑形态研究的结合，要求学生把立体空间关系转化为建筑外部体量的关系（图 6-47、图 6-48）。

2000 年之后，对于"建筑初步"教学体系最大的影响来源于建筑学院层面的架构调整与学制改革。随着清华大学建筑系开始试行六年制的建

❶ 在"4+2"的学制中，约有40%的学生会进入本硕连读的培养模式，而剩余60%的学生仍然要接受五年的建筑学本科培养。

❷ 引自《清华大学建筑学院设计系列课程教学大纲》，2003年。

筑学本硕连读课程，"4+2"的学制导致原先五年的本科教学必须进行压缩，以适应新的教学计划❶。在此次学制调整之后，建筑系本科教学的整体架构形成了建筑设计基础、建筑设计以及毕业设计的三段式结构。前两年的教学依托设计基础教学平台，原先第二年才开始的单体建筑设计被提前设置到一年级下。学生在第二学期就要接触到小住宅、工作室、诊所等建筑类型，并熟悉技术图纸的绘制。在这种情况下，"文革"后仍持续进行了20余年的柱式渲染训练被取消，原先"三大构成"的教学模块也被压缩为"抽象造型训练"环节。以2003~2004学年的教学计划为例，一年级上的教学分为"空间"（6周半）与"构成"（6周）两大部分❷。空间训练以"基本空间单元设计""外部空间体验分析"为主题，分别从内、外部空间组织的训练来推动设计教学。而传统的制图与钢笔画练习被改为与设计课平行的"技法"练习，不再设置单独的教学环节。形态构成训练则以平面和立体两种方式进行，方法与早先的美院"构成"差别不大，并设有颜色平涂和模型制作两个平行小练习。一年级下的设计教学则更为"建筑"，分为户外建筑小品、概念性设计和小型单体三种类型，每种类型下各设置有3个不同的任务，供学生选择。

总结而言，上述教学改革的导向在于强化建筑"设计"教育在基础课程中的核心地位，美术基础训练、抽象造型研究这类具有通识特征的教学环节被削弱，并与设计主干课程分离。基础教学的重心重新回到设计能力的培养，体现出"空间教育"的主导地位。

6.3.3 建筑设计训练与知识体系变迁

（1）建筑设计的启蒙

形态构成教学的兴起不仅推动了一种抽象的形式教学法，对清华低年级的建筑设计教学，尤其是建筑形态的认知也产生了重要影响。

在1979~1980学年的教学计划中，带来新工作方法的是一年级下的"单人房间设计"。这个小设计更贴近学生生活，要求以吹塑纸、泡沫塑料等模型材料来表达室内气氛。学生需要在一个面积为19m²、净高为2.8m的框架结构室内布置家具和陈设，家具的种类和尺寸都部分给定。学生需要完成内部的空间组织，关注人体尺度的问题。除了完成1：40的平面和立面外，任务书还要求以模型来表达设计方案。在五周的设计环节中，模型的工作方法在方案阶段并没有介入，仅作为最后设计成果的表达。从家具和陈设的模型来看，学生对于内部空间氛围营造的意识是较为强烈的，并呈现出古典与现代形式语言上的巨大差异（图6-49）。

"单人房间设计"是清华建筑系基础教学的一个典型案例，并一直延续到2000年前后（图6-50）。从人体尺度和内部空间组织的角度重新认识

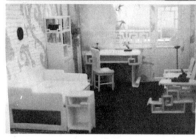

图 6-49　单人房间设计，1979~
1980 学年

设计，这当然与学院式的教学有所差别。但从留存的图档来看，教学的重点更多侧重于空间氛围的表达，如墙体色彩、图案化的装饰等内容，而并没有深入讨论由模型向真实空间转化时所需面对的问题。

"商亭设计"是一个更为综合的小设计。从教学档案来看，这个设计至少在 1984~1985 学年的教学中就已经开始。学生可以在三个不同基地中分别选择食品亭（学校生活区）、书报亭（学校生活区）和纪念品亭（圆明园景区）来进行设计。建筑总面积控制在 35m² 以内，并有卫生间、储藏等基本的功能。在六周的设计周期中，学生要熟悉平、立、剖面的协调，了解基本的平面布置、形态和空间组合等问题。这个设计也被视为"建筑初步"和二年级建筑设计课程的过渡。作为第一个完整的小品建筑设计，教师通过三个设计阶段来控制教学进度。

在前两周半时间的"一草"阶段，学生要在教师的指导下，完成 2~3 个方案草图，并从周边环境转到内部空间组织来确定设计的方向。在概念设计时，要点包括："建筑物在总图中的位置及与周围环境的关系；平面形状及体形，房间的开间、进深及高度，门窗的位置，家具的大体布置；建筑物的屋顶形式。❶""二草"阶段包含两周的时间，属于设计的发展阶段。学生要确定方案，完成平、立、剖面的草图绘制。学生需要提交和正图比例相当的草图，并进一步推敲设计。"上板"阶段也是两周时间，包含正图绘制，需满足技术图纸的基本规范。

在功能要求相对较弱的小品建筑中，"平面形状和体形""建筑物的屋顶形式"等评价标准都说明了形体推敲的重要性。学生习惯以刚习得的"构成"法则来进行建筑空间的组织。有意思的是，成果也同样体现出学生对

❶ 引自《清华大学建筑系一年级　建筑初步作业及指导书》，1986 年。

图 6-50 单人房间设计，1998~
1999 学年

建筑形式的不同理解。例如，对 1984 级学生的商亭设计进行分析（1985
年 6 月完成），在 33 份留存图纸中，大部分都已经采用简洁的现代形式来
进行设计，但直接沿用中国古典建筑形式语言或简化的古典形式的设计也
仍然存在。除去场地因素的制约外（如在古典建筑景区和校园的差别），
学生对于风格的选择更多是依据个人的喜好。

作为与"构成"教学直接承接的设计课题，"商亭"这类小品建筑也
是基础教学的重要训练方式，并持续了超过 20 年的时间。在 1990 年代末，
学生要通过 A1 尺寸的单色墨线图纸来进行设计表达，但没有模型的要求。
我们可以对这个练习做以下评述：从生成逻辑分析，"构成"教学形式操
作的起点是抽象的基本要素，通过规律性的变化获得丰富、愉悦的视觉与
空间体验。学生会不自觉地把"构成"的"形"和"建筑形"进行类比，
然后进行个人设计方案的推敲。这种设计能力的发展既包含学生对于建筑
先例的分析，也包含学生自己通过形式操作而获得的新认识。训练中的形
式和真实的建筑不直接等同，但又不完全脱离。一些"构成"的美学法则
和尺度、空间、功能等建筑学问题在教学中也是同步进行的。

"构成"原理在建筑教学中的直接移植必然会产生建筑形式来源的误
区。建筑形式的生成基于某种空间法则，而不能仅从外观视觉感知的角度
来评价。从空间组织而言，学生设计表达的重点在于亭子的体量穿插、屋
顶高低错落等外在形态，而忽略了空间限定的内在要素，包括结构关系以
及更多技术性的约束等。比如，放射形、偏转的轴网在当时颇为流行，而
正交处理的空间关系往往被误认为是缺乏创造力的。

此外，也有一类休息亭、车站亭和小码头的设计练习，更为强调模型
制作，而且试图模拟建造的逻辑（图 6-51）。一些学生作业中已经主动开
始讨论空间与结构、空间与构造等更为本体的问题。当然，教学观念是否
整体变迁并不能依靠少数作业的差异来进行判断，而更需要依据知识体系
的整体构成来展开分析。实际上，视觉优先的设计方法与"构成"的基础
教学互为因果，仍然是当时建筑设计最重要的判断标准之一。

（2）理论输入

实际上，"构成"在清华大学建筑系的引入，触发了师生对包豪斯的重新引入和对现代主义建筑的反思，并冲击了古典的教学方法。一方面，对于中西方古典建筑的介绍在学生入门阶段就已经开始，而古典建筑美学法则的书籍也有包含在内，如清华民用教研组编的《构图原理》《建筑形式美的原则》和从苏联引入的《建筑构图概论》等都是指定的参考书目。另一方面，一些当时新引入的日本"构成"理论的译著也已经被纳入教学知识体系，这其中既有陈菊盛、辛华泉等人的译著，也有中国台湾地区王秀雄等人翻译的日本"构成"方面的书籍。这种状态实际上反映出空间形式观念中古典与现代的混合。

在基础教学变革之前，现代设计观念已经通过理论的探索在师生中传播。研究生徐畅在汪坦的指导下于 1980 年 7 月完成了题为"设计基础与视觉艺术"的硕士论文。这篇文章不仅讨论了包豪斯的学术渊源，同时也预见了建筑设计基础教学知识体系所发生的变革（图 6-52 ~ 图 6-54）。"构成"的话语在论文中并没有出现，但作者在论文中已经引用了当时工艺美院的教学改革内容（图 6-55）。作者在对"学院派、包豪斯和近代建筑教育概念"进行简单回顾后，对既往的基础课程都提出了质疑。

论文的主体部分围绕抽象形式原理进行阐述，并深受包豪斯观念的影响："受到了几本有关视觉设计理论的著作和一套《设计元素》挂图的启发，引出了下文关于视觉艺术的一些初步探讨。❶"基本的分析方法借用了包豪斯发展出来的抽象形式原理，研究能够"启发我们的想象力，提高审美造型能力，应该是有益无害的"❷。全文以点、线、面、体量、空间、明暗、色彩、质感、动、透视等关键词为话题❸，把建筑中常见的视觉要素进行抽象，以图文搭配的方式进行了梳理。徐畅的论文援引了伊顿、凯普斯、吉迪翁等人的著作，还提到了梁思成 1940 年代教学改革所带回的教学挂图。针对包豪斯过分强调功能和技术、忽视历史的问题，论文把中国传统建筑和西方传统建筑也纳入分析的范畴。这种观点和《设计元素》的挂图

❶ 徐畅. 设计基础与视觉艺术 [D]. 北京：清华大学，1980: 7.

❷ 徐畅. 设计基础与视觉艺术 [D]. 北京：清华大学，1980: 7.

❸ 作者另有一节以"视觉之外"来表达其他感官对于建筑体验的作用。

图 6-51　休息亭模型，1998~1999 学年

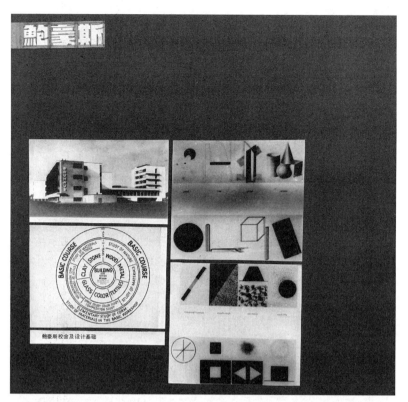

图 6-52　清华大学档案：包豪斯介绍

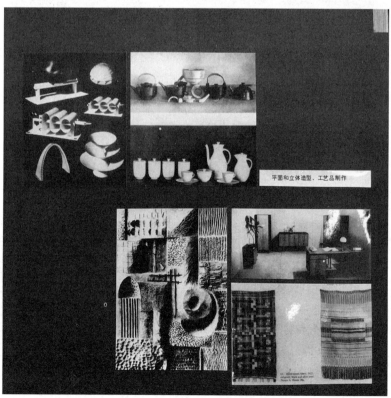

图 6-53　清华大学档案：包豪斯产品介绍

图 6-54 抽象构图研究

图 6-55 中央工艺美术学院"构成"练习

是有类似之处的，试图论证视觉规律的一般性与普遍性。

❶ 周燕珉. 现代建筑形态构成 [D]. 北京：清华大学，1988.

　　作为"构成"与建筑形态研究的融合，由周燕珉在 1988 年完成的硕士论文也同样触及了抽象形式理论在建筑学中的转化问题❶。作者借用了"打散构成"的基本观点，以大量的欧美、日本现代建筑为研究对象，从视知觉的角度论述人对建筑形态和空间的感知。在所谓的"建筑形态构成学"中，包豪斯以点、线、面、体为代表的抽象观念与"构成"的操作方法可以进行整合，来解释各类复杂的建筑创作流派。周燕珉在文中同样论述了"空间构成"，并作为一种新的话语引入到建筑教育中。这也意味着"构成"从纯粹形态构成向建筑构成的转变。论文同样引用了赵秀恒所引介的日本"空间限定"理论。文中对空间的限定要素、限定度和限定的基本形式进行了分析，并以此来解释看似不可教的空间教学。

（3）《建筑初步》：知识体系的描述

　　《建筑初步》是 1980 年代以来中国建筑教育基础课程的统编参考书。该书的第一版（1982 年版）可以被视为布扎基础方法的一个汇编。这本书也是改革之初多校联合编写并由中国建筑工业出版社统一出版的众多教材之一，由清华大学的田学哲主编。在制度化的层面，这本书对于教学方法的普及有着重要的意义。该书的第二版于 1999 年发行，不仅增加了"构成"教学的内容，还进行了较大的修订。这两版书的对照也能够大体上反映出近二十年间基础教育知识体系变化的一些特征。

　　《建筑初步》第一版的第一章是关于建筑基本构成要素的论述。作者以"建筑的功能""物质技术条件"和"建筑形象"来概括。这里功能和技术条件基本包含了功能、结构、材料、人的需求等问题，但"空间"作为现代主义建筑的基本特征却并未被纳入其中，而被"建筑形象"所替代。针对形象的表述，作者通过"对比、韵律、均衡、稳定"等层面来描述，并配以图解。这里，对于建筑形象的理解已经包含了一些视知觉的基本原理，建筑形式问题作为一种审美修养，在初学阶段就要进行培养，但作者并未给出具体的方法和更为系统的论述。之后作者对于建筑设计目标的概

❷ 田学哲. 建筑初步 [M]. 北京：中国建筑工业出版社，1982：32.

括之一就是"由简单到复杂的各种类型的建筑设计"❷，这一点显然与布扎类型的教学主张相吻合。而在该书的第二版中，空间的话语已经被引入，也作为现代主义建筑和其教学的一个本质特征。

　　书中第二章"建筑基本知识"则可以被视为当时基础教学授课知识的表述。这一部分实际是一个三分的历史综述，包含中国古典、西方古典建筑基本知识和西方近代建筑。基本的方法是以建筑历史综述为主。在中国古典建筑方面，作者主要试图表述出一个基本特征，并以清式建筑做法为例，谈了一些结构、构造的基本问题，这也与学校老教师的古典建筑功底和营造学社等机构的学术兴趣相关；另一方面，这些基本知识又和基础课

程中的练习相关联。在西方古典建筑的基本知识中，核心内容就是柱式。因而作者花费相当多的笔墨介绍"柱式的性格和比例"。尽管这部分内容已经与实际脱离，但作为布扎教学的基本特征，仍然在知识体系中被保留了下来。关于现代建筑的认识在书中也已经有相当分量的介绍。"基本知识"的第三部分则介绍了西方近现代建筑的发展。如其对于包豪斯校舍和巴塞罗那德国馆的分析分别体现了功能和空间的意识。但"空间"问题是作为一种"近代建筑的艺术处理特点"来被讨论的❶。作者以"开敞自由的空间"作为现代建筑的一个基本特征，并着重强调了内部空间的流动性；使用图解来分析内部空间的限定方式，但对于空间限定的类型仍难以讲述得更清楚。

　　第三章"表现技法初步"则是对于一年级渲染训练的一个详细描述，和文后的图录对照，大致可以对渲染方法有一个较为清楚的了解。而这也是"构成"教学进入之前，国内大部分建筑院校基础训练的核心内容，这里不展开论述。特别值得一提的是该章把模型也作为一种建筑表现的方法，同时能够看到对一些新的形式问题的研究方法。如"建筑形体的组合练习""博古架构成练习"。书中甚至出现了国外学生作业应用折纸、杠杆原理的一些空间训练。

　　《建筑初步》的第二版体现出渲染训练和构成训练共存的情形，这也回应了当时国内建筑话语的变迁。在全书的第五章增加了"形态构成"部分，由卢向东执笔。而从对他的访谈中可知，当时知识体系变化仍是基于布扎方法的❷，但负责基础课的老教师却主动把"构成"知识引入到教材中。1980年代，从美术学院引入的"构成"方法作为一种和布扎方法相对立的内容，学生在训练时也感到耳目一新。但随后在建筑系的教学中，其局限性也逐步暴露出来。因而，"构成"教学也经历了转化，以适应建筑学的需要，这反映了1990年代国内建筑院校的共同趋势。在编写"构成"章节时，卢向东曾回忆：

　　当然在写这个内容时已经有了一定的基础，一个是郭逊老师传下来的资料，一个是我自己吸收的新内容。此外，还有根据当时教学中出现的问题进行的反思和总结，所进行的调整，并把思考纳入其中。案例部分则是当时的教学作业，也是第一次把"构成"的内容放到《建筑初步》的教材中。之后这本书又再版了几次，并作了一些小的修改，但大的内容没什么变化❸。

　　"构成"知识体系中关于"要素"和"结构"（组织）的基本原理也被沿用，例如把要素划分为点、线、面、体等概念要素和形状、色彩、肌理、大小

❶ 书中引用了一些现代建筑的观点，如"近代建筑师则认为，墙、柱、屋顶……只不过是建筑的外壳，人们建造房屋的根本目的不在于取得这个外壳，而在于取得这个外壳所包容的那个空着的部分——建筑空间"。

❷ "教学材料在我开始教的时候就已经有所更新。在1990年代，田学哲老师主编的《建筑初步》进行了第二版的修订。在编写之前，田老师就想把形态构成的教学内容编到这本书中，当时他就领着大家一起修订编写。他是提倡包豪斯教学的，我就负责执笔，其他的老师参与了内容的审核，这也是我第一次编写教材。"笔者对卢向东的访谈，2016年6月7日。

❸ 笔者对卢向东的访谈，2016年6月7日。

等视觉要素，然后通过一定的方法进行组织，最终形成丰富的形式。按照康定斯基的解释，"构成"就是"把要素打碎，进行重新组合"，这种把要素进行组合的原理实际上也是现代设计的一种基本的造型方法。

关于"基本形"和"形与形的关系"（八种关系）的定义源自艺术教育中的"构成"原理。这里"基本形"指进行形式变化的基本元素，可以通过不同的方式进行组织，而"形与形的关系"则暗示了更为复杂的空间关系。例如，书中把平面形式的关系延伸到建筑中进行探讨，甚至以 KPF 建筑事务所的作品作为案例。

在"形态构成的基本方法"一节，作者以单元类、分割类、空间法和变形类四种方式，概括对于基本形的操作。其中单元类即"以相同或相似的形或结构作为基本单元，重复运用它们来产生新的形态"[1]，并能通过"骨架法"和"聚集法"进行组合。分割类则是通过"对原形进行分割及分割后的处理"，产生子形，再重新组合形成新形，包含"等形分割""等量分割""比例—数列分割""自由分割"等。这两类方法都有着美院"构成"教学的痕迹。作者同时引入了一些现代建筑案例，来解释这两类形态的操作方法。显然"构成"方法可以帮助刚入学的学生以一种直观又简单的角度来认识建筑中的形态操作。而在空间法中，书中着重探讨了空间感知的心理感受。作者引入了"场"的概念，以体现"基本设计"的基本观念。作者从平面图解中的点的关系出发，来谈"场"的影响，并帮助分析人在特定空间中的感受。变形类则体现了形态构成中无序和有序的相互依存关系，如扭曲、挤压、拉伸、膨胀等更为复杂的操作。作者也引用了一些异形的建筑来对应形态的变形。作为一种基础的方法，书中没有更为深入地对每种操作进行解释。

第五节关于形态操作的实例中，作者进行了更为具体的描述，并提出了两种"造型"的方法，以流程图的方式进行描述。一种是从"形原形"（基本形）出发，然后确定形态关系，再分解成基本单元，进行多方案比较。这就类似"化整为零"的方法。另一种则是从零到整，需要先从基本单元出发，发觉其本质特征，然后再按"构成"的方法进行组合，形成若干方案最后优选。对于这两种出发点不同的形态操作方法，"构成"理论中的"形式美法则"会对每一次的形式生成和形式选择提供依据。

通过与前文教学历史的对照，《建筑初步》教材的知识组织方式与清华大学建筑设计基础教学保持了高度的一致。布扎教学方法与形态构成教学的长期共存，体现出"预先训练"对建筑设计的作用。同时，两者在教学历史中演变的轨迹也不尽相同。"渲染"模式的衰退不可避免，其本质原因在于古典建筑的设计方法在当代已经失效，师生不会去关注古典建筑形式背后的原理与法则。布扎教学持久的影响力主要体现在表现技法的训

[1] 田学哲. 建筑初步（第二版）[M]. 北京：中国建筑工业出版社，1999：212.

练上。在电脑制图尚未普及的年代，严谨和规范的制图训练仍然是培养建筑师不可或缺的环节。"构成"教学的兴起在于提供了布扎方法所无法涉及的抽象观念，并逐步与建筑学空间认知的经验相融合。作为包豪斯预备课程的一种变体，"构成"强化了材料研究、模型制作与真实的空间体验，从基础教学的角度普及了"制作"的概念，对单纯强调图面效果的"美术建筑学"产生了很大的冲击。

6.4 从形态"构成"到"空间"教育

（1）东南大学：渲染、构成与设计

作为中国现代建筑教育的发源地，东南大学（1988年之前为南京工学院）在"文革"之后的建筑教育仍然延续了布扎模式，并具有深厚的古典传统。在西方现代建筑思潮的影响下，教学改革呼之欲出。渲染的传统显然是教学改革的对象。王文卿和吴家骅曾把南京工学院"建筑初步"教学内容的转变概括为"从西洋古典构图转向中国古典建筑渲染，从历史传统转向现实生活的前进过程"[1]。1980年代初，渲染训练只是用来强化表现技法，建筑题材也经历了本土化的过程，出现了南京长江大桥桥头堡、金陵饭店等内容。更具决定性的问题是，以模仿为核心的布扎方法是否应该继续？基础教学应当如何改革以适应高年级的现代建筑设计教学？1981年底，主持南京工学院教学工作的鲍家声结束了在美国麻省理工学院建筑系的访学，并从该校带回了设计基础教学的教案。鲍还引述了美国学者对于南京工学院教学的评价。这一事件对于当时青年师生的启发和震动是巨大的[2]。实际上，通过对外交流而引入新建筑的思想与方法是当时教学改革的必经之路。

1980年代初，"三大构成"教学在全国建筑院校中影响广泛，其中同济大学最具示范性。抽象形式的训练在南京工学院也同样具有影响。例如，当时学生作业中已经出现具有包豪斯特征的平面和色彩训练。1984年，贺镇东所主持的基础教学由平面设计（书籍装帧设计）、家具设计、室内设计和别墅单体设计等环节组成，体现出专业交叉的"总体设计"理念。这种尝试与包豪斯所提倡的"全面建筑观"有着类似之处，但仍难以完全落实。1986年，段进、顾大庆等刚留校的青年教师曾赴同济大学建筑系、南京艺术学院和无锡轻工业学院学习形态构成的教学。

在对布扎古典建筑教育、包豪斯现代设计教育这两种经典的教学模式进行审视之后，南京工学院的年轻教师开始追寻不同于"渲染""构成"的第三条基础教学的改革路径[3]。顾大庆、单踊、赵辰、丁沃沃等教师试图发展一种强调学生设计能力的教学法，既区别于机械地模仿古典建筑先

❶ 王文卿, 吴家骅. 谈建筑设计基础教育 [J]. 建筑学报, 1984（07）: 38-41.

❷ 鲍家声还提到当时国外学者对东南大学建筑教学的评价为"Building, Facade, Picture", 即不考虑环境, 不考虑内部空间及其他, 全部设计目的在于"如画表现"的透视图。这实际上也是当时国内布扎方法的通病。

❸ 顾大庆, 赵辰, 丁沃沃, 单踊. 渲染、构成与设计——南工建筑设计基础教学新模式的探讨 [J]. 建筑学报, 1988（06）: 51-55.

例，也不同于发散而抽象的纯粹形式训练。同时，他们认为建筑设计的入门过程应当是一个理性而逻辑的过程，并不等同于美术建筑的认识。在这种观念之下，1986~1987 学年的教学计划呈现出转变的趋势：一方面，在当时的语境下，"构成"训练的抽象性确实对空间形式认知有帮助；另一方面，建筑学的入门教育应当以"空间"为核心，重新设定教学的基本问题。

在 1986 年的教学计划中，"方盒子"的抽象练习（形体与空间）是进行空间训练的一个典型案例。教学内容包含"平面图形的解析""从平面到立体""表现图与模型"三个步骤（图 6-56~ 图 6-58）。

步骤一是平面构图研究，这与"构成"教学有着类似之处，但并不过度发散。学生要以垂直水平线、对角线、混合三种方式考虑其形式构成的充分可能，同时体现抽象的点、线、面特征。此外，点、线、面也因为其视觉特征而被赋予不同的解读方式。学生可以研究不同组合的可能性，并在此基础上优选方案。步骤二是平面图形向空间形态的转化。学生要在自己平面构图的方案中挑选三个，并发展为空间，高度为 2.4cm。随后，三个体量叠加，形成一个边长为 7.2cm 的立方体。通过模型的推敲，能够讨论不同的空间类型、空间品质，并研究虚与实、开放与围合、水平与垂直的空间关系。步骤三则是技术图纸和模型的表现。学生要先完成小比例的工作模型，再制作边长为 14.4cm 的大模型，并绘制平、立、剖面图和轴测图。

如果我们把"方盒子"训练与立体构成进行比较，其教学目的有着明显的差异。方盒子更强调内部空间组织，图纸与平面的对应，同时要体现出理性的形式观念。此外，以外部空间限定为主题的"形体与空间变形"练习在一定程度上体现出了与"构成"不同的训练目标。这一训练也从抽象的形式研究出发，完成了从平面到空间的转化。学生要在长、宽各 20m 的场地中，通过室外构筑物来进行空间限定，进一步研究流线组织与空间串联的关系，并完成 1∶100 的图纸和模型。

从 1986 年起，南京工学院与瑞士苏黎世联邦理工学院开展了一个持续的教学交流计划，以教师交换的方式来推动教学方法的引入。这种交流更为精确地传播了现代建筑教育的教学法，并以"苏黎世模式"（Zurich Model）的传播为代表。"苏黎世模式"是赫伯特·克莱默（Herbert Kramel）教授于 1971 至 1996 年间在 ETH 建筑系发展出的一套一年级建筑设计教学法。它植根于 1959 年由"得州骑警"核心成员伯纳德·霍斯利（Bernhard Hoesli）教授回到母校苏黎世联邦理工学院建筑系后开展的一年级基础课程以及海因斯·罗纳（Heinz Ronner）教授 1960 年代的构造课。自 1980 年代起，克莱默接手了"基础设计"和构造两门课，并将"苏黎世模式"发展为一套结构完整、高度综合的教学法。恰逢其时，这一套教学法所包含的建筑原则、课程设置以及教学手段通过与东南大学建筑

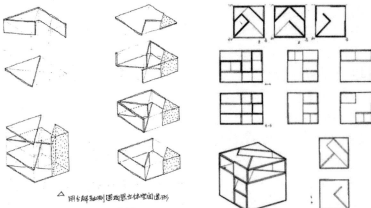

图 6-56 "方盒子"训练教学笔记，1986 年（左）
图 6-57 "方盒子"训练，1986 年（右）

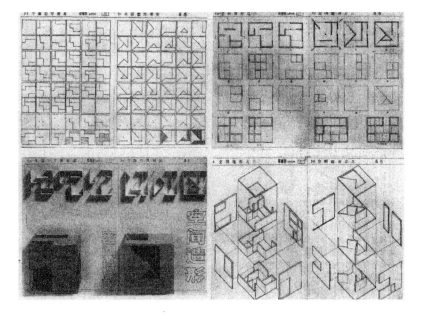

图 6-58 南京工学院的抽象形式和空间训练，1988 年

学院持续多年的"南京—苏黎世交流"传至南京。截止到 2011 年，已有 33 名学院教师参与了苏黎世交流计划，其中大多都在克莱默的教席下工作过。这一段重要的学术交流史已有顾大庆教授团队的专著进行了详尽的回顾 ❶，并论述其对于现代建筑教育转型的独特作用。

　　通过与苏黎世联邦理工学院的学术交流，东南大学建筑系的基础教学逐步摆脱了"构成"教学的影响。这种意识并不完全出自教学本身的诉求，也是基于对教育史发展规律的反思 ❷。更重要的是，系内的年轻教师通过交流，统一了对现代建筑教育之基础的认识——以"空间"为核心，强调

❶ 赫伯特·克莱默，顾大庆，吴佳维.基础设计·设计基础 [M]. 北京：中国建筑工业出版社，2020.

❷ 顾大庆.论我国建筑设计基础教学观念的演变 [J].新建筑，1992（01）:33-35.

建筑学本体的基本问题。从学术观念层面而言，东南大学的教学实验开始从空间、形式、结构、材料、构造、场地等更为本体和综合的角度，重新界定了建筑设计教学的基本问题，并与 2000 年之后"空间建构"（Space and Tectonics）话语的兴起有着共通的内核。

（2）天津大学：建筑分析与空间训练

天津大学的建筑教育在 1952 年院系调整之后逐步形成体系，并沿用了全国惯用的布扎模式❶。"文革"之后，学院式的教学方法仍然在基础教学中占据主导。作为天津大学教学的传统，细腻唯美的图面效果一直是教学中所秉承的。天津大学在 1980 年代中期的基础教学可概括为美术训练和设计训练的平行模式。在一年级进行建筑设计初步的同时，进行素描训练；而在二年级小（中）型公共建筑设计时，则安排古建筑测绘和水彩写生实习。

1985 年左右的学生作业包含一系列具有古典特征的训练，如：字体练习、墨线制图练习（几何图形）、墨线制图练习（古典亭子）、小建筑测绘、水墨渲染基本练习、水墨渲染（西方古典柱式）、水彩渲染（小建筑设计）、封面设计❷。其中渲染、构图类训练与当时国内主流的布扎方法保持一致。例如，墨线制图训练的对象仍然是古典建筑细部的纹样，亭子抄绘训练也主要针对古典建筑的立面比例和尺度等问题。尽管水彩渲染结合了传达室等小建筑设计，但训练目的主要是平、立、剖面图的认知和绘制，并没有主动的空间训练。

与此同时，现代建筑教育的传播同样不可阻挡，并开始触动基础课程。就基础教学而言，"构成"方法已经与制图训练进行整合。墨线训练的对象既可以是古典建筑的细部纹样，也可以是一些具有数理关系的抽象几何图形，并采用"线的构成"原理。这类平面训练的目的在于掌握绘图技巧，并保证精确的几何特征。学生作业中还有对包豪斯视觉训练的"致敬"（图 6-59）；例如，阿尔伯斯的视错觉绘画也成为平面构图的训练内容。此外，色彩构成练习、书籍装帧设计以及一些具有实用性的美术设计，也和渲染教学同步进行（图 6-60）。

❶ 1952 年院系调整后，北方交通大学建筑工程系和津沽大学建筑工程系合并为天津大学土木建筑工程系，并设房屋建筑学专业。1949 年后，天津大学建筑学专业在学习苏联的基础上建立了一套五年制的学院式教学方法。

❷ 天津大学建筑系. 天津大学，神户大学建筑系学生作品选辑 [M]. 天津：天津科学技术出版社，1985：25-32.

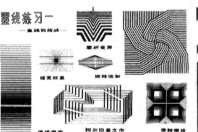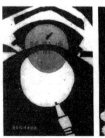

图 6-59　天津大学的平面构成训练，1980 年代早期（左）
图 6-60　书籍装帧设计（右）

天津大学建筑设计教学真正的转折点在于逐步兴起的空间观念与教学法。这种对于空间研究的观注首先来源于本土建筑教师对于建筑设计本体问题的兴趣，也包含对建筑形式、空间等要素的探讨。彭一刚在他最具影响力的《建筑空间组合论》一书中曾对建筑形式有如下论述：

> 人们经常提到的"建筑形式"，严格地讲，它是由空间、体形、轮廓、虚实、凹凸、色彩、质地、装饰……等种种要素的集合而形成的复合的概念。这些要素，有的和功能保持着紧密而直接的联系；有的和功能的联系并不直接、紧密；有的几乎与功能没有什么联系。基于这一认识，如果我们不加区别地把这一切都说成是由功能而来的，这显然是错误的……❶

❶ 彭一刚.建筑空间组合论 [M].北京：中国建筑工业出版社，1983：22.

"空间组合论"从特定角度否定了"功能"对"形式"简单的决定作用，并提出了将空间形式研究作为建筑学基本问题的意义。这种观念对于基础教学改革有着积极的作用。

而教学改革的外在驱动力来源于中西交流所引进的新设计思想和方法。"文革"之后，天津大学与日本神户大学签订了教学交流的协议，以促进双方的了解。1981 年 5 月，天津大学还举办了两所学校联合的教学成果展。此外，天津大学的教师还于同年访问了美国明尼苏达大学（University of Minnesota）建筑系。一年后，20 位美国师生也应邀来访，并举行了联合教学和展览活动。

1982 年夏，美国纽约哥伦比亚大学建筑系的柯兹曼诺夫（Alexander Kouzmanoff）与赫登格（Klaus Herdeg）教授同 18 名美国学生（同时包含麻省理工学院和康奈尔大学的学生）一起访问了天津，并在承德举办了为期一个月的古建筑考察工作坊。天津大学建筑系的荆其敏和张文忠带队，参与了交流。在当时的语境下，美国学生对于古建筑的空间分析带来了一种全新的建筑认知方法。不再基于外在形式和风格进行判断，而是把内在的空间逻辑、结构和形式等不同要素进行分解研究。当时的学生作业也曾在《建筑学报》上发表，并产生了一定的影响力❷。这一学术交流活动的重要作用在于推动了"建筑分析"的方法，冲击了建筑形式认知的固有观念。

❷ 荆其敏，张文忠.美国研究生分析中国古建筑——天津大学部分留学生作业简介 [J].建筑学报，1982（12）：46-51.

在引进空间方法的同时，也有教师对于国内普遍的"构成"教学提出了质疑。参与基础教学的教师张敕就曾撰文对于建筑形态问题进行了讨论。

> 近几年来，在我国建筑学专业教学中，普遍地引进了"构成"课，这对启迪学生的形象思维，开拓学生的艺术视野，提高学生把握形体协调的能力，是具有明显效果的。然而"构成"主要是一门着重于视觉思维基本

训练、为各艺术和设计门类通用的基础课程，往往很难使学生接触到具象的建筑空间。这就使我想到了美国哥伦比亚大学建筑研究生院的"建筑形态原理"（Formal Principle）这门课程 ❶。

❶ 张敕.建筑空间的图示分析 [J].建筑画,1989(12):5-8.

实际上，张敕对于"构成"的批评恰恰来源于建筑空间教育的经验。他在文中对美国当时所进行的空间训练和建筑分析进行了详细介绍（图 6-61）。此外，他还提到在 1985 年哥伦比亚大学与天津大学的教学成果展中，从教师艾米·安德森（Amy Anderson）那里了解到更为全面的设计方法。很显然，作者把"构成"与"建筑形态原理"进行对标的目的在于突出学科的差异，并强调空间抽象与案例分析的重要性与针对性。

上述两个案例从一个侧面体现出 1980 年代天津大学建筑设计教学变革的一种趋势：通过建筑空间形式分析来重新界定设计的基本问题，如形式的逻辑性、空间层级、图底关系、结构与维护体系的分离等。从"构成"到"空间"学术兴趣的转变不仅反应了建筑学本体研究逐步被唤醒，同时也突出了方法学在建筑教育中的基础性作用。

（3）华南理工大学的基础教学

"文革"之后，华南理工大学（1988 年之前为华南工学院，简称华工）的建筑教育同样得益于对外交流。1980 年代初，华南工学院率先与得克萨斯理工大学（Texas Tech University）都市计划及建筑系进行了教学交流。1982 年，建筑系教师张锡麟访美学习一年。第二年，原中山大学校友彭佐治（George Tso Chih Peng）和汤普森访穗，并介绍了美国建筑教育的新动向。

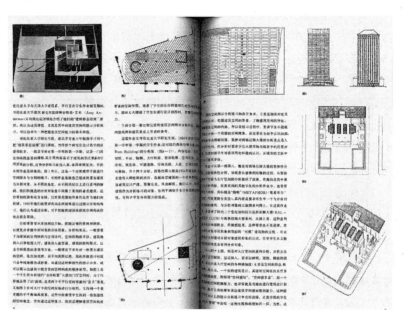

图 6-61 美国哥伦比亚大学建筑系学生的空间练习和先例分析

　　1983 年 10 月到 1984 年 1 月,华南工学院和香港培华教育基金会联合举办室内设计讲座(以旅游宾馆为主)短期培训项目。授课讲师分别为香港的建筑师、设计师、工程师和大学教师等。张肇康、钟华楠等知名建筑师应邀访问了华工。在这个培训班中,王无邪、韩秉华、徐志樑等设计师介绍了当时香港平面设计和视觉设计的最新动向❶。但这个班主要针对的是建筑从业人员,并未对建筑基础教学产生本质上的影响。

　　实际上,华南工学院的建筑教育一直保持着比较明显的工学院特色。1987 年以前,建筑系的基础课程沿用了"建筑设计初步"的方法,分为理论和训练两个部分。理论以"建筑概论"为主体,包括:建筑的基本属性、建筑的构成要素、中外名建筑简介、建筑构图原理等内容;训练的内容与国内院校基本趋同,包括绘制线条图、建筑识图、制图、字体练习、渲染技法等内容❷。

　　"构成"方法在华工建筑系基础教学的引入始于 1987 年左右。教学计划在原有制图训练的基础上增加了基于包豪斯原理的形态构成。基础教学体系逐步形成了表现技法、形态构成、小建筑测绘和钢笔速写四大块内容。而建筑概论的部分也有意识地加入了形态构成的基本原理等内容。根据赵红红的回忆,他曾参与了全国建筑专业的教学会议,并在会议上注意到莫天伟在同济大学进行的建筑形态设计基础教学❸。在"构成"被引入后,建筑基础教学逐步形成了工具制图、形态构成、建筑测绘与表现技法四大板块。

　　自 1994 年开始,华工建筑系提出了以培养建筑设计思维为核心的教学理念,建立了"分析与综合相结合、系统发展"的教学体系,并取消了单独的构成训练❹。这一做法的直接出发点显然是树立以建筑设计为主线的教学方法,"构成"教学被简化为课外作业。不过,这也暴露了另一个问题,即审美和造型训练的必要性。部分学生在接受大学教育之前,缺乏足够的美学素养。一旦"构成"教学所提供的系统抽象的形式训练被全部取消,那么在低年级的设计课程中,教师仍然要花相当多时间来讲授基本形态设计的知识。2000 年之后,"构成"训练被重新纳入华工的教学计划中,并试图发展出一个适合建筑学专业特色的形态构成课程。"三大构成"被重新定义为平面构成、立体构成和空间构成。教学的重心逐步转向空间,同时空间限定的知识也开始被全面介绍。

（4）北京建筑大学的"构成"教学

　　北京建筑大学(2013 年之前为北京建筑工程学院,简称北建工)于1980 年增设建筑学专业(四年制)本科,并于 1984 年正式设立建筑系。同年,建筑系的部分教师赴美国布法罗大学进行交流,并推行教学改革。在建系之初,北建工同样受到了中央工艺美术学院的影响,在基础课程中引入了

❶ 彭长歆,庄少庞. 华南建筑八十年:华南理工大学建筑学科大事记(1932—2012) [M]. 广州:华南理工大学出版社,2012:174.

❷ 施瑛,吴桂宁,潘莹. 建筑设计基础课程的教学发展和探索 [J]. 华中建筑,2008,26(12):271-272.

❸ 笔者对赵红红的访谈,2016 年 12 月 7 日。

❹ 施瑛,吴桂宁,潘莹. 建筑设计基础课程的教学发展和探索 [J]. 华中建筑,2008,26(12):271-272.

立体构成的教学。1985 年 9 月，建筑系教师南舜薰发表了《构成与建筑师的造型语言》一文，并力图推陈出新。在这篇文章中，他把"构成"方法的缘起追溯到包豪斯和苏联的先锋艺术。欧洲的现代建筑教育"自 20 年代包豪斯始，已逐步形成以视觉心理学为理论基础，从形态要素分析入手，并通过平面与空间几何形态的组合，研究抽象形态的创造规律与手段，形成一套理论与实践相结合的完整的科学训练，并称为建筑造型教育的主要途径"❶。在追溯了立体派艺术家的抽象形式研究后，南舜薰把"构成"作为一种具有时代性的研究和形式训练的方法。同时他指出，相对于绘画、建筑构图原理和设计实践三种获得建筑造型能力的培养途径，"构成"提供了一种启发创造力且有具体方法的训练手段。

构成是空间艺术，是从空间构思着手，在三次元空间中，以可塑材料从整体结构出发建立空间的，需要充分发挥各种板、线和块材的不同特性，合理传递应力，以及解决构造上的种种实际结合，才能实现，它本身也是材料的潜在能量、力与技术的充分表现。这种将造型与空间、材料与结构相结合进行的探索，比通过绘画进行研究是一种进步❷。

文章介绍了"造型"的方法，如重复、渐变、近似、发射、对比、分解、透叠等，并指出其中可变量的内容，如尺寸、位置、数量、形状、凹凸、虚实等都可以进行改变。这些内容大致延续了当时工艺美院的方法，并没有更多建筑学的思考。在文章的最后，他也试图把"构成"的方法当作一种研究现代建筑的手段，并对几个经典案例进行了简单的形式分析。此后，南舜薰也一直持续从事这种从抽象到建筑的"构成"教学探索。他还与辛华泉共同出版了《建筑构成》的教材（1990 年出版）❸，试图以"构成"的法则来进行建筑形式分析。

从 1980 年代中开始，北建工建筑系的"构成"教学也在尝试新的探索，并试图与视觉艺术进行结合。1985 年的《建筑画》杂志刊登了该校"构成"教学的介绍文章，这也是当时北建工建筑系成立不久时基础教学的内容❹。从数量有限的作业中，我们大致能推断，具体的方法是以工艺美院的"立体构成"为参照，并且仍是以激发创造力的发散性思维训练为主（图 6-62）。除此之外，教学中还发展出一类平面设计，以重新释放学生的创造力，体现出明显的包豪斯特征。例如，学生可以通过对图案的分解、重构与上色来形成特定的视觉效果（图 6-63）；或是以字体的形式转换来研究抽象形式、色彩构成与图底转换的视觉关系（图 6-64）。

❶ 南舜薰. 构成与建筑师的造型语言 [J]. 建筑学报，1985（09）: 33-36.

❷ 南舜薰. 构成与建筑师的造型语言 [J]. 建筑学报，1985（09）: 33-36.

❸ 南舜薰，辛华泉. 建筑构成 [M]. 北京: 中国建筑工业出版社，1990.

❹ 南舜薰. 建筑系学生立体构成作业的评析 [J]. 建筑画，1986: 60-61.

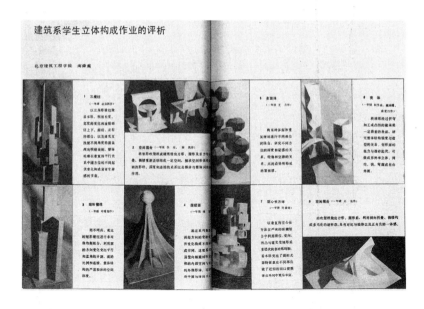

图 6-62　北京建筑工程学院的
立体构成作业

6.5　形式主义：建筑实践的评述

（1）形式逻辑与设计思维

自改革开放起，国内建筑设计的教学方法很大程度上围绕着"形式"与"功能"的二元关系。这里"功能"可以对应布扎体系所承传下来的建筑类型教学。在类型教学的观念中，学生要通过由小到大、由简单到复杂的建筑类型的系统训练，以掌握应对不同类型设计任务的基本能力。"功能"是相对稳定的，而针对"形式"的教学在"文革"之后发生了很大变化。变化的外因在于意识形态对形式的束缚已不复存在。毋庸置疑，西方现代建筑思潮的引入对当时国内建筑设计领域的观念变革有着巨大的触动。随着"构成"教学的引入，不仅基础课程的教学法产生了更迭，建筑形式观念也相应发生了变化。

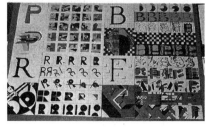

图 6-63　杂志封面构图练习
（上）
图 6-64　大写字母形式转换
（下）

1980年代中后期，随着国内建设热潮的到来，打破"千篇一律"的设计风格，繁荣建筑创作的诉求在青年建筑师群体中非常普遍。在这种背景下，"构成"扮演了一个特定的角色：作为包豪斯理论的变体，它体现了现代造型艺术的观念，并具有一种特定的"现代性"；同时，"构成"作为一种新的造型理念，与后现代建筑思潮的一些观念相互裹挟，对国内的建筑创作产生了不小的影响，甚至带来了一种形式主义的误区。

"构成"观念对于建筑实践的影响是多方面的。首先，参与"构成"教学的教师在个人实践中会不自觉地以形态构成学的角度和观点来重新看待建筑形式问题，甚至调整自己原有的设计方法。其次，"构成"的方法会更多以教学、出版物等不同方式进行传播，逐步改变学生和建筑师群体对于空间、形式观念的认知。限于篇幅，本节主要以教师的个人建筑实践进行案例分析。其中比较具有代表性的有同济大学建筑系的赵秀恒、黄仁和莫天伟等建筑师的实践。

三位教师都在同济建筑设计基础教学团队中发挥重要作用，并曾在一线从事建筑实践。赵秀恒在毕业留校后，曾协助冯纪忠进行"空间原理"教材中"大空间"部分的撰写工作。他在1980年之前所完成的几个概念设计和竞赛方案已经明显地体现出现代建筑的特征。在上海宾馆方案（1974）、上海友谊幼儿园（1974）和中小型剧场方案竞赛（1980）等项目中，赵秀恒都彻底摆脱了古典形式语言的束缚。同为基础教学团队的教师，黄仁早年曾师从冯纪忠，1961年毕业后留校，同时在设计院工作。黄仁曾在1960年代接触到"空间原理"的教学思想，并协助冯纪忠完成了"花港观鱼"的方案设计。他的实践经历颇丰：曾在1980年与葛如亮、朱谋隆等合作设计了天台山石梁飞瀑风景建筑，还在1985年与戴复东共同完成了同济大学的新建筑系馆的设计。莫天伟曾在清华大学接受本科和硕士的建筑教育，他对于形态构成教学的理解可追溯到研究生阶段的学习。1981年，他硕士毕业后赴同济任教，加入基础教学团队。

1985年11月，中国建筑学会在广州召开了"繁荣建筑创作学术座谈会"❶，讨论关于"千篇一律"的建筑创作、"继承传统"和"吸收外来建筑文化"的内容，实际也是关于"传统与现代"创作思潮的争议。在当时的历史语境下，针对建筑创作的讨论仍无法完全脱离形式和风格的话语。在会上，莫天伟做了"形象思维和形态构成——建筑创作思维特征刍议"的发言❷，他从建筑设计的过程出发，把思维活动作为"时间、心理上的流动过程"进行了分析，介绍了同济大学的"构成"教学。通过"逻辑思维的审省作用和形象思维的逻辑性"一节的分析，作者希望能够通过理性的分析过程达到形态生成的目的。这一过程体现了"构成"的基本思想和方法，着重于训练把各种思维要素转化成新的"形象系统"的能力。

❶ 这是自1959年上海建筑艺术座谈会以来第一次研究建筑创作问题的全国性专题会议。

❷ 莫天伟. 形象思维和形态构成——建筑创作思维特征刍议 [J]. 建筑学报，1985（10）: 20-25.

莫天伟以"建筑创作思维轮"的方式把近似于黑箱的设计过程进行图示化分析。他把"建筑形态"作为思维活动的目的与核心内容。设计的过程通过外部信息资料（如环境、结构构造、功能元素等问题）提取出"思维元素（心理信息）"，在"逻辑思维的审省作用"下，以形态构成的基本原理（"新形象系统的联结"）最终获得一种理想而合理的建筑形态。同时，莫天伟还结合个人的建筑实践，以银行营业厅平面布局为分析对象，讨论了思维活动、形式生成与设计推进的互动关系。

实际上，这篇文章的写作体现出形态构成理论和现代设计方法学的双重影响。设计方法学（Design Methodology）的兴起与系统论、控制论、信息论为主体的"三论"有着类似的逻辑：试图以科学的方式来解释设计的创作思维与工作流程。这种原理也同样能沿用于建筑设计，并依托一套理性和普适的工作方法来实现设计的"可教"。而形态构成原理的介入则能够解决设计方法学难以触及的形象思维和形式问题。无论是建筑外部形态、平面构图的处理，还是建筑表面材料和肌理的组织，"构成"理论都提供了一种可操作的法则，并能通过数学逻辑带来结果的丰富性。正因为如此，"构成"法则也容易迅速失效：建筑形式的产生并不依赖于外在的演绎和推断，而是来源于其本体的内在逻辑。

（2）体量与表面处理

作为国内建筑实践所惯用的工作方法，设计概念通常从总图开始，结合场地环境、总体功能布局推敲体量关系，然后再依据任务书，以房间为单元块进行布局，逐步细化❶。无论是布扎模式中"Parti"（平面格局）❷的工作方法，还是功能气泡图的方法都更侧重于功能流线的组织，以发展出合理的解决方案。在这类设计过程中，"构成"方法往往适用于中观层面的空间形式研究。

无锡商业幼儿园是国内最早主动用形态构成原理来解释建筑体量关系的案例之一。当时参与设计的赵秀恒、莫天伟、郑孝正等建筑师主动把"构成"方法应用到建筑设计中❸。设计任务是一个十二班的幼儿园，建筑面积3000m²，容纳幼儿340人左右。方案阶段最大的困难在于场地条件的限制。这里有两方面问题：一是日照要求的满足。建筑的朝向偏东，如要争取下午两点后幼儿活动室有阳光，就要增加活动室向西的角度；但若直接旋转总图的布局，会和基地西侧的道路不协调。二是班级单元和活动场地的矛盾，体现在人均建筑面积（8.3m²）高于规范指标，而人均用地面积（8.4m²）则远低于规范指标（20~25m²）;这就导致建筑需要采用多层布局，利用屋顶作为儿童的活动平台。

分析了这些设计的先决条件后，赵秀恒试图以"锯齿形平面和台阶式剖面"的策略来解决上述问题。在设计推进时，他把这种锯齿（Zigzag）

❶ 根据王方戟的论述，这是一种"单向、分阶段、单要素"的推进方法。见王方戟.评《空间、建构与设计》[J]. 时代建筑，2012（01）: 182.

❷ "Parti"的中文翻译学界尚无定论，本书以"平面格局"来解释，引自王骏阳在东南大学的演讲："对柯林·罗《理想别墅的数学及其他论文》几个基本概念的认识。"

❸ 主要设计人员为赵秀恒和施承继，莫天伟和郑孝正则参加了环境设计。

❶ 赵秀恒.阳光·运动·童心——无锡商业幼儿园设计[J].时代建筑,1984(01):14-15.

❷ 赵秀恒.匠门逐梦:赵秀恒作品选集[M].北京:中国建筑工业出版社,2012:44.

和台阶的形态看作是"塑造形象的骨骼,而把每个班级的活动单元看作是基本形,骨骼依功能而演变,基本形依骨骼而定位组合,按照构成法则可演变出多种方案"❶,形成多方案比较。在前期工作模型的操作上,也反映出"构成"法则的影响:通过以班单元为"基本形"的平移、错动从而调整和优化建筑的体量关系❷。

通过平面的解读,我们了解到12个班单元在三个楼层的数量分别为4、5、3。而一层北向的部分布置了后勤用房、办公等辅助功能。在解决幼儿园最为关键的通风、日照问题时,作者采用了不同大小的天井来作为一种策略。例如,在一层的班单元设置了近似方形的小内院来确保采光,同时人可以活动;而在二层,天井的位置变得狭长,只有采光、通风的作用。此外,在班单元通向户外活动场地的位置,还设置了1.4m宽的挑檐,用以遮阳,且能丰富沿街立面的视觉体验。在设计过程中,内部空间组织、天井、院落的控制都源于建筑学的经验,"构成"法则只能在基本空间组织之外的形式问题上发挥作用(图6-65)。

❸ 赵秀恒.无锡市商业幼儿园的设计构思[J].建筑学报,1985(05):50-53.

在幼儿园内部的空间组织上,赵秀恒采用了"构成"原理与"空间限定"的法则来深化设计概念,塑造空间(图6-66)。门厅联系着全日班、寄宿班、隔离室和行政办公区四个功能分区,成为空间组织的中枢❸。核心问题是如何既能处理四股不同的人流,又能提供一个适合儿童的公共空间。借用视觉语言的分析,室内的建筑构件可以成为空间组合与限定的要素。比如,设计者增加了弧形非通高的墙体,用来分隔空间和引导人流。楼梯基座的"架起"回应了"空间限定"中的操作手法,并和室内的花池形成完整的建筑语汇。此外,锯齿状弧形板片的重复还加强了空间的韵律。

在《建筑形态设计基础》一书中,作者认为"肌理"处理能够增加建筑表现的维度。"肌理"不能简单理解为一种二维平面的图案或色彩,而应当与建筑材料的构件纹理、尺寸和凹凸变化同时考虑。这种观念实际是把建筑界面的视觉感知变得更贴近三维空间。在无锡商业幼儿园的设计中,赵秀恒也有意对室内陈设的颜色和图案进行了考虑。在日本针对儿童心理学色彩研究的启发下,建筑师选用了明度较高的颜色进行粉刷。在大活动

图6-65 无锡商业幼儿园,赵秀恒设计,1981年

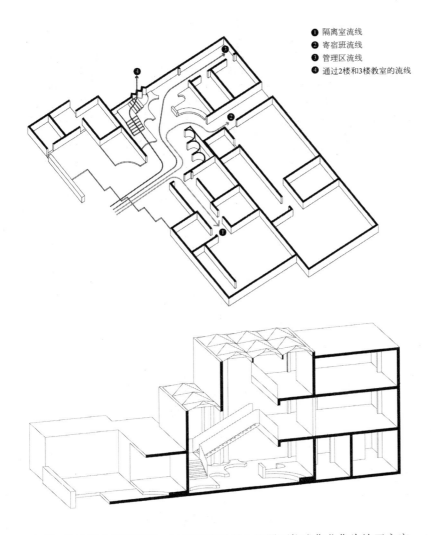

● 隔离室流线
● 寄宿班流线
● 管理区流线
● 通过2楼和3楼教室的流线

图 6-66　无锡商业幼儿园内部流线及空间示意图

室里，建筑师采用了当时一年级建筑系学生的平面构成作业作为施工方案。最后的施工是由学生在寒假赶到现场放样、粉刷完成的 ●。通过学生对当时授课的回忆，这一段经历显然有助于学生认识从设计到施工的工作流程。此外，饰面色彩构成的逻辑还应用于活动室的顶棚设计深化上。方案在顶棚内饰采取了斜向网格的处理，以四种颜色粉刷，以此强调不同角度视觉效果的差异。

另一个"构成"方法建筑化的案例是莫天伟主持设计的福建崇安县的百花岩山庄（1986）。项目为200多个床位的宾馆，处于山地的自然环境中（图6-67）。在常规集中式布局体量过大的情况下，建筑师尝试借用形态构成原理，进行"块"和"面"两种形式语言的操作。设计采用了打散重组的策略，"对整块的建筑体形进行切割移位处理，利用建筑垂直山势的错层使客房楼稍作前后移位，并把每个长条式屋顶按客房基本单元分割为十八块"❷。在体块推敲阶段，本方案一个最主要的特征就是对于"面"

● 赵秀恒. 匠门逐梦：赵秀恒作品选集 [M]. 北京：中国建筑工业出版社，2012：47.

❷ 莫天伟，李岳荣. 形态构成与建筑设计——百花岩山庄建筑设计 [J]. 时代建筑，1988（03）：11-13+34.

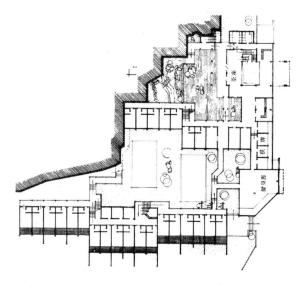

图 6-67 莫天伟和李岳荣设计的福建崇安县百花岩山庄，1986 年

这一形式要素的强调："一切墙、板、屋面、门廊、阳台等，凡建筑构件都努力使其体现面的特点，构件与构件的联结部位均强调面与面联结的结构特征。"建筑本身的坡屋顶、山墙的形式变化固然具有闽西民居的建筑特征，但这种处理又是对传统建筑符号的抽象，体现了设计表达的纯粹性和"构成感"。

黄仁在上海崇明完成的新河客舍（1987）更能体现出对于外在形式的偏好（图 6-68）。项目定位是当地乡镇企业的客舍，采用合院式的平面布局。黄仁对农村民居中的基本要素进行提取，并以形态构成原理进行拆解和重构❶。根据作者对于创作构思的描述，我们能够从几方面进行解读。在平面方面，客房部分以房间为单元要素，把一字形的走廊打散，进行重构；公共部分以 45° 网格的旋转为基本操作，并包含了圆形（会议、餐厅、展厅等）、三角形（楼梯间）和矩形（厨房等）基本形的组合。结构布置则是为了适应平面形式，相对被动，而并没有依据自身的逻辑性。在空间体量上，形式语汇的来源是农村民居中的"壁、架、披、篱"，经过作者的抽象和重组，形成了新的形象❷。坡顶的造型来源于民居，对基地周边民宅的坡屋顶作出了回应。

❶ 黄仁. 厦门大学建筑系. 当代中国建筑师·黄仁 [M]. 北京：中国建筑工业出版社，1999：48.

❷ 作者曾对建筑构件形态关系作出如下论述："壁撑架，架托着坡，'篱'穿插在架、壁之间，骨骼转动形成的三角柱体又有'座'的力度，使各要素相交织，勾划出空间不同要素的穿插构成，使'壁、架、披、篱'揉成有机整体。"引自黄仁. 半屋数披，小筑允宜——建筑形态构成设计的一次尝试 [J]. 建筑学报，1989（08）：37-40.

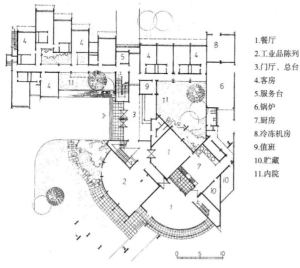

1.餐厅
2.工业品陈列
3.门厅、总台
4.客房
5.服务台
6.锅炉
7.厨房
8.冷冻机房
9.值班
10.贮藏
11.内院

图 6-68 黄仁等设计的上海崇明新河客舍，1987年

在方案阶段，建筑师绘制了色彩鲜明的水粉渲染表现图，完整地展示出建筑的立面和屋顶形态，并表达出对于几何与构图关系"形式美"的重点考虑。从这个项目公开出版的资料来看，大部分建成照片都着重于表现屋顶形态的起伏与节奏感。但令人遗憾的是，对于人在内部空间使用与行为的考虑却是相对缺失的。建筑外在形式的象征作用显然超越了功能需求与空间形式的内在逻辑。

1980年代，形态构成的基本原理往往潜意识地成为建筑创作"构思"的一种依托。除了上述三个案例，黄仁、郑士寿、莫天伟等完成的甘肃广播电视中心方案（1988）（图 6-69）、黄仁设计建成的张家界青岩山庄（1986~1988）（图 6-70）都体现出类似的设计倾向。建筑外部的形态特征通过体量组合、建筑构件穿插、材料与颜色的搭配，形成统一的外部形象，加强其视觉表现力。

实际上，"构成"方法并不能直接解决建筑学的本体问题，而应视为对于建筑外部形态研究的一种辅助。在幼儿园、客舍、公寓这类具有重复单元的建筑中，或是容积率、场地条件相对宽松的设计条件下，"构成"的形式操作与时髦术语都曾经是建筑师所热衷讨论的话题。随着"构成"

1.电视广播制作用房
2.广播技术用房
3.塔楼
4.广播剧场
5.发展广播室
6.外景广播用地
7.广场
8.冷冻、空调机房
9.锅炉房
10.车库

图 6-69 黄仁、莫天伟等设计的
甘肃广播电视中心方案，1988 年

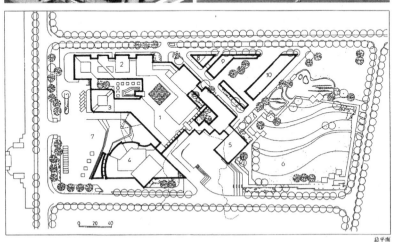

1.客房
2.会议
3.服务台
4.餐厅上空
5.厨房上空

图 6-70 黄仁等设计的张家界
青岩山庄，1986 年

教学的流行，建筑师对于建筑外部空间形态的观念、认知与操作方法都发生了本质的转变。这种效应显然是基础教学本身所无法触及的，也预示着一种知识体系层面的范式转移。

其一，以点、线、面、体、肌理、色彩等为代表的抽象形式要素，以及重复、渐变、放射等形式操作的经验与方法开始进入建筑学的核心话语，并催生了一系列新的观念和术语。相对于与学院式教育体系相匹配的古典建筑形式的知识体系（如以"构图"为核心的设计方法），"构成"所带来的认识源于包豪斯及其变体的发展，并体现了现代设计的某种特征，在当时是具有一定进步性的。其二，"构成"所引发的观念变迁并非源于建筑学本身的知识与经验，也不能代表"现代建筑教育"的核心价值观。"构成"的一些基本观点恰巧与后现代主义建筑思潮中对于"现代形式"的反叛相呼应，因而发挥了潜在而持续的影响。

6.6 本章小结

自"文革"之后起，对于绝大多数国内建筑院校的基础教学而言，古典与现代混合的教学模式持续了超过 20 年的时间。作为绘图基本功传统的延续，制图与渲染训练相结合的布扎模式仍然是训练建筑师最有效的方法。然而，学生完成一整套古典式训练之后，又要接受另一种培养创造力的新的基本形式训练——"构成"。从知识体系的建构来说，古典与现代理论的混搭也在同时发挥作用。古典建筑法则仍然在以建筑类型学为核心的教学体系中发挥作用。建筑平面布局与外在形式的脱离仍然存在：平面布局的合理与否往往体现了建筑师解决问题的能力，建筑外部形态的处理则更需要创造性思维，同时要与欧美建筑发展的流行趋势相接轨。

"构成"教学在教师和学生中的影响也具有鲜明的代际特征。1980 年代早期，建筑系师生把"构成"视为一种与古典相对立的方法，能够替代渲染练习，动手做模型是一种时髦的方法。在这一段历史的沿革中，"构成"方法也完成了自己的历史使命。如果说抛弃古典折中主义的形式主张，接受现代建筑，在 1980 年代和 1990 年代是一种自觉和必然的趋势，那么抽象形式练习对柱式渲染训练的替代也从基础教学的角度呼应了这个转换过程。同时，"构成"的形式原则也产生了根深蒂固的影响：在"文革"后接受建筑教育的建筑师群体中，"构成"知识体系对他们理解建筑形式的影响必然是持续的。对那代人而言，在进行建筑空间形式的设计与判断时，都会自觉、不自觉地联想到一些"构成"的基本法则。

第七章

比较与反思：包豪斯基本原理的跨文化传播

7.1　传播与比较

7.1.1　谱系：并行与断裂

正如在第一章所提及的，本书采用了比较教育学的基本原理。乔治·贝雷迪所提出的"描述、阐释、并置、比较"四阶段的比较模型对建立本书的框架有所启发。第一、二阶段"描述"和"阐释"主要针对教学史料的收集和分析。全书第二、三章着重描述了包豪斯预备课程在美国建筑院校的传播。第二章介绍了阿尔伯斯和莫霍利－纳吉两位第一代包豪斯移民教师如何把艺术化的基础教学方法输入建筑教育领域；第三章剖析了美国建筑教育对于"基本设计"不同的反馈，并以三种教学主张与转化方式来分析。第四至六章是包豪斯预备课程和抽象形式观念在中国建筑教育两次不同程度的影响。第四章回溯了1940年代包豪斯预备课程在国内建筑院校短暂的传播，属于包豪斯观念在国内全面传播的一段"前史"。第五章概述了"构成"在日本艺术教育领域的缘起及其输入中国的不同渠道。第六章描述了"文革"后"构成"教学在国内建筑教育领域的传播，聚焦于两所院校的教学历史；同时，也阐述了包豪斯原理及其变体对布扎教育传统的冲击。

对应于比较教育学模型的第三阶段"并置"，本书建立了美国、中国教育史的对比时间轴来厘清包豪斯方法传播的源流，并以图表的方式呈现其历史线索（Historical Routes）的变化（图7-1）。绘制图表的直接目的是为了重新梳理包豪斯演变历史中的四个基本概念——"包豪斯预备课程""基本设计""构成"（Kosei）和"形态构成"，并分析其传播的谱系。

图7-1　包豪斯预备课程在美国和中国建筑教育传播图示

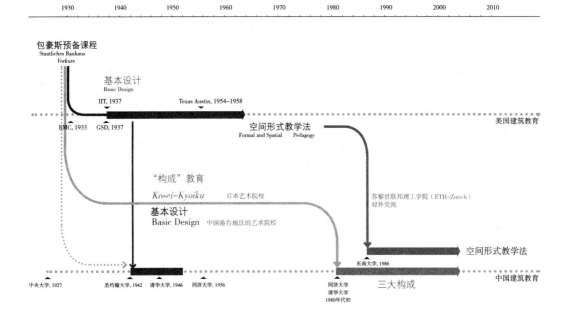

比较的重点则是在跨文化背景下考察包豪斯方法对于建筑教育从古典向现代转型的作用。而针对第四阶段"比较"，本章将依据前文章节的论述展开分类比较。

诚然，对于建筑教育从古典向现代的转型存在着多元化的评价标准，既需要形式、风格上的判断，也包含观念和方法上的考量。在这其中，包豪斯方法的输入是教学法变革的重要指标之一，并在中美两国的建筑教育历史中体现得尤为明显。一方面，基础课程采用包豪斯方法可以视为建筑教学从古典向现代转变的起点。因为包豪斯方法意味着在教学内容上对古典建筑法则和形式语言的放弃，而转换为抽象形式观念与方法的教育。另一方面，包豪斯的材料和形式训练并不完全与现代建筑教育兼容，因而其也要经历一次跨学科的转化，以体现现代建筑的基本原则。这就暗示了包豪斯抽象形式教育的阶段性和局限性，或者说其存在着流行的时效性。

包豪斯预备课程在美国建筑院校最早的传播可以追溯到阿尔伯斯在哈佛大学的教学。实际上，早在 1936 年 12 月，他就受哈德纳特之邀在新成立的哈佛大学设计研究生院进行工作坊教学 ❶。但包豪斯对于建筑基础教学的全面影响必须依托于整个教学体系的协调，才能实现其"建筑化"的过程，因而相对较晚。例如，吉尔·帕尔曼就把哈佛 GSD 建筑基础教学全面包豪斯化的时间定在"二战"之后 ❷。作为第一代包豪斯的移民教师，格罗皮乌斯、阿尔伯斯和霍霍利 - 纳吉的合作对于包豪斯教学法在美国建筑院校的确立起了举足轻重的作用。随着现代建筑在美国被更为广泛地接纳，"基本设计"也成为替代布扎方法的唯一选择，并被推广至各所院校。尤其是"二战"之后，随着建筑系入学人数的激增，一批有着包豪斯学缘关系的艺术教师广泛地参与建筑教育，并推动了新一轮的改革。这是一个涉及师生众多的群体现象，同时也使得美国逐步替代欧洲成为现代建筑教育的中心。

实际上，对于包豪斯基础教学法的抵制在其引入建筑教育时已经出现，但这并未阻碍"基本设计"在美国建筑教育界的全面传播。从 1940 到 1950 年代，包豪斯方法仍然是关于空间、形式与感知训练无法绕过的内容。真正从本质上对包豪斯方法产生冲击的是 1950 年代中后期"得州骑警"的教学实验。基于对现代建筑共性的认识，他们发展出了一套以"空间"为核心的基础教学，摆脱了对于个别现代主义大师作品的模仿，从方法层面思考如何实施设计启蒙。尽管得州教学团体的师资仍不乏包豪斯背景，但他们更为关注的却是现代建筑空间与形式的基本问题。这里需阐明的是，相对于美国本土建筑教育者对于包豪斯教学的批评（比如哈德纳特对阿尔伯斯方法的质疑或是赖特在塔里埃森的学徒制教学实践），"得州骑

❶http://albersfoundation.org/teaching/josef-albers/chronology/

❷Jill E Pearlman. Inventing American Modernism: Joseph Hudnut, Walter Gropius, and the Bauhaus Legacy at Harvard[M]. Charlottesuille:University of Virginia Press, 2007: 206.

警"的教学是基于对包豪斯视知觉理念全面吸收后的批判和超越。

此外，包豪斯基础教学在美国建筑教育逐步式微的另一个重要原因是建筑学在现代化进程中不断拓展的学科边界。从批判包豪斯方法开始，建筑教育的内核已经不再是一个单一的范式。1968 年欧洲学生运动之后，新兴的建筑学研究方法也开始冲击模式相对单一的现代建筑教育。建筑学科开始广泛关注社会、环境问题，教师开始引导学生关注社会学和环境行为学；符号学、语言学等新方法论开始冲击建筑理论的根基；不断变革的建筑技术开始催生大尺度的建造或是引发对建造体系的深入研究。在这种背景之下，针对纯粹空间、形式的研究已经不再是主流。具体而言，1960 年代伊利诺伊大学—香槟分校（UIUC）建筑系"基本设计"的课程已经包含设计方法论、社会学调研等全新的学术内容和视野，而不再单纯围绕建筑学本体的话题。

包豪斯预备课程和中国建筑教育的第一次相遇可以追溯到 1940 年代初期。圣约翰大学和清华大学的建筑基础课程都不同程度地受到了美国包豪斯的影响。从时间跨度来说，国内从布扎向包豪斯的转变并没有太过滞后于美国。1942 年，从哈佛 GSD 归来的黄作燊在新成立的圣约翰大学建筑系开始采用包豪斯式的材料和视觉训练。1947 年，梁思成从美访学归来，开始对清华大学建筑系的基础教学实行大刀阔斧的改革。1940 年代后的十年，包豪斯预备课程在上述两所学校形成了一个不同于布扎模式的新尝试。作为一种对学院式教育的替代，包豪斯方法在中美两国建筑教育所发挥的作用是类似的。对于当时国内建筑系的师生而言，对于包豪斯全面的认识尚难实现，教学改革的进度也相对缓慢，但这种对于新建筑和艺术观念的追求却与国际大环境的趋势保持了一致。

在 1949 年后，大部分国内建筑院校和西方学术思想的同步就被接二连三的社会政治动荡所打破。随着 1952 年前后的高校院系调整，苏联的布扎模式在国内建筑系成为最为正统的标志。在社会主义意识形态的影响下，与欧美现代建筑相关的观念与方法都成为建筑教育的禁忌。国内特殊的学术环境导致对"形式"问题本身的探讨变成了建筑教育中的敏感话题。"抽象构图"这类教学探索也因为西方艺术性的倾向而被迫中止。从 1950 年代初之后的近三十年中，包豪斯方法在国内建筑院校的传播几乎被阻断。可以说，这段与西方学术环境的真空期不仅阻碍了国内建筑教育的正常发展，同时也导致了人们对现代建筑基本原理认知层面的断裂。

包豪斯教学法真正全面影响国内建筑教育是在 1980 年前后。从日本艺术教育界和中国港台地区艺术院校引入的"构成"教学开始冲击备受质疑的布扎方法。"三大构成"在建筑院校中快速传播，在当时被认为是体现现代设计教育理念的新方法。通过现存的文献，我们能判断，"构成"和 1940 年代包豪斯的教学方法有着相似的基本原理。例如，先后经历了两次变革的王其明（1947 年入学的清华建筑系学生）就在晚年撰写的"忆梁思成先生教学事例数则"一文中写下了如下回忆文字：

直到 1979 年我从外地回到北京，到北京建工学院建筑系任教，担任"设计初步"课，了解到必须教的课程叫"构成"，是最时髦的新学问。于是赶快去中央工艺美术学院学习取经。去了之后一听一看，不禁感慨万千，这不正是三十多年前，我接触过，又遭批判的那个"抽象图案"么❶。

❶ 王其明. 忆梁思成先生教学事例数则 [J]. 古建园林技术，2001（03）：19-21.

作为包豪斯教学两次在国内传播的亲历者，这段回忆真切地表达了抽象形式教育在国内建筑教育界的境遇。从学理而言，1980 年代初大陆"构成"教学的风靡与"二战"之后"基本设计"在美国建筑院校的流行非常类似。但从时间跨度上来说，两者已经相差了近四十年。这种新旧认知的重叠就形成了国内学术界重新认识包豪斯方法这一特定的背景。一方面，"构成"虽源自于以包豪斯为代表的现代艺术运动，但却属于体系化且有实用性的方法概括，并非一种个人特色的教学实验；另一方面，国内建筑系的形态构成教学同时吸纳了 1980 年代后现代建筑等西方建筑思潮的内容，以体现对于时代的回应。

"构成"方法在中国建筑教育的热度减退与包豪斯基础教学在美国建筑院校的境遇有着相似的成因和不同的背景。1980 年代中后期，基于对建筑空间、形式基本问题的追问，东南大学建筑系的教改开始追求"渲染"和"构成"之外的第三种选择，试图建立一种以"设计"为核心的理性方法。这一变革的成因与"得州骑警"三十年前的教学实验有着共通的方法内核。此外，一批采用"构成"方法的国内院校也采取了折中的方式，即以传授"空间构成"来实现包豪斯传统的建筑化。2000 年之后，随着"空间与建构"的逐步兴起，实体建造课程的引入以及一些院校学制调整压缩课时，"构成"开始在建筑基础教学中被淡化。

总结而言，1940~1960 年被可以视为"基本设计"在美国建筑教育最为盛行的时期，在这近二十年的时间段内，包豪斯方法促进了建筑基础教学的转型。包豪斯预备课程在国内建筑院校的影响则分为两段，体现出外界因素对教育的干预。第一段为 1940~1950 年，是一段并未充分展开的尝试；第二段为 1980~2000 年，并以"构成"教学的引入来实现对于布扎方法的替代（图 7-2）。尽管有着近四十年的时间间隔，"构成"在国内的热度并不逊于当年包豪斯基础教学在美国的影响力，并在一定程度上实现了对于抽象形式原理的"补课"。

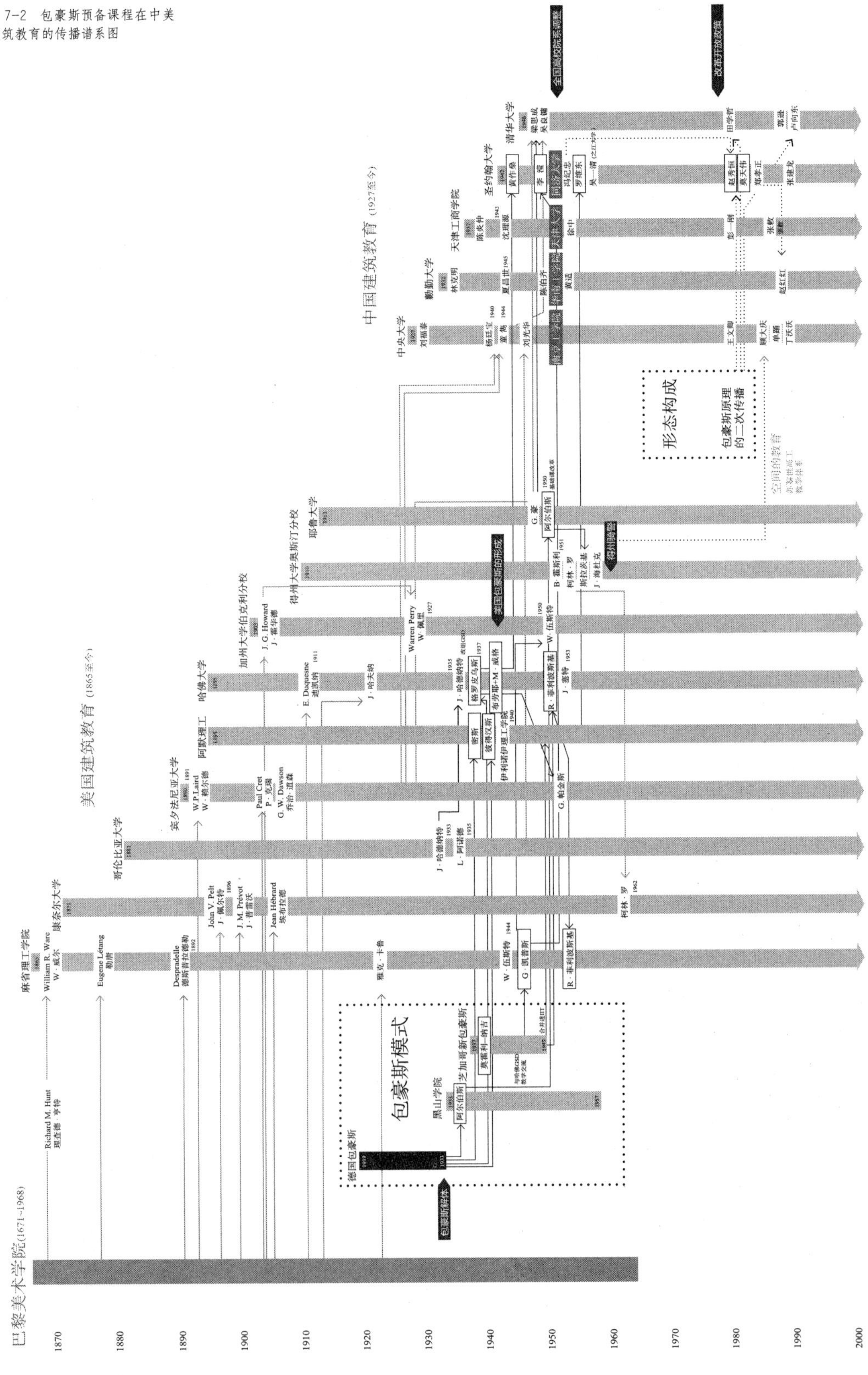

图 7-2 包豪斯预备课程在中美建筑教育的传播谱系图

全国高校院系调整

改革开放政策

形态构成

包豪斯原理的二次传播

空间的教育

中国建筑教育（1927至今）

美国建筑教育（1865至今）

包豪斯模式

包豪斯解体

巴黎美术学院（1671-1968）

麻省理工学院

哥伦比亚大学

耶鲁大学

清华大学

圣约翰大学

同济大学

天津工商学院

勷勤大学

中央大学

得州大学伯克利分校

加州大学伯克利分校

哈佛大学

阿默斯特

实夕法尼亚大学

德国包豪斯

黑山学院

德州包豪斯的形成

美国包豪斯的形成

1870 1880 1890 1900 1910 1920 1930 1940 1950 1960 1970 1980 1990 2000

7.1.2　来源：直接输入与间接接受

就包豪斯预备课程在中美两国的传播史而言，除了直观的时间跨度差异外，另一个值得讨论的问题就是其在变迁过程中的渊源。毋庸置疑，我们可以把德国包豪斯的预备课程视为其之后多次移植和变迁过程方法上的源头。一方面，在经历了伊顿（1919~1923）、莫霍利 - 纳吉（1923~1928）和阿尔伯斯（1928~1933）所主持的教学后，这一课程已发展出具有创造力的材料和形式训练，为之后的传播奠定了基础。另一方面，受到康定斯基和保罗·克利抽象形式理论的影响，包豪斯预备课程在方法论层面也已经趋于成熟。1933 年之后，预备课程因为包豪斯的解体而产生了复杂的分化，并产生了跨地域、跨文化的传播。伊顿在包豪斯离职之后的活动集中在德国和瑞士的几所艺术学校，没有过多涉足建筑教育。但阿尔伯斯和莫霍利 - 纳吉则与其他包豪斯成员集体移民美国，重新改变了建筑和艺术教育的版图。同时，预备课程还通过不同渠道对日本和中国的建筑教育产生了影响。这里我们不妨设问，究竟是什么版本的包豪斯教学改变了中美建筑院校的基础教学？

在美国，"基本设计"的形成直接移植于德国包豪斯，并且包含了建筑和造型艺术学科的双重影响。包豪斯解体后，35 名包豪斯在职教师中有 7 人移民美国，继续从事教学与创作，并且除了费宁格之外，都有直接涉及建筑教育。其中既包含了格罗皮乌斯和密斯对于教学体系的整体掌控，也包含了参与基础教学的艺术教师对于抽象形式训练的发展。这一点保证了包豪斯教育在美国延续的原真性。作为基础课的负责人，阿尔伯斯和莫霍利 - 纳吉在美国的教学秉承了包豪斯时期的基本原理和研究兴趣。比如，阿尔伯斯一如既往地关注于材料外在视觉和内在特性的研究，尝试给建筑教育带来严谨和富有洞察力的视觉体验；莫霍利 - 纳吉追求"从材料到建筑"的泛建筑观，并且展开了具有前沿性和发散性的视觉研究。无论是在黑山学院还是新包豪斯，自由宽松的学术环境都保证了包豪斯方法的成功移植与再发展。

1940 年代，包豪斯方法在国内建筑教育的第一次影响主要来源于美国的建筑院校。具体来说，圣约翰大学建筑系基础课的变革与黄作燊1938~1941 年在哈佛学习的经历直接相关。这一阶段恰好是该校在格罗皮乌斯统领下完成现代转型的时期。在哈德纳特发动的改革下，哈佛 GSD 的教学开始摒弃布扎古典主义的设计原则，吸纳现代建筑的影响。尽管格罗皮乌斯和哈德纳特就如何发展一门新的基础课程存在争议，但这并不妨碍包豪斯观念与方法的快速传播。例如，当时院史的记载已经充分说明了抽象材料和形式训练的影响力。在这种古典、现代交替的环境中，黄作燊把自己对现代建筑教育的直接体验带回了国内。此外，毕业于德国包豪斯的鲍立克不仅实践经验丰富，同时广泛参与建筑系的教学。在这种条件下，圣约翰大学的教学从一开始就与布扎模式有所区别。例如，圣约翰大学建筑系基础教学"图案与肌理"的训练就和格罗皮乌斯的教学方法有着渊源关系。"荒岛小屋"这类从材料、场地出发的新颖课题也都能在哈佛 GSD 和新包豪斯的建筑教学中找到类似的案例 ❶。尽管课题的出处难以考证，但这种尝试对于布扎教学依赖于古典范例的批判却是非常类似的。清华基础课教学改革的源头也同样在美国。通过不到一年的访学，梁思成敏锐地把握到了美国建筑院校中现代转型的大趋势，并在教学主张上自觉地改变了原有古典主义的倾向。当时 MoMA 为普及包豪斯抽象形式原理的挂图《设计元素》就是清华教学的一个重要参照。这里需指出的是，由于清华建筑系成立之初，主要师资出自布扎体系，因此，这种包豪斯方法的外在输入对于教学转型更为重要。当然，梁思成本人是一个典型的布扎学者，清华又缺乏能够执行包豪斯教学的教师，所以包豪斯在清华的输入对比圣约翰大学的输入就显得有点"间接"了。概括地说，如果我们以德国包豪斯的预备课程为源头，那么国内建筑系和包豪斯的初次相遇则是通过美国的间接传播，以建筑教学为传播载体，并通过求学、访学的教师来推动教学。

  "文革"之后，包豪斯预备课程的变体以"三大构成"的形式被第二次引入中国内地的建筑系，却是一个曲折、迂回的过程。就"三大构成"的知识体系和训练方法而言，日本工艺美术院校的"构成教育"是最为系统的来源。其次，还包括来自中国港台地区现代设计教育的影响，以王无邪及其弟子所发展的"基本设计"教学为代表。出于华语文化圈的认同感，无论从出版物还是教师的访问，中国港台地区的设计基础教学对于"构成"方法的传播都非常重要。这里有一个值得反思的问题是"构成"在日本艺术和建筑教育的不同境遇。"构成"的术语和教学方法都来源于德国包豪斯。所谓"构成"即造型基础的训练，直接对应于包豪斯预备课程，并由在德绍和柏林学习的日本留学生带回。1932 年，一个类似包豪斯的实验学校也在东京成立，并设立"构成教育科"，同时呼吁现代主义建筑。"构成"的教学主张在日本高等院校的建筑教育中遭到冷遇，却在工艺美术界和中小学艺术教育中产生了持续的影响。"二战"之后，"构成教育"与建筑教育分离，"构成"逐步发展为一门关于造型方法的独立学科，并促进了"文革"之后国内工业设计教育的启蒙。值得反思的是，1980 年代之后，中国内地建筑院校所引入的"构成"并不等同于包豪斯的预备课程，也不是日本"构成教育"体系的完整内容。作为抽象形式教育的"补课"，"三大构成"实质是以"要素"和"组织"为核心的一套造型方法，与"基本设计"尚有共通之处，而与注重材料的包豪斯预备课程却仅有学理上的关联。对于建

❶ 例如，在莫霍利－纳吉主导的新包豪斯学校的建筑课程中，就有"原始小屋"（The primitive house）的题目。学生需要用自然界中的材料来构想搭建棚屋的特殊方式。

筑教育而言，"构成"方法的来源决定了其难以和建筑的基本原则进行匹配。"构成"定义了形式操作的法则，却无法解释形式的来源和本质问题。

除了"构成"，驱动中国内地 1980 年代基础教学变革的另一个来源是空间的基本训练。这一点与西方建筑教育演变的大环境直接相关。如果说"基本设计"是美国建筑教育入门训练在"二战"之后的固定模式，那么经历了 1960 年代之后的技术狂飙和方法变革，建筑学的基础变得更为复合多元。"文革"之初，国内的学术环境尚不能和西方完全同步，因而，所谓"空间的教育"也是逐步被国内的教师所了解。1980 年代，同济大学赵秀恒所翻译的"空间的限定"的文献便是一个基础理论和空间观念的先导。实际上，国内教育界关于空间话语的探讨和方法上的追求一直存在，但真正把"空间教育"作为设计教学的基本问题，发展出体系化的教学法却无法一下实现。1980 年代中后期，基于对布扎和包豪斯方法的反思，东南大学建筑系通过和苏黎世联邦理工学院的教学交流，有力地推动了以"空间"为命题的设计教育。而这一教改的源头也能追溯到美国，追溯到霍斯利、柯林·罗等人在得克萨斯大学奥斯汀分校所进行的教学实验。

从源流上说，包豪斯教学在 1930 年代到 1940 年代的跨地域传播不仅促成了"基本设计"在美国的流行，同时也给日本带去了"构成教育"的办学经验。由于社会政治的阻碍，中国内地建筑教育被迫中断和错失了包豪斯的第一次传播，却在"文革"之后因为地缘关系，从日本和中国港台地区第二次间接地接纳了包豪斯原理的影响。

7.1.3　主张：接纳、质疑与超越

尽管包豪斯方法通常被认为是实现现代设计教育的源头，但其预备课程产生的土壤却并非出自建筑教育。实际上，如何从建筑学的角度选择适合培养专业能力的基础课程，已经成为德国包豪斯时期三位性格迥异的校长之间的分歧。这种教学主张的差异也随着包豪斯模式移植美国、逐步泛化而更为明显。根据史料的梳理，本书在第三章分类讨论了美国建筑院校对包豪斯预备课程的三种不同态度，即接纳、质疑和超越，三者的学术立场差异明显。而依据第六章中国内地"构成"教学的历史，内地建筑系的教师们对于抽象形式训练的观点则要折中、温和很多。这里我们将进行不同教学主张的比较和进一步论述：

第一种针对包豪斯预备课程的学术主张是全面接受其教学方法，承认通识类抽象形式训练与建筑入门训练的关联，并把它作为设计教学的一部分。这类教学主张直接根植于格罗皮乌斯所代表的包豪斯模式。在执掌哈佛 GSD 之后，格罗皮乌斯可以在大学建筑教育中推行包豪斯预备课程。这种学术环境与德国包豪斯时期实验性艺术学校的性质是完全不同的。格

❶ 格罗皮乌斯在 1939 年
"建筑师的训练"（Training
the Architect）一文中有这
样的论述："训练建筑师应
该从一个各门类通用的基
础课程开始，目的在于训
练学生对手工（handwork）
和设计（design）中要素的
协调。""通过材料的练习，
学生开始自发地理解表面、
体量、空间和颜色。作为(建
筑）技术知识的补充，他
们能够发展出自己的形式
语言，并对设计理念进行
视觉表达"。
❷ Walter Gropius，Training
the Architect，Twice a Year
2（Spring-Summer 1939）：
143.

罗皮乌斯对于预备课程与建筑教育的关联性有着明确的定义❶。这里我们
以两点概括说明包豪斯训练对于建筑教育的价值。一是它能够"让学生通
过手工操作和自己领悟的经验来获得创造力"❷；二是培养一种各门类视
觉艺术所共有的通用形式语言，并体现时代精神。基于这种教学主张，格
罗皮乌斯试图在哈佛引入阿尔伯斯，并把他所设想的从基础课到建筑教育
的模式进行推广。显然，作为一种对布扎方法的替代，包豪斯教学在美国
建筑院校中有众多的追随者。理查德·菲利波斯基在哈佛 GSD 所开设的
"设计基础"课程和在麻省理工开设的"形式与设计"课程就是包豪斯方
法的延续。建筑系录取的新生通常要参与工作坊集中课程，通过材料和形
式训练过渡到建筑设计课程。1950 年代左右，有相当数量的美国建筑院校
都保持了这一教学主张。

　　"文革"之后，大多数国内的建筑院校也对"构成"的引入采取了积
极的态度。虽然国内建筑院校并没有格罗皮乌斯与阿尔伯斯这样的关键
人物，但"构成"教学的作用仍举足轻重。同济大学率先引入了工艺美
院的"构成"教学，把它作为培养学生抽象思维和形式创造力的有效途径，
这对国内建筑设计基础教学产生了广泛的影响。由于内在与包豪斯的渊
源关系，同济建筑系对于通识训练采取了更为开放的态度。赵秀恒的开
拓性工作以及莫天伟、余敏飞等教师的参与，使这一教学体系更为丰满。
同济以建筑形态设计基础为主线的教学体系对于学院式方法产生了冲击。
和美国建筑院校对待包豪斯预备课程的全面接纳非常类似，"构成"最初
的引入是直接作为建筑基础课程的一部分。具体而言，在同济大学 1980
年代中期的教学计划中，甚至以"构成"理论来重新组织整个第一学年
的课程。

　　第二种针对包豪斯预备课程的主张则是质疑其对建筑入门训练的有效
性，反对把它当成一种建筑师必经的入门方式。在这种学术主张下，预备
课程通常被列为（或发展为）辅修的视觉训练，独立于建筑设计课程之
外。实际上，这种分歧在德国包豪斯时期已经有所体现，以密斯的教学理
念为代表。随着包豪斯模式在美国建筑系的移植，对基础课认识的差异也
在不同学校中体现。第一个典型案例是伊利诺伊理工学院的基础教学。例
如，该校一年级的专业课程就紧密地围绕着制图课程展开，这与密斯的设
计方法相关联 ❸。虽然彼得汉斯所发展的"视觉训练"中的一些绘画和拼
贴有着包豪斯基因，但却是在第二、三学年开设的辅助课程。彼得汉斯明
确反对和建筑无关的折纸和材料练习，认为这种发散的艺术训练，对于严
谨的建筑教育帮助不大。另一个案例则是凯普斯所继承的包豪斯视觉研
究。他于 1940 年代中期开始在 MIT 建筑系发动教学改革，被认为是该校
从古典向现代转变的一个标志。不过，他领衔的课程"视觉基础"系列

❸ 在密斯所指定的教学计
划中，IIT 建筑系的基础
课程从工具制图开始，低
年级的课程体系包含四
个模块：绘图、工程科学
（Science-Engineering）、通
识教育（数理类课程）和
历史，而并没有类似"基
本设计"的模块。

（1946~1954）却是针对三年级以上的学生。当时麻省理工建筑系的基础课程仍有着工学院传统，并未完全包豪斯化 ❶。凯普斯对于包豪斯方法的继承并非坚持"从基础课到建筑设计"的教学模式，而是把现代视觉设计原理从建筑基础教学中分离出来，独立发展为一门研究光线、动态视觉的新的分支。有意思的是，凯普斯在视觉领域的持续研究后期反哺了建筑和城市形态研究，体现出学科交叉的价值。例如，凯文·林奇关于城市外部形态和环境要素的分类就受到了凯普斯抽象视觉方法的影响。

　　相对于一批包豪斯艺术家在美国建筑院校中的跨学科教学实践，国内建筑院校对于"构成"的认识和引入途径则显得单一。一方面，形式训练仍然是培养建筑基本功的核心：从"渲染"到"构成"的转换只是两种形式主义的更迭，而未能真正触及结构、材料、环境等建筑学知识体系中的其他要素。建筑教师尽管在教学中套用了"构成"的基本原理，但由于自身知识背景的差异，无法把出自艺术领域的"构成"发展成更为精深的研究。建筑系中也鲜有艺术教师来从事这一工作。"三大构成"在国内建筑院校的变迁止步于将其仅作为一套实用的基础教学法，忽视了其内在的包豪斯学理——视觉研究和对于感知能力的培养。另一方面，素描、色彩这类传统美术训练在 1980 和 1990 年代仍然占据主导，真正基于现代视觉研究和造型艺术的美育课程在国内难以开设。因而"构成"的引入只能安排在"建筑初步"课程中，而始终无法替代强调模仿和手头功夫的美术课程。

　　第三种对待包豪斯预备课程的学术主张则属于转化与超越，产生时间要晚于前两种。这种态度是批判地看待包豪斯的抽象形式原理，把预备课程中有关形式组织的原则转化为空间组织的方法，并相应地发展出更有针对性的建筑训练。对于美国建筑教育来说，得州大学奥斯汀分校 1950 年代的教学实验提供了一个不同寻常的例证。从知识准备来说，"得州骑警"的教师既对于柯布西耶、密斯等人的现代主义建筑有着清晰的认识，同时也对风格派、立体主义这些现代艺术流派的造型方法有所了解。在经历过美国建筑教育 1940 年代的转型后，霍斯利、柯林·罗等人已经对于包豪斯模式有所质疑，而斯拉茨基、李·赫希这些直接师承阿尔伯斯的艺术家也带来了对视觉艺术的深入认识。在这一特定背景下，"得州骑警"才能给美国建筑院校中的空间形式教育带来革命性的影响。如果说包豪斯预备课程的引入驱散了基础教学中的古典形式，试图重塑抽象形式的原则；那么得州大学奥斯汀分校的教学改革则是重新界定了现代建筑的形式基础，带来了对于建筑构件、结构体系等问题的综合认识，促进了空间形式训练与建筑学知识体系的统一。

　　对于包豪斯方法的质疑和超越实际上在国内建筑教育也有所体现。从 1980 年代中后期开始，东南大学建筑系的一批青年教师推行的教学改革

❶ 从 MIT Bulletin 上的课程计划来看，从 1940 年代中期到 1950 年代，MIT 的一年级是全院的通识基础课，而二年级则直接进入建筑设计的学习，此外还有辅助的模型制作教学。

美国包豪斯特征的基础课程　　　　　　　　"得州骑警"的空间训练

国内的形态构成教学　　　　　　　东南大学建筑系的空间训练

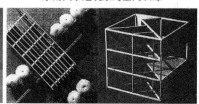

图 7-3　包豪斯、形态构成与空间训练的对比

不仅质疑了当时流行的"构成"教学，并且希望把基础教学的问题重新回归建筑设计本身。这一主张是不同于布扎、包豪斯之外的第三种选择。这一点和"得州骑警"三十年前激进的教学实验非常相似（图 7-3）。1986年开始的东南大学和苏黎世联邦理工学院的交流计划则赋予了教学改革必要的方法来源。顾大庆、单踊、丁沃沃等一批来自南京的教师在苏黎世进行访学，并带回了以空间和形式为核心的教学方法。而这套方法的一个重要渊源就是得州大学奥斯汀分校所主导的空间教学实验。东南大学的教改具有着明确的指向性。顾大庆等教师于 1988 年所撰写的教学文章已经把基础教学改革的目标设定为四方面，"职业教育、能力培养、空间主题、过程教学"[1]。1990 年，由东南大学建筑系设计基础教学小组所撰写的改革报告中，对于"构成"教学的批判性认识已经更为深入。基于近四年的教学实践，该文还对布扎、包豪斯之后基础教学方法、发展趋势的基本特征进行了归纳[2]。

　　总结而言，针对包豪斯抽象形式观念与教学法在建筑教育的引入，接纳、质疑与超越的三种教学观念都反映出学术层面的价值判断。在建筑教育由古典向现代转型的历程中，究竟如何界定建筑形式训练和广义上的造型艺术训练？第一种态度，即对包豪斯预备课程的全面接纳，无疑承认了建筑形式属于一个通用的造型范畴。在这种主张之下，两者的关系是互通而含混的。这一矛盾实际也是建筑基础教学包豪斯化所难以解决的。把包豪斯传统列为专门的视觉训练的第二种态度，认为艺术形式和建筑形式在建筑设计基础课中是不能兼容的，训练方法也应各自为政，建筑系若想对视觉和形式训练作出进一步发展，必须依赖于艺术教师的介入，并且不限于设计启蒙阶段。第三种态度，即对包豪斯方法的超越，一定程度上综合了前两者对于建筑形式基本法则的认识。它承认包豪斯视知觉方法对建筑

[1] 顾大庆，赵辰，丁沃沃，单踊. 渲染、构成与设计——南工建筑设计基础教学新模式的探讨 [J]. 建筑学报，1988（06）：51-55.

[2] 根据顾大庆的总结，"二战"之后西方建筑设计基础教学的一般特征可以归纳如下：其一，基础训练造型力开发均立足于建筑学专业的特点，并非抽象形式的训练，而包豪斯方法并不能解决专业性的问题；其二，视设计过程为一个解决问题的过程；其三，视设计为一种技能，并可以进行传授。

教育的价值，但拒绝直接沿用其艺术化的通识训练方法。无论在美国还是中国的建筑教育领域，这一态度都暗示了教学法层面的变迁，即从抽象形式转向空间的教育。

7.2　历史与反思

7.2.1　原理：从观念到术语

在现代建筑空间组织原则被提出之前，"构图"（Composition）原理一直是折中主义建筑设计方法学的基石❶。"构图"在朱利安·加代（Julien Guadet）、纳塔尼尔·柯蒂斯（Nathaniel Cortlandt Curtis）等布扎学者的传承下，成为巴黎美院建筑学的精髓。随着美国替代法国成为布扎建筑教育的大本营，一批精于实践的建筑教师通过自己的言传身教，把以"建筑构图"原理为核心设计方法贯彻到师徒制的设计教学中。

从方法学的本质而言，包豪斯最大的贡献是把欧洲现代艺术的观念与创作转化为可教的方法。包豪斯"联合所有艺术"的教学理念和多样化的师资构成恰恰提供了这样一个"熔炉"。立体主义绘画、构成主义、风格派等诸多门类的艺术创作成为一种新的形式观念，重塑了方法学的内核。如果仅从第一代包豪斯教师的教学进行狭义的考察，其形式术语的产生大多源于现代艺术的理论，与建筑学并不相关。尽管格罗皮乌斯在 1922 年制定的课表中出现了"Kompositionslehre"这类关于形式理论研究的课程，但其影响难以界定，且远没有达到"Gestaltung"等词汇引发的造型方法所具有的影响力。

但正是这种在艺术领域的探索催生了一种新的空间、形式原理，并被用来对抗古典建筑学金科玉律的"构图"理论。在现代主义建筑的文本中，"Composition"已经有了全新的含义，并有着不同的形式主张。按照柯林·罗的论述，现代主义的空间观念是一种反中心、反轴线的"边缘化构成"（Peripheric Composition）。这种构成方式受到现代艺术流派的影响，强调抽象形式的组织，是离散性的（Levitational）而非聚集性的（Gravitational）❷。这一点在"得州骑警"的教学中也有鲜明的体现。比如，霍斯利把凡·杜斯伯格的"时空构成Ⅲ"（The Construction of Space-time Ⅲ）与柯布西耶的"多米诺"体系共同作为得州大学建筑教学的参照。而前者挑战了简单"功能—形式"对应的空间组织模式，带有一种流通和开放的可能性。霍斯利在苏黎世联邦理工学院的教学法仍然延续了这种对空间形式特征的追求，并足以说明这种"空间"研究持久的生命力。

1940 年代，随着包豪斯预备课程由德国移植到美国，中国建筑教育的先行者从美国建筑院校中初次了解到包豪斯的抽象形式观念与方法。但出

❶ 除了"构图"之外，也有很多学者对于"Composition"提出了新的译法，具有启发性。王骏阳曾撰文提出了"组构"的中文翻译，以区别于美术领域的"构图"和更具有空间观念的"构成"。此外，李华在《词语与建筑物》的译作中把"Composition"译为"组合"，以强调其方法的本质。为了与史料的叙述一致，本文仍采用"构图"和"建筑构图"的传统翻译。

❷ Colin Rowe. Review: Forms and Functions of Twentieth-Century Architecture//HAMLIN Talbot. As I Was Saying, Vol. One[M]. Cambridge, Massachusetts and London: The MIT Press, 1996: 115.

于时代的局限，国内建筑院校只进行了"抽象构图"和材料研究的探索，而并未形成完整的知识体系。1949年后，随着布扎体系重新占据主导，一些美版和苏联版本的"构图"理论的教科书逐步有了中译本。比如，1962年，清华大学建筑系编写了国内第一部《建筑构图原理》教学参考书，并以"交流讲义"的名义出版；1979年，塔勃特·哈姆林著作中的部分章节以《构图原理》（*The Principles of Composition*）一书的方式被南京工学院建筑系译成中文❶。此外，顾孟潮翻译的由苏联建筑科学院编纂的《建筑构图概论》一书在1983年出版❷。1980年代以前，相对于布扎"构图"理论的系统引介，国内对于抽象形式理论的探索几乎处于空白阶段。

作为包豪斯预备课程的变体和转化，日本"构成教育"的兴起是包豪斯跨文化传播的重要支线。正如日本对于外来文化近乎本能的改造意识，德国包豪斯的日本留学生和现代设计的探索者以"构成"（Kosei）和"构成教育"的方式重组了包豪斯预备课程。"构成"逐步从一种材料、平面、立体造型的教学法发展为以造型基础为核心的艺术学科门类。"构成"教学也形成了从基础教育、专业教育到研究生教育的完整体系，并有着相应的师资培训体系。相对于片假名的术语，"构成"的英文翻译却并不明朗。1960年代，原东京教育大学和桑泽设计研究所的高桥正人用的是"Construction"和"Constructive Education"来解释"构成教育"。不过，他也沿用了德语原意的"Gestaltung"，以表示更广的造型含义。之后，"构成"的定义被沿用，并进一步发展，如高山正喜久的著作《立体构成的基础》（1965），而这也暗示了构成学分支学科的形成。作为1980年代之后最为重要的"构成"学者，朝仓直已延续了高桥正人对于"构成"的定义，并作了扩充。他认为立体构成法的"造型分为两个部分来操作，一是组合（Composition），二是结构（Construction）。如果将两者合在一起解释的话，可译为'构成'，但后者更突出构造的要素❸。"

实际上，在日本建筑学领域，"建筑构成"和"构成学"的概念与作为造型基础的"构成教育"有着鲜明的差别。从当下反思，日本建筑学界对于"构成学"和"建筑构成学"（Architectural Composition）的含义已经超越了布扎体系中对于"Composition"的理解。比如，在芦原义信（Yoshinobu Ashihara）对于外部空间的理论研究中已经有了分解和组合的基本思想；小林克弘（Katsuhiro Kobayashi）对于"构成手法"的论述不仅有着比例、尺度等几何学和形式美学的考虑，更有着"现象、法则、原理"逐步上升的思辨方式。而在坂本一成（Kazunari Sakamoto）的理解中，"构成"更代表着"原理"而非"形式"。"构成"不仅有着空间形式组织等建筑学本体的含义，更体现出形成广义建筑的基本原理。"构成"指代"深藏于人们共有的文化背景下的建筑意象·类型的操作方法"❹。因此，对

❶ 南京工学院建筑系. 构图原理 [M]. 南京工学院建筑系, 1979.

❷ 苏联建筑科学院. 建筑构图概论 [M]. 顾孟潮译. 北京：中国建筑工业出版社, 1983.

❸ 朝仓直已. 现代基础造形——立体构成的研究对象 [J]. 美术学报, 1998（02）: 46-48.

❹ 坂本一成. 建筑构成学 [M]. 上海：同济大学出版社, 2018.

于建筑学角度的"构成"，并不能仅从空间形式组织原理的字面意思来理解，这里不再展开讨论。

7.2.2　传播：成也"构成"，败也"构成"

"文革"之后，"三大构成"教学在中国内地的兴起从某种意义上实现了包豪斯的"二次传播"。从学术谱系来分析，"基本设计"与"构成"术语使用的差异非常清晰。包豪斯预备课程的美国版本在中国港台地区的著述中大多被称为"平面设计""立体设计"类的原理课程。同样，如果我们关注1960年代之后中国台湾地区的建筑教育，"基本设计"是建筑设计基础的主导模式，而并没有所谓的"构成"教学。

而中国内地"三大构成"术语的来源自然归因于日本"构成"形式理论的影响。当然，艺术类"构成学"的知识体系其实并不适合也不必要在建筑领域扎根。不过，"空间构成""构成手法"这些术语却根深蒂固地固化在国内建筑学的知识体系中，并成为"文革"后培养出的建筑师们用来描述空间组织和形式操作时最为熟悉的术语。

某种意义上说，"三大构成"在设计教育的流行放大了实用方法本身的作用。以抽象要素和组合法则为核心的造型方法不过是形式推导过程中的一个途径，并不能替代对于形式本原和逻辑的追寻。同样，"构成"教学中的课题作业虽然能够在包豪斯预备课程中找到，但两者却不一定等同。教学成果的相似性不代表其方法和原理就是类似的。通过第二章的论述，我们可以清晰地了解到包豪斯的材料和形式训练注重操作、感知、效率与视觉修养等诸多要素的平衡，其外在形态只是一种结果，而练习的"过程"才是最难记录且最为重要的环节。

"三大构成"引入建筑教育的初衷是为了缓解"文革"之后"后布扎"时代的方法危机，具有必然性，这其中有时代大背景的因素。布扎的建筑设计基础训练到了1980年代已经明显不能适应时代的要求，问题是如何改和改什么。"构成"的出现恰恰提供了一个相对成熟的理论体系和方法。而包豪斯第一次输入时未能引起全国性的变革，同样归结为时代背景的原因。圣约翰大学的初步课程及整个的建筑教育体系都很接近包豪斯，但是1950年代学习苏联直接中断了它的进一步发展。梁思成从美国带回的《设计元素》挂图只是一个知识体系的呈现，而不是一套可操作的练习，又缺少必要的师资，就更加谈不上广泛传播的可能性。"构成"就不同了，它包含平面构成、立体构成和色彩构成三门课程，通过一系列的练习来传授抽象形式语言体系。当时建筑学内部没有能力去发展一套取代传统渲染训练的新体系，不得已借助"构成"这个外力。"构成"本身也的确与现代设计有着共通的学理基础，并站到了布扎体系的对立面。王骏阳在讨论"组构"理论的源流时也有如下论述：

如果中文建筑学将 composition 译为"构图"存在一个从阿尔伯蒂到柯蒂斯的"美学"根源，那么 composition 的"构成"之说在中文建筑学中的兴起至少与两个方面的因素有关：一个是现代建筑，另一个是日本学界……

在 1980~1990 年代的一段时期，"构成练习"曾经是中国建筑学教育中一个具有某种特定形式涵义的内容。它在吸收俄国构成主义、康定斯基抽象形式主义、风格派和德国包豪斯教学体系的基础上，以"平面构成""色彩构成"和"立体构成"作为建筑设计初步的抽象形式训练。在当时，很少有人将之与建筑学传统中的 composition 联系起来。不过今天回过头来看，它其实就是柯林·罗在《20 世纪建筑的形式与功能》书评中指出的有别于学院派的现代主义"组构"❶。

❶ 王骏阳.建筑"组构"理论的前世今生（上）——坂本一成等著《建筑构成学——建筑设计的方法》的历史语境与当代意义[J].建筑学报，2021（05）：109-116.

但是，成也"构成"，败也"构成"。"构成"的非建筑属性也必然导致它在进入建筑学后遇到"建筑化"的困难。同济大学是引入"构成"教学并在全国推广的主要推手，也最先面对如何将抽象的形式语言训练和建筑设计对接的难题。一种通常的做法是把"构成"原理与建筑外部的体量操作（Massing）方法进行融合，在建筑设计方案推敲阶段来完成。教师结合对现代建筑空间组织原理的认识，发展出一些具有本土特征的方法，如"建筑构成""空间构成"等。在诸多尝试中，德国达姆斯塔特工业大学的约根·布莱顿教授带来的"展览空间"设计值得深入讨论，这是一个用墙和柱进行空间限定的练习，是一个抽象的"建筑设计"练习。但是，这类建筑化的抽象练习却很难与整个设计教学体系进行融合。究其原因，我们可能忽视了，以墙、柱、梁作为空间限定手段的设计训练，其背后有着另一套与"构成"不同的知识体系作支撑，即以空间和建构为核心的现代建筑设计方法和理念。

7.2.3　变化：视觉愉悦与形式多样

在包豪斯预备课程跨文化的传播历程中，其教学法逐步凝练为一种新的形式法则，并与其抽象形式语言的表达相吻合。作为众所周知的理论性贡献，包豪斯以点、线、面、体、色彩、肌理等形式要素重新解释了"形"的构成，同时赋予要素不同的操作方式，从而形成了基于"要素"与"组织"的形式生成法则。无论是材料操作还是纯粹的形式组织，包豪斯观念都强化了视觉在设计中的核心地位。更不能回避的是，这种由操作而产生视觉丰富性的形式主义观念对建筑设计方法也产生了影响。

莫霍利－纳吉曾明确地表达了包豪斯教学鼓励视觉愉悦感的培养："视觉感官的愉悦会使得我们产生舒适安全感，从而进入满足于人们精神和实用层面需要的创作阶段"●。在《新视觉》一书中，莫霍利用了大量的篇幅来描述综合视觉感官给人带来的冲击。他引用了当时最新的素材，从自然景观、立体主义绘画到现代建筑，并以此来说明视觉研究能够打破不同设计领域的壁垒。从这个角度而言，人们对于建筑形式的感知与其他所有艺术门类没有分别。

作为包豪斯学派的共识，对视觉敏感度的培养也成为训练建筑师不可或缺的环节。格罗皮乌斯在《全面建筑观》一书中也引用了大量的视觉素材来激发形式感知，并牵涉出更为复杂的心理反应（图7-4）。他也把视觉原理转化为建筑空间体验的一部分。比如，格氏常引用的"图案与肌理"就是建筑形式要素的一部分，继而变为一种设计策略。

与包豪斯在美国建筑教育的兴起相隔了近四十年，"构成"在国内建筑院校的传播也同样聚焦于视觉问题。作为最早全面引入"构成"方法的学者，赵秀恒曾把"建筑形象的塑造"定义为基础教学的核心目标之一。他也引用"要素"与"组合"的方法来实现造型结果的丰富性●。莫天伟对形态变化排列组合的规律也有着相似的论述：

罗列出形态要素各种可能的变化方式和组织关系，相当于用基本语法分析各种句型关系，直接提供了形态设计的具体方法，使形态训练变得科学、有条理而便于学习……基于如此理解，建筑设计中功能要素、结构构造要素等，亦可以作为基本要素，以形态的形式要素分解、重组，参加构成。这种认识上的深化将直接影响建筑设计●。

延续着包豪斯的学理，国内1980年代出版的建筑教科书也同样把摄影、现代绘画等不同门类的视觉素材作为建筑形式认知与修养训练的延续

●László Moholy-Nagy. The New Vision: Fundamentals of Design, Painting, Sculpture, Architecture[M]. New York: W.W. Norton & Company, inc., 1938: 6.

●赵秀恒曾以"构成"理论中"形式要素"与"关系要素"来解释建筑形态的变化规律。

●莫天伟. 建筑教学中的形态构成训练 [J]. 建筑学报，1986（06）: 65-70.

图7-4　格罗皮乌斯对于建筑领域中视知觉现象的分析

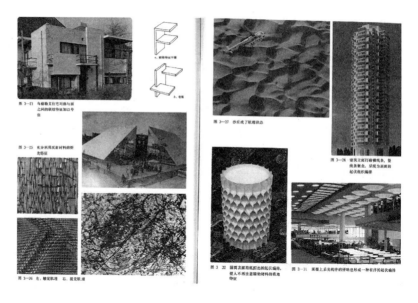

图 7-5 《建筑形态设计基础》
教学参考书中对于视知觉现象的
描述

（图 7-5）。随着视觉文化与商业建筑的逐步出现，建筑学领域对于视觉的
依赖已根深蒂固。在后现代建筑思潮的冲击下，这类对于图像和视觉素材
的消费则愈发明显。

除了建筑认知层面的影响，对于视觉愉悦和形式丰富性的追求还成为
包豪斯设计教学的趋势。比如，在格罗皮乌斯所推崇的教学法中，存在一
种主观和先入为主的形式组织方式。曾师从柯林·罗的哥伦比亚大学教授
克劳斯·赫登格在《装饰的图解》一书中对此提出了尖锐的批评。

格罗皮乌斯关于形式生成的思想中包含着更为严重的观念不清。很显
然，学生是要通过材料与肌理的操作而发展自己设计的形式语言。而在我
看来，这不仅属于形式的操作，还牵涉建造（Tectonics）。"尝试自己创造
的构图"只能陷入贫瘠和狭隘的个人风格，这种对于形式的误解还说明视
觉愉悦的原则会轻易地沦为自作聪明的方法，以此来创造各种形式。但是，
从教学角度而言，这种视觉愉悦原则最大的误区在于导致了一种对图案和
构造随意处理的盲目追求 ❶。

赫登格还引用了 1951 年哈佛 GSD 设计课的任务书"家庭住宅的场地
分析"进行论述。设计任务是三居室的别墅设计，其中一个重要的评价标
准就是达到一种视觉的多样性（Visual variety），并通过以下途径来实现
建筑形式的变化。

a. 通过平面和平面的镜像来产生变化。

b. 把建筑置于阳光下的不同角度。

❶ Klaus Herdeg. The Dec-
orated Diagram: Harvard
Architecture and the Failure
of the Bauhaus Legacy[M].
Cambridge: MIT Press,
1985: 90.

c. 变化材质、肌理和颜色，并且改变明暗效果。

d. 限定建筑毗连的户外空间，并改变凉亭（Pergolas）、花格栅（Trellis）、屏风（Screen）、篱笆、隔断、灌木以及树阵的组合方式。

e. 把车库或停车位放到建筑的不同角度。

f. 从不同的位置和角度给建筑加一个门廊（Screen Porch）。

赫登格认为设计任务书误导学生以为建筑的外观就是在"图案与肌理的清单"（A List of Pattern and Texture）中作筛选来解决问题。"这种对于图案和肌理的关注，几乎主导了设计的各个环节，从总图布置到木头格栅……建筑中的各种要素，甚至如车库、拱门等都被认为同等重要。而对于小住宅外部空间的组织，学生并没有仔细考虑如何进行空间围合等具体问题。❶"显然，这种视觉优先的设计方法与包豪斯预备课程乃至整个教学体系的观念有着直接联系。设计师需要把建筑要素抽取为生成形式的元素，并创造丰富的组合关系。

与赫登格所贬低的包豪斯"装饰的盒子"有所不同，密斯的教学法则提供了对空间形式多样性的不同理解。图7-6中的四张模型照片展示了密斯在伊利诺伊理工学院建筑设计教学的一组模型。通过文字描述，我们可以推测是坐落于峭壁边上的住宅设计。学生用不同的结构类型和材料构造做法来处理几乎相同的内部空间。室内的布置被抽象为两个体块，分别代表卫浴和家具。第一组模型采用类似范斯沃斯住宅的工字钢结构，四根柱子贴在平面的外侧，平面两个短边悬挑；第二组模型是混凝土的梁板柱结构，平面的四边都有悬挑；第三组采用钢梁框架和斜向的钢索拉接，建筑室内完全无柱；第四组采用十字形钢柱，屋顶和地面是预应力蒙皮骨架的

❶Klaus Herdeg. The Decorated Diagram: Harvard Architecture and the Failure of the Bauhaus Legacy[M]. Cambridge: MIT Press, 1985: 90

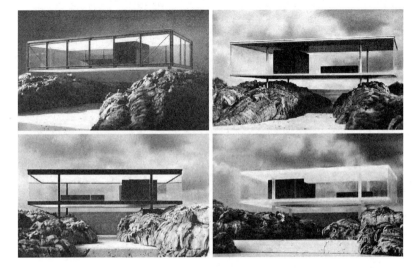

图7-6　密斯在伊利诺伊理工学院开设的住宅单元设计课程

板（Stressed-skin Panels），平面四边悬挑。从基本原理而言，伊利诺伊理工学院的设计教学同样强调空间形式的多样性，但其强调变化（Variation）的因素并不是单纯的形式操作，而是结构、材料和构造一体化的考虑。这种变化是基于建筑学本体的，也更体现出建筑的物质和技术属性。

1980 年代之后，国内建筑设计教学与实践领域也同样出现了形式主义的误区。期刊和媒体中出现的各种具有视觉冲击力的建筑形态成为学生模仿的对象。在"构成"法则的影响下，建筑外部形态的处理或多或少依赖于感性的形式操作。学生设计能力的好坏很大程度上取决于"造型能力"。在当时流行的设计手法中，隔墙、柱廊、楼梯间这些功能性较弱的构件往往成为空间处理的"要素"（图 7-7）。非结构与非功能的空间处理反而为建筑带来了形式的丰富。在满足基本功能的前提下，一部分附加的建筑构件可以依据视觉原理进行重组。建筑外观可以脱离内在的形式逻辑和结构逻辑，而变成一种构图美学的判断。这种误区与赫登格在美国进行建筑教育时所批判的"装饰的图解"情形非常相似。具有可比性的是，纯粹的建筑形式训练在美国建筑教育界仍然延续。比如，1989 年哥伦比亚大学的建筑基础课仍然关注于抽象形式的训练，并通过杆件的空间构成来培养学生塑造基本的空间秩序（图 7-8）。训练的目标在于引导学生对形式、空间进行本体性的感知，并作为建筑现象学的一种个体经验。不过，课程并不要求学生把构筑物发展成为一个具体的建筑，而是保留了其抽象的属性。

不可否认的是，建筑教育中的方法学同样会对建筑实践产生影响，并在美国和中国都有所体现。在美国包豪斯的教学体系中，建筑设计的推

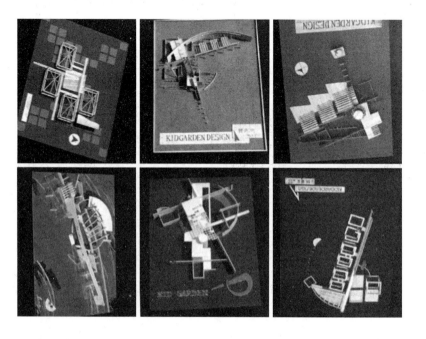

图 7-7　同济大学建筑系基础教学中"构成模型"的应用，1990年代

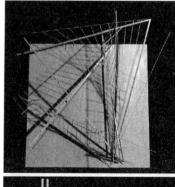

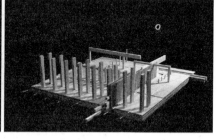

图 7-8　杆件材料的空间设计
哥伦比亚大学建筑学方向综合设计 1（Comprehensive Studio 1），1989 年

进通常遵循一种普适的功能主义。设计者会对任务书的基本要求进行分析，确定功能气泡图，并进行平面上的分区（Zoning）。随后，建筑师会依据功能分区进行相应的空间处理，并尤为关注建筑外部空间与视觉体验的关系。在赫登格的论述中，这种设计方法的误区来源于哈佛建筑设计教育的传统，并以一群 GSD 背景的建筑师为代表：比如，乌里奇·弗兰岑（Ulrich Franzen）、约翰·约翰森（John M. Johansen）、维托尔·伦迪（Vitor Lundy）等。赫登格曾对约翰森在俄克拉荷马城剧场（Mummers Theatre）的设计有过尖锐的批评（图 7-9）。他指出，包豪斯学派所惯用的设计方法忽视了建筑形式的内在逻辑，引导建筑师陷入了个人审美的误区，并追求所谓的视觉愉悦。这种趋势最终导致建筑的外部体量成为基本功能组合关系的"装饰"。

对于 1980 年代以来中国的建筑实践而言，形式主义的误区同样存在。正如本书在第六章最后一节所论述的，形态构成的流行会使得建筑师产生设计方法的惯性：用外部体量的操作方法来处理建筑的空间关系，并依据一些视觉法则来进行简单的形式判断。如果对比约翰森设计的剧场，莫天伟等人的甘肃广播电视中心的设计方案同样有着类似的问题（见图 6-69）。遵循"构成"的法则，空间组织上简单满足功能分区的需求，外部建筑形态成为建筑师创作的主要对象。当形式审美成为建筑本身的先决条件，那么建筑空间也会沦为一种雕塑化的表现或外在的形式符号。在快速城市化和资本驱动的背景下，美国与中国的建筑实践有着难以避免的通病：同样需要面对庞大的市场，并迎合商业化的需求。在这种语境下，视觉优先的

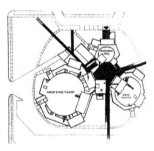

图 7-9　俄克拉荷马城剧场
（Mummers Theatre）设计
建筑师：约翰·约翰森，1967~
1972 年

建筑观念往往把建筑转化为一种空间和图像消费的载体，并能够进行快速
传播和复制。

7.3　回溯与展望：包豪斯预备课程的学术遗产

7.3.1　通识与专业启蒙

　　惠特福德在《包豪斯》一书中认为，尽管包豪斯在短暂而曲折的教学
历史中曾数次调整过方向，但其在 1919 年 4 月《包豪斯宣言和教学大纲》
中所设定的三个目标却能全面地概括其历史。第一个目标就是拯救那些"处
于孤立状态"中的视觉艺术，并将未来的工匠、画家和雕塑家联合起来，
把他们的技艺进行整合，而"终极目标就是完整的建造"[1]。第二个目标
是提高手工艺的地位，使它能与艺术平起平坐。而第三个目标则是建立教
学和生产的联系，顺应工业化的发展趋势。

　　包豪斯的众多艺术教育家对于设计似乎都有一个共识：所有类型的设
计活动在本质上是趋同的。譬如，设计的对象不仅包含生活中的各种简单
的人造物，如器皿、灯具、家具等，同时也包括建筑和市镇规划。设计一
把椅子和复杂建筑物的差异主要在于尺度的大小和工序的繁简，而其基本
原理是一致的。这种设计观反馈到教育中就是要建立一种"全面建筑观"
（Totality in Architecture）的模式。格罗皮乌斯更是笃信这种具有理想精
神的通识教育。他所预想的预备课程的目的在于寻找一种各门设计所共通
的基础（A Common Base），并发展一种新的形式语言[2]。

[1] Frank Whitford. Bau-haus[M]. London: Thames & Hudson, 1984: 11.

[2] Walter Gropius. Scope of Total Architecture[M]. New York: Harper, 1943: 28.

在现代社会，针对不同工种的专业教育自然是不可或缺的。不断细化的专业分工导致很多工作必须由经过培训的专职人员去完成。但这种专才教育的危机在于会使人的思想和视野日趋狭隘，能力受到限制。正因为如此，莫霍利－纳吉才会在《新视觉》的开篇中发出宣言，"一个人的发展是由其个体的全部经验汇聚而成的。而我们现在的教育体制过于关注某一具体的应用领域而违背了这一原则。❶""未来需要完整的人"（The future needs the whole man）的呼吁就反应了这种意识。他还强调，只有当一个人顺应自己的身心需要进行发展，他所接受的专业训练才有价值。这样个体才能达到理智与情感的自然平衡。失去这个目标，分工再细的专门学习只是增加数量。只有把清晰的感觉与专业知识融合在一起的人才能去应对现代社会的复杂需求，并实现个人价值。莫霍利的上述认识实际是包豪斯创立初期的共识：全面发展的人才必须是"完整的人"，而具备这种素质的设计师，必然会设计出适合现代社会和生活需要的产品。

格罗皮乌斯把包豪斯构想的教学体系比作一棵大树的结构：各个分支都源自于同一主干。阿尔伯斯和莫霍利－纳吉和也持有类似的观点，认为预备课程是各门设计活动共同的源泉。在黑山学院执教期间，阿尔伯斯就多次强调手工艺训练对于建筑教育的价值，并认为"基本设计"应当对建筑学专业的学生开放❷。当然，也有包豪斯背景的教师持有反对意见，他们认为预备课程跟工作坊训练是有分别的：前者在于发展出通才——"新人"（The New Man），后者则要在特定领域中培养专业人士。

某种程度而言，包豪斯所预设的"联合所有艺术"的理想观念可以通过预备课程以及基础课向工作坊的过渡得以落地。但另一个更为实质性的问题在于：从通识向建筑专业训练的进阶应该如何实现？通识教育的时长、周期以及与整个教学体系的关系应当如何把握？实际上这也是包豪斯预备课程在建筑教育复杂流变过程中纠缠最久的问题。

包豪斯预备课程和工作坊各自的成功掩盖了其对于建筑教育定位的模棱两可。一般而言，预备课程由伊顿所开创❸，由莫霍利－纳吉和阿尔伯斯使其方法重新回归理性。工作坊训练则是包豪斯教学的主体，并且实行格罗皮乌斯所设想的双轨制来确保艺术形式和工艺的联袂。在对早期包豪斯教学体系的记录中，无论是克利于1922年绘制的教学体系草图，还是同年魏玛包豪斯的教学大纲，从预备课程到工作坊教学再到建筑教育的三段式的结构都是非常清晰的。只有经历了材料和形式的预备课程之后，学生才能进入特定主题的工作坊训练；而只有经历了工作坊的学习并表现出足够天资的学生才能进入建筑课程的学习。不过，这个设想在包豪斯初创和发展阶段就受到了挑战。迈耶接任包豪斯校长时，增加了技术和实用性课程的比重，不过仍延续了格罗皮乌斯的构想，把建筑教育视为工作坊训

❶László Moholy-Nagy. The New Vision: Fundamentals of Design, Painting, Sculpture, Architecture[M].New York: W.W. Norton & Company, inc., 1938: 10.

❷Josef Albers. The Educational Value of Manual Work and Handicraft in Relation to Architecture[J]. In Paul Zucker, ed., New Architecture and City Planning: A Symposium. (New York: Philosophical Library), 1944.

❸伊顿也有类似的观念，但更为强调形式创造力的培养是预备课程的核心。他认为设计的基本要素是材料与质感、形态和颜色，而其他影响要素如功能、经济、社会等实务性的问题是第二位的。在伊顿任教的后期，预备课程的进入了个人化的形式主义阶段。

❶ 具体内容可以参见密斯在 1930 年 9 月所颁布的课程计划。

练之后的最终环节。而当密斯接手包豪斯时，他把教学体系做了更为彻底的调整。其一，预备课程不再被视为各个专业方向的共同基础，而只是部分学生的必修课。其二，建筑训练变成和工作坊平行的单元，学生可以直接修读建筑技术原理的课程而不必同时在工作坊中工作❶。戏剧性的是，密斯对于包豪斯全面技术化、实用化的倾向与格罗皮乌斯所倡导的"艺术和技术新统一"的乌托邦理念都被带到了美国的建筑教育中。

在美国的办学中，格罗皮乌斯和莫霍利－纳吉仍致力于建立一种理想的设计教育范式：通过一个具有泛设计特征的基础平台，扫除学生对于专业认知的障碍并提供择业指引，随后再进入不同方向的专业学习，最后进入到最复杂、最综合的专业范畴—建筑教育。当然，这类教学模式的实现也具有挑战：综合性大学的课程协调与调动资源远比私立的艺术院校更加困难。

例如，在莫霍利－纳吉创办的新包豪斯学校里，建筑课程在 1937 年的教学体系中仍然被认为是所有工作坊训练之后的终极阶段。但在 1946 年之后，建筑训练已经成为和其他艺术门类平行的分支，并有着自己独立的基础课程。而在具有布扎传统的建筑院校里，工作坊和建筑教育的关系更难真正实现融合。各所院校所采用的复杂课程体系也不能简单地用"基础—专业"这样的二元模式来归类。即便是有格罗皮乌斯的力推，美国版本"基本设计"的课程仍难以独立地作为建筑教育的基础，反对教学体系全面包豪斯化的呼声一直存在。到了 1960 年代之后，即便是一些延续包豪斯传统的艺术院校也开始质疑"基本设计"的有效性。这里一个典型的案例就是乌尔姆设计学院（Hochschule für Gestaltung Ulm）的基础课程。乌尔姆的"基础课程"（Basic Course）延续了包豪斯的特征，并曾汇集了伊顿、阿尔伯斯和彼得汉斯等昔日包豪斯的元老。这一课程也被列为学校早期四个设计学科的共同基础❷。但这一通识教育的模式却于 1960 年代开始遇到了挑战。1960~1961 学年是该学院最后一次开设公共的"基础课程"❸。当时学校教师的访谈也说明了"基本设计"和专业训练的冲突❹。在这之后，学院进行了教学体系的调整，不再设置大类培养的基础课程。比如，在乌尔姆选择的"建筑"（Industrial Building）方向的学生从基础课开始就直接进入专业学习。

实际上，针对"全面建筑观"的批评也一直存在。反对意见往往涉及对于通识教学的效率、教学方法系统性等问题的评判。比如，诺伯－舒尔茨（Christian Norberg-Schulz）就曾质疑包豪斯通识与全才教育观念的有效性。

❷ 乌尔姆设计学院成立于 1953 年，最初设置产品设计（Product Design）、视觉交互（Visual Communication）、建筑（Industrialized Building）、信息（Information）四个专业方向，并继续传承德国现代设计的精神。

❸ Herbert Lindinger. Ulm Design: The Morality of Objects[M]. Cambridge, Mass: MIT Press, 1991: 52.

❹ 学生抱怨通用的基础课选课人数众多，而没有时间进行单独的辅导；教师则声称"基础课程"环节难以应付，比如专业教师并不会花时间在基础教学上，因为教学和自身的设计与研究没有直接关联，教学费时而低效。

包豪斯对于建筑学的总体性（Architectural Totality）和建筑师的角色

呈现出一种依赖直觉的判断。包豪斯对建筑教育的探索阶段仍然是不成熟的，难以发展出可以延续的教学方法。无论如何，包豪斯废除了那些过时的准则并指出了新的问题，从而为发展更为合适的教学模式扫清了障碍。但这些方法并未超越包豪斯本身，显然是因为其缺乏使整个（建筑学）领域井井有条的理论基础 ❶。

❶ Christian Norberg-Schulz. Intentions in Architecture[M]. Cambridge, Mass: MIT Press, 1966: 221-222.

　　当然，从具体教学执行层面，包豪斯教学法的种种探索全面融入了美国的建筑教育。作为布扎基础教学的替代品，"基本设计""构成"以及被津津乐道的工作坊模式都曾在美国和中国的建筑教育发挥巨大作用。在1940年代，麻省理工学院建筑系曾设置一门名为"工作坊"（Shop）的课程用来训练学生对材料的认知和做模型的技巧 ❷。但这门课程平行于设计教学，并没有和课程设计进行交叉。与美国院校的情况颇为类似，圣约翰大学和清华大学建筑系都曾在1940年代后期短暂开设具有工作坊特征的教学环节，甚至引入了陶艺、木工制作等培养动手能力的教学内容。然而，上述手工艺课程更多是作为一种修养和能力的发展，而并不能直接与设计主干课程形成专业上的互通。格罗皮乌斯与哈德纳特关于"基本设计"的教学分歧更说明了这一点：在有限的学制中牺牲一年来进行完全没有专业基础的艺术熏陶是否必要？

❷ 这门课的周期是从1943~1944学年至1953~1954学年。

　　在建筑教育领域，包豪斯所倡导的"整体艺术"和"全面建筑观"也被其继任者所修正和调适。"得州骑警"的教学便提供了一种不同的理解。为求变革，包豪斯跨学科、艺术化和发散的教学探索打开了建筑教育"后布扎"时代的种种可能，随着现代建筑教育体系的逐步建立，建筑教育的基本问题已经逐步清晰。建筑学层面的空间形式训练不再需要以迂回和具有启发性的艺术教育来进行，而能通过建筑学本体的教学法直接完成。对于包豪斯历史的追问也带出了更多针对当代建筑教育的话题：我们是否需要让学生在初始阶段就接触到不断拓宽的学科边界？我们在当下是否让学生过早且过多地暴露在建筑学不断增长的知识中而迷失了自我？究竟什么才是建筑学基础教学中最不可塌缩的核心内容。

　　反观当下国内的建筑教育，建筑类专业的大类招生已经不可避免。这种招生和培养模式主要归因于大学管理自上而下的教育政策需求：调整大学不同专业的资源、减轻报考压力、避免专业选择的盲目性、提高学校竞争力等。大多数传统的建筑、规划类学校都是结合建筑学、城乡规划、风景园林建筑学科下属的专业方向，按照学院的系所架构来组织。入学的新生在第一年往往要接受人居环境学科类的通识教育，并在二年级依据个人兴趣和专业成绩而进行分流。由于学科评估和专业评估的统一导向，一年级公共课程较多，基础平台真正体现通识性教育的往往就是设计主干课和概论（导论）课程。因此，如何在有限的课时和资源中提高通识教育的深度是当代建筑教育亟待回应的问题。

通识类设计课程的实际运行更需要充分发挥教师和学生的能动性，避免出现某些教学模块过于僵化的弊端。1950 年代伊利诺伊理工学院设计系的基础课就提供了一种不同的教学方式：合理的预备课程是教师引导学生对课题中的某一问题产生兴趣，再进行具有研究性的设计活动，包括技能学习、小组讨论、专题研究等[1]。但这样的教学对于教师和学生都是一种挑战。正如前文所述，采用平行工作坊教学模式的设计学校就难免遇到不同教学组之间的竞争。这意味着因不适应教学需求而固化的教学模块必然会被淘汰。这也对院系进行通识教育的师资配备提出了新要求：与其维持不同门类教学空架子的"按岗定人"，不如"按人定岗"地制定教学方案，以发挥教师的能动性。教师应当结合自身的专长，主动探寻其他学科的方法。此外，学院进行师资引进也更需要平衡不同学科之间、教学与研究团队之间的需要，以避免纯研究型的师资建设对设计教学产生冲击。

❶ 桂宇晖. 包豪斯与中国设计艺术的关系研究 [M]. 武汉：华中师范大学出版社，2009.

当下，以空间、建构为核心的教学模式在国内建筑院校中被广泛应用。在东南大学、南京大学和香港中文大学等校的建筑系的推动下，这类教学已经形成了较为体系化的工作方法[2]。然而，如何实现从"通"向"专"的过渡仍然没有答案。针对通识教育的学理和教学法研究不容忽视。比如，建筑类的设计课程不能仅仅依据专业方向，把不同学科领域的知识进行叠加来进行训练，而应追求其设计共通的原理。从这个角度而言，包豪斯"联合所有艺术"的理念和工作坊的教学模式都颇具启发。学科交叉不能停留在实验室和纯研究领域，同时也应当把当代新涌现的方法向教学法转化。

❷ 顾大庆. 空间、建构和设计—建构作为一种设计的工作方法 [J]. 建筑师，2006（01）: 13-21.

尽管通识与专业的悖论在包豪斯模式中难以得到圆满的解释，但包豪斯对于教育创新的探索为当代建筑教育的发展提供了一个历史反思的视角。建筑设计的基本问题既要回应学科本身的核心价值，同时又要不断适应学科的外部环境。当下，随着建筑教育方法论和技术手段进一步泛化，针对建筑学科边界与使命的讨论也日趋激烈。大类培养与通识教育在国内的建筑基础教学中成为必然趋势。各所院校亟待通过差异化的教学来体现办学特色，避免教学模式的趋同。虽然包豪斯只存在了 14 年，却是思想与方法的熔炉，成为现代设计创新的源泉。包豪斯对设计本源的追求、对学科边界的突破、对传统模式的挑战也为当下的建筑教学改革提供了借鉴。

7.3.2　体验与感知的能力

包豪斯第一次把现代设计的影响力渗透进日常生活，并在艺术与工业化之间提出了一种全新的思维模式。包豪斯教育反对"为艺术而艺术"的观念，强调设计教育应以社会需求为导向，采用艺术和技术相统一的开放式教育，并通过独创的工作坊模式把理论知识与动手操作进行结合。实际上，这种"做中学"的教育理念并不是西方所独有的，在具有东方思辨特征的"知"与"行"的关系同样有所体现。这一点无疑是对强调模仿教学的古典艺术和建筑教育的超越。

在包豪斯的创立时期，预备课程的教学法深受现代学前教育理论的影响。比如福禄贝尔的"礼物"——一些纯粹形式的积木和构件，在于告诉儿童物质世界是由这些基本要素构成的。很多包豪斯早期的练习中都体现出福禄贝尔教学理论的影响，以伊顿和阿尔伯斯的基础教学为代表：通过感知、理解、应用三阶段的方式来执行❶。实际上，三位预备课程的导师都有着学理上的共识：每一位学生都具有设计的潜能，需要通过学生自主的体验以发掘其内在的天赋。教学的目的并非追求结果，而是通过引导学生动手制作、观察，以培养他们对于设计的感悟力。

❶ 伊顿把学前教育理论进一步发展成感知、理解和应用的三步骤教学法。首先，教师用视觉经验引起学生对目标产生丰富的感觉，随后加以知识性的解释和理解，然后再进行实操训练。

在学院式建筑教育中，形式感的培养非常重要，需要依托素描、速写等美术训练的辅助。学生要对比例、尺度、光影等进行细腻的观察，准确地把握其形式特征。这种形式感知的训练是静态和持续的，并依赖于古典建筑的形式法则。而包豪斯的教学则带来一种全新的视角——针对"空间感"（Spatiality）的培养。这一变革尤以包豪斯独创的材料和形式训练为代表，体现出物理模型在表达空间时的优势。尽管模型制作的惯例并非现代建筑教育的独创，但以快速完成的概念模型来呈现空间却是教学手段的飞跃。更为重要的是，在包豪斯的教学法中，模型不再是静态呈现的完成品，而是一种能够结合操作与观察的动态媒介，实时反馈设计结果。包豪斯的练习打破了绘画在建筑入门训练中的权威性，并对空间的感知和呈现进行了回应。

作为承传包豪斯基础教学法的灵魂人物，阿尔伯斯的核心理念始终围绕着体验、观察与感知。他教学遗产的精髓并非在于材料与形式的外在呈现，而是对材料、操作、构造、效率等问题的综合考量。他对于观察本身的强调已经超越了作为结果的形式，认为设计应作为一种严谨的研究而并非追求偶然的灵感迸发。莫霍利-纳吉基于具身认知的设计探索、综合动态的空间观念对建筑教育有着长久的启发。在新包豪斯的基础教学中，莫霍利和同事借助材料、光线、运动等不同的媒介，重新唤醒了艺术家和建筑师多维的感官。

当然，从建筑学的角度而言，包豪斯的练习仍然是发散和艺术化的。一方面，在基础课程中照搬预备课程的练习实际是相对低效和缺乏针对性的。另一方面，建筑师的视觉感知也未必要以通识基础课的方式来进行，而完全可以放在高年级或以研究性的途径展开。比如，彼得汉斯和凯普斯的视觉辅助课程就是很典型的例证。

　　回顾中国建筑教育引入"构成"教学的历史，以包豪斯为基础的抽象形式原理曾是教学的核心。我们虽然摆脱了古典形式主义的约束，但体验与感知的自主意识却未能在培养建筑师时得到重视。"三大构成"在当时成为比拼学生"造型"能力的练习，却未能有效训练建筑师的感知能力。所谓"空间感"的训练往往被认为是只可意会不可言传的，依赖于学生自己的天赋。事实却不然，包豪斯原理在美国建筑教育的转化过程就证明了视觉控制力和修养是完全可教的。比如，"负形素描""左右脑绘画""正负空间反转"这类练习强调手、脑、眼的协调力，极富针对性。而这类感知与体验教育却是很多津津乐道"包豪斯"的国内教师们所忽视的。

7.3.3　现代艺术的介入

　　吉迪恩曾坦言："只有了解现代绘画所蕴含的概念才能真正理解包豪斯的作品。要是没有对空间全新的认识，没有对肌理和平面的兴趣，对于包豪斯的研究将会是片面的"[1]。在现代主义建筑的成长之路中，现代艺术的作用不可忽视。除了吉迪恩之外，拜纳姆在《第一机械时代的理论与设计》以及亨利·希区柯克在《从绘画到建筑》的经典著作中都有过类似的精辟阐释。他们试图证明 20 世纪以来的现代建筑，不单受到社会和技术变革的影响，同样受到视觉文化的影响。而后者正是现代绘画与雕塑创作的独特贡献。柯林·罗在《透明性》中更是把对形式主义的探索与空间方法论进行结合，完成了理论与教学的联系。

　　自文艺复兴时期透视法创立以来，绘画的创作都严格遵照透视的基本规律。画面组织往往依据视平线、视点、灭点的方式来建立一套空间关系，并呈现出三维和静态的空间。而随着立体主义、纯粹主义、构成主义等绘画流派的探索，呈现空间的固有观念开始发生改变。对于这种艺术流派谱系的变化，凯普斯在《视觉语言》一书中有着详尽的论述。一方面，正如毕加索和乔治·布拉克的绘画创作，立体主义的画作是以多种视角来呈现描绘的物体。画面呈现出"共时性再现"的特征，即把观者不同视角所看到的画面通过构图手法同时呈现在一张画面中。这与吉迪恩所描述的"四维空间"非常类似，把时间和运动引入空间感中。另一方面，绘画的表达也不再需要对细节进行描绘，而进行构图、色彩、肌理的抽象。蒙德里安和杜斯伯格开创的风格派都有着类似的主张。

　　包豪斯独特的贡献在于率先把现代艺术基本原理引入教育领域，并以预备课程为代表。例如，立体构成类的训练源于构成主义等装置艺术的创作；材料与质感研究受到达达风格拼贴练习的影响；蒙德里安、马列维奇等人的形式研究为平面构成类训练提供准则；让·阿尔普（Jean Arp）、亨利·摩尔（Henry Moore）等现代雕塑家的作品成为"掌上雕塑"等形式

❶Sigfried Giedion. Space, Time and Architecture: The Growth of a New Tradition, Fifth Edition[M]. Cambridge: Harvard University Press: 1967.

练习的参照；而弗朗西斯·布鲁吉耶尔（Francis Bruguière）的纸张抽象摄影作品则成为"光线调节"（Light modulator）之类练习的范本。"当然，学生不能通过这些'练习'而成为'艺术家'，但这类训练却能为他们打开自我表达的大门，并开拓新的视野"❶从方法学上说，让学生循序渐进地了解现代艺术家的工作方法，并把对艺术感的培养与设计教育进行结合对于入门学生是非常有益的。

❶László Moholy-Nagy. Vision in Motion[M]. P. Theobald, 1947: 66.

　　反观国内建筑教育的发展，艺术属性建筑教育的传播轨迹是完全不同的。例如，在形态构成教学开始流行的 1980 年代，除了教学法引入之外，另一个重要内容就是对于现代艺术知识的"补课"。值得反思的是，直到现在很多建筑院校仍然存在着美术教育和建筑教育的脱节。一方面，学生要用完全现代的建筑要素和形式语言来进行建筑空间组织；另一方面，他们还要接受学院式的美术教育，从素描、速写到色彩教学都学习传统的绘画和表现技法。这种认知和训练的分裂导致学生在实操层面难以深入体会现代建筑空间的本质特征。

　　在讨论建筑师成长的必备条件时，审美和鉴赏能力的培养是不可或缺的。然而，对"美育"长期的缺失是国内教育体系很长一段时间的客观现实。这也导致建筑教育的入门必须进行必要的美术训练来弥补学生美学修养的不足。因此，具有通识特征的材料、构图和色彩训练完全具备在初等和中等教育开展的可能。这一点也是日本"构成教育"在建筑师群体受到冷遇，却意外地在中小学获得追捧的原因。

7.4　调适或革命：中国建筑教育的现代转型

　　对于培养建筑师来说，基础课程的直接目的在于传授给学生基本的设计方法和技能，并能够平稳地过渡到高年级的设计课程。这就体现了一种设计启蒙和建筑设计专业训练的匹配关系。基础课程的核心问题必然源自于建筑设计的基本原理，并可以视为后者的一种简化和提炼。从建筑教育历史演变的规律而言，基础课程教学方法的变迁也必然取决于一定历史阶段主流的设计方法和价值观。

　　在包豪斯方法引入建筑教育之前，中美的建筑院校都延续着布扎模式。在布扎的基础教学中，学生需要从古典建筑的片段或部件入手来熟悉建筑设计。学生必须经历工具制图、柱式渲染、分解构图等一系列严谨的基础练习来熟悉古典建筑的基本法则和形式语言。在这之后，他们也能够把这些原理应用于高年级的设计课题，并以此来处理独立的问题。从本质上说，布扎基础练习的合法性是直接与古典建筑的设计原理相吻合的，体现出一种基础课和设计课的匹配关系。

而随着欧洲现代主义建筑的传播，基于古典法则的教学方法受到冲击并开始发生转型。这里需指出的是，基础课程和设计课程在教学方法现代转型的进程中并非是同步的。例如，当高年级的学生已经自发在设计课程中运用现代建筑的形式语言时，基础教学可能仍拘泥于古典柱式，尚不能发展出一套对应现代建筑的设计方法。顾大庆曾指出，美国和中国建筑教育在从古典向现代转型的进程中都存在着相似的三阶段："**先是'布扎'方法加现代建筑形式的阶段，然后是包豪斯的基础课程加'布扎'方法的阶段，最后才是从基础课程到设计方法全面转向现代建筑的阶段。❶**"（图 7-10 和图 7-11）

类似于现代主义建筑在美国的输入，包豪斯预备课程的在美国建筑教育界的引入带来了革命性的"范式转移"（Paradigm Shift）。托马斯·库恩（Thomas Kuhn）在其代表作《科学革命的结构》（*The Structure of Scientific Revolutions*）一书中提出了"范式转移"的概念❷。他认为科学的实际发展是种受范式制约的常规科学与突破旧范式的科学革命的交替过程。这一理论也同样适合来分析建筑教育由古典向现代的转型过程，分别对应了布扎和包豪斯两种不同的教学模式。

第一，以柱式渲染为代表的布扎方法和抽象材料的包豪斯方法两者各自代表了不同的设计价值观。这一点非常类似于库恩理论中不同范式之间的"不可通约性"（Incommensurability）。后者对前者的替换在美国建筑院校中是一次激进而彻底的变革，意味着非此即彼的抉择。而实现的方式往往是引入有包豪斯背景的师资，再进行彻底的教学改革。

第二，范式转移的必要条件在于新范式的建立能够解决旧范式所无法解释的问题，并带来新的认知方法。比如，在学院式的图画建筑表达方式下，不借助于模型操作的方法就难以准确训练对实体空间的观察；包豪斯在建筑教育的引入，也必然会把抽象形式的知识体系带入到建筑中。

第三，从布扎到包豪斯的范式转移意味着教学资源的重新调配。在"哈佛包豪斯"模式的影响下，一批沿用学院式方法的学校采取了大规模师资替换的方式来推行教改。一个极端的例子就是加州大学伯克利分校的学生运动。1950 年，在古典方法统领下的伯克利建筑系甚至出现了学生运动来抵制古典的教学方法，促进了师资更替和教学改革❸。

如果对比美国和中国包豪斯传播的历史，两者的差异不言自明：

第一，从价值取向而言，国内建筑教育群体对于布扎和包豪斯（"构成"）模式的认知是相对杂糅的。尽管当时的国内学者也有着崇尚现代或古典学术主张的差异，但远没有出现美国新旧两种学派的对立与抗衡的状态。由于缺乏外籍教师或有纯粹包豪斯背景教师的引入，国内建筑学界对于包豪斯抽象形式观念与教学方法的洞悉往往源自教材、教学资料的二手

❶ 顾大庆."布扎-摩登"中国建筑教育现代转型之基本特征 [J]. 时代建筑，2015（05）：48-55.

❷ 范式转移理论由美国著名科学哲学家托马斯·库恩（1922~1996）在著作《科学革命的结构》提出。"范式"（Paradigm）概念一经提出就被学界接受，并展开了广泛的讨论。"范式转移"通常也被用来解释自然科学和其他学科中产生的认知与方法本质性转变。参见 Thomas S. Kuhn. The Structure of Scientific Revolutions[M]. Chicago: The University of Chicago Press,1996.

❸ Littmann William. Assault on the Ecole: Student Campaigns Against the Beaux Arts, 1925-1950[J]. Journal of Architectural Education 53, no. 3（March 13, 2006）: 159-166.

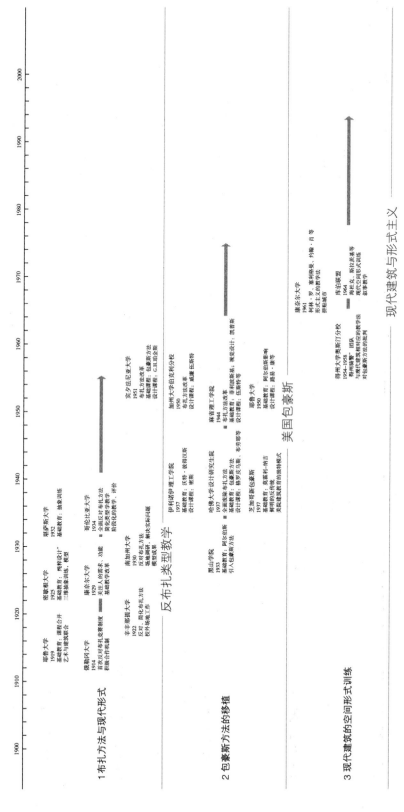

图 7-10　美国建筑教育由古典向现代转型的教学谱系图

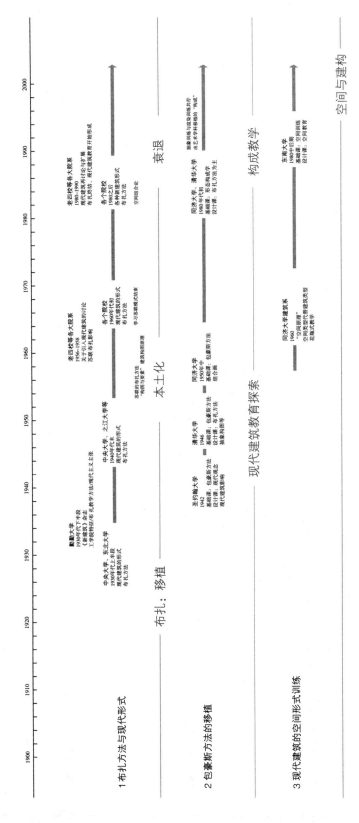

图 7-11 中国建筑教育由古典向现代转型的教学谱系图

输入。这种观念的改变是渐进和非对抗性的，因此，库恩理论中学术共同体之间的"不可通约性"在国内建筑教育很难界定。

第二，从教学方法而言，对比包豪斯基础课在美国的移植，国内建筑基础课程的转变似乎相对平缓。作为受包豪斯教学的第一次影响的圣约翰大学和清华大学对建筑教学探索影响相对有限，并且很快被接二连三的政治运动所打断。此后，一个本土化的布扎模式一直延续至"文革"之后。实际上，现代艺术普及的长期缺失导致抽象形式观念在建筑教育的传播长时间滞后。比如，"抽象构图"源于西方的现代设计观念。这些必要的艺术修养匮乏是现代建筑教育不能完全在国内确立的重要因素。因此，尽管现代建筑的观念在国内并不陌生，但对其完整的吸收与消化在"文革"之前是无法实现的。作为包豪斯原理的第二次引进，"构成"的引入成为中国建筑教育现代转型的重要一步。尽管"构成"在1980年代引入之初，传播非常迅速，但其并没有完全取代布扎的基础训练，而是两者长期共存，各行其是，各自发挥作用。布扎的基础课经过简化，通常被作为一种培养手头功夫的方法，教授一些绘图技巧。"构成"则是作为培养空间造型能力、开发创造力的方式。这也反映了一种古典、现代混合的特殊状况，体现出中国建筑教育现代转型的独特特征。

第三，从师资分配而言，国内建筑院校的教师队伍往往保持着教育背景的延续性。1950年代全国院系调整之后，各个建筑系所师资引进的首选就是毕业生留校任教，并由老教师的"传、帮、带"来辅助青年教师。这种方式当然有利于院校内部学术传统的传承，但也导致学术环境相对封闭，教师的流动性不足。在过去的很长一段时间，中国都没有出现过保罗·克瑞或格罗皮乌斯这样的外来"传道者"，变教学法的"输入"为"输出"。国内建筑院校也很少像美国院校那样利用教学领头人的调动来实现教学体系的决定性变革。体制内教育资源的调配大多遵循自上而下的行政管理方法，因而呈现出相对稳定的状态。

综上所述，无论是1940年代包豪斯抽象形式观念在国内的传播，还是"文革"后"构成"教学的引入都未能体现出革命性的"范式转移"，而是一种适应性的演化（Adaptative Evolution）。这种教学上的调适（Adaptation）恰恰体现出国内建筑教育体系对传统与现代的整合。

7.5　本章小结

包豪斯预备课程在美国和中国"建筑化"的历史属于建筑教学体系由古典向现代转型的过程。中国的教育先驱们在美国建筑院校初次接触到包豪斯的方法，并在1940年代把抽象形式观念带到国内。由于国内建筑教育特殊的社会背景与学术环境，包豪斯第一次世界范围内的传播却在内地戛然而止。在"文革"后，重新引入的形态构成教学可理解为包豪斯基本原理的二次输入，冲击了国内迟迟未能终结的布扎模式。通过时间跨度、输入来源以及学术主张的对比可知，国内建筑教育的包豪斯传播史并没有呈现出其在美国建筑教育界所引发的范式转移，而是与布扎传统、空间观念彼此共存、相互融合，并推动了教学理念与方法渐进式的演化。

从教学的本质而言，包豪斯预备课程在建筑教学体系的变迁体现出通识教育与专才训练的平衡过程。通过教学理念、建筑观、艺术修养以及视觉文化的对比研究，包豪斯教育在美国和中国的传播史共同呈现出其学术遗产的价值，并为建筑教育在当代的演进和变革提供了历史反思的素材。

结　语

　　包豪斯模式已经成为现代建筑教育最为代表性的象征之一。雷纳·班纳姆就在《第一机械时代的设计和理论》中把包豪斯教学方法的精华和历史成就归于其预备课程。一批具有教育远见的前卫艺术家，凭借着个人的艺术领悟，逐步把现代艺术的一些共有原则转化为抽象形式要素及其组织的法则。尽管包豪斯在初创之时就把建筑训练视为培养各类设计人才的最终环节，但其预备课程的运行却主要由现代画家和艺术家来完成。它和现代建筑入门的关系实际是含混的。这种基础课和设计课的矛盾也随着包豪斯学校的解体被带入到大学设置的建筑教学中。包豪斯预备课程在建筑教育领域的传播包含了一种艺术类的通识训练向建筑教学方法的转化。这一问题在美国和中国的建筑教育体现的最为明显。

　　为了进一步阐明包豪斯预备课程的流变过程，本书搜集和梳理了其在美、中建筑教育传播相关的院史、回忆录、学生作业，并把历史脉络的变迁作为主要研究对象。包豪斯预备课程对于美国建筑教育的影响是全方位的。作为包豪斯方法第一代实践者，阿尔伯斯和莫霍利－纳吉成功地把一种培养材料和形式感知能力的训练输入到建筑教育中。自1930年代开始，包豪斯方法不仅驱散了布扎的传统，还把抽象形式的训练方法与知识体系融合到建筑基础教学。而从美国建筑教师对包豪斯预备课程的反馈而言，可以分为接纳、质疑和超越三种不同的学术主张。这种传播过程的差异也说明在基础课中实现包豪斯并不意味着建筑教育现代转型的完成。从古典柱式的渲染到抽象材料训练，固然反映出训练方法的变迁，但后者并不能完全和现代建筑的基本原则相匹配。"得州骑警"所发展的教学则重新审视了形式的来源，实现了现代建筑的可教，并催生了一种新的空间形式教育传统。

　　包豪斯对于中国建筑教育而言是一个未曾实现的理想。在包豪斯全面输入美国的过程中，圣约翰大学和清华大学建筑教育的创办者们从美国的建筑院校中把这一方法带回。从1940年代初开始，包豪斯在中国建筑教育的影响持续了近十年，并基本和其在美国的发展保持了时间上的同步。但由于学术大环境的局限，包豪斯的全面理解显然无法实现。1950年代初，中国建筑教育进入了一个和西方几乎隔离的三十年，现代主义的建筑教育思潮受到了很大抑制。改革开放之后，包豪斯的基本原理以形态构成教学的方式得以第二次引入国内建筑院校。从源流而言，"构成"是包豪斯原理在日本艺术院校中独立发展而形成的一套程式化的教学方法，通过日本、中国港台地区的渠道曲折地传入内地。尽管如此，"构成"仍然获得了内地建筑院校的追捧。"构成"方法的引入某种程度上弥补了抽象形式训练在建筑教育的缺失。

　　如果以一个跨文化的视角来看，包豪斯预备课程在美国和中国建筑教育的变迁具有很强的可比性，通过比较研究我们得到以下结论：

第一，通过传播谱系与时间跨度的对比，我们可以直观地看到，包豪斯在国内的传播与以美国为代表的西方传播存在着一个三十年的间断。这种知识传播和教育实践的断裂就导致在"文革"之后"构成"的流行，但已经失去了包豪斯第一次传播的历史语境。这也形成了国内20世纪八九十年代建筑教育知识传播的一种特殊的新旧叠加。

第二，通过输入方法源头的对比，我们能够发现美国建筑教育中"基本设计"的流行直接源自德国包豪斯的预备课程。其建筑化的主要推动力是来自于基础课程中艺术教师和建筑教师的协作；而"构成"在中国内地建筑教育的盛行主要来源于日本和中国港台地区的间接传播——以书本经验的输入为主，其建筑化的推动力主要来源于内地建筑设计基础教师的改编，并形成了所谓的"空间构成"。

第三，通过接纳包豪斯预备课程态度的对比，我们能够界定，在一定的历史时期，美、中的建筑教育中都存在着对于包豪斯方法的继承和超越，并有着相对立的学术主张。同济大学建筑系对于"构成"方法的引入某种程度上回应了"哈佛包豪斯"的价值倾向；而东南大学建筑系的教改则继承了"得州骑警"的内在基因，不仅包含了对于包豪斯方法的批判，而且还推崇以一种理性的设计方法来重新建构建筑空间形式的基本问题。

通过上述比较分析，我们可以进行如下总结：包豪斯预备课程在美国直接的输入和在中国间接、曲折的影响都是实现现代建筑教育的一个中间性阶段。包豪斯方法在建筑基础教学中的引入推动了一种和现代设计相匹配的形式训练方法，但其无法清晰地提炼出和现代建筑相关的形式基本法则。作为一种发散性、鼓励创造力的非建筑的教学方法，包豪斯预备课程"建筑化"的不同渠道从本质上体现了"通"与"专"的平衡。这也是建筑教育由古典向现代转型内在驱动力的一部分，这在美国和中国的建筑教育都有所体现。

包豪斯预备课程的创立距今已逾百年，距离现代建筑教育如火如荼的运动也已经七十余年。无论是点、线、面、体的抽象形式理论还是预备课程中的创新练习都已成为历史，并固化为建筑空间与形式认知的基本法则。目前，国内开办建筑教育不同层次的高等院校数量已达300所，大规模的建筑人才培养也需要适应全新的环境。建筑学内在的学科边界不断被拓展，并不断吸纳信息技术、计算性科学、人文社科领域全新的方法论。可以说，对于每个时代而言，建筑教育的核心价值都是可以被定义的。同时，这种共同价值观的建立又需要不断破旧立新。正因为如此，对于包豪斯教育的历史重温一直具有现实意义：通过突破学科边界求"通"而获得创造力并打破布扎教育的既有范式；通过限定学科内核求"专"而实现建筑教育的自主性和针对性。这种二元平衡的发展模式恰恰体现了建筑学科知识体系不断迭代的进程。重新审视包豪斯遗产的历史价值在于利用跨学科的方式进行创新，探索"泛设计"的可能性，追问建筑设计的本原，以应对建筑学科知识体系迭代和升级的发展规律。

翻译对照表

人名翻译对照

A. Lawrence Kocher　劳伦斯·科霍

Adolf Meyer　阿道夫·梅耶

Alain Findeli　阿兰·费德里

Alessandra Latour　亚历珊德拉·拉特尔

Alexander Caragonne　亚历山大·卡拉冈

Alexander Kouzmanoff　亚历山大·柯兹曼诺夫

Alfred Hamilton Barr　阿弗雷德·汉密尔顿·巴尔

Alfred Swenson　艾尔弗雷德·斯文森

Amédée Ozenfant　阿梅德·奥占芳

Amy Anderson　艾米·安德森

Anna Vallye　安娜·薇利

Anthony Alofsin　安东尼·埃尔夫森

Anthony Vidler　安东尼·维德勒

Aristide Maillol　阿里斯蒂德·马约尔

Arthur Clason Weatherhead　亚瑟·克拉森·维斯海德

Bernhard Hoesli　伯纳德·霍斯利

Bertram Goodhue　贝特伦·古德西

Brenda Danilowitz　布伦达·丹尼洛维茨

Bruce Eric Lonnman　布鲁斯·埃里克·朗曼

Buckminster Fuller　巴克敏斯特·富勒

Bunzo Yamaguchi　山口文象

Burgoyne Diller　伯戈因·迪勒

Charles H. Sawye　查尔斯·索耶

Christian Norberg-Schulz　克里斯蒂安·诺伯-舒尔茨

Christopher Alexander　克里斯托弗·亚历山大

Clement Greenberg　克莱门特·格林伯格

Colin Rowe　柯林·罗

Eduard Kögel　爱德华·科格尔

Edward Nelson　爱德华·纳尔逊

Eilis F. Lawrence　艾利斯·劳伦斯

EL Lissitzky　埃尔·利西茨基

Eliel Saarinen　埃利尔·沙里宁

Elizabeth Diller　伊丽莎白·迪勒

Elmer R. Coburn　艾勒莫·库本

Elodie Courter　艾洛蒂·考特

Ely Jacques Kahn　艾里·雅克·卡恩

Emil Lorch　埃米尔·洛奇

Eric K. Lum　埃里克·卢姆

Eva Díaz　伊娃·迪亚斯

F. H. Bosworth　博茨沃思

Fernand Léger　费尔南德·莱热

Francis D. K. Ching　程大锦

Francis Bruguière　弗朗西斯·布鲁吉耶尔

Frank Lloyd Wright　弗兰克·劳埃德·赖特

Frank Whitford　弗兰克·惠特福德

Frederick A Horowitz　弗雷德里克·霍洛维茨

Frederick M. Logan　弗雷德里克·罗根

Friedrich Froebel　弗里德里希·福禄贝尔

G. Holmes Perkin　霍姆斯·帕金斯

Georg Muche　乔治·蒙克

George Bereday　乔治·贝雷迪

George Howe　乔治·豪

George Tso Chih Peng　彭佐治

George Tyrrell Le Boutellier　乔治·勒·博特列

Georges Braque　乔治·布拉克

Gilbert Switzer　吉尔伯特·斯维泽

Giuseppe Terragni　朱塞普·特拉尼

Gyorgy Kepes　捷尔吉·凯普斯

Hannes Meyer　汉斯·梅耶

Hans Wingler　汉斯·温格勒

Harold Bush-Brown　哈罗德·布什-布朗

Haru Madokoro　间所春

Harwell Hamilton Harris　哈维尔·汉密尔顿·哈里斯

Heinrich Wölfflin　海因里希·沃尔夫林

Heinz Ronner　海因斯·罗纳

Helena Čapková　海琳娜·卡普科娃

Henri de Toulouse-Lautrec　亨利·罗特列克

Henry Moore　亨利·摩尔

Henry Steiner　石汉瑞

Henry T. Heald　亨利·希尔德

Henry van de Velde　亨利·凡·德·威尔德

Henry-Russell Hitchcock　亨利-罗素·希区柯克

Herbert Bayer　赫尔伯特·拜亚

Herbert Kramel　赫伯特·克莱默

Herbert Lindinger　赫伯特·琳丁格

Herman Muthesius　赫曼·穆特休斯

Hin Bredendieck　亨·布瑞登迪克

Hiroshi Horiko　堀越洋

Hiroshi Ohchi　大智浩

Hugh Stubbins　休·斯塔宾斯

Hung-Shu Hu　胡宏述

I.M. Pei　贝聿铭

Irwin Rubin　埃文·鲁宾

Ise Gropius　伊萨·格罗皮乌斯

Iwao Yamawaki　山胁岩

J.J.P. Oud　奥德

Jacques Carlu　雅克·卡鲁

James Stirling　詹姆斯·斯特林

Jean Arp　让·阿尔普

Jean-Jacques Haffner　让-雅克·哈夫纳

Jill Pearlman　吉尔·帕尔曼

Joan Ockman　琼·奥克曼

Johan Selmer-Larsen　约翰·塞默–拉森
Johann Pestalozzi　裴斯泰洛齐
Johannes Itten　约翰内斯·伊顿
John Andrew Rice　约翰·安德鲁·莱斯
John Dewey　约翰·杜威
John F. Harbeson　约翰·哈伯逊
John Hejduk　约翰·海杜克
John Johansen　约翰·约翰森
John K. Fairbank　费正清
John Shaw　约翰·肖
Jonathan Block Friedman　乔纳森·布洛克·弗里德曼
José Luis Sert　约瑟·路易斯·塞特
Josef Albers　约瑟夫·阿尔伯斯
Josef Hafusf　约瑟夫·哈特
Josef Hoffmann　约瑟夫·霍夫曼
Joseph Hudnut　约瑟夫·哈德纳特
Joseph Maybank　约瑟夫·梅班克
Juan Gris　胡安·格里斯
Juergen Bredow　约根·布莱顿
Julien Guadet　朱利安·加代
Jürgen Joedicke　尤尔根·约迪克

Kameki Tsuchiura　土浦龟城
Katsuo Takei　武井胜雄
Kazimir Malevich　卡西米尔·马列维奇
Kazunari Sakamoto　坂本一成
Kazuo Manabe　真锅一男
Kazys Varnelis　卡内斯·瓦纳里斯
Ken Ichiura　市浦健
Kenneth Frampton　肯尼斯·弗兰姆普敦
Kevin Lynch　凯文·林奇
Kikuji Ishimoto　石本喜久治
King-lui Wu　邬劲旅
Klaus Herdeg　克劳斯·赫登格
Kotaro Migishi　三岸好太郎
Kristin Jones　克丽斯汀·琼斯
Kui Ting Leung　梁巨廷

László Moholy-Nagy　拉兹洛·莫霍利–纳吉
Le Corbusier　勒·柯布西耶
Lee F. Hodgden　李·霍辰
Lee Hirsche　李·赫希
Louis I. Kahn　路易斯·康
Ludwig Hilberseimer　路德维希·希尔伯塞默
Ludwig Mies van der Rohe　路德维希·密斯·凡·德·罗
Lup Fun Lui　吕立勋
Lyonel Feininger　莱昂内尔·费宁格

Makihisa Takayama　高山正喜久
Marc Angélil　马克·安吉利
Marcel Breuer　马歇尔·布劳耶
Marcel Franciscono　马歇尔·弗朗西斯科
Mardges Bacon　玛吉斯·培根
Margret Kentgens-Craig　玛格丽特·肯根斯–克雷格
Mario Botta　马里奥·博塔
Mark Bray　马克·布瑞

Masagiku Takayama　高山正喜久
Masaki Yamaguchi　山口正城
Masaru Katsumi　胜见胜
Masato Takahashi　高桥正人
Matthew Mindrup　马修·米德拉普
Maurice De Sausmarez　莫里斯·德·索斯马兹
Max Bill　马克斯·比尔
Michael Graves　迈克尔·格雷夫斯
Michiko Yamawaki　山胁道子
Minoru Yamasaki　山崎实

Naomi Asakura　朝仓直巳
Nathaniel Cortlandt Curtis　纳塔尼尔·柯蒂斯
Nikolaus Pevsner　尼古拉斯·佩夫斯纳
Norman Newton　诺曼·纽顿

Oscar Niemeyer　奥斯卡·尼迈耶
Oskar Schlemmer　奥斯卡·施莱默
Otto Wagner　奥托·瓦格纳

Pablo Picasso　巴勃罗·毕加索
Paul A. Cohen　保罗·柯文
Paul Beidler　保罗·贝德勒
Paul Cret　保罗·克瑞
Paul Klee　保罗·克利
Paul Rand　保罗·兰德
Paul Rudolph　保罗·鲁道夫
Peter Behrens　彼得·贝伦斯
Peter Eisenman　彼得·埃森曼
Petra Ruick　佩特拉·瑞克
Philip Johnson　菲利普·约翰逊
Pierre von Meiss　皮耶·麦斯
Piet Mondrian　皮特·蒙德里安
Pietro Belluschi　彼得罗·贝鲁斯基

Rainer Wick　雷纳·维奇
Ralph Rapson　罗夫·雷普森
Renshichiro Kawakita　川喜田炼七郎
Reyner Banham　雷纳·班纳姆
Richard Dattner　理查德·达特内
Richard Filipowski　理查德·菲利波斯基
Richard Lukens　理查德·卢肯斯
Richard Meier　理查德·迈耶
Richard Neutra　理查德·诺伊特拉
Richard Oliver　理查德·奥利弗
Richard Paulick　理查德·鲍立克
Robert Jay Wolff　罗伯特·杰·沃夫
Robert McCarter　罗伯特·麦卡特
Robert Slutzky　罗伯特·斯拉茨基
Robert Stern　罗伯特·斯特恩
Rudolf Arnheim　鲁道夫·阿恩海姆
Rudolf Wittkower　鲁道夫·维特科尔

Sadnosuke Nakada　仲田定之助
Sarah Goldhagen　莎拉·戈德哈根
Sibyl Moholy-Nagy　西比尔·莫霍利–纳吉

Sigfried Giedion　希格弗莱德·吉迪恩
Spiro Kostof　斯皮罗·科斯托夫
Sutemi Horiguchi　堀口捨己

Talbot Hamlin　塔勃特·哈姆林
Tai Keung Kan　靳埭强
Takehiko Mizutani　水谷武彦
Takeshi Kirihara　桐原武志
Tamae Ohno　大野玉枝
Terunobu Fujimori　藤森照信
Theo van Doesburg　凡·杜斯伯格
Thomas Kuhn　托马斯·库恩
Tom Wolfe　汤姆·沃夫
Tony Garnier　托尼·加涅

Ulrich Franzen　乌尔里奇·弗兰岑

Vito Bertin　柏庭卫
Vitor Lundy　维托尔·伦迪

Walter Gropius　瓦尔特·格罗皮乌斯
Walter Peterhans　沃特·彼得汉斯
Wassily Kandinsky　瓦萨里·康定斯基
Werner Blaser　维尔纳·布拉泽
Werner Seligmann　沃纳·塞利格曼
William Littmann　威廉·利特曼
William R. Ware　威廉·韦尔
William W. Wurster　威廉·伍斯特
Wilma Fairbank　费慰梅
Wolfgang Thöner　沃尔夫冈·托纳
Wucius Wong　王无邪

Yoko Kuwasawa　桑泽洋子
Yoshinobu Ashihara　芦原义信
Yoshio Iwamoto　岩本芳雄

校名及协会名翻译对照

Architectural Association School of Architecture
　建筑联盟学校
Armour Institute of Technology　阿默理工学院
Association of Collegiate Schools of Architecture
　美国建院院校协会
Beaux-Arts Institute of Design　布扎设计研究院
Black Mountain College　黑山学院
Brooklyn College　布鲁克林学院
Carnegie Institute of Technology　卡内基理工学院
Columbia University in the City of New York
　哥伦比亚大学
Columbus College of Art and Design
　哥伦布艺术与设计学院
Cornell University　康奈尔大学

Duke University　杜克大学
Georgia Institute of Technology　乔治亚理工学院
Harvard Graduate School of Design
　哈佛大学设计研究生院
Harvard University　哈佛大学
Illinois Institute of Technology　伊利诺伊理工学院
Institute of Design，Chicago　芝加哥设计学院
Kuwasawa Design School　桑泽设计研究所
Lewis Institute　刘易斯学院
Lingnan Middle School in Hong Kong　香港岭南中学
Maryland Institute，College of Art　马里兰艺术学院
Massachusetts Institute of Technology　麻省理工学院
New York Institute of Technology　纽约理工学院
Ohio State University　俄亥俄州立大学
Oxford University　牛津大学
Princeton University　普林斯顿大学
Saint John's University（Shanghai）　圣约翰大学（上海）
Staatliches Bauhaus　国立包豪斯学校
Syracuse University　雪城大学
Technical University Dresden　德累斯顿工业大学
Technical University of Darmstadt　达姆施塔特工业大学
Texas Tech University　得州工业大学
The Chinese University of Hong Kong　香港中文大学
The Cooper Union for the Advancement of
　Science and Art　库伯联盟学院
The First Institute of Art and Design（Hong Kong）
　大一艺术设计学院（香港）
The Hong Kong Polytechnic University　香港理工大学
The School for Modern Architecture and Craft
　新建筑工艺学院
The University of Texas at Austin　得州大学奥斯汀分校
The University of Tokyo　东京大学
Tokyo Institute of Technology　东京工业大学
Tokyo University of the Arts　东京艺术大学
Tokyo Zokei University　东京造形大学
Trinity University　三一大学
University of California，Berkeley　加州大学伯克利分校
University of Fukui　福井大学
University of Hawaii　夏威夷大学
University of Illinois at Urbana-Champaign
　伊利诺伊大学香槟分校
University of Iowa　爱荷华大学
University of Kansas　堪萨斯大学
University of Leeds　利兹大学
University of Michigan　密歇根大学
University of Minnesota　明尼苏达大学
University of Oregon　俄勒冈大学
University of Pennsylvania　宾夕法尼亚大学
University of Southern California　南加州大学
University of Virginia　弗吉尼亚大学
Yale University　耶鲁大学

图片来源

第一章：

图 1-1 和图 1-2　笔者自绘

图 1-3　George Z. F. Bereday, Comparative Method in Education. Holt, Rinehart and Winston, 1964：28

第二章：

图 2-1　Johannes Itten, Design and Form：The Basic Course at the Bauhaus and Later. John Wiley & Sons, 1975：14

图 2-2　Moholy-Nagy. Vision in Motion. P. Theobald, 1947：46

图 2-3　Frederick A Horowitz and Brenda Danilowitz. Josef Albers：To Open Eyes. Phaidon Press, 2006：137

图 2-4　（同图 2-1：10~11）

图 2-5　Michael Siebenbrodt & Lutz Schöbe, Bauhaus, 1919-1933：10

图 2-6　Herbert Bayer, Walter Gropius, and Ise Gropius. Bauhaus, 1919-1928. Charles T. Branford Company, 1952：23

图 2-7　Hans Wingler, Bauhaus：Weimar, Dessau, Berlin, Chicago. The MIT Press, 1978：569

图 2-8　https://www.moma.org/calendar/exhibitions/3007? locale=en#installation-images

图 2-9　Walter Gropius. Training the Architect, 1939：146

图 2-10　Black Mountain College Bulletin-Newsletter, Vol. II, No.6 April 1944：13

图 2-11　Black Mountain College Bulletin，1944-1945

图 2-12　Black Mountain College Bulletin，1934：封面

图 2-13　（同图 2-3：153）

图 2-14、图 2-15、图 2-16、图 2-18、图 2-20　http://www.albersfoundation.org

图 2-17 和图 2-19　（同图 2-3：129）

图 2-21 和图 2-22　（同图 2-6：506、435）

图 2-23　（同图 2-5：117）

图 2-24　（同图 2-3：104）

图 2-25 至图 2-27　笔者重新整理

图 2-28　根据阿尔伯斯年表重新整理，http://albersfoundation.org/teaching/josef-albers/chronology

图 2-29　（同图 2-3：39）

图 2-30　https://www.harvardartmuseums.org/art/225233

图 2-31　http://www.gsd.harvard.edu/2016/08/harvard-art-museums-new-digital-bauhaus-archive-showcases-key-gsd-figures/

图 2-32　Robert A. M. Stern and Jimmy Stamp. Pedagogy and Place：100 Years of Architecture Education at Yale. Yale University Press, 2016：98

图 2-33 和图 2-35　（同图 2-32：90、108）

图 2-34　（同图 2-3：44）

图 2-36　Werner Spies, Albers, Harry N. Abrams, Inc., Publishers, New York, 1970：57

图 2-37、图 2-40　https://kingluiwu.weebly.com/collaborations.html

图 2-38 和图 2-39　（同图 2-36：15、59）

图 2-41　Joan Ockman and Rebecca Williamson. Architecture School：Three Centuries of Educating Architects in North America. 2012

图 2-42　Hans Maria Wingler. The Bauhaus：Weimar, Dessau, Berlin, Chicago[M]. Cambridge, Mass：The MIT Press, 1969

图 2-43　The New Bauhaus, Program and curriculum, 1937

图 2-44　https://moholy-nagy.org/teaching/

图 2-45 至图 2-47　笔者重新整理

图 2-48　Moholy-Nagy. The New Vision：Fundamentals of Design, Painting, Sculpture, Architecture. W.W. Norton & Company, inc., 1938

图 2-49、图 2-51　笔者自绘

图 2-50　Moholy-Nagy. Vision in Motion. P. Theobald, 1947

图 2-52　笔者重新整理，引自 Moholy-Nagy. Vision in Motion. P. Theobald, 1947

图 2-53 和图 2-58　（同图 2-50：97、101、98、99、230、231）

图 2-59　Alain Findeli, "Moholy-Nagy's Design Pedagogy in Chicago (1937-46)." Design Issues 7, no. 1 (1990)：4~19

图 2-60 和图 2-61　（同图 2-50：80、82）

图 2-62　Herbert Bayer, Walter Gropius, and Ise Gropius. Bauhaus, 1919-1928[M]. Charles T. Branford Company, 1952：122

图 2-63 和图 2-64　（同图 2-48：182、183）

第三章：

图 3-1　Alfred Swenson, Pao-Chi Chang. Architectural Education at IIT, 1938-1978. Illinois Institute of Technology, 1980：24-25

图 3-2　W. Blaser, Mies van der Rohe, Continuing the Chicago School of Architecture, Berlin：Birkhauser Verlag AG, 1981：41

图 3-3　（同图 3-2：45）

图 3-4　（同图 3-1：41）

图 3-5　（同图 3-2：37）

图 3-6 至图 3-9　（同图 3-1：50、51、54、55）

图 3-10　（同图 3-2：71）

图 3-11　https://www.moma.org/collection/works/87528

图 3-12 和图 3-13　笔者重新整理，引自 Gyorgy Kepes，Language of Vision, Paul Theobald and Company, 1959

图 3-14　作者自绘

图 3-15　MIT Bulletin，1944-1945：115

图 3-16　MIT Bulletin，1946-1947：135

图 3-17　Gyorgy Kepes，Language of Vision, Paul Theobald and Company, 1959：26

图 3-18　Gyorgy Kepes, Structure in Art and in Science. G. Braziller, 1965：38

图 3-19 和图 3-20　（同图 3-18：152、148）

图 3-21　Marisa Bartolucci. Richard Filipowski：Art and

Design Beyond the Bauhaus. The Monacelli Press，2018：43

图 3-22 至图 3-24 （同图 3-21：64、66、69）

图 3-25 "Joseph Hudnut's Other Modernism at the 'Harvard Bauhaus.'" Journal of the Society of Architectural Historians 56, no. 4 (1997)

图 3-26 （同图 3-18：136~140）

图 3-27 （同图 3-21：183）

图 3-28 Alexander Caragonne, The Texas Rangers: Notes from an Architectural Underground. Cambridge，Mass：MIT Press，1995：13

图 3-29 Le Corbusier & Pierre Jeanneret, Oeuvre Complète Volume 1, 1910–1929, Les Editions d'Architecture Artemis, Zürich, 1964

图 3-30 https://www.artsy.net/artwork/theo-van-doesburg-the-construction-of-space-time-iii

图 3-31 至图 3-34 （同图 3-28：180、184、205、206）

图 3-35 和图 3-36 （同图 3-28：194）

图 3-37 至图 3-39 （同图 3-28：278~281）

图 3-40 和图 3-41 （同图 3-28：295~301）

图 3-42 自绘

图 3-43 Ulrich Franzen, and Alberto Pérez Gómez. Education of an Architect: A Point of View, the Cooper Union School of Art & Architecture. The Monacelli Press, 1999: 53

图 3-44 至图 3-48 （同图 3-43：59、58、65、35、37）

图 3-49 （同图 3-43：173~179）

图 3-50 （同图 3-43：228~233）

图 3-51 布鲁斯・朗曼提供

图 3-52 Francis D. K Ching. Architecture，Form，Space & Order. Van Nostrand Reinhold，1979.

图 3-53 Annual newsletter / Department of Architecture, University of Illinois at Urbana-Champaign.

图 3-54 胡宏述教授主页：http://www.huhungshu.com/publications

第四章：

图 4-1 朱稣典、潘淡明.《图案构成法》，1935：封面

图 4-2 和图 4-3 （同图 4-1：127、125）

图 4-4 （同图 4-1：101~102）

图 4-5 和图 4-6 （同图 4-1：149、155）

图 4-7 和图 4-8 （同图 4-1：186~191）

图 4-9 傅抱石.《基本图案学》，1936：封面

图 4-10 和图 4-11 （同图 4-9：119、132）

图 4-12 傅抱石.《基本工艺图案法》，1939：封面

图 4-13 和图 4-14 （同图 4-12：21、24）

图 4-15 陈浩雄.《图案之构成法》，1936：封面

图 4-16 （同图 4-15：14~15）

图 4-17 至图 4-19 （同图 4-15：125、59、181）

图 4-20 吕著青，储小石，黄怀英.《生产工艺》，1930：封面

图 4-21 （同图 4-20：第二期）

图 4-22 至 4-23 笔者整理

图 4-24 理查德・鲍立克，沃尔夫冈. Bauhaus Tradition und DDR Moderne; Der Architekt Richard Paulick，2006：封面

图 4-25 侯丽，王宜兵.《鲍立克在上海：近代中国大都市战后规划与重建》第一版，2016

图 4-26 理查德・鲍立克，沃尔夫冈.《现代家庭》，《中国日报》，1936，第三期

图 4-27 https://kuenste-im-exil.de/KIE/Content/EN/Objects/paulick-reihenhaeuser-entwurf-en.html?single=1

图 4-28 哈雄文，王子杨，陈占祥，黄作燊.《工程界》，1949

图 4-29 徐令修.《市政评论》，1947 年，第 8 期，第 9 卷

图 4-30 钱锋，伍江.《中国现代建筑教育史（1920 — 1980）》，中国建筑工业出版社，2008：107

图 4-31 罗小未，李德华.《时代建筑》，2004，第 6 期：24~25

图 4-32 清华大学建筑学院图书馆

图 4-33 《匠人营国：清华大学建筑学院 60 年》，清华大学出版社，2006

图 4-34 至图 4-36 分别为朱自煊、宋华沐、蔡君馥作业，清华大学建筑学院图书馆

图 4-37 钟炯垣.《清华大学建筑系第一、二、三、四届毕业班纪念集》，1947：135

图 4-38 笔者整理

图 4-39 王其明，《忆梁思成先生教学事例数则》，古建园林技术，（03）2001：19-21

图 4-40 至图 4-42 分别为林志群、李道增、高亦兰作业，清华大学建筑学院图书馆

图 4-43 和图 4-44 周维权作业，清华大学建筑学院图书馆

图 4-45 罗伯特・杰・沃夫.《设计元素》，1945：封面

图 4-46 https://www.moma.org/calendar/exhibitions/3182

图 4-47 珍妮弗・托拜厄斯提供

图 4-48 至图 4-50 罗伯特・杰・沃夫.《设计元素》，1945：展板 1-24

图 4-51 胡允敬作业，清华大学建筑学院图书馆

图 4-52 和图 4-53 张昌龄作业，清华大学建筑学院图书馆

图 4-54 和图 4-55 《建筑设计初步》封面和目录，清华大学土木建筑系民用建筑设计教研组，1962

图 4-56 券柱式的立面分析，《建筑设计初步》，清华大学土木建筑系民用建筑设计教研组，1962：34

图 4-57 大样构图模板，（同图 4-56：40）

图 4-58、图 4-59、图 4-63、图 4-64 清华大学建筑学院图书馆

图 4-60 和图 4-62 清华大学土建系民用建筑设计教研组.民用建筑设计原理（初稿）.北京：清华大学，1963.

图 4-61 自绘

第五章：

图 5-1 https://www.matrixinternational.it/en/designer/takehiko-mizutani-en/

图 5-2 Hans Maria Wingler. The Bauhaus: Weimar, Dessau, Berlin, Chicago, 1969: 507

图 5-3 http://www.tate.org.uk/art/artworks/yamawaki-untitled-portrait-of-yamawaki-with-paul-oud-p79914

图 5-4 https://www.bauhaus100.de/en/past/overview/japan_und_das_bauhaus.html

图 5-5 "川喜田煉七郎によるデザイン教育活動の消長"，梅宮弘光，1990

图 5-6 至图 5-9　川喜田炼七郎、武井胜雄.《构成教育大系》，1934

图 5-10　《建築工芸アイシーオール》第 3 卷第 3 号，1933 年 3 月

图 5-11　《建築工芸アイシーオール》第 2 卷第 11 号，1932 年 11 月

图 5-12　《建築工芸アイシーオール》杂志封面

图 5-13　依据《筑波大学艺术 20 周年纪念志》绘制，1995：72.

图 5-14　《立体構成の基礎》封面，1965

图 5-15　《構成 視覚造形の基礎》封面，1974

图 5-16　https://www.kds.ac.jp/en/school/history/

图 5-17　王无邪.《平面设计原理》，1979

图 5-18　王无邪.《立体设计原理》，1981

图 5-19　（同图 5-17：8~9）

图 5-20　（同图 5-17：16~17）

图 5-21　"基本设计"展览内景，香港艺术馆提供

图 5-22　"基本设计"展海报，香港艺术馆提供

图 5-23　杭间，郭秋慧，张京生.《传统与学术：清华大学美术学院院史访谈录》，清华大学出版社，2011：273

图 5-24　杭间等.《包豪斯道路：历史、遗泽、世界与中国》，2014：152

图 5-25　清华大学美术学院资料室

图 5-26　《平面设计基础》封面，顾大庆提供

图 5-27　《设计基础》封面，顾大庆提供

第六章：

图 6-1 至图 6-12　徐甘提供

图 6-13　同济大学建筑系建筑设计基础教研室.《建筑形态设计基础》.中国建筑工业出版社.1991：51

图 6-14　同济大学建筑与城市规划学院资料室

图 6-15 和图 6-25　（同图 6-1）

图 6-16　《建筑师》，第 12 期，1982：226

图 6-17 和图 6-18　岩本芳雄等.《空间限定》.建筑文化，1965，8：91~106

图 6-19 和图 6-20　手稿由赵秀恒提供

图 6-21　莫天伟.建筑教学中的形态构成训练.建筑学报，(06) 1986：65~70

图 6-22、图 6-23、图 6-28　（同图 6-14）

图 6-24　（同图 6-13：54）

图 6-26 和图 6-27　（同图 6-13：彩页）

图 6-29　余敏飞."小简严深——谈建筑设计课启蒙教学"

时代建筑，(08)1985：11~15

图 6-30 和图 6-31　（同图 6-13，彩页、43）

图 6-32 至图 6-47　清华大学建筑学院图书馆

图 6-48　田学哲，俞靖芝，郭逊，卢向东.《形态构成解析》.中国建筑工业出版社，2005

图 6-49 至图 6-51　（同图 6-32）

图 6-52 至图 6-55　徐畅."设计基础与视觉艺术".清华大学硕士论文，1980

图 6-56 至图 6-58　顾大庆提供

图 6-59　引自《天津大学建筑系历届（1953-1985）学生作品选》.天津大学出版社，1986：60

图 6-60　《天津大学、神户大学建筑系学生作品选》.天津科学技术出版社，1985：32

图 6-61　张敕.《建筑画》.（12）1989：5~8

图 6-62　南舜薰.《建筑画》.（12）1986：60~61

图 6-63 和图 6-64　万国安.《建筑画》.（12）1989：17

图 6-65　赵秀恒.《匠门逐梦：赵秀恒作品选集》.中国建筑工业出版社，2012：44

图 6-66　笔者自绘

图 6-67　莫天伟，李岳荣."形态构成与建筑设计——百花岩山庄建筑设计".时代建筑，(03)1988：11~13

图 6-68 和图 6-69　黄仁.《当代中国建筑师——黄仁》.中国建筑工业出版社，1999：48~50

图 6-70　（同图 6-68：16~20）

第七章：

图 7-1 至图 7-3　自绘

图 7-4　Walter Gropius，Scope of Total Architecture，1955：插图部分

图 7-5　同济大学建筑系建筑设计基础教研室.《建筑形态设计基础》.中国建筑工业出版社.1991：彩色插图

图 7-6　笔者整理，引自 Alfred Swenson，Pao-Chi Chang，and Illinois Institute of Technology. Architectural Education at IIT，1938-1978. Illinois Institute of Technology，1980

图 7-7　同济大学建筑与城市规划学院资料室

图 7-8　Daniel Johnson，Columbia University's Introductory Pedagogy (1986-1991)，2013：94

图 7-9　http://johnmjohansen.com/Mummers-Theater.html 和 http://thingsmagazine.tumblr.com/post/88365637342/coming-down-john-johansensmummers-theaterstage

图 7-10 和图 7-11 自绘

参考文献

外文文献
1. 期刊文章

[1] Alain Findeli. Moholy-Nagy's Design Pedagogy in Chicago（1937-46）[J]. Design Issues 7, no. 1（1990）: 4–19.

[2] Capkova Helena.Transnational Networkers-Iwao and Michiko Yamawaki and the Formation of Japanese Modernist Design[J]. Journal of Design History, 2014（4）: 370-385.

[3] Eva Díaz. "The Ethics of Perception: Josef Albers in the United States." [J]. The Art Bulletin 90, no. 2（2008）: 260–85.

[4] Francke Huntington Bosworth, Roy Childs Jones, Association of Collegiate Schools of Architecture, and Carnegie Corporation of New York. A Study of Architectural Schools[J]. Pub. for the Association of Collegiate Schools of Architecture by C. Scribner's sons, 1932.

[5] Ikegami Hidehiro. Kosei and Zokei Education: Bauhaus and the Formation of Kuwasawa Design School[J]. Asian Conference of Design History and Theory, The ACDHT Journal 1（2016）: 86–94.

[6] Jill Pearlman. Bauhaus in America.[J]. Journal of Architectural Education 51, no. 3（February 1, 1998）: 204–204.

[7] Jill Pearlman. Joseph Hudnut's Other Modernism at the "Harvard Bauhaus" [J]. Journal of the Society of Architectural Historians 56, no. 4（1997）: 452–77.

[8] Joan Draper. John Galen Howard[J]. Journal of Architectural Education 33, no. 2（November 1979）: 30–35.

[9] John Gage. Colour at the Bauhaus[J]. AA Files, no. 2（1982）: 50–54.

[10] John H. Holloway, John A. Weil, and Josef Albers. A Conversation with Josef Albers[J]. Leonardo 3, no. 4（1970）: 459–64.

[11] Josef Albers. Concerning Art Instruction[J]. Black Mountain College Bulletin, 2（1934）.

[12] Kenneth Frampton, Alessandra Latour. Notes on American Architectural Education. From the End of the Nineteenth Century Until the 1970s.[J]. Lotus International 27（1980）: 5–39.

[13] Kimberly K. Lakin, Leland M. Roth. Harmony in Diversity: The Architecture and Teaching of Ellis F. Lawrence[J]. Museum of Art and the Historic Preservation Program, School of Architecture and Allied Arts, University of Oregon, 1989.

[14] Kingo Masuda. A Historical Overview of Art Education in Japan[J]. The Journal of Aesthetic Education 37, no. 4（November 19, 2003）: 3–11.

[15] Kristin Jones. Research in Architectural Education: Theory and Practice of Visual Training[J]. The ARCC Journal for Architectural Research, 2016, 13（1）: 7-16.

[16] Littmann William. Assault on the Ecole: Student Campaigns Against the Beaux Arts, 1925–1950[J]. Journal of Architectural Education 53, no. 3（March 13, 2006）: 159–66.

[17] Louise Harpman, Evan M. Supcoff. Perspecta 30: The Yale Architectural Journal : Settlement Patterns[M]. The MIT Press, 1999.

[18] Marie Frank. Emil Lorch: Pure Design and American Architectural Education[J]. Journal of Architectural Education 57, no. 4（May 1, 2004）: 28–40.

[19] Marie Frank. The Theory of Pure Design and American Architectural Education in the Early Twentieth Century[J]. Journal of the Society of Architectural Historians 67, no. 2（2008）: 248–73.

[20] Matthew Mindrup. Translations of Material to Technology in Bauhaus Architecture[J]. Wolkenkuckucksheim, 2014（12）: 161-172.

[21] Paul P Cret. The Ecole Des Beaux-Arts and Architectural Education[J]. Journal of the American Society of Architectural Historians 1, no. 2（April 1, 1941）: 3–15.

[22] Petra Ruick . Takehiko Mizutani's Years at the Bauhaus Dessau: Study on the Bauhaus and Takehiko Mizutani 水谷武彦のバウハウス・デッサウに於ける留学時代について：バウハウスと水谷武彦に関する研究 その1[J]. 日本建築学会計画系論文集, 2006（599）: 157-163.

[23] Thomas Reinke, Gordon Shrigley. Max Bill: HFG Ulm : Drawing and Redrawing[M]. Marmalade, 2006.

[24] 常見美紀子 . 大野玉枝研究（家具・木工、ファッション，口頭による研究発表概要，平成18年度日本デザイン学会第53回研究発表大会）[C]. デザイン学研究 . 研究発表大会概要集, 2006.

[25] 岩木芳雄，堀越洋，桐原武志 . 空間的限定 [J]. 建築文化, 1965, 91–106.

[26] 真鍋一男 . 基礎造型 [J]. 日本设计科学学会公报, 1981: 49–50.

2. 专著

[27] Alexander Caragonne. The Texas Rangers: Notes from an Architectural Underground[M]. Cambridge: The MIT Press, 1995.

[28] Alfred Hamilton Barr. Cubism and Abstract Art: Painting, Sculpture, Constructions, Photography, Architecture, Industrial Art, Theatre, Films, Posters, Typography[M]. Boston: Belknap Press of Harvard University Press, 1936.

[29] Alfred Swenson, Pao-Chi Chang, and Illinois Institute of Technology. Architectural Education at IIT, 1938-1978[M]. Illinois Institute of Technology, 1980.

[30] American Institute of Architects. Mid-Century Architecture in America: Honor Awards of the American Institute of Architects, 1949-1961[M]. Washington, D.C.: Johns Hopkins Press, 1961.

[31] Anthony Alofsin, The Struggle for Modernism: Architecture, Landscape Architecture, and City Planning at Harvard[M]. New York: W.W. Norton, 2002.

[32] Ashraf Salama. New Trends in Architectural Education: Designing the Design Studio[M]. Tailored Text & Unlimited Potential Publishing, 1995.

[33] Bernhard E Bürdek. Design: History, Theory and Practice of Product Design[M]. Basel: Birkhäuser, 2015.

[34] Caroline Shillaber. Massachusetts Institute of Technology School of Architecture and Planning: 1861-1961: A Hundred Year Chronicle[M]. The MIT Press, 1963.

[35] Christian Norberg-Schulz. Intentions in Architecture[M]. The MIT Press, 1966.

[36] Colin Rowe, Robert Slutzky, Bernhard Hoesli. Transparency[M]. Birkhäuser Verlag, 1997.

[37] Colin Rowe. As I Was Saying: Texas, Pre-Texas, Cambridge[M]. The MIT Press, 1995.

[38] Colin Rowe. The Mathematics of the Ideal Villa and Other Essays[M]. The MIT Press, 1982.

[39] Eleanor M Hight. Picturing Modernism: Moholy Nagy and Photography in Weimar Germany[M].The MIT Press, 1995.

[40] Eve Blau, and Nancy J. Troy. Architecture and Cubism. Centre canadien d'architecture/Canadian Centre for Architecture[M]. The MIT Press, 1997.

[41] Eckhard Neumann. Bauhaus and Bauhaus People[M]. Van Nostrand Reinhold, 1993.

[42] Eleanor Bittermann. Art in Modern Architecture[M]. New York: Reinhold, 1952.

[43] Elizabeth Byrne. Design on the Edge: A Century of Teaching Architecture at the University of California, Berkeley, 1903-2003[M]. College of Environmental Design, University of California, Berkeley, 2009.

[44] Elizabeth Meredith Dowling, Lisa M. Thomason. One Hundred Years of Architectural Education: 1908-2008, Georgia Tech[M].Atlanta: Georgia Tech College of Architecture, 2009.

[45] Four Great Makers of Modern Architecture: Gropius, Le Corbusier, Mies Van Der Rohe, Wright. A Verbatim Record of a Symposium Held at the School of Architecture from March to May 1961[M].New York: Columbia University, 1963.

[46] Francis D. K Ching. Architectural Graphics[M]. Van Nostrand Reinhold Co, 1985.

[47] Francis D. K Ching. Architecture, Form, Space &

Order[M]. Van Nostrand Reinhold, 1979.

[48] Frederick A. Horowitz, and Brenda Danilowitz. Josef Albers: To Open Eyes[M]. London: Phaidon Press, 2009.

[49] George E. Hartman, Jan Cigliano. Pencil Points Reader: Selected Readings from a Journal for the Drafting Room, 1920-1943[M]. Princeton Architectural Press, 2004.

[50] George Z. F Bereday. Comparative Method in Education[M]. New York: Holt, Rinehart and Winston, 1964.

[51] Fred Sandback, Dieter Schwarz. Fred Sandback: Drawings[M]. Richter Verlag, 2014.

[52] Gyorgy Kepes. Language of Vision[M]. P. Theobold, 1944.

[53] Gyorgy Kepes. Structure in Art and in Science[M]. G. Braziller, 1965.

[54] Gyorgy Kepes. The New Landscape in Art and Science[M]. P. Theobald, 1956.

[55] Gyorgy Kepes. The Visual Arts Today[M]. Delaware: Wesleyan University Press, 1963.

[56] Hans Maria Wingler. The Bauhaus: Weimar, Dessau, Berlin, Chicago[M].Cambridge: The MIT Press, 1969.

[57] Harold Bush-Brown. Beaux Arts to Bauhaus and Beyond: An Architect's Perspective[M]. Whitney Library of Design, 1976.

[58] Henry-Russell Hitchcock. Architecture: Nineteenth and Twentieth Centuries[M]. New Haven: Yale University Press, 1977.

[59] Henry-Russell Hitchcock. Painting Toward Architecture[M]. New York: Duell, Sloan and Pearce, 1948.

[60] Herbert Bayer, Walter Gropius, and Ise Gropius. Bauhaus, 1919-1928[M]. Charles T. Branford Company, 1952.

[61] Herbert Lindinger. Ulm Design: The Morality of Objects[M]. Cambridge: The MIT Press, 1991.

[62] Ivan Margolius. Cubism in Architecture and the Applied Arts: Bohemia and France, 1910-1914[M]. David & Charles, 1979.

[63] James Jerome Gibson. The Ecological Approach to Visual Perception[M].London: Psychology Press, 1986.

[64] Jennifer A. E Shields. Collage and Architecture[M]. Routledge, 2014.

[65] Jill E Pearlman. Inventing American Modernism: Joseph Hudnut, Walter Gropius, and the Bauhaus Legacy at Harvard[M]. Charlottesville: University of Virginia Press, 2007.

[66] Joan Ockman, Rebecca Williamson. Architecture School: Three Centuries of Educating Architects in North America[M]. Cambridge: The MIT Press, 2012.

[67] Johannes Itten. Design and Form: The Basic Course at the Bauhaus and Later[M].New York: John Wiley

& Sons, 1975.

[68] Johannes Itten. The Elements of Color[M]. New York: John Wiley & Sons, 1970.

[69] John F Harbeson. The Study of Architectural Design: With Special Reference to the Program of the Beaux-Arts Institute of Design[M]. Pencil Points Press, 1927.

[70] John Hejduk, Mask of Medusa: Works 1947-1983[M]. New York: Rizzoli, 1985

[71] John Hejduk. John Hejduk: Seven Houses[M]. New York: Institute for Architecture and Urban Studies, 1979.

[72] Jonathan Block Friedman. Creation in Space: Architectonics[M]. Kendall/Hunt, 1988.

[73] Jonathan Block Friedman. Creation in Space: Dynamics[M]. Kendall/Hunt, 1989.

[74] Josef Albers, Boissel Jessica, Weber Nicholas Fox, and Kandinsky Wassily. Josef Albers and Wassily Kandinsky: Friends in Exile, a Decade of Correspondence, 1929-1940[M]. Hudson Hills Press, 2010.

[75] Josef Albers, General Education and Art Education: Possessive and Productive, Search Versus Re-Search[M]. Hartford: Trinity University Press, 1969.

[76] Josef Albers. Interaction of Color[M]. New Heaven: Yale University Press, 2006.

[77] Josef Albers. Poems and Drawings[M]. New Heaven: Yale University Press, 2006.

[78] Jürgen Joedicke. Architecture Since 1945: Sources and Directions[M]. New York: Praeger, 1969.

[79] Katz Vincent. Black Mountain College: Experiment in Art[M]. Cambridge: The MIT Press, 2013.

[80] Klaus Herdeg. The Decorated Diagram: Harvard Architecture and the Failure of the Bauhaus Legacy[M]. Cambridge: The MIT Press, 1985.

[81] László Moholy-Nagy, Terry Suhre, Illinois State Museum, and State of Illinois Art Gallery. Moholy-Nagy, a New Vision for Chicago[M]. University of Illinois Press and the Illinois State Museum, 1990.

[82] László Moholy-Nagy. The New Vision: Fundamentals of Design, Painting, Sculpture, Architecture[M]. New York: W.W. Norton, 1938.

[83] László Moholy-Nagy. Vision in Motion[M]. P. Theobald, 1947.

[84] Magdalena Droste, Bauhaus-Archiv. Bauhaus, 1919-1933[M]. Taschen, 2002.

[85] Marc Angélil, Dirk Hebel. Deviations: Designing Architecture - A Manual[M]. Birkhäuser Basel, 2008.

[86] Marcel Franciscono. Walter Gropius and the Creation of the Bauhaus in Weimar: The Ideals and Artistic Theories of Its Founding Years[M]. Chicago: University of Illinois Press, 1971.

[87] Mardges Bacon. Le Corbusier in America: Travels in the Land of the Timid[M]. Cambridge: The MIT Press, 2001.

[88] Margret Kentgens-Craig. The Bauhaus and America: First Contacts, 1919-1936[M]. Cambridge: The MIT Press, 1999.

[89] Mark Bray, Bob Adamson, Mark Mason. Comparative Education Research: Approaches and Methods[M].Berlin: Springer, 2014.

[90] Mary Emma Harris. The Arts at Black Mountain College[M]. Cambridge: The MIT Press, 2002.

[91] Maurice De Sausmarez. Basic Design: The Dynamics of Visual Form[M]. Studio Vista, 1964.

[92] Modern (Gallery), Tate. Albers and Moholy-Nagy: From the Bauhaus to the New World[M]. New Heaven: Yale University Press, 2006.

[93] Nikolaus Pevsner. Pioneers of the Modern Movement: From William Morris to Walter Gropius[M]. London: Faber & Faber, 1936.

[94] Nikolaus Pevsner. The Sources of Modern Architecture and Design[M]. London: Thames & Hudson, 1968.

[95] Paul Klee: The Thinking Eye: The Notebooks of Paul Klee[M]. G. Wittenborn, 1961.

[96] Peter Eisenman. The Formal Basis of Modern Architecture[M]. Zurich: Lars Müller Publishers, 2006.

[97] Rainer K. Wick, and Gabriele Diana Grawe. Teaching at the Bauhaus[M]. Distributed Art Pub Incorporated, 2000.

[98] Reyner Banham. Theory and Design in the First Machine Age[M]. Cambridge: The MIT Press, 1980.

[99] Richard Oliver. The Making of an Architect, 1881-1981: Columbia University in the City of New York[M].New York: Rizzoli, 1981.

[100] Richard Padovan. Towards Universality: Le Corbusier, Mies and De Stijl[M]. Routledge, 2013.

[101] Robert A. M. Stern, and Jimmy Stamp. Pedagogy and Place: 100 Years of Architecture Education at Yale[M].New Haven: Yale University Press, 2016.

[102] Robert Cowen, and Andreas M Kazamias. International Handbook of Comparative Education[M]. Berlin: Springer, 2009.

[103] Robert Slutzky. Robert Slutzky: 15 Paintings, 1980-1984[M]. Modernism Gallery, 1984.

[104] Rudolf Arnheim. Art and Visual Perception: A Psychology of the Creative Eye[M]. Berkeley: University of California Press, 1974.

[105] Rudolf Arnheim. The Dynamics of Architectural Form[M]. Berkeley: University of California Press, 1977.

[106] Rudolf Arnheim. Visual Thinking[M]. Berkeley: University of California Press, 1969.

[107] Sibyl Moholy-Nagy. Moholy-Nagy, Experiment in Totality[M]. New York: Harper & Bros., 1950.

[108] Sigfried Giedion. Space, Time and Architecture: The Growth of a New Tradition[M]. Boston: Harvard University Press, 1947.

[109] Sigfried Giedion.Walter Gropius[M].New York：Dover Publications，1954.

[110] Spiro Kostof. The Architect：Chapters in the History of the Profession[M]. Oxford University Press，1977.

[111] Stephen Grabow. Christopher Alexander：The Search for a New Paradigm in Architecture[M]. Stocksfield：Oriel Press，1983.

[112] Tom Wolfe. From Bauhaus to Our House[M]. New York：Farrar，Straus and Giroux，2009.

[113] Ulrich Franzen，Alberto Pérez Gómez. Education of an Architect：A Point of View，the Cooper Union School of Art & Architecture[M]. New York：Monacelli Press，1999.

[114] Walter Gropius，and Ise Gropius. Apollo in the Democracy：The Cultural Obligation of the Architect[M]. McGraw-Hill，1968.

[115] Walter Gropius. Scope of Total Architecture[M]. New York：Harper，1943.

[116] Walter Gropius. The New Architecture and the Bauhaus[M]. Cambridge：The MIT Press，1965.

[117] Wassily Kandinsky，and Hilla Rebay. Point and Line to Plane[M]. Courier Corporation，1947.

[118] Wassily Kandinsky. Concerning the Spiritual in Art[M]. Courier Corporation，2012.

[119] Werner Blaser. After Mies：Mies van Der Rohe，Teaching and Principles[M]. New York：Van Nostrand Reinhold，1977.

[120] Werner Blaser. Mies van Der Rohe：Continuing the Chicago School of Architecture[M]. Stuttgart：Birkhauser，1981.

[121] William Smock. The Bauhaus Ideal Then and Now：An Illustrated Guide to Modern Design[M]. Chicago Review Press，2009.

[122] Wilma Fairbank. Liang and Lin：Partners in Exploring China's Architectural Past[M]. Philadelphia：University of Pennsylvania Press，1994.

[123] Wucius Wong. Principles of Form and Design[M]. New York：John Wiley & Sons，1993.

[124] Wucius Wong. Principles of Three Dimensional Design[M]. Van Nostrand Reinhold Company，1977.

[125] Wucius Wong. Principles of Two-Dimensional Design[M].New York：John Wiley & Sons，1972.

[126] 川喜田炼七郎，武井胜雄. 构成教育大系 [M]. 学校美术协会出版部，1934：1.

[127] 高桥正人. 构成：视觉造型的基础 [M]. 凤山社，1968.

3. 学位论文

[128] Anna Vallye. Design and the Politics of Knowledge in America，1937-1967：Walter Gropius，Gyorgy Kepes[D]. New York：Columbia University，2011.

[129] Arthur Clason Weatherhead. The History of Collegiate Education in Architecture in the United States[D].New York：Columbia University，1941.

[130] Eric Kim Lum. "Architecture as Artform：Drawing，Painting，Collage，and Architecture，1945-1965." [D]. Cambridge：Massachusetts Institute of Technology，1999.

[131] Kazys Varnelis. The Spectacle of the Innocent Eye：Vision，Cynical Reason，and the Discipline of Architecture in Postwar America.[D]. New York：Cornell University，1995.

[132] Richard Walter Lukens. The Changing Role of Drawing and Rendering In Architectural Education[D]. Philadelphia：University of Pennsylvania，1979.

中文文献

1. 期刊文章

[1] 布鲁斯·埃里克·朗曼，徐亮，顾大庆. 空间练习之装配部件教学方法 [J]. 建筑师，2014（06）：39-49.

[2] 陈光大（Guang-Dah Chen）. 日本基础造形教育的发展 [J]. 设计学研究，2007，10（2）：95-116.

[3] 董鉴泓. 同济建筑系的源与流 [J]. 时代建筑，1993（02）：3-7.

[4] 高亦兰. 梁思成的办学思想 [J]. 世界建筑，2006（11）：134-135.

[5] 顾大庆. "布扎—摩登"中国建筑教育现代转型之基本特征 [J]. 时代建筑，2015（05）：48-55.

[6] 顾大庆. 空间、建构和设计——建构作为一种设计的工作方法 [J]. 建筑师，2006（01）：13-21.

[7] 顾大庆. 论我国建筑设计基础教学观念的演变 [J]. 新建筑，1992（01）：33-35.

[8] 顾大庆. 空间：理论抑或感知？——建筑设计空间知觉的基本训练 [J]. 世界建筑导报，2013，28（01）：37-39.

[9] 顾大庆. 中国的"鲍扎"建筑教育之历史沿革——移植、本土化和抵抗 [J]. 建筑师，2007（02）：97-107.

[10] 顾大庆. 作为研究的设计教学及其对中国建筑教育发展的意义 [J]. 时代建筑，2007（03）：14-19.

[11] 顾大庆，赵辰，丁沃沃，等. 渲染、构成与设计——南工建筑设计基础教学新模式的探讨 [J]. 建筑学报，1988（06）：51-55.

[12] 乔其·凯帕斯，莫天伟. 基本设计：视觉形态动力学 [J]. 时代建筑，1990（02）：63-64.

[13] 黄仁. 半屋数披，小筑允宜——建筑形态构成设计的一次尝试 [J]. 建筑学报，1989（08）：37-40.

[14] 黄仁. 设计基础教学改革尝试 [J]. 时代建筑，1989（02）：24-26.

[15] 黄仁. 张家界青岩山庄设计 [J]. 建筑学报，1989（04）：21-23.

[16] 荆其敏，张文忠. 美国研究生分析中国古建筑——天津大学部份留学生作业简介 [J]. 建筑学报，1982（12）：46-51.

[17] 李保峰. 忆周卜颐先生 [J]. 新建筑，2004（02）：4-5.

[18] 卢济威. 以"环境观"建立建筑设计教学新体系 [J]. 时代建筑，1992（04）：8-12.

[19] 卢永毅. 同济早期现代建筑教育探索 [J]. 时代建筑，

2012（03）：48-53.

[20] 卢永毅.谭垣的建筑设计教学以及对"布扎"体系的再认识[J].南方建筑，2011（04）：23-27.

[21] 罗亮.建筑设计基础教学新体系[J].新建筑，1992（01）：27-32.

[22] 罗维东.密氏·温德路[J].建筑学报，1957（05）：52-60.

[23] 罗小未，李德华.原圣约翰大学的建筑工程系，1942-1952[J].时代建筑，2004（06）：24-26.

[24] 莫天伟.建筑教学中的形态构成训练[J].建筑学报，1986（06）：65-70.

[25] 莫天伟，李岳荣.形态构成与建筑设计——百花岩山庄建筑设计[J].时代建筑，1988（03）：11-13+34.

[26] 莫天伟.形态构成学与设计基础教育——同济大学学生作业[J].时代建筑，1985（01）：22-24.

[27] 莫天伟.形象思维和形态构成——建筑创作思维特征刍议[J].建筑学报，1985（10）：20-25.

[28] 南舜薰.构成与建筑师的造型语言[J].建筑学报，1985（09）：33-36.

[29] 秦佑国.从宾大到清华——梁思成建筑教育思想（1928—1949）[J].建筑史，2012（1）.

[30] 施瑛，吴桂宁，潘莹.建筑设计基础课程的教学发展和探索[J].华中建筑，2008，26（12）：271-272.

[31] 王璐，施瑛，刘虹.基于建筑学的平面构成教学探索——华南理工大学建筑设计基础之形态构成系列课程研究[J].南方建筑，2011（05）：44-47.

[32] 王其明.忆梁思成先生教学事例数则[J].古建园林技术，2001（03）：19-21.

[33] 伍江.兼收并蓄，博采众长；锐意创新，开拓进取——简论同济建筑之路[J].时代建筑，2004（06）：16-17.

[34] 尹定邦，刘露微.广州美术学院设计系[J].装饰，1991（02）：10-11.

[35] 余敏飞.小简严深——谈建筑设计课启蒙教学[J].时代建筑，1985（01）：11-15.

[36] 张道一.图案与图案教学[J].南京艺术学院学报（音乐与表演版），1982（03）：5-17.

[37] 张建龙，岑伟.春风化雨细润无声——莫天伟教授之建筑教育观念[J].城市建筑，2011（03）：46-49.

[38] 张文忠.美好的开端 写在神户大学—天津大学学生建筑设计展览之后[J].世界建筑，1982（02）：35-36.

[39] 张轶伟.构成教学在中国建筑教育的引入与转化[J].世界建筑导报，2016，31（02）：23-24.

[40] 张轶伟，顾大庆.溯源与流变——"包豪斯初步课程"在中国建筑教育的两次引进[J].建筑师，2019（02）：55-63.

[41] 朝仓直已，陈小清.作为基础造形的构成——有关构成的含义[J].美术学报，1995（01）：78-81.

[42] 赵秀恒.建筑·建筑设计——《建筑设计基础》课的探讨[J].同济大学学报，1979（04）：61-71.

2. 专著

[43] 陈宗晖.建筑设计初步[M].北京：中国建筑工业出版社，1978.

[44] 高桥正人，王秀雄.视觉造型之基础：构成[M].台

北：大陆书店，1970.

[45] 高山正喜久.立体构成之基础[M].台北：大陆书店，1978.

[46] 龚恺，顾大庆，单踊.东南大学建筑学院建筑系一年级设计教学研究：设计的启蒙[M].北京：中国建筑工业出版社出版，2007.

[47] 顾大庆.设计与视知觉[M].北京：中国建筑工业出版社，2002.

[48] 顾大庆，柏庭卫.建筑设计入门[M].北京：中国建筑工业出版社，2010.

[49] 顾大庆，柏庭卫.空间、建构与设计[M].北京：中国建筑工业出版社，2011.

[50] 郭逊.清华大学建筑学院设计系列课教案与学生作业选——一年级建筑设计[M].北京：清华大学出版社，2006.

[51] 杭间，张京生，郭秋惠.传统与学术——清华大学美术学院院史访谈录[M].北京：清华大学出版社，2011.

[52] 东南大学建筑历史与理论研究所.中国建筑研究室口述史（1953-1965）[M].南京：东南大学出版社，2013.

[53] 贾珺.建筑史论文集（第21辑）[M].北京：清华大学出版社，2005.

[54] 靳埭强，杭间.中国现代设计与包豪斯[M].北京：人民美术出版社，2014.

[55] 赖德霖.中国近代建筑史研究[M].北京：清华大学出版社，2007.

[56] 梁思成.梁思成全集（第五卷）[M].北京：中国建筑工业出版社，2001.

[57] 林书尧.视觉艺术：视觉艺术的基本理论与实际[M].台北：维新书局，1969.

[58] 马场雄二，王秀雄.美术设计的点线面[M].台北：大陆书店，1967.

[59] 马海平.图说上海美专[M].南京：南京大学出版社，2012.

[60] 南舜薰，辛华泉.建筑构成[M].北京：中国建筑工业出版社，1990.

[61] 彭长歆，庄少庞.华南建筑80年：华南理工大学建筑学科大事记[M].广州：华南理工大学出版社，2012.

[62] 彭一刚.建筑空间组合论[M].北京：中国建筑工业出版社，1998.

[63] 钱锋，伍江.中国现代建筑教育史：1920~1980[M].北京：中国建筑工业出版社，2008.

[64] 清华大学建筑学院.匠人营国：清华大学建筑学院60年[M].北京：清华大学出版社，2006.

[65] 清华大学建筑学院.清华大学建筑系第一、二、三、四届毕业班纪念集[M].北京：清华大学建筑系，1970.

[66] 清华大学土木建筑系.建筑设计渲染图集[M].北京：清华大学出版社，1960.

[67] 索斯马兹.基本设计：视觉形态动力学[M].莫天伟译.上海：上海人民美术出版社，1989.

[68] 藤森照信.日本近代建筑[M].济南：山东人民出版社，2010.

[69] 天津大学建筑系.天津大学，神户大学建筑系学生

作品选辑 [M]. 天津：天津科学技术出版社，1985.

[70] 田学哲 . 建筑初步（第一版）[M]. 北京：中国建筑工业出版社，1982.

[71] 田学哲 . 建筑初步（第二版）[M]. 北京：中国建筑工业出版社，1999.

[72] 田学哲，俞靖芝，郭逊，卢向东 . 形态构成解析 [M]. 北京：中国建筑工业出版社，2005.

[73] 童寯 . 童寯文集：第一卷 [M]. 北京：中国建筑工业出版社，2002.

[74] 同济大学建筑系建筑设计基础教研室 . 建筑形态设计基础 [M]. 北京：中国建筑工业出版社，1991.

[75] 同济大学建筑与城市规划学院 . 黄作燊纪念文集 [M]. 北京：中国建筑工业出版社，2012.

[76] 同济大学建筑与城市规划学院 . 同济大学建筑与城市规划学院教学文集，开拓与建构 [M]. 北京：中国建筑工业出版社，2007.

[77] 同济大学建筑与城市规划学院 . 吴景祥纪念文集 [M]. 北京：中国建筑工业出版社，2012.

[78] 王伯伟，同济大学建筑与城市规划学院 . 同济大学建筑与城市规划学院五十周年纪念文集 [M]. 上海：上海科技出版社，2002.

[79] 王无邪 . 立体设计原理 [M]. 台北：雄狮图书股份有限公司，1983.

[80] 王无邪 . 平面设计原理 [M]. 台北：雄狮图书股分有限公司，1974.

[81] 无锡轻工业学院院志编纂委员会 . 无锡轻工业学院院志 [Z]. 无锡：无锡轻工业学院，1988.

[82] 吴静芳 . 立体构成 [M]. 上海：中国纺织大学出版社，2000.

[83] 辛华泉 . 立体构成 [M]. 哈尔滨：黑龙江美术出版社，1991.

[84] 辛华泉 . 形态构成学 [M]. 杭州：中国美术学院出版社，1999.

[85] 杨永生 . 建筑百家回忆录 [M]. 北京：中国建筑工业出版社，2000.

[86] 袁熙 . 中国现代设计教育发展历程研究 [M]. 南京：东南大学出版社，2014.

[87] 朝仓直巳，白文花 . 艺术·设计的光构成 [M]. 北京：中国计划出版社，2000.

[88] 赵秀恒 . 匠门逐梦：赵秀恒作品选集 [M]. 北京：中国建筑工业出版社，2012.

3. 学位论文

[89] 赖德霖 . 中国近代建筑史研究 [D]. 北京：清华大学，1992.

[90] 庞蕾 . 构成教学研究 [D]. 南京：南京艺术学院，2008.

[91] 钱锋 . 中国现代建筑教育奠基人——黄作燊 [D]. 上海：同济大学，2001.

[92] 施瑛 . 华南建筑教育早期发展历程研究（1932-1966）[D]. 广州：华南理工大学，2014.

[93] 汪妍泽 . 南京工学院建国十七年建筑教育制度化沿革浅析 [D]. 南京：东南大学，2014.

[94] 徐畅 . 设计基础与视觉艺术 [D]. 北京：清华大学建筑系硕士论文，1980.

[95] 徐甘 . 建筑设计基础教学体系在同济大学的发展研究 [D]. 上海：同济大学，2010.

致谢

本书是基于笔者的博士论文 *Adaptations of the Bauhaus Preliminary Course in Architectural Education in the United States and China* 修改与扩充完成的。在文稿修订与设计教学并行的时间中，我也在不断思考现代艺术抽象形式观念与包豪斯方法对于培养建筑师的作用。或许这个问题在建筑教育核心价值已经泛化的当下更值得反思。在全书的撰写过程中，许多师友都给予了热忱的帮助。没有诸位的支持，恐怕这么艰难的工作难以完成。

首先，我要把最诚挚的感谢献给我的博士生导师顾大庆教授。师从先生五年，受益良多。导师是学术研究的领路人，在论文选题、收集资料、文稿撰写的全过程都悉心指点：无论是对研究框架提纲挈领地把控，还是对论文全稿细致入微地斧正，都令我收获颇丰。更为重要的是，先生对于设计基础教学与学术研究的专注、严谨与热忱都是晚辈继续前行的榜样。

在论文的写作过程中，诸多香港中文大学的学者前辈都曾赐教。感谢柏庭卫（Vito Bertin）教授在教学领域给我的启蒙，尤其是如何以富有洞察力的视角来进行建筑观察。感谢冯仕达（Stanislaus Fung）副教授、朱竞翔副教授、钟宏亮（Thomas Chung）副教授、布鲁斯·朗曼（Bruce Lonnman）副教授在学术研究方面提供的帮助。感谢参与答辩的陈丙骅教授（Nelson Chen）和香港大学贾倍思副教授给予的批评指正。

其次，还要感谢同济大学赵秀恒教授、贾瑞云老师、张建龙教授、徐甘副教授、钱锋副教授、王凯副教授，清华大学郭逊副教授、卢向东副教授，江南大学吴静芳教授，华南理工大学赵红红教授、施瑛副教授等诸位老师在论文调研阶段的指教和热心帮助。在成书阶段，深圳大学建筑与城市规划学院的范悦院长、覃力教授、饶小军教授也对工作予以鼓励，谨表谢意。

再次，我还要向以下诸多师友致以谢意：韩曼、吴佳维、韩如意、徐亮、肖靖、丁光辉、王卡、孙炜玮、吴瑞、朱昊昊、任中琦、汪妍泽、陈乐等。感谢诸君的经验分享和勉励，让我的求学和研究生涯充满乐趣。

感谢中国建筑工业出版社何楠编辑为本书付出的努力。感谢纽约 MoMA 图书馆詹妮弗·托比亚丝（Jennifer Tobias）女士为资料搜集提供的便利。此外，深圳大学研究生范敏洁、徐丽雅、杜湛业等协助进行了文稿校对及整理工作，特此致谢。

最后，我衷心感谢我的妻子张灵以及全体家人一如既往的支持。在港、深两地的求学与工作中，你们的无私关怀为我漫长的写作之路带来前进的力量。

图书在版编目（CIP）数据

包豪斯抽象形式观念与中国建筑教育 = Bauhaus
Concept of Abstract Form and China's
Architectural Education / 张轶伟著 . —北京：中国
建筑工业出版社，2022.9
（话语 · 观念 · 建筑研究论丛）
ISBN 978-7-112-27603-5

Ⅰ. ①包⋯ Ⅱ. ①张⋯ Ⅲ. ①包豪斯—教学法—应用
—建筑学—教育研究—中国 Ⅳ. ① TU-4

中国版本图书馆 CIP 数据核字（2022）第 119922 号

责任编辑：何　楠　徐　冉
责任校对：张　颖

话语 · 观念 · 建筑研究论丛

包豪斯抽象形式观念与中国建筑教育
BAUHAUS CONCEPT OF ABSTRACT FORM AND
CHINA'S ARCHITECTURAL EDUCATION
张轶伟　著
*
中国建筑工业出版社出版、发行（北京海淀三里河路 9 号）
各地新华书店、建筑书店经销
北京雅盈中佳图文设计公司制版
北京建筑工业印刷厂印刷
*
开本：787 毫米 × 1092 毫米　1/16　印张：20　字数：389 千字
2022 年 11 月第一版　2022 年 11 月第一次印刷
定价：**78.00** 元（含增值服务）
ISBN 978-7-112-27603-5
（39773）